Adelheid Susanne Esslinger, Deniz B. Schobert (Hrsg.)

Erfolgreiche Umsetzung von Work-Life Balance in Organisationen

WIRTSCHAFTSWISSENSCHAFT

Adelheid Susanne Esslinger,
Deniz B. Schobert (Hrsg.)

Erfolgreiche Umsetzung von Work-Life Balance in Organisationen

Strategien, Konzepte, Maßnahmen

Deutscher Universitäts-Verlag

Bibliografische Information Der Deutschen Nationalbibliothek
Die Deutsche Nationalbibliothek verzeichnet diese Publikation in der
Deutschen Nationalbibliografie; detaillierte bibliografische Daten sind im Internet über
<http://dnb.d-nb.de> abrufbar.

1. Auflage Mai 2007

Alle Rechte vorbehalten
© Deutscher Universitäts-Verlag | GWV Fachverlage GmbH, Wiesbaden 2007

Lektorat: Brigitte Siegel / Dr. Tatjana Rollnik-Manke

Der Deutsche Universitäts-Verlag ist ein Unternehmen von Springer Science+Business Media.
www.duv.de

Umschlaggestaltung: Regine Zimmer, Dipl.-Designerin, Frankfurt/Main
Gedruckt auf säurefreiem und chlorfrei gebleichtem Papier
Printed in Germany

ISBN 978-3-8350-0546-4

Vorwort

„Work-Life Balance" – was ist das? wird sich der unvoreingenommene Leser fragen und im Einleitungskapitel von *Adelheid Susanne Esslinger* und *Deniz B. Schobert* erfahren, dass es um die Koordination und Erfüllung beruflicher Aufgaben einerseits sowie familiärer Verantwortung andererseits geht, dass Probleme der Übernahme von Betreuungs- und Pflegeleistungen in der Familie sich oft nur sehr schwer mit dem Berufsalltag vereinbaren lassen. Dies trifft sicher zu, doch der Begriff der „Work-Life Balance" ist weiter gefasst.

Der Beitrag von *Deniz B. Schobert* (Teil I, Kapitel 1) setzt sich mit dem Begriff „Work-Life- Balance" auseinander, den man zum Teil früher unter der Thematik der „Rollenkonflikte" abgehandelt hatte. Neben dem „Work-Family Conflict" (die Rollen beeinträchtigen sich gegenseitig), der „Accomodation" (Reduzierung der Beteiligung einer Rolle, um der anderen Rolle gerecht zu werden) gehört hier auch das „Work-Family Enrichment" dazu: („Eine Rolle stärkt oder bereichert die Qualität einer anderen Rolle") und die Compensation („das Bemühen, die Unzufriedenheit in einer Rolle mit dem Streben nach Zufriedenheit in einer anderen Rolle auszugleichen") oder Segmentation (Trennung der beiden Lebensbereiche, Abgrenzung zwischen den Rollen). Eine „Work-Family Balance" bezeichnet demnach: „Das Ausmaß, in dem Individuen gleichermaßen involviert in – und gleichermaßen zufrieden mit – ihren Rollen aus dem Arbeits- und Privatleben sind. Sie erleben weniger Stress und erzielen ein hohes Maß an Selbstwertgefühl aus den Kompetenzen, die sie bei der Arbeit sowie im Privatleben erwerben".

In der Literatur stehen allerdings die Konflikte und die Probleme bei der Vereinbarkeit verschiedener Rollen im Vordergrund; die ebenso oft mögliche gegenseitige Bereicherung wird selten angesprochen. Unter dem zunehmend moderner gewordenen Begriff „Work-Life Balance" verstehen viele Autorinnen und Autoren vorwiegend das Ausbalancieren zwischen Herausforderungen im Beruf einerseits sowie Aufgaben und Pflichten in der Familie andererseits. Man gewinnt den Eindruck, dass Situationen, die von vielen Generationen vor uns gemeistert wurden, plötzlich als Problem gesehen werden. Die unterschiedlichen Anforderungen verschiedener Rollen gehören nun einmal zum Erwachsenenleben dazu, wurden zwar als Herausforderung, aber selten als Problem gesehen. Wie sehr haben Frauen noch im 20. Jahrhundert um die Übernahme der Berufsrolle gekämpft, um gleiche Bildungschancen, um die Stellung der Frau in der Gesellschaft, um die Öffnung vieler Berufe für Frauen und um die Übernahme von Führungspositionen? Nun haben wir das weitgehend erreicht – gewiss, manches ist noch zu tun – doch anstelle uns darüber zu freuen, lamentieren wir und spielen die „Vereinbarkeitsproblematik" hoch.

Drängen wir mit der Auflistung der möglichen Schwierigkeiten, die aus der Doppelrolle entstehen, nicht manche Frau in die Mutter- und „Voll-Hausfrauenrolle" zurück und garantieren ihr so einen problematischen Alternsprozess? Schließlich haben viele Untersuchungen gezeigt, dass die „famliy-centered mother" mit dem Älterwerden am schlechtesten zurecht kommt. Manche der heute älteren Frauen bereuen es sehr, ihren Beruf nach der Geburt des 3. Kindes aufgegeben zu haben, und hätten rückblickend lieber einen Rollenkonflikt in Kauf genommen. Andererseits kann eine Überbetonung der Vereinbarkeitsproblematik dazu führen, dass manche Berufstätige auf Kinder und Familiengründung ganz verzichten, Kinder nur als Belastung sehen und die Augen vor dem persönlichen Gewinn und der Bereicherung verschließen, den das Großziehen der Kinder bringt. Ist gerade dieses Gejammer um die schwere Vereinbarkeit von Beruf und Familie vielleicht sogar letztendlich für den Geburtenrückgang verantwortlich zu machen?

Zeigen wir doch Wege auf, wie die Situation zu meistern ist, und wie es zu einem **Work-Family Enrichment** kommen kann!

Prof. Dr. Dr. h. c. Ursula Lehr
Institut für Gerontologie der Universität Heidelberg
Bundesministerin für Jugend, Familie, Frauen und Gesundheit a. D

Inhaltsverzeichnis

Teil III: Best Practices

Einleitung

Adelheid Susanne Esslinger / Deniz B. Schobert

Friedrich-Alexander-Universität Erlangen-Nürnberg

Sowohl in der Wissenschaft als auch in der Praxis gerät die Bedeutung von Work-Life Balance (WLB) zunehmend in das Bewusstsein der Akteure.[1] Die Koordination und Erfüllung beruflicher Aufgaben einerseits sowie familiärer Verantwortung andererseits stellt für Erwerbstätige oftmals eine große Herausforderung dar. Die vielfältigen Hintergründe umfassen sowohl individuell-gesellschaftliche als auch betriebliche Aspekte, die im Folgenden kurz skizziert werden.

Die Probleme bei der Übernahme von Betreuungs- und Pflegeleistungen von Familienangehörigen bei gleichzeitiger Berufstätigkeit geht bis zur industriellen Revolution zurück[2] und zählt zu dem traditionellen Schwerpunkt des Themas Work-Life Balance. Heute manifestiert sich das Format der Vereinbarkeitsproblematik unter anderem durch die mangelhafte Betreuungsquote insbesondere für Kleinkinder unter drei Jahren.[3] Die Rückkehr junger Mütter und im speziellen, Akademikerinnen aus der Elternzeit in den Beruf, wird durch diesen Zu-

---

[1] Wir weisen darauf hin, dass wir uns um eine geschlechtsneutrale Schreibweise bemüht und wenn möglich geschlechtsneutrale Ersatzformulierungen gewählt haben, um Benachteiligungen der Geschlechter zu vermeiden. Der Leser möge jedoch Verständnis dafür haben, dass die Verwendung des generischen Femininums, des generischen Maskulinums oder einer geschlechtsneutralen Schreibweise den Präferenzen der Autorenschaft oblag.

An dieser Stelle bedanken wir uns recht herzlich für die großzügige Unterstützung unseres Projekts durch das Hochschul- und Wissenschaftsprogramm (HWP) zur Förderung der Chancengleichheit für Frauen in Forschung und Lehre an der Friedrich-Alexander-Universität Erlangen-Nürnberg. Ohne die Förderungsbewilligung hätte unser Forschungsvorhaben in dieser Art nicht entstehen können.

[2] *Rapoport, R. / Bailyn, L.* (1996), S. 11; *Barnett, R. C.* (1998); *Clark, S. C.* (2000), S. 748.

[3] *Engelbrech, G. / Jungkunst, M.* (2001); *Büchel, F. / Spieß, C. K.* (2002); *BMFSFJ* (2006).

1

stand erheblich gehemmt. Die Diskussion um die Vereinbarkeit von Familie und Beruf beschränkt ihren Betrachtungshorizont immer noch primär auf das Spannungsfeld Erwerbstätigkeit und Kinderbetreuung.[4] Hierbei handelt es sich um eine strukturelle Verharmlosung der Gesamtproblematik, welche zu einer einseitigen Vorurteilsbildung führt. Obgleich die defizitäre Kinderbetreuung zu einem elementaren Hinderungsgrund für die Erwerbstätigkeit junger Mütter führt, und die Koordination beruflicher und familiärer Anforderungen gegenwärtig unbestritten eine schwierige und konfliktreiche Herausforderung darstellt, wird der Alterung der Gesellschaft infolge des demographischen Wandels zu wenig Rechnung getragen. Da der Pflegebedarf der Eltern-Generation und Fürsorge gegenüber dieser zunehmend an Relevanz gewinnen wird[5], ist eine zusätzliche Mehrbelastung vor allem für die so genannte Sandwich-Generation zu erwarten, die nach Abschluss der intensiven Erziehungs- und Betreuungszeit der Kinder kurze Zeit später die Pflege und Versorgung der Eltern übernimmt.[6] Diesbezüglich wird auch von der „neuen" Variante der Vereinbarkeitsproblematik im zweiten Abschnitt des Erwerbslebens gesprochen.[7] Bei der Pflege und Betreuung von Familienmitgliedern handelt es sich immer noch um eine „weibliche" Aufgabe.[8] Es sind vornehmlich Frauen, die aufgrund der familiären Pflichten und der damit verbundenen vielfältigen Rollen oftmals Konsequenzen für ihren beruflichen Werdegang aufnehmen (müssen). Dazu gehören unter anderem erziehungs-/pflegebedingte Auszeiten, Teilzeitarbeit und/oder häufig hierdurch bedingt geringere Aufstiegsmöglichkeiten.[9] Dieses Faktum mag eine Erklärung für die nach wie vor bestehende geschlechterhierarchische Benachteiligung von Frauen auf dem Arbeitsmarkt sein[10], da sich Karrierewege weiterhin an der klassischen Vollzeitstelle orientieren.[11] Vätern fehlt durch diesen Um-

---

[4] *Bäcker, G.* (2004), S. 132.
[5] *Blinker, B. / Klie, T.* (1999); *Schulz, E.* et al. (2001); *BMFSFJ* (2000).
[6] *Spillman, B. C. / Pezzin, L. E.* (2000); *Garhammer, M.* (2004), S. 59; *Bäcker, G.* (2004).
[7] *BMFSFJ* (2005), S. 53.
[8] *DESTATIS* (2003), S. 15; *Engstler, H. / Menning, S.* (2003), S.139; *Schneekloth, U. / Leven, I.* (2003), S. 19; *Barkholdt, C. / Lasch, V.* (2004); *BMFSFJ* (2005), S. 90 f.
[9] *BMFSFJ* (2004), S. 255; *BMFSFJ* (2005), S. 53 f.
[10] *Engler, N.* (2005); *Faber, C. / Kowol, U.* (2003).
[11] *Lukoschat, H. / Bessing, N.* (2005).

2

stand oftmals die gesellschaftliche Akzeptanz, Elternzeit zu nehmen.[12] Es bleibt abzuwarten, ob sich durch das am 1. Januar 2007 in Kraft getretene Elterngeldgesetz neue Entwicklungen abzeichnen werden.[13] Darüber hinaus ist ein wachsendes Empfinden von chronischem Zeitdruck festzustellen, der unter anderem durch den Umfang der Erwerbstätigkeit, dem Lebensalter, dem Familienstatus, der Anzahl und dem Alter im Haushalt lebenden Kinder, dem Beruf sowie durch die Einkommenshöhe beeinflusst wird.[14] In diesem Zusammenhang wird auch von der Zunahme außerberuflicher Tätigkeiten mit Verpflichtungscharakter gesprochen.[15] Infolge des starken Zeitdrucks aber auch der Komplexität der Arbeit, der wachsenden Verantwortung, der Sorge um langfristige existenzielle Sicherung etc. steigt die psychische Belastung, die sich wiederum auf die Gesundheit auswirkt.[16] Langfristig können die benannten Belastungen zu negativen Auswirkungen auf das menschliche Immun- und Herz-Kreislaufsystem sowie zu irreversiblen, körperlichen Verschleißerscheinungen führen.[17]

Über die individuell-gesellschaftliche Perspektive hinaus ist das Thema WLB auch für Arbeitgeber zukunftsweisend. Der Arbeitsmarkt in Deutschland wird mit einem Rückgang des Arbeitskräftepotenzials konfrontiert, der ab circa 2010/2015 nicht mehr durch Zuwanderung kompensiert werden kann.[18] Dieser Trend wird sich durch die demographische Entwicklung verschärfen, da wegen der rückläufigen Geburtenrate das Erwerbspersonenpotenzial schon bis zum Jahr 2020 um 4,3 Millionen (zum Jahr 2050 sogar 18 Millionen) sinken und ein Fachkräftemangel zu erwarten sein wird.[19] Organisationen realisieren zunehmend die Bedeutung der Rekrutierung, Motivation und Bindung von qualifiziertem Fach- und Führungspersonal als einen Schritt, ihre Konkurrenzfähigkeit

---

[12] *Schwartz, F. N.* (2000), S. 108; *Beckmann, P.* (2001).
[13] *BMFSFJ* (2007a).
[14] *Garhammer, M.* (2004), S. 57 f.; *Opaschowski, H. W.* (2004), S. 38 ff., *Schneider, B.* et al. (2004).
[15] *DESTATIS* (2003), S. 10, *Opaschowski, H. W.* (2006), S. 27 ff.
[16] *Badura, B.* et al. (2004), S. 6 ff.
[17] *Badura, B.* et al. (2004), S. 8 f.; *Garhammer, M.* (2004), S. 55; *Weinert, A. B.* (2004), S. 35.
[18] *Fuchs, J. / Thon, M.* (2001).
[19] *Walwei, U.* et al. (2006), S. 10 f.

im Zuge des stetig wachsenden Wettbewerbsdrucks zu sichern. Dank der Erkenntnisgewinnung über die gegenseitigen Wechselwirkungen verschiedener Lebensbereiche, die sich folgerichtig auch auf die Arbeitsmotivation, Einsatzbereitschaft und Leistungsfähigkeit nieder schlagen[20], erfassen und würdigen Organisationen vermehrt den Einfluss konfliktreduzierender Maßnahmen auf ihre Beschäftigten.[21] Seit Mitte der 1980er Jahre zeigt sich z. B. das Engagement der Arbeitgeber in Form von flexiblen Arbeitszeiten, Telearbeit, Teambesprechungen zu familienfreundlichen Zeiten, Angeboten zur Entlastung familiärer Verpflichtungen.[22] Durch die Umsetzung entsprechender Personalmanagementkonzepte wird die Generierung eines dauerhaften, wirtschaftlichen Nutzens für die Organisationen fassbar, der sich beispielsweise durch Kosteneinsparpotenziale (Reduzierung des Aufwands zur Wiederbesetzung, Senkung von Fehlzeiten und Krankenstand)[23], durch Verringerung der Fluktuation mit den Effekten des Humankapitalerhalts und Effizienzsteigerungen[24] oder durch Marketingeffekte für den Produktabsatz[25] äußert.

Es zeigt sich, dass die Schaffung von Work-Life Balance unter anderem durch die Integration von Erwerbstätigkeit und Familie für alle Beteiligten von großem Nutzen ist. Deshalb sprechen sich Vertreter aus Politik und Wirtschaft für eine breite Akzeptanz und Etablierung von Work-Life Balance in Gestalt einer hinreichenden Personalpolitik aus. In den letzten Jahren etablierten sich Begriffe wie **Vereinbarkeit von Familie und Beruf, familienfreundliche Maßnahmen** oder **familienbewusste Personalpolitik**. Diese Schlagworte zielen im Kern alle auf eine zeitgemäße Anpassung der betrieblichen Personalpolitik ab.

Der Trend zur Familienfreundlichkeit wird durch öffentliche sowie private Initiativen unterstützt, die ihren Ausdruck beispielsweise in Informationsplattformen oder Unternehmenswettbewerben finden. Dazu zählen unter anderem

---

[20] *Nick, F. R.* (1992), Sp. 2072; *Badura, B.* et al. (2004), S. 5 f.
[21] *Knauth, P.* et al. (2000), S. 10; *Vaskovics, L. A. / Rost, H.* (2002), S. 3; *BMFSFJ* (2007b).
[22] *Honeycutt, T. L. / Rosen, B.* (1997), S. 272 ff.; *Barkholdt, C. / Lasch, V.* (2004), S. 39.
[23] *BMFSFJ* (2003), S. 14.
[24] *BMFSFJ / Prognos* (2005), S. 26 f.
[25] *Krell, G.* (1997), S. 15.

das *audit berufundfamilie*®, mit dem Organisationen ihre Familienfreundlichkeit zertifizieren lassen können[26], der *Bundeswettbewerb Erfolgsfaktor Familie*, der initiiert vom *Bundesministerium für Familie, Senioren, Frauen und Jugend* (BMFSFJ) und dem *Bundeswirtschaftsministerium* (BMWi) mithilfe eines öffentlichen Wettbewerbs die familienfreundlichsten Unternehmen auszeichnete[27], die Internetplattform *genderdax*, die hochqualifizierten Frauen einen umfassenden Überblick über Beschäftigungsmöglichkeiten und Karrierechancen bei Unternehmen in Deutschland gibt[28] oder die Initiative *Total E-Quality*, die sich für Chancengleichheit von Frauen und Männern in Wirtschaft, Wissenschaft, Politik und Verwaltung einsetzt.[29]

Die beschriebenen gesellschaftlich, betriebswirtschaftlich wie arbeitsmarktpolitisch höchst relevanten Aspekte haben die Herausgeberinnen motiviert, das vorliegende Werk zu erarbeiten. Aufgrund seiner zeitgemäßen und doch innovativen Integration der Kinderbetreuung sowie der Angehörigenpflege im Sinne der Übernahme familiärer Verantwortung einerseits und der Erwerbstätigkeit andererseits, stellt der Band ein Novum gegenüber bereits bestehenden Publikationen dar. Darüber hinaus soll vor dem Hintergrund einer interdisziplinären Zusammenstellung der Beiträge eine Perspektivenöffnung ermöglicht werden, welche die Aktivierung bzw. Förderung einer verständnisvollen und familiengerechten Arbeitswelt sowohl für Frauen als auch für Männer zum Ziel hat.

Die Dreiteilung des Buches ermöglicht einen profunden Einstieg in die **Grundlagen** der gesamten Thematik (**Teil I**), die **Vorstellung und Diskussion** verschiedenartiger Gestaltungskonzepte, Vorschläge zum Vorgehen bei der Umsetzung und Bewertung betrieblicher Konzepte zur Etablierung von Work-Life Balance (**Teil II**) sowie die Darstellung betrieblicher Erfolgsgeschichten im Sinne von **Best Practices** (**Teil III**).

---

[26] *audit* (2006).
[27] *BMFSFJ* (2001); *BMFSFJ* (2007b).
[28] http://www.genderdax.de.
[29] http://www.total-e-quality.de/.

5

Im Anschluss an die Einleitung folgt eine grundlegende Einführung in die Themenstellung der Work-Life Balance durch *Deniz B. Schobert* mit dem Beitrag **„Grundlagen zum Verständnis von Work-Life Balance"**. Im Rahmen der Beschreibung von WLB als Forschungsgegenstand werden insbesondere fundamentale Begrifflichkeiten geklärt und Themeneingrenzungen diskutiert. Darüber hinaus werden Arbeitsmarktentwicklungen vorgestellt, anhand derer die zunehmende Bedeutung der WLB-Thematik für Organisationen veranschaulicht wird.

Durch *Renate Schmidt* wird in ihrem Beitrag **„Der Auftrag der Politik und Wirtschaft für die Etablierung betrieblicher Work-Life Balance"** deutlich herausgearbeitet, dass die Vereinbarkeit von Familie und Beruf in Deutschland noch immer primär als ein Problem angesehen wird. Generell scheint auch die Thematik Alter bei uns eher als Last denn als Chance begriffen zu werden. Die Autorin offenbart einen erforderlichen Handlungsbedarf, der über die bisherigen eher halbherzigen Schritte deutlich hinausgehen muss. Ansetzen sollen sowohl die politischen als auch die wirtschaftlichen Entscheidungsträger gleichermaßen; wobei der Wirtschaft eine besondere Verantwortung zukommt, da sie durch entsprechende personalpolitische Maßnahmen die Integration von Betroffenen in Familien- und Erwerbsleben beiderseits fördern kann. Die Politik muss einen optimalen Handlungsrahmen schaffen, damit innovative Betriebe tatsächlich handeln können, und Betroffene neben den Förderleistungen aus den Unternehmen auch öffentliche Leistungen bestmöglich für sich nutzen können. Die Autorin beschreibt die Notwendigkeit des Handelns als unabdingbar erforderlich für die stärkere Partizipation insbesondere der weiblichen Arbeitskräfte sowie die Ermöglichung besserer (Aus-)Bildungschancen und somit für die Stärkung des Wirtschaftsstandorts Deutschland.

In seinem Beitrag **„Im Zeichen der Demographie: Potenziale nutzen – Wettbewerbsvorteile sichern"** legt der Autor *Harald Rost* dar, dass Familien- und Berufsinteressen noch immer meist in Konflikt zueinander stehen. Trotz familienpolitischer Maßnahmen nimmt sich vor allem die Wirtschaft eher zögerlich der Herausforderung einer Vereinbarkeit von Familie und Beruf an. Der Autor geht in seinem Beitrag ausführlich auf die demographische Entwicklung und deren Auswirkungen auf die Bevölkerungsstruktur sowie ihren Einfluss auf zukünftige Erwerbspotenziale ein. Welche Folgen die Bevölkerungsentwicklung auf die Vereinbarkeitsthematik hat, steht im Zentrum des letzten Teils des Beitrags. Deutlich wird, dass sich durch den Fachkräftemangel die Unternehmen, die Familienfreundlichkeit praktizieren, einen Standortvorteil verschaffen können. Außerdem wird Familienfreundlichkeit nicht mehr nur unter dem Gesichtspunkt der Kinderbetreuung zu sehen sein, sondern es wird auch die Unterstützung hilfe- und pflegebedürftiger Menschen zunehmend an Bedeutung gewinnen.

Christiane Flüter-Hoffmann thematisiert in ihrem Beitrag „**Die Bedeutung innovativer Personalmanagementkonzepte für Betriebe und die Gesamtwirtschaft**", dass aufgrund der demographischen Entwicklung ein Arbeits- bzw. Fachkräftemangel zu erwarten ist, denn der Anteil der Erwerbspersonen sinkt, und die Altersstruktur verschiebt sich zugunsten der älteren Jahrgänge. Die Autorin stellt dar, dass die Beschäftigungspotenziale von Älteren und Frauen noch nicht ausreichend genutzt werden. Sie macht insbesondere auf den hierdurch verursachten Know-how-Verlust aufmerksam. Durch innovative Personalmanagementkonzepte kann eine bessere Nutzung der am Arbeitsmarkt bestehenden Potenziale erfolgen. Voraussetzung ist hierfür zunächst, dass generell eine familienfreundliche Arbeitswelt geschaffen wird. In einer solchen Umgebung können spezielle Maßnahmen im Rahmen eines personalpolitischen Diversity-Managements greifen. Als weiterer wesentlicher Aspekt innovativer Konzepte wird das „lebenslange Lernen" dargestellt. Die Autorin präsentiert eine lebenszyklusorientierte Personalpolitik, die sowohl die Bedürfnisse der Mitarbeiter als auch die der Organisationen berücksichtigt. Insgesamt sieht sie in der Einführung einer innovativen Personalpolitik mit dem Aufbau entsprechender Humanressourcen einen entscheidenden Erfolgsfaktor im Wettbewerb, der neue Anforderungen an Führungskräfte und Personalentwicklung stellt.

In ihren Beitrag „**Personalmanagement und demographischer Wandel: eine interdisziplinäre Perspektive**" stellt Frau *Ursula M. Staudinger* einen fünf Komponenten umfassenden Ansatz für ein dynamisches Personalmanagement vor. Er erlaubt die Erschließung des Humanvermögens in einer sich ändernden Belegschaft. Eingebettet in das Modell der lebenslangen Entwicklung und des lebenslangen Lernens werden Kompetenzmanagement, Diversity Management, Erfahrungstransfer und Wissensmanagement sowie Gesundheitsmanagement in einer geeigneten Unternehmenskultur, die speziell in den Bereichen Weiterbildung, Gesundheit, Altersbild, Work-Life Balance und Kommunikation zum Ausdruck kommt, zu wesentlichen Gestaltungselementen in erfolgreichen Unternehmen. Sie optimieren die vorhandenen Erwerbspotenziale. Nicht zuletzt tragen sie so zu einem neuen Lebenszeitstrukturmodell in der Gesellschaft bei, in dem Lernen, Arbeit und Freizeit zu lebenslangen Begleitern aller Individuen, unabhängig ihres Alters, werden.

Der Beitrag „**Die Bedeutung der Work-Life Balance aus der Sicht der Gerontologie**" von *Heinz J. Kaiser* verdeutlicht, dass das Problem der Work-Life Balance keineswegs nur für die jüngeren Generationen Bedeutung hat, sondern auch für die Gruppe der Älteren zum Thema wird. Der Autor nimmt in seiner Betrachtung zwei unterschiedliche Perspektiven ein: Zum einen geht es um die flexiblere Gestaltung des Berufslebens zum Wohle jener Familien, in denen Hilfs- und Pflegeleistungen gegenüber älteren Familienmitgliedern erbracht werden müssen. Zum anderen wird es bei schrumpfender Zahl erwerbsfähiger Personen notwendig werden, bisher nicht erschlossene Potenziale an Arbeitskraft zu nutzen. In diesem Zusammenhang werden die vorteilhaften Beiträge Älterer für sich selbst, die Betriebe und die Gesellschaft beschrieben.

Über die **Möglichkeiten der Integration älterer Arbeitnehmer in die Arbeitswelt** schreiben *Adelheid Susanne Esslinger* und *Nadine Braun* in ihrem gleichnamigen Beitrag. Ausgangspunkt sind die demographische Entwicklung, die einen zukünftigen Arbeitskräftemangel sowie einen Anstieg der Gruppe der Älteren in der Gesellschaft verzeichnet, und der Stellenwert der Arbeit für die Individuen. Im Zentrum steht neben den Hindernissen einer gelungenen Integration von älteren Erwerbstätigen in Organisationen die Darstellung geeigneter personalpolitischer Maßnahmen, um die Ressourcen älterer Mitarbeiter langfristig in Unternehmen zu nutzen und zu binden. Neben einem Umdenken in den Organisationen müssen die spezifischen Kompetenzen und Erfahrungen der Älteren bestmöglich aufgedeckt und genutzt werden.

Teil II des Bandes beginnt mit dem Beitrag „**Beratungsinhalte und Erkenntnisse der Anfragekunden von 1995 bis 2006 Familienservice München**" von *Jürgen Griesbeck*. Der Autor stellt die Entwicklung eines innovativen Services im Bereich Eldercare dar. Ausgangspunkt des erfolgreichen Services war ursprünglich die Idee, ein Betreuungsangebot für Eltern zu bieten, Kindererziehung und Beruf zu vereinbaren. Es zeigte sich in der Praxis rasch, dass eine enorme Nachfrage bezüglich Hilfestellungen hinsichtlich der Angehörigenpflege bestand. Darauf aufbauend etablierte sich ein erfolgreiches Dienstleistungsunternehmen, das heute mit umfassenden Beratungs- und Betreuungsangeboten betroffene Familien professionell unterstützt.

Gudrun Sander führt in ihrem Beitrag „**Die nachhaltige Umsetzung von Work-Life Balance mit Hilfe von Gleichstellungs-Controlling**" in die Erfordernisse einer Steuerung der Aktivitäten im Bereich der „Führungsaufgabe Gleichstellung" ein. Nach dem Schaffen eines generellen Verständnisses für Controlling beschreibt die Autorin den spezifischen Prozess des Gleichstellungs-Controlling und veranschaulicht ihre Ausführungen mit gelungenen Beispielen. Die Verabschiedung von Zielen, deren Steuerung sowie Unterstützung durch geeignete Maßnahmen und geeignete Evaluation sind ebenso erforderlich wie die Beachtung von Rahmenbedingungen.

In dem Beitrag „**Möglichkeiten für KMU und Großunternehmen bei der Umsetzung eines Trends: Life Balance als Beitrag zu einer Kultur der Unterschiede?**" von *Anja Ostendorp* geht es um die Typologisierung von Unternehmen im Umgang mit der Thematik Work-Life Balance. Die Autorin konnte mittels einer empirischen Untersuchung vier Ansätze in Unternehmen ermitteln: a) Life Balance als PR-Strategie (Normalisierung), b) Life Balance als „gute Tat" (Marginalisierung), c) Life Balance als Interessenkampf (Lobbyisierung) und d) Life Balance als ein Element kultureller Unterschiede (Alterisierung). Neben den Zielsetzungen in den Ansätzen werden auch die Konsequenzen für die Organisationen im Umgang mit der Thematik beschrieben.

Die Autorinnen *Ursula Matschke* und *Sibylle Peters* legen in ihrem Beitrag „**Praxisnetzwerke fördern Familienfreundlichkeit**" die Bedeutung der Ver-

netzung ausführlich dar. Neben der theoretischen Betrachtung der Notwendigkeit von Vernetzung stellen die Autorinnen Erfahrungen mit Praxisnetzen vor,
und verdeutlichen die positiven Aspekte einer gelungenen horizontalen und ver-
tikalen Zusammenarbeit verschiedener Akteure.

**Kennzahlen und Nutzen-Kosten-Kalkulationen zur Bewertung familien-
freundlicher Maßnahmen in Unternehmen** stehen im Mittelpunkt des gleich-
lautenden Beitrags von *Elena de Graat*. Es wird auf die Kosten-Nutzen-Aspekte
der Vereinbarkeit von Beruf- und Privatleben aus Sicht der Betriebe eingegangen. In diesem Zusammenhang werden geeignete Messgrößen dargestellt. Der
Prozess des Auffindens zweckmäßiger Maßnahmen zur Vereinbarkeit wird
ebenso beschrieben wie die Ermittlung des erforderlichen Budgets. Letztlich
zeigt die Autorin auf, dass eine bessere Vereinbarkeit von Beruf und Privatleben
auch für Betriebe positive Effekte mit sich bringt.

Im **Teil III** erfolgt als erstes Beispiel gelungener Praxis der Beitrag „**Arbeitszeitflexibilisierung – Das Fundament jeglicher Work-Life Balance Maßnahmen**" von *Katrin Peplinksi*. Die Autorin und Mitarbeiterin der VICTORIA
Versicherung berichtet speziell über die Arbeitszeitflexibilisierung in ihrem
Haus. Sie stellt verschiedene Gestaltungsmodelle vor. Ihr Erfahrungsbericht
umfasst sowohl die Sicht des Unternehmens als auch die der Mitarbeiter. Insgesamt ist die Arbeitszeitflexibilisierung für alle Beteiligten ein Erfolg.

Nicola Mögel berichtet in ihrem Beitrag „**Belange der Familie mitdenken –
Zufriedenheit steigern, Kosten senken: Familienkultur bei der promeos
GmbH**" sehr anschaulich über ein Start-up mit einer starken familienfreundlichen Unternehmenskultur. Wie diese konkret gelebt wird, veranschaulicht die
Autorin durch die Darstellung der durchgeführten Maßnahmen. Abschließend
geht sie auf die Effekte der Familienfreundlichkeit ein, die sich für das Unternehmen, seine Mitarbeiter und die Öffentlichkeit positiv auswirken.

Der Beitrag „**Herausforderung Employability – Zukunftsfähiges Gesund-
heitsmanagement am Beispiel der E.ON Ruhrgas AG**" von *Ulrich Spie* und
Nico Widdecke behandelt das Gesundheitsmanagement als eine Möglichkeit der
Employability. Nach einer begrifflichen Einführung wird konkret auf die Rele-

vanz der Thematik in der eigenen Organisation eingegangen. Im Anschluss an die Betrachtung der Beschäftigungsaltersstrukturentwicklung im Unternehmen, erfolgt die gemeinsame Erarbeitung möglicher Handlungsoptionen in relevanten Handlungsfeldern. Spezielle Maßnahmen im Bereich des Gesundheitsmanagement sowie deren Erfolgsmessung werden thematisiert.

Die Autoren *David Rygl* und *Jonas Puck* besprechen das Thema „**Alters-Diversität – Entwicklung eines ganzheitlichen personalpolitischen Konzepts am Beispiel der Pharmabranche**". Hierbei gehen sie zunächst auf Alters-Diversität ein, um daran anschließend anhand einer Fallstudie aus der Pharmaindustrie zentrale Merkmale eines ganzheitlichen Alters-Diversitäts-Konzepts zu entwickeln.

Der Beitrag „**Das Serviceangebot der Sozialen Dienste der Firma Henkel KGaA**" von *Regina Neumann* thematisiert die *Sozialen Dienste* in einem Großunternehmen. Die Autorin verdeutlicht die organisatorische Einbettung der Servicestelle in das Gesamtunternehmen und stellt das umfangreiche Angebot dar. Dieses geht von einer reinen Mitarbeiterberatung im Krisenfall, zu Seminaren über diverse Themen wie Prävention, Umgang mit zu pflegenden Angehörigen oder dem Angebot einer Kinderbetreuung. Das Serviceangebot leistet einen wichtigen Beitrag, die Herausforderung Familienleben und berufliche Tätigkeit, erfolgreich zu meistern und miteinander zu verbinden. Es dient somit den Mitarbeitern und der Organisation.

Die Autorengruppe *Elisabeth Pohl, Christel Dittebrandt* und *Kai Neborg* sind alle Mitarbeiter derselben Organisation. Sie berichten in ihrem Beitrag „**Eine Chance für Arbeitgeber und Arbeitnehmer: Die Mitarbeiter-Interessengruppe Arbeiten & Pflegen der Ford-Werke GmbH in Köln**" über das Engagement im Themenbereich Arbeiten und Pflegen und seine positiven Auswirkungen betroffener Mitarbeiter. Neben der Hilfe zur Selbsthilfe sensibilisiert die Gruppe das (internationale) Management für mitarbeiterrelevante Aspekte im Bereich Familie und vermittelt wichtige Kontakte zu Versicherungen und Dienstleistern. Neben der Veranschaulichung spezieller Aktivitäten zeigen die Autoren auch die Vorteile für das Unternehmen auf.

Im Anschluss an die einzelnen Beiträge werden die **Kurzbiographien** der Autorinnen und Autoren dargestellt. Deutlich werden die interdisziplinäre Zusammensetzung der Autorenschaft und ihre unterschiedlichen (privaten und) beruflichen Hintergründe sowie Erfahrungen.

Der Herausgeberband richtet sich gleichermaßen an Interessierte aus der betrieblichen Praxis, insbesondere Personalverantwortliche und Führungskräfte in Organisationen, sowie Vertreter der Wissenschaft, insbesondere der Wirtschafts- und Sozialwissenschaften. Aufgrund seines umfassenden und interdisziplinären Aufbaus bietet der Band Einsteigern einen einführenden Zugang in die Thematik und kann ebenso für erfahrene Fachmänner einen Erkenntnisgewinn vermitteln.

Literaturverzeichnis

audit berufundfamilie (2006): Infothek, www.beruf-und-familie.de (29.09.2006).

Bäcker, Gerhard (2004): Berufstätigkeit und Verpflichtungen in der familiären Pflege, in: *Badura, Bernhard / Schellschmidt, Henner / Vetter, Christian*: Fehlzeiten-Report 2003: Wettbewerbsfaktor Work-Life Balance, Berlin u. a., S. 131-145.

Badura, Bernhard / Schellschmidt, Henner / Vetter, Christian (2004): Fehlzeiten-Report 2003, Wettbewerbsfaktor Work-Life Balance, Berlin u. a.

Barkholdt, Corinna / Lasch, Vera (2004): Vereinbarkeit von Pflege und Erwerbstätigkeit, Expertise für die Sachverständigenkommission für den 5. Altenbericht der Bundesregierung, Dortmund und Kassel, November 2004, Berlin.

Barnett, Rosalind C. (1998): Toward a Review and Reconceptualization of the Work/Family Literature, in: *Genetic, Social & General Psychology Monographs*, 124(2), S. 125- 153.

Beckmann, Petra (2001): Neue Väter braucht das Land! Wie stehen die Chancen für eine stärkere Beteiligung der Männer am Erziehungsurlaub? *IAB-Werkstattbericht*, Nr. 6, Nürnberg.

Blinkert, Baldo / Klie, Thomas (1999): Pflege im sozialen Wandel. Eine Untersuchung über die Situation von häuslich versorgten Pflegebedürftigen nach Einführung der Pflegeversicherung, Hannover.

Büchel, Felix / Spieß, C. Katharina (2002): Form der Kinderbetreuung und Arbeitsmarktverhalten von Müttern in West- und Ostdeutschland, in: *Bundesministerium für Familie, Senioren, Frauen und Jugend* (Hrsg.): Form der Kinderbetreuung und Arbeitsmarktverhalten von Müttern in West- und Ostdeutschland, Stuttgart.

Bundesministerium für Familie, Senioren, Frauen und Jugend (BMFSFJ) (Hrsg.) (2007a): Das Elterngeld, http://www.bmfsfj.de/Politikbereiche/familie,did=76746.html [Zugriff 03.02.2007].

Bundesministerium für Familie, Senioren, Frauen und Jugend (BMFSFJ) (Hrsg.) (2007b): Erfolgsfaktor Familie – Unternehmen gewinnen, http://www.erfolgsfaktor-familie.de/, [Zugriff 03.02.2007].

Bundesministerium für Familie, Senioren, Frauen und Jugend (BMFSFJ) (Hrsg.) (2006): Kindertagesbetreuung für Kinder unter drei Jahren, Bericht der Bundesregierung über den Stand des Ausbaus für ein bedarfsgerechtes Angebot an Kindertagesbetreuung für Kinder unter drei Jahren, Berlin.

Bundesministerium für Familie, Senioren, Frauen und Jugend (BMFSFJ) (Hrsg.) (2005): Fünfter Bericht zur Lage der älteren Generation in der Bundesrepublik Deutschland, Potenziale des Alterns in Wirtschaft und Gesellschaft. Der Beitrag älterer Menschen zum Zusammenhalt der Generationen. Bericht der Sachverständigenkommission, Berlin.

Bundesministerium für Familie, Senioren, Frauen und Jugend (BMFSFJ) (Hrsg.) (2004): Frauen in Deutschland, Von der Frauen- zur Gleichstellungspolitik, Berlin.

Bundesministerium für Familie, Senioren, Frauen und Jugend (BMFSFJ) (Hrsg.) (2003): Betriebswirtschaftliche Effekte familienfreundlicher Maßnahmen, Kosten-Nutzen-Analyse, Berlin.

Bundesministerium für Familie, Senioren, Frauen und Jugend (BMFSFJ) (Hrsg.) (2001): Der familienfreundliche Betrieb 2000: Neue Chancen für Frauen und Männer, Dokumentation des Bundeswettbewerbs, Berlin.

Bundesministerium für Familie, Senioren, Frauen und Jugend (BMFSFJ) (Hrsg.) (2000): Vereinbarkeit von Erwerbstätigkeit und Pflege: betriebliche Maßnahmen zur Unterstützung pflegender Angehöriger: Ein Praxisleitfaden, Bonn.

Bundesministerium für Familie, Senioren, Frauen und Jugend (BMFSFJ) / Prognos (Hrsg.) (2005): Work Life Balance: Motor für wirtschaftliches Wachstum und gesellschaftliche Stabilität: Analyse der volkswirtschaftlichen Effekte – Zusammenfassung der Ergebnisse, Basel.

Clark, Sue Campbell (2000): Work/Family Border Theory: A New Theory of Work/Family Balance, in: *Human Relations*, 53(6), S. 747–770.

Engelbrech, Gerhard / Jungkunst, Maria (2001): Erwerbsbeteiligung von Frauen. Wie bringt man Beruf und Kinder unter einen Hut? *IAB Kurzbericht*, Nr. 7.

Engler, Nina (2005): Strukturelle Diskriminierung und substantielle Chancengleichheit eine Untersuchung zu Recht und Wirklichkeit der Vereinbarkeit von Familie und Beruf im Gemeinschafts- und Verfassungsrecht dargestellt am Beispiel der mittelbaren Diskriminierung von Frauen in Teilzeitbeschäftigung, Frankfurt am Main.

Engstler, Heribert / Menning, Sonja (2003): Die Familie im Spiegel der amtlichen Statistik, in: *Bundesministerium für Familie, Senioren, Frauen und Jugend* (BMFSFJ) (Hrsg.): Die Familie im Spiegel der amtlichen Statistik: Lebensformen, Familienstrukturen, wirtschaftliche Situation der Familien und familiendemographische Entwicklung in Deutschland, Erweiterte Neuauflage 2003, Berlin.

Faber, Christel / Kowol, Uli (2003): „Frauen und Männer müssen gleich sein!" „Gleich den Männern oder gleich den Frauen?" Fallstudien zur betrieblichen Chancengleichheit und modernen Personalpolitik in kleinen und mittleren Unternehmen, München, Mering.

Fuchs, Johann / Thon, Manfred (2001): Fachkräftemangel: Wie viel Potenzial steckt in den heimischen Personalreserven? *IAB Kurzbericht*, Nr. 15.

Garhammer, Manfred (2004): Auswirkungen neuer Arbeitsformen auf Stress und Lebensqualität, in: *Badura, Bernhard / Schellschmidt, Henner / Vetter, Christian* (Hrsg.): Fehlzeiten-Report 2003, Wettbewerbsfaktor Work-Life Balance, Berlin u. a.

Greenblatt, Edy (2002): Work/Life Balance: Wisdom or Whining, in: *Organizational Dynamics*, 31(2), S. 177-193.

Greenhaus, Jefferey H. / *Powell, Gary N.* (2006): When Work and Family Are Allies: A Theory of Work-Family Enrichment, in: *Academy of Management Review*, 31(1), S. 72-92.

Greenhaus, Jefferey H. / *Singh, Romila* (2004): Relationship Between Work and Family, in: *Spielberger, Charles D.* (Hrsg.): Encyclopedia of Applied Psychology, San Diego, CA, S. 687-698.

Honeycutt, Tracey L. / *Rosen, Benson* (1997): Family Friendly Human Resource Policies, Salary Levels, and Salient Identity as Predictors of Organizational Attraction, in: *Journal of Vocational Behavior*, 50(2), S. 271-290.

Ilg, Peter (2006): Doppelrolle vorwärts, in: *Der Spiegel online*, http://www.spiegel.de/unispiegel/jobundberuf/0,1518,389108,00.html, [Zugriff 28.02.2006].

Kastner, Michael (2004): Die Zukunft der Work Life Balance, Kröningen.

Krell, Gertraude (1997): Chancengleichheit durch Gleichstellungspolitik – eine Neuorientierung, in: *Krell, Gertraude* (Hrsg.): Chancengleichheit durch Personalpolitik: Gleichstellung von Frauen und Männern in Unternehmen und Verwaltungen, Rechtliche Regelungen – Problemanalysen – Lösungen, Wiesbaden.

Lukoschat, Helga / *Bessing, Nina* (2005): Work-Life-Balance für Führungskräfte: Schritte in Richtung auf einen Kulturwandel, in: *Fachbeiträge Personalführung*, Heft 4.

Opaschowski, Horst W. (2006): Einführung in die Freizeitwissenschaft, 4. überarb. u. aktual. Aufl., Wiesbaden.

Opaschowski, Horst W. (2004): Der Generationenpakt, Das soziale Netz der Zukunft, Darmstadt.

Rapoport, Rhona / *Bailyn, Lotte* (1996): Relinking Life and Work: Toward a Better Future. A Report to the Ford Foundation, New York, NY.

Resch, Marianne / *Bamberg, Eva* (2005): Work-Life-Balance – Ein neuer Blick auf die Vereinbarkeit von Berufs- und Privatleben?, in: *Zeitschrift für Arbeits- und Organisationspsychologie*, 4, S. 171-175.

Schneekloth, Ulrich / *Leven, Ingo* (2003): Hilfe- und Pflegebedürftige in Privathaushalten in Deutschland 2002, Schnellbericht, München.

Schneider, Barbara / *Ainbinder, Alisa M.* / *Csikszentmihalyi, Mihaly* (2004): Stress and Working Parents, in: *Haworth, John T.* / *Veal, A. J.*: Work and Leisure, East Sussex.

Schulz, Erika / *Leidl, Reiner* / *Koenig, Hans Helmut* (2001): Starker Anstieg der Pflegebedürftigkeit zu erwarten – Vorausschätzungen bis 2020 mit Ausblick auf 2050, *DIW-Wochenbericht*, 5, Berlin.

Schwartz, Felice N. (2000): Management Women and the New Facts of Life, in: *Harvard Business Review* on Work and Life Balance, The Harvard Business Review Paperback Series, Boston, MA, S. 81-102.

Spillman, Brenda C. / *Pezzin, Liliana E.* (2000): Potential and Active Family Caregivers: Changing Networks and the 'Sandwich Generation', in: *The Milbank Quarterly*, 78(3), Oxford, S. 347-374.

Statistisches Bundesamt (DESTATIS) (Hrsg.) (2003): Wo bleibt die Zeit? Wiesbaden.

Ulich, Eberhard (2005): Arbeitspsychologie. 6., überarb. u. erw. Aufl., Stuttgart.

Vaskovics, Laszlo A. / *Rost, Harald* (2002): Work-Life-Balance – neue Aufgaben für eine zukunftsorientierte Personalpolitik, Staatsinstitut für Familienforschung an der Universität Bamberg (ifb)-Materialien 4, Bamberg.

Walwei, Ulrich / *Fuchs, Johann* / *Schnur, Peter* / *Zika, Gerd* (2006): Der deutsche Arbeitsmarkt: Gestern, Heute, Morgen, in: *Bundesarbeitsblatt*, Heft 1, Stuttgart, S. 4-12.

14

Wanger, Susanne (2005): Beschäftigungsgewinne sind nur die halbe Wahrheit, IAB-Kurzbericht, Nr. 22, Nürnberg.

Weinert, Ansfried B. (2004): Organisations- und Personalpsychologie, 5. vollst. überarb. Aufl., Weinheim u. a.

Zdrowomyslaw, Norbert / Benthin, Rainer / Hamm, Ralf / Prößler, Ernst-Kurt / Rath, Anja (2005): Personalpolitik in Zeiten demografischen Wandels, in: *Katz, Casimir* (Hrsg.): Der Betriebswirt, Theorie und Praxis für Führungskräfte, Sonderdruck, Gernsbach.

15

Teil I: Grundlagen

Grundlagen zum Verständnis von Work-Life Balance

Deniz B. Schobert

Friedrich-Alexander-Universität Erlangen-Nürnberg

Was ist Work-Life Balance?

Der Zugang zum Thema Work-Life Balance (WLB) wird über eine Vielzahl wissenschaftlicher Disziplinen gewährt. Dazu gehören vor allem die Soziologie und die Psychologie, die im Sinne einer Grundlagenforschung die Zusammenhänge von Erwerbsarbeit und Privatleben sowie die Auswirkungen unterschiedlicher Rollen, die der Mensch innerhalb dieser Domänen einnimmt, zu erklären versuchen.[1] Darüber hinaus wird WLB vor allem in der Politikwissenschaft, insbesondere der Gender-Forschung, der Arbeits- und Organisationspsychologie sowie der Betriebswirtschaftslehre, beispielsweise im Rahmen des Personalmanagements, anwendungsorientiert diskutiert.[2] Der interdisziplinäre Charakter des Themas weist auf eine umfang- und facettenreiche Theorie hin, in die der vorliegende Beitrag überblicksartig einführt.

Obwohl Work-Life Balance ein populärer Begriff ist, den man intuitiv versteht und sich sogar betroffen fühlt[3], mangelt es an einem einvernehmlichen Verständnis über die verschiedenen Wissenschaftsdisziplinen hinweg.[4] Diese Tatsache lässt sich zurückführen auf den fachübergreifenden Forschungskontext, der nicht-kumulativ aufeinander aufbaut.[5] So ist es zu erklären, dass in der

---

[1] Z. B *Barnett, R. C.* (1998), S. 125; *Frone, M. R.* (2003), S. 143; *Resch, M. / Bamberg, E.* (2005), S. 172.
[2] *Kastner, M.* (2004), S. 68 ff.
[3] *Kastner, M.* (2004), Vorwort.
[4] *Guest, D. E.* (2001); *Resch, M.* (2004), S. 125.
[5] *Barnett, R. C.* (1998), S. 128 f.

Fachliteratur unterschiedliche Definitionen existieren.[6] Oftmals nehmen diese Bezug auf die Tatsache, dass bei der Koordination verschiedener Lebensbereiche Rollenkonflikte entstehen.[7] Von besonderer Bedeutung sind dabei berufliche sowie außerberufliche Rollen.[8] Diesen Rollenkonflikten werden bidirektionale Dimensionen zugewiesen: Arbeit kann das Privatleben stören, (work-to-family conflict), während das Privatleben auch die Arbeit beeinträchtigen kann (family-to-work-conflict). Work-Life Balance bezeichnet jedoch nur **eine** Beziehung zwischen den unterschiedlichen Rollen aus Arbeits- und Privatleben. Insgesamt beherrschen aber **sieben Mechanismen** die Fachliteratur:[9]

- Work-Family Conflict: Verschiedene Rollen beeinträchtigen sich gegenseitig bei der Erfüllung ihrer jeweiligen Verpflichtungen. Es wird unterschieden zwischen zeitlichen, (emotional) belastenden sowie verhaltensbezogenen Konflikten.

- Accomodation: Die Beteiligung an einer Rolle wird reduziert, um den Anforderungen der anderen Rolle gerecht zu werden. Eine Anpassung kann psychisch oder im Verhalten erfolgen.

- Work-Family Enrichment: Eine Rolle stärkt oder bereichert die Qualität einer anderen Rolle.

- Work-Family Spillover: Die Übertragung bzw. Anwendung von Fähigkeiten, Werten, Gefühlen oder Verhaltensweisen erfolgt von einer Rolle auf die andere. Sie kann sich sowohl positiv (= Work-Family Enrichment) oder auch negativ (= Work-Family Conflict) auswirken.

- Work-Family Balance: Das Ausmaß, in dem Individuen gleichermaßen involviert in – und gleichermaßen zufrieden mit – ihren Rollen aus dem Arbeits- und Privatleben sind. Sie erleben weniger Stress und erzielen ein hohes Maß an Selbstwertgefühl aus den Kompetenzen, die sie bei der Arbeit sowie im Privatleben erwerben.

---

[6] *Z. B. Greenhaus, J. H. / Beutell, N. J.* (1985), S.77; *Clark, S. C.* (2001), S. 349; *BMFSFJ / Prognos* (2005), S. 4; *Greenblatt, E.* (2002), S. 179; *Kastner, M.* (2004), S. 2 ff.
[7] *Greenhaus / Beutell* (1985), S. 77.
[8] *Frone* nennt berufliche Rollen wie z. B. Manager, Arbeitnehmer, Gewerkschaftsvertreter und außerberufliche Rollen aus der Familiesituation, Religionszugehörigkeit, Gemeindeaktivität, Freizeitpräferenz oder der Studiensituation resultierend (*Frone, M. R.* (2003), S. 144 f.).
[9] *Greenhaus, J. H. / Singh, R.* (2004), S. 689 ff.

- Compensation: Das Bemühen, die Unzufriedenheit in einer Rolle mit dem Streben nach Zufriedenheit in einer anderen Rolle auszugleichen.

- Segmentation: Zur Bewältigung des Stresses in einer Rolle wird eine Trennung beider Lebensbereiche vorgenommen, um Interferenzen zwischen ihnen zu unterdrücken, und um Grenzen zwischen den Rollen aufrecht zu erhalten.

Frühe Forschungsarbeiten dokumentieren die Annahme, dass Erwerbsarbeit und Privatleben zwei unabhängige Systeme darstellen, die sich gegenseitig nicht beeinflussen.[10] Dahingegen weisen jüngere Untersuchungen durchaus eine gegenseitige Beeinflussung der Rollen aus verschiedenen Domänen nach – mal zum Guten und mal zum Schlechten.[11] Dabei kann es sich beispielsweise um Gesundheitsprobleme, Stress und Überlastung aber auch um Erhöhung der Lebensqualität und Arbeitseffektivität handeln.[12] Die Erweiterung des Untersuchungsgegenstandes auf positive Aspekte, wie Befriedigung und gutes Gelingen der Integration verschiedener Rollen trägt, zu einer ausgewogenen, positiveren Einschätzung der Problemstellung bei.[13]

Kritische Würdigung der Begrifflichkeit

Trotzdem die Thematik WLB in den letzten Jahren in diversen Publikationen und Medien zunehmend Beachtung findet, stößt der populäre Terminus in der Fachliteratur auf umfassende Kritik. Vor allem die folgenden drei Punkte werden oftmals geäußert:

- Die unwirkliche Gegenüberstellung der zwei elementaren Lebensbereiche des Menschen impliziert einen Ausschluss der Arbeit aus dem Leben.[14]

- Da sich das Forschungsinteresse auf die Interpendenzen von Erwerbstätigkeit und Familie richtet, werden andere Formen der Arbeit vernachlässigt.[15]

---

[10] Z. B. *Parsons, T. / Bales, R. F.* (1955).
[11] *Greenhaus, J. H. / Singh, R.* (2004), S. 687 f.; *Clark, S. C.* (2001), S. 349.
[12] *Barnett, R. C.* (1998), S. 126; *Greenhaus, J. H. / Singh, R.* (2004), S. 692 ff.; *Frone, M. R.* (2003), S. 143.
[13] *Clark, S. C.* (2001), S. 349.
[14] *Frone, M. R.* (2003), S.144; *Resch, M. / Bamberg, E.* (2005), S. 171; *Ulich, E. / Wülser, M.* (2005), S. 317 f.
[15] *Eby, L. T.* et al., S. 126.

21

- Es besteht Unklarheit hinsichtlich der exakten Interpretation des Begriffs Balance, der im Englischen unterschiedliche Bedeutungen haben kann (so z. B. das Gleichgewicht zweier Seiten auf einer Waage oder eine Stabilität in körperlicher oder psychischer Hinsicht).[16]

In der angel-sächsischen Literatur wird der Ausdruck **Work-Family Balance** als Synonym benutzt. Die Fokussierung auf Familie basiert auf der in den 1950er Jahren beginnenden Forschungstradition, Effekte zwischen Erwerbstätigkeit und Familie sowohl bei (Ehe-)Männern bzw. Vätern als auch insbesondere bei (Ehe-)Frauen bzw. Müttern (junger) Kinder zu untersuchen.[17] Darüber hinaus werden den Eckpfeilern Familie und Erwerbsarbeit eine überaus zentrale Bedeutung für Individuen eingeräumt.[18]

Trotz der enormen Relevanz, die wir insbesondere durch persönliche Erfahrung um die Vereinbarkeit von Familie und Beruf erleben oder zunehmend auch durch die Politik und die Medien kennen lernen, erscheint die Dichotomie von Erwerbstätigkeit und Familie aus heutiger Sicht als unpassend. Es bestehen auch außerhalb der Familie Bedürfnisse und Verantwortlichkeiten, die erfüllt werden wollen.[19] So ist in der Diskussion eine mangelnde Betrachtung außerfamiliärer Rollen sowie weiteren lebenskulturell relevanter Aspekte wie Gesundheit und Zeitwohlstand festzustellen.[20] Zudem ist die moderne Gesellschaft durch einen Wertewandel gekennzeichnet, bei dem unter anderem alternative Lebens- und Haushaltsformen an Bedeutung gewinnen.[21] *Frone* argumentiert jedoch, dass die zur Verfügung stehenden empirischen Daten zu diesen Domänen defizitär sind und rechtfertigt so den Fokus auf die Familie.[22] Um der mangelhaften Würdigung außer-familiärer Rollen zu begegnen, werden weitere Synonyme für Work-Life Balance oder Work-Family Balance vorgeschlagen. Sie umfassen Begriffe wie **work/social system, work/non-work, employment** und **non-employment**

---

[16] *Guest, D. E.* (2001).
[17] *Marshall* et al. (1991), S. 179 ff.
[18] *Mortimer, J. T.* et al. (1986), zit. n. *Clark, S. C.* (2001), S. 348.
[19] *Barnett, R. C.* (1992), S. 126.
[20] *Guest, D. E.* (2001); *Garhammer, M.* (2004), S. 69 f.
[21] *Nave-Herz, R.* (1998), S. 298; *Bertram, H.* (2000), S. 98 ff.; *Ristau, M.* (2005), S. 16; DESTATIS (2006c), S. 25.
[22] *Frone, M. R.* (2003), S. 144.

sowie **Life Domain Balance**. Manche dieser Ausdrücke erfüllen den Anspruch an eine Erweiterung des Begriffverständnisses, der aufgrund gesellschaftlicher Änderungen in den letzten Jahrzehnten eingefordert wird.[23] Andere wiederum wecken ebenso kontroverse Diskussionen, wie sie derzeit geführt werden. Da diesbezüglich noch kein Konsens absehbar ist, steht der Begriff Work-Life Balance (WLB) im Folgenden weiter im Vordergrund.

Gesellschaftliche Entwicklungen und Auswirkungen auf den Arbeitsmarkt

Das kontinuierlich wachsende Interesse an WLB ist mit gesellschaftlichen Entwicklungen und damit einhergehenden Veränderungen auf dem Arbeitsmarkt, nicht nur in Deutschland sondern ebenso in anderen Industrieländern, in Zusammenhang zu bringen.[24] Die folgenden Tendenzen führen dazu, dass dem Thema WLB eine strategische Bedeutung für die Wirtschaft beigemessen wird:[25]

Die **Zunahme außerberuflicher Tätigkeiten mit Verpflichtungscharakter** (zum Beispiel Haus- und Gartenarbeit, Pflege und Betreuung, Ehrenamt, informelle Hilfen) trägt zum Empfinden eines chronischen Zeitmangels bei.[26] Dieser Zeitdruck wird u. a. durch das Lebensalter, den Familienstatus, der Anzahl und dem Alter der im Haushalt lebenden Kinder, den Beruf und den Umfang der Erwerbstätigkeit sowie der Einkommenshöhe beeinflusst.[27] Es zeigen sich psychische Belastungen und Beeinträchtigungen des Gesundheitszustands, die langfristig zu negativen Auswirkungen auf das menschliche Immun-, und Herz-Kreislaufsystem sowie zu irreversiblen körperlichem Verschleiß führen.[28]

Mit der Ablösung des traditionellen Modells des männlichen Alleinverdieners stellt die (noch) vorherrschende **mangelhafte Betreuungsquote** für Kinder ins-

---

[23] *Garhammer, M.* (2004), S. 69 f.
[24] *Eby, L. T.* et al. (2005), S. 125.
[25] *Barnett, R. C.* (1998); *Greenblatt, E.* (2002), S. 177.
[26] *DESTATIS* (2003), S. 10; *Opaschowski, H. W.* (2006), S. 27 ff.
[27] *Garhammer, M.* (2004), S. 57 f.; *Opaschowski, H. W.* (2004), S. 38 ff.
[28] *Clark, S. C.* (2001), S. 351 f.; *Badura, B. / Vetter, C.* (2004), S. 6 ff.; *Garhammer, M.* (2004), S. 55; *Weinert, A. B.* (2004), S. 35; *Resch, M. / Bamberg, E.* (2005), S. 171/175.

besondere der unter 3-jährigen und die damit einhergehende Problematik der Rückkehr gut ausgebildeter und erfahrener Akademikerinnen aus der Elternzeit ein wesentliches Hindernis bei der Vereinbarkeit von Familie und Beruf dar.[29]

Darüber hinaus ist in Anbetracht der Alterung der Bevölkerung mit einem wachsenden **Pflegeleistungsbedarf** der Eltern-Generation zu rechnen.[30] In diesem Zusammenhang entsteht eine Mehrbelastung vor allem für die so genannte Sandwich-Generation, die nach Abschluss der intensiven Erziehungs- und Betreuungszeit der Kinder kurze Zeit später die Pflege und Versorgung der Eltern übernimmt.[31]

Dazu kommt eine arbeitsmarktbedingte **Zunahme an Mobilität**, die eine räumliche Trennung zum familiären Umfeld fordert. Dadurch werden Betreuungsleistungen innerhalb der Familie noch stärker beeinträchtigt.[32]

Die gesellschaftlichen Einstellungen und Werte unterziehen sich einem Wandel: Frauen wie Männer streben zunehmend nach mehr **Lebensqualität außerhalb der Erwerbsarbeit**, wofür sie sogar teilweise Karriererisiken in Kauf nehmen oder sich eine alternative Beschäftigung suchen.[33]

Die Zusammensetzung der Erwerbstätigen hat sich in den letzten Dekaden stark verändert.[34] Das zeigt sich z. B. in der steigenden **Anzahl berufstätiger Frauen**[35] und der damit einhergehenden Zunahme an Doppelverdiener-Ehen[36] sowie dem Anstieg an Alleinerziehenden.[37]

Zukünftig wird außerdem der **Anteil der älteren Arbeitnehmer** wieder zunehmen. Nicht zuletzt aufgrund der politisch-rechtlichen Anforderungen an die Ar-

---

[29] *Eichhorst, W. / Thode, E.* (2002); *BMFSFJ* (2006), S. 22.
[30] *Blinkert, B. / Klie, T.* (1999); *Schulz, E.* et al. (2001).
[31] *Spillman, B. C / Pezzin, L. E.* (2000); *Garhammer, M.* (2004), S. 59; *Bäcker, G.* (2004).
[32] *Schulz, E.* et al. (2001).
[33] *Clark, S. C.* (2000), S. 749, *Greenblatt, E.* (2002), S. 177 ff., *Greenhaus, J. H. / Singh, R.* (2004), S. 695.
[34] *Eby, L. T.* et al. (2005), S.125.
[35] *Clark, S. C.* (2000), S. 749; *Bäcker, G.* (2004), S. 131; *Greenhaus, J. / Singh, R.* (2004), S. 695; *DESTATIS* (2006b), S. 26.
[36] *Eby, L. T.* et al. (2005), S. 173.
[37] *DESTATIS* (2006a), S. 56; *DESTATIS* (2006b), S. 39.

beitswelt, sondern auch aufgrund der ökonomischen Notwendigkeit. So sank das Rentenniveau in den letzten Jahrzehnten kontinuierlich[38] und macht zusätzliche oder weitere Einnahmequellen für die Älteren erforderlich. Darüber hinaus gilt Arbeit auch im Alter häufig weiterhin als sinnstiftendes Element.[39]

Es vollzieht sich ein **Wandel der Erwerbsformen**, der in der Zunahme alternativer Vertragsformen neben dem typischen Normalarbeitsverhältnis[40] zum Ausdruck kommt.[41] Dieser Wandel zeigt sich insbesondere durch den Anstieg der Teilzeitarbeit.[42] Die Besetzung einer Teilzeitstelle wird zu 60 % mit persönlichen oder familiären Lebensbedingungen begründet.[43] Die Ausdifferenzierung unterschiedlicher Erwerbsmuster geht auch mit einer Steigerung der Arbeitsintensität und -qualität einher, welche wiederum zu einer enormen Belastung führen kann.[44]

Durch den **technologischen Fortschritt** (Internet, Notebook, Mobiltelefon, Personal Digital Assistent etc.) haben sich die Möglichkeiten zur flexiblen Arbeit wesentlich verbessert.[45]

Infolge des **demographischen Wandels** verschiebt sich die Altersstruktur: Geburtenstarke Jahrgänge stehen vor der Pensionierung, während bei den nachrückenden Generationen der Geburtenrückgang einsetzt. Im Zuge der Massenarbeitslosigkeit der letzten Jahre kommt es außerdem zu einer Dequalifizierung des Humankapitals insbesondere bei den Langzeitarbeitslosen. Als Folge ist ein Mangel an Fach- und Führungskräften absehbar.[46]

Es ist davon auszugehen, dass sich diese Entwicklungen in der Zukunft weiter

---

[38] *Statistisches Bundesamt*, BMAS ; *VDR* 2002; *Schnabel, R.* (o. J.).
[39] *Kistler, E. / Hilpert, M.* (2001), S. 9.
[40] Das Normalarbeitsverhältnis basiert auf einem dauerhaft angelegten Arbeitsvertrag, einem an Vollzeitbeschäftigung orientierten Arbeitszeitmuster, einem tarifvertraglich normierten Lohn oder Gehalt, der Sozialversicherungspflicht sowie der persönlichen Abhängigkeit und Weisungsgebundenheit des Arbeitnehmers vom Arbeitgeber.
[41] *Hoffmann, E. / Walwei, U.* (2002), S. 135; *Garhammer, M.* (2004), S. 46 f.
[42] *Clark, S. C.* (2000), S. 749, *Hoffmann, E. / Walwei, U.* (2002), S. 138, *Wanger, S.*(2005).
[43] *DESTATIS* (2001), S. 28.
[44] *Allmendinger, J. / Spitznagel, E.* 2006, S. 1438.
[45] *Greenblatt, E.* (2002), S. 177 ff.
[46] *Walwei, U.* et al. (2006), S. 11 f.

fortsetzen werden.[47] Für Organisationen ist es deshalb von entscheidender Bedeutung, sich zur Sicherung ihrer wirtschaftlichen Vitalität diesen Herausforderungen rechtzeitig zu stellen.[48] Der folgende Abschnitt greift dieses strategisch relevante Thema auf.

Auswirkungen eines veränderten Arbeitsmarkts auf Organisationen

Infolge des zu erwartenden Fach- und Führungskräftemangels müssen sich Organisationen mehr denn je bemühen, geeignetes Personal zu rekrutieren, zu motivieren und zu binden. Letzter Punkt gewinnt insbesondere im Zuge der gegenwärtigen Bewertung von Wissen als strategische Ressource an Bedeutung. Mit der Unterstützung der Beschäftigten bei der Schaffung von WLB können Organisationen dauerhaft einen wirtschaftlichen Nutzen generieren, dessen Dimensionen nachfolgend kurz benannt werden:[49]

- Reduktion der Stressbelastung
- Senkung von Fehlzeiten und Krankenstand
- Verringerung der Fluktuation mit den Effekten des Humankapitalerhalts
- Steigerung der Motivation und Zufriedenheit der Erwerbstätigen
- Erhöhung der Mitarbeiterloyalität und Bindung zum Unternehmen
- Erhöhung der Rückkehrquote und Senkung der Abwesenheitsdauer nach Mutterschutz und Altenpflege
- Reduzierung des Aufwands zur Wiederbesetzung
- Effizienzsteigerungen
- verbessertes Personalmarketing
- Marketingeffekte für den Produktabsatz
- verbessertes Unternehmensimage

---

[47] *Greenhaus, J. / Singh, R.* (2004), S. 695.
[48] *Barnett, R. C.* (1998); *Greenblatt, E.* (2002), S. 177.
[49] Vgl. *Greenhaus, J. H. / Parasuraman, S.* (1999), S. 234 ff.; *Konrad, A. M. / Mangel, R.* (2000); *Friedman, S. D.* et al. (2000); *BMFSFJ* (2003); *BMFSFJ / Prognos* (2005); *Eby , L. T.* et al. (2005).

Langfristig können Organisationen auf diese Weise Wettbewerbsvorteile generieren.[50] Die Unterstützung bei der Schaffung von WLB basiert nicht nur auf sozial-ethischen Aspekten, sondern ebenso auf konkreten, wirtschaftlichen Vorteilen für die Organisationen. Je aufgeschlossener sie gegenüber den Bedürfnissen und Interessen ihrer Mitarbeiterschaft sind, desto eher können sie relevante Programme zur Konfliktreduzierung für diese anbieten.[51]

In diversen Publikationen werden zu diesem Zweck so genannte „familienfreundliche Maßnahmen" zur Umsetzung in Organisationen vorgeschlagen.[52] Dabei wird meist auf den Lebensbereich Familie insbesondere Kinderbetreuung fokussiert, was hinsichtlich der heutigen komplexen gesellschaftlichen und individuellen Realitäten als unzureichend bewertet werden muss.[53] Oftmals erfolgt eine Zusammenstellung der Maßnahmen in Form eines Katalogs, der Informationen übersichtlich bündelt. Bestenfalls umfasst diese kategorisierte Auflistung noch die Beschreibung und Erläuterung der potenziellen Maßnahmen. Auch die vorgeschlagenen Kategorien bieten Grund zur Kritik, und die vorgenommene Zuordnung lässt sich teilweise nicht nachvollziehen.[54] Eine kumulierte Darstellung aller vermeintlich denkbaren, betrieblichen Maßnahmen zur besseren Vereinbarkeit verschiedener Lebensbereiche weckt sicherlich Respekt aber auch Skepsis über den Umfang und die Vielfalt der Möglichkeiten. Diese Art der Maßnahmenkataloge vermag jedoch nicht zu verdeutlichen, wie Organisationen die Umsetzung innerbetrieblich erfolgreich und nachhaltig vollziehen können. So sollten sie vermeiden, mithilfe unkoordinierter oder unstrukturierter Einzelmaßnahmen zu experimentieren, da ein solches Vorgehen nicht als zielführend

---

[50] *Seehausen, H.* (1997), S. 36; *BMFSFJ* (2003), S. 11; *Murrell, K.* (2003); *Zdrowomyslaw, N.* et al. (2005).

[51] *Greenhaus, J. H. / Singh, R.* 2004, S. 688.

[52] Z. B. *Hosemann, W.* et al. (1992); *Nick* (1992), Sp. 2069 f.; *Hagemann, U.* et al. (1997); *Knauth, P.* et al. (2000); *BMFSFJ* (2001); *Möller, I. / Allmendinger, J.* (2003), *BMFSFJ* (2004); *Erler, G. A.* (2004); *Hartig, S.* et al. (2004); *Badura, B. / Vetter, C.* (2004); *BMFSFJ* (2005); *Lukoschat, H. / Bessing, N.* (2005), S 56 f.; *Jung, H.* (2005), S. 629 ff.; *Audit* (2006).

[53] Vgl. Einleitung in diesem Band.

[54] Vgl. auch *Ulich, E. / Wülser, M.* (2005), 325 ff.

gelten kann.[55] Vielmehr können durch **systematischen Einsatz** von Maßnahmen die Bedürfnisse der Beschäftigten erfüllt und Konflikte reduziert werden. Wenn dies gelänge, würde die „Abschöpfung" oben genannter Effekte ermöglicht. Entsprechend sollte dem Mangel an Methoden zur strategischen und nachhaltigen Unterstützung von WLB für die Beschäftigten bei zukünftigen Forschungsarbeiten verstärkt begegnet werden.

Fazit

Hinter dem populären Begriff Work-Life Balance steckt nur ein Mechanismus neben sechs weiteren, welche die Interpendenzen von Erwerbsarbeit und Privatleben beschreiben. Die wechselseitige Beeinflussung dieser Lebensdomänen kann sowohl negativ als auch positiv erfolgen und sich bestenfalls in einer über alle Lebensbereiche hinweg gefühlte Zufriedenheit äußern. Die organisationale Unterstützung der Beschäftigten bei der Schaffung von WLB bewegt sich im Spannungsfeld betriebswirtschaftlicher Rationalität und sozial-ethischer Lebenskultur. Diese Art der Unterstützung generiert nicht nur für das Privatleben des Individuums Vorteile sondern ebenso für Organisationen. Deshalb widmen sich diese zunehmend dem Thema. Es wird eingesehen, dass potenzielle Konflikte zwischen den Lebensbereichen nicht als naturgegeben zu akzeptieren, sondern als wechselwirkend zu erkennen und zu bewerten sind.[56] Insbesondere vor dem Hintergrund des zu erwartenden Fachkräftemangels wächst die Zahl der Organisationen, die sich den oben genannten Herausforderungen annehmen und ihre Mitarbeiterschaft bei der Schaffung von WLB unterstützen. Sie erkennen zunehmend die strategische Bedeutung zeitgemäßer, innovativer Sozialleistungen, die insbesondere adäquate Fach- und Führungskräfte binden, sowie die Auswahl und Rekrutierung qualifizierter Neueinstellungen in signifikanter Weise positiv beeinflussen. So sichern sich die Organisationen ihre Wettbewerbsfähigkeit und übernehmen gesellschaftliche Verantwortung. Dabei zei-

---

[55] Vgl. auch *Resch, M.* (2004), S. 130.
[56] *Clark, S. C.* (2001), S. 362; *Weinert, A.* (2004), S. 37; *Resch, M. / Bamberg, E.* (2005), S. 171 ff.; *Badura, B.* et al. (2004), S. 8 f.

gen sich kurzfristige und langfristige Effekte, die insgesamt zur Generierung von Wettbewerbsvorteilen führen und nachhaltig gesellschaftliche Veränderungen begleiten. Von dieser dauerhaften Verbesserung der Arbeitsqualität profitieren alle Akteure: Es handelt sich um eine „win-win-win-Situation" für Individuen, Privatwirtschaft und Volkswirtschaft.[57]

Literaturverzeichnis

Allmendinger, Jutta / Spitznagel, Eugen (2006): Arbeit in den USA – Arbeit in Deutschland: eine Antwort auf Michael Piore, in: *Rehberg, Karl-Siegbert* (Hrsg.): Soziale Ungleichheit, Kulturelle Unterschiede. Verhandlungen des 32. Kongresses der Deutschen Gesellschaft für Soziologie, München 2004, 2 Bände, Frankfurt am Main u. a., S. 1437-1446.

audit berufundfamilie (2006): Infothek, www.beruf-und-familie.de (29.09.2006).

Bäcker, Gerhard (2004): Berufstätigkeit und Verpflichtungen in der familiären Pflege, in: *Badura, Bernhard / Schellschmidt, Henner / Vetter, Christian*: Fehlzeiten-Report 2003: Wettbewerbsfaktor Work-Life Balance, Berlin u. a., S. 131-145.

Badura, Bernhard / Schellschmidt, Henner / Vetter, Christian (2004): Fehlzeiten-Report 2003, Wettbewerbsfaktor Work-Life Balance, Berlin u. a.

Badura, Bernhard / Vetter, Christian (2004): „Work-Life Balance" Herausforderung für die betriebliche Gesundheitspolitik und den Staat, in: *Badura, Bernhard / Schellschmidt, Henner / Vetter, Christian* (2004): Fehlzeiten-Report 2003, Wettbewerbsfaktor Work-Life Balance, Berlin u. a., S. 1-18.

Bailyn, Lotte (1997): The Impact of Corporate Culture on Work-Family Integration, in: *Greenhaus, Jefferey H. / Parasuraman, Saroj* (1997): Work and Family. Challenges and choices for a changing world, Westport, CT.

Barnett, Rosalind C. (1998): Toward a Review and Reconceptualization of the Work/Family Literature, in: *Genetic, Social & General Psychology Monographs*, 124(2), S. 125- 182.

Bertram, Hans (2000): Die verborgenen familiären Beziehungen in Deutschland, in: *Kohli, Martin / Szydlik, Marc* (Hrsg.): Generationen in Familie und Gesellschaft. Lebenslauf – Alter – Generation, Band 3, Opladen, S. 97-121.

Bundesministerium für Familie, Senioren, Frauen und Jugend (BMFSFJ) (Hrsg.) (2006): Kindertagesbetreuung für Kinder unter drei Jahren, Bericht der Bundesregierung über den Stand des Ausbaus für ein bedarfsgerechtes Angebot an Kindertagesbetreuung für Kinder unter drei Jahren, Berlin.

Bundesministerium für Familie, Senioren, Frauen und Jugend (BMFSFJ) / Prognos (Hrsg.) (2005): Work Life Balance: Motor für wirtschaftliches Wachstum und gesellschaftliche Stabilität: Analyse der volkswirtschaftlichen Effekte – Zusammenfassung der Ergebnisse, Basel.

Bundesministerium für Familie, Senioren, Frauen und Jugend (BMFSFJ) (Hrsg.) (2004): Betrieblich unterstützte Kinderbetreuung, Berlin.

---

[57] *Spieß, K.* et al. (2002); *BMFSFJ / Prognos* (2005).

Bundesministerium für Familie, Senioren, Frauen und Jugend (BMFSFJ) (Hrsg.) (2003): Betriebswirtschaftliche Effekte familienfreundlicher Maßnahmen, Kosten-Nutzen-Analyse, Berlin.

Bundesministerium für Familie, Senioren, Frauen und Jugend (BMFSFJ) (Hrsg.) (2001): Familienfreundliche Maßnahmen im Betrieb, Eine Handreichung für Unternehmensleitungen, Arbeitnehmervertretungen und Beschäftigte, Berlin.

Clark, Sue Campbell (2000): Work/Family Border Theory: A New Theory of Work/Family Balance, in: *Human Relations*, 53(6), S. 747-770.

Clark, Sue Campbell (2001): Work Cultures and Work/Family Balance, in: *Journal of Vocational Behavior*, 58(3), S. 348-65.

Eby, Lillian T. / Casper, Wendy / Lockwood, Angie / Bordeaux, Chris / Brinley, Andi (2005): A Twenty Year Retrospective on Work and Family Research in IO/OB Journals: A Review of the Literature, in: *Journal of Vocational Behavior*, Monograph, 66, S. 124-197.

Eichhorst, Werner / Thode, Eric (2002): Vereinbarkeit von Familie und Beruf. Benchmarking Deutschland aktuell, hrsg. von Bertelsmann Stiftung, Gütersloh.

Erler, Gisela A. (2004): „Diversity als Motor für flankierende personalpolitische Maßnahmen zur Verbesserung der Vereinbarkeit von Familie und Beruf, in: *Badura, Bernhard / Schellschmidt, Henner / Vetter, Christian* (Hrsg.): Fehlzeiten-Report 2003: Wettbewerbsfaktor Work-Life Balance, Berlin u. a., S. 147-159.

Friedman, Stewart D. / Christensen, Perry / DeGroot, Jessica (2000): Work and Life. The End of the Zero-Sum Game, in: *Harvard Business Review* Paperback Series, Boston, MA, S. 1-29 (Erstveröffentlichung: November / Dezember 1998).

Frone, Michael R. (2003): Work-Family Balance, in: *Quick, J. Campbell / Tetrick, L. E.* (Hrsg.): Handbook of Occupational Health Psychology, Washington, S. 143-162.

Garhammer, Manfred (2004): Auswirkungen neuer Arbeitsformen auf Stress und Lebensqualität, in: *Badura, Bernhard / Schellschmidt, Henner / Vetter, Christian* (Hrsg.): Fehlzeiten-Report 2003, Wettbewerbsfaktor Work-Life Balance, Berlin u. a.

Gensicke, Thomas (2000): Deutschland im Übergang, Lebensgefühl, Wertorientierungen, Bürgerengagement, Speyerer Forschungsberichte 204, Forschungsinstitut für öffentliche Verwaltung, Speyer.

Geurts, Sabine A. E. / Demerouti, Evangelia (2003): Work/Non-Work Interface: A Review of Theories and Findings, *in: Schabracq, Marc J. / Winnubst, Jacques A. M. / Cooper, Cary L.* (Eds.), Handbook of Work and Health Psychology, S. 279-312.

Glatzer, Wolfgang / Ostner, Ilona (1999): Deutschland im Wandel Sozialstrukturelle Analysen, Opladen.

Greenblatt, Edy (2002): Work/Life Balance: Wisdom or Whining, in: *Organizational Dynamics*, 31(2), S. 177-193.

Greenhaus, Jefferey H. / Parasuraman, Saroj (1997): Work and Family. Challenges and Choices for a Changing World, Westport, CT.

Greenhaus, Jefferey H. / Singh, Romila (2004): Relationship between Work and Family, in: *Spielberger, Charles D.* (Ed.): Encyclopedia of Applied Psychology, San Diego, CA, S. 687-698.

Greenhaus, Jefferey H. /Beutell, Nicholas J. (1985): Sources of Conflict between Work and Family Roles, in: *Academy of Management Review*, 10(1), S. 76-88.

Guest, David E. (2001): Perspectives on the Study of Work-Life Balance, A Discussion Paper Prepared for the 2001 ENOP Symposium, Paris.

Hagemann, Ulrich / Kreß, Brigitta / Seehausen, Harald (1997): Betrieb und Kinderbetreuung, Opladen.

Hartig, Sandra / Hölterhoff, Marcel / Schubart, Friederike / Werner, Henrike (2004): Familienorientierte Personalpolitik. Checkheft für kleine und mittlere Unternehmen, in: *Deutscher Industrie- und Handelskammertag (DIHK) / Bundesministerium für Familie, Senioren, Frauen und Jugend (BMFSFJ) / Beruf und Familie gGmbh* (Hrsg.): Familienorientierte Personalpolitik. Checkheft für kleine und mittlere Unternehmen, Berlin.

Hoffmann, Edeltraud / Walwei, Ulrich (2002): Wandel der Erwerbsformen: Was steckt hinter den Veränderungen? in: *Kleinhenz, Gerhard* (Hrsg.): *IAB-Kompendium Arbeitsmarkt und Berufsforschung*, Beiträge zur Arbeitsmarkt- und Berufsforschung, BeitrAB 250, Nürnberg, S. 135-144.

Hosemann, Wilfried / Burian, Klaus / Lenz, Christa (1992): Vereinbarkeit von Beruf und Familie – ein Thema auch für männliche Mitarbeiter? Neue personalwirtschaftliche Konzepte erweitern die Handlungsmöglichkeiten der Unternehmen, Köln.

Jung, Hans (2005): Personalwirtschaft, 6. Auflage, München u. a.

Kastner, Michael (2004): Die Zukunft der Work Life Balance, Kröningen.

Kistler, Ernst / Hilpert, Markus (2001): Auswirkungen des demographischen Wandels auf Arbeit und Arbeitslosigkeit, in: *Aus Politik und Zeitgeschichte*, B 3-4/2001, S. 5-14.

Klages, Helmut / Kmieciak, Peter (1979): Wertewandel und gesellschaftlicher Wandel, Frankfurt u. a.

Knauth, Peter / Hornberger, Sonia / Olbert-Bock, Sibylle / Weisheit, Jürgen (2000): Erfolgsfaktor familienbewußte Personalpolitik, Arbeitswissenschaft in der betrieblichen Praxis, Nr. 16, Frankfurt am Main u. a.

Konrad, Alison. M. / Mangel, Robert (2000): The Impact of Work-Life Programs on Firm Productivity, in: *Strategic Management Journal*, 21, S. 1225- 1237.

Lukoschat, Helga / Bessing, Nina (2005): Work-Life-Balance für Führungskräfte: Schritte in Richtung auf einen Kulturwandel, in: *Deutsche Gesellschaft für Personalführung e.V.* (Hrsg.): Zeitschrift Personalführung, Heft 4, S. 54-60.

Marshall, Christina M. / Chadwick, Bruce A. / Marshall, Bill C. (1992): The Influence of Employment on Family Interaction, Well-Being, and Happiness, in: *Bahr, Stephen J.*: Family Research. A Sixty-Year Review, 1930-1990, Vol. 2, New York, NY u. a.

Möller, Iris / Allmendinger, Jutta (2003): Frauenförderung: Betriebe könnten noch mehr für die Chancengleichheit tun, IAB-Kurzbericht Nr. 12, Nürnberg.

Morf, Martin (1989): The Work/Life Ddichotomy, Westport, CT.

Mortimer, J. T. / Lorence, J. / Kumka, D. S. (1986): Work, Family, and Personality: Transition to Adulthood, Norwood, NY.

Murrell, Kenneth (2003): Flexible Arbeitsplätze gestalten, in: *Campus* (Hrsg.): Management, Frankfurt, S. 85-87.

Nave-Herz, Rosemarie (1998): Die These über den „Zerfall der Familie", in: *Friedrichs, Jürgen / Lepsius, M. Rainer / Mayer, Karl U.* (Hrsg.): Die Diagnosefähigkeit der Soziologie, Kölner Zeitschrift für Soziologie und Sozialpsychologie, Sonderheft Nr. 38, Opladen u. a., S. 286-315.

Nick, Frank R. (1992): Sozialleistungen, betriebliche und Sozialeinrichtungen, in: *Gaugler, Eduard* (Hrsg.): Handwörterbuch des Personalwesens, 2. neu bearbeitete und ergänzte Auflage, Stuttgart, Sp. 2066-2080.

Opaschowski, Horst W. (2004): Der Generationenpakt, Das soziale Netz der Zukunft, Darmstadt.

Opaschowski, Horst W. (2006): Einführung in die Freizeitwissenschaft, 4. überarb. und akt. Auflage, Wiesbaden.

Parsons, Talcott / Bales, Robert F. (1955): Family, Socialization and Interaction Process. Glencoe, IL.

Rapoport, Rhona / Bailyn, Lotte (1996): Relinking Life and Work: Toward a Better Future. A Report to the Ford Foundation, New York, NY.

Resch, Marianne / Bamberg, Eva (2005): Work-Life-Balance – Ein neuer Blick auf die Vereinbarkeit von Berufs- und Privatleben? in: *Zeitschrift für Arbeits- und Organisationspsychologie*, Nr. 4, Göttingen, S. 171-175.

Ristau, Malte (2005): Der ökonomische Charme der Familie, in: *Bundeszentrale für politische Bildung* (Hrsg.): Aus Politik und Zeitgeschichte, Nr. 23/24, Bonn, S. 16-23.

Rosenstiel, Lutz von / Djarrahzadeh, Maryam / Einsiedler, Herbert E. / Streich, Richard K. (1993): Wertewandel. Herausforderungen für die Unternehmenspolitik in den 90er Jahren, 2. überarbeitete Auflage, Stuttgart.

Schnabel, Reinhold (o. J.): Die Rentenlücke: Das Problem wächst, *Deutsches Institut für Altersvorsorge GmbH*, Köln.

Schulz, Erika / Leidl, Reiner / Koenig, Hans Helmut (2001): Starker Anstieg der Pflegebedürftigkeit zu erwarten – Vorausschätzungen bis 2020 mit Ausblick auf 2050, DIW-Wochenbericht, Nr. 5.

Seehausen, Harald (1997): Betriebliche Förderung von Kinderbetreuung in einem sozialpolitischen und interdisziplinären Bezugsrahmen, in: *Hagemann, Ulrich / Kreß, Brigitta / Seehausen, Harald* (Hrsg.): Betrieb und Kinderbetreuung, Opladen, S. 21-38.

Spieß, Katharina / Schupp, Jürgen / Grabka, Markus / Haisken-De New, John P. / Jakobeit, Heike / Wagner, Gert G. (2002): Abschätzung der Brutto-Einnahmeeffekte öffentlicher Haushalte und der Sozialversicherungsträger bei einem Ausbau von Kindertagesstätte, in: *Bundesministerium für Familie, Senioren, Frauen und Jugend (BMFSFJ)* (Hrsg.): Abschätzung der Brutto-Einnahmeeffekte öffentlicher Haushalte und der Sozialversicherungsträger bei einem Ausbau von Kindertagesstätten, Band 233, Schriftenreihe des *Bundesministeriums für Familie, Senioren, Frauen und Jugend*, Baden-Baden.

Spillman, Brenda C. / Pezzin, Liliana E. (2000): Potential and Active Family Caregivers: Changing Networks and the 'Sandwich Generation', in: *The Milbank Quarterly*, 78(3), Oxford, S. 347-374.

Statistisches Bundesamt / BMAS (o. J.): http://www.deutsche-rentenversicherung.de/nn_15142/SharedDocs/de/Inhalt/04__Formulare__Publikationen/03__publikationen/Statistiken/Broschueren/rv__in__zahlen__pdf,property=publicationFile.pdf/rv_in_z ahlen_pdf [Zugriff am 2.3.2007].

Statistisches Bundesamt (DESTATIS) (Hrsg.) (2001): Ergebnisse des Mikrozensus 2000, Wiesbaden.

Statistisches Bundesamt (DESTATIS) (Hrsg.) (2003): Wo bleibt die Zeit? Wiesbaden.

Statistisches Bundesamt (DESTATIS) (Hrsg.) (2006a): Statistisches Jahrbuch 2006 für die Bundesrepublik Deutschland, Wiesbaden.

Statistisches Bundesamt (DESTATIS) (Hrsg.) (2006b): Frauen in Deutschland, Wiesbaden.

Statistisches Bundesamt (DESTATIS) (Hrsg.) (2006c): Leben in Deutschland, Haushalte, Familien und Gesundheit: Ergebnisse des Mikrozensus 2005, Presseexemplar, Wiesbaden.

Ulich, Eberhard (2005): Arbeitspsychologie. 6., überarb. u. erw. Aufl., Stuttgart.

Ulich, Eberhard / Wülser, Marc (2005): Gesundheitsmanagement in Unternehmen. Arbeitspsychologische Perspektiven, Wiesbaden.

Verband Deutscher Versicherungsträger (VDR) (Hrsg.) (2002): Renten geben Schutz und Sicherheit, Frankfurt am Main.

Walwei, Ulrich / Fuchs, Johann / Schnur, Peter / Zika, Gerd (2006): Der deutsche Arbeitsmarkt Gestern, Heute, Morgen, in: *Bundesministerium für Arbeit und Soziales* (Hrsg.): Bundesarbeitsblatt, Arbeitsmarkt und Arbeitsrecht, Nr. 1, Berlin.

Wanger, Susanne (2005): Beschäftigungsgewinne sind nur die halbe Wahrheit, IAB-Kurzbericht, Nr. 22, Nürnberg.

Weinert, Ansfried B. (2004): Organisations- und Personalpsychologie, 5. vollständig überarb. Aufl., Weinheim u. a.

Zdrowomyslaw, Norbert / Benthin, Rainer / Hamm, Ralf / Prößler, Ernst-Kurt / Rath, Anja (2005): Personalpolitik in Zeiten demografischen Wandels, in: *Katz, Casimir* (Hrsg.): Der Betriebswirt, Theorie und Praxis für Führungskräfte, Sonderdruck, Gernsbach.

Auftrag für Politik und Wirtschaft

Renate Schmidt
Bundesministerin für Familie, Senioren, Frauen und Jugend a. D.

„Hoffentlich wird es nicht so schlimm wie es schon ist", sprach *Karl Valentin* und hätte dabei auch schrumpfendes Wirtschaftswachstum und hohe Staatsverschuldung meinen können. Dies sind dieser Tage die Sorgenkinder der Nation. Die Ursache sieht die Öffentlichkeit vor allem in einem Punkt begründet: dem demographischen Wandel. Aber eines sei gesagt: Nicht zu viele Alte, sondern zu wenig Junge sind das Problem dieses Landes.

Die eigentliche Katastrophe ist, dass Wunsch und Realität der Deutschen so weit auseinander gehen in einem Bereich, dem der Deutsche nach wie vor den höchsten Stellenwert einräumt: die Familie. Und diese vereinbar mit einem Job für beide Elternteile. Die, die wollen und nicht können beschweren sich, dass die, die könnten und nicht wollen, ihnen die Möglichkeiten nicht geben... weil sie nicht können sagen die ... weil sie nicht wollen sagen die Anderen.

Riskiert man den vielzitierten Blick über den Tellerrand wird man überrascht feststellen, dass die geplagte deutsche Seele nicht die einzige ist, die mit Problemen kämpft. Auch wenn die bisweilen lautstarken Bekundungen der verdrießlichen Situation das zunächst anders vermuten ließen.

Auch in den skandinavischen Ländern finden Diskussionen statt. Auch dort gibt es Missstände, die den Menschen Sorgen bereiten. Aber dort ist eine Sache kein Problem, die hierzulande noch die Gemüter erregt. Dort, gar nicht weit weg von den Familien dieser Republik, ist inzwischen ein Großteil der Frauen erwerbstätig. Es scheinen sich sogar Beruf und Familie gegenseitig zu bedingen.

Statistiken des *Berlin-Institus für Bevölkerung und Entwicklung* aus dem Jahr 2004 zeigen, dass zum Beispiel in Island, wo die Geburtenrate am höchsten in ganz Europa ist, 90 % der Frauen erwerbstätig sind. In unseren Gefilden hingegen ist die Powerfrau nach folgender Rechnung Opfer Ihres Alltags:

100 % Mutter	– für die lieben Kleinen
100 % Partnerin	– für den gestressten Partner
100 % Angestellte	– für den gestressten Chef

300 % Wrack – im Eiltempo

Und nicht etwa 300 % Zufriedenheit oder 300 % Leistung. Solche Belastungen hält die fitteste und engagierteste Mutter nicht auf Dauer durch. Und für Ihren männlichen Partner ist ein solcher Tagesablauf zwischen Küssen, Windeln und Bergen von Akten meist nicht vorstellbar. Er folgt – wie es Mutter Natur vor Jahrtausenden erdachte – seinem Beutetrieb und jagt für die Familie dem Geld hinterher. Er muss das tun, ob er will oder nicht, da Geld bekanntlich nicht auf Bäumen wächst, und die Mutter des gemeinsamen Kindes nur schwerlich die Möglichkeit hat zu arbeiten, ohne der aufgeführten Rechnung zu unterliegen.

Betrachtet man diese Rechnung noch genauer, so wird man außerdem feststellen, dass darin noch keine Zeit enthalten ist, die die Pflege von Eltern, die ambulant betreut werden, in Anspruch nimmt.

Überhaupt scheint das Thema Alter ein extrem schweres Thema für Deutschland zu sein. Schwer deswegen, weil es scheinbar behaftet ist mit allerhand Problemen, die schon eingangs Erwähnung fanden. Doch es gibt auch Völker, die, obwohl ähnlich beschäftigt mit der Thematik „Alter", die Situation völlig anders bewerten. In Japan spricht man voller Ehrfurcht von seiner Heimat als dem „Land des ewigen Lebens".

Doch zurück nach Deutschland, zurück zu jungen Familien, die anders entscheiden würden, wenn sie nur könnten. Keinen schmerzhaften Spagat zwischen den hektischen Bereichen Ihres Lebens wünschen sie sich. Sie wollen Familie, sie wollen Beruf – in harmonischer Balance. Wille und Wunsch sind vorhanden: Zigfach erhoben, evaluiert, errechnet, erfragt und prognostiziert. 70 % der Mütter, die zu Hause sind, wären lieber erwerbstätig. Jeder dritte Vater wünscht sich mehr Zeit für seine Familie. Doch das Ergebnis zu nutzen, liegt dem Großteil der Entscheidungsträger noch fern. Lediglich einige unverbesserliche Idealisten wagten ungewöhnliche Projekte in ihrem Betrieb oder in entscheidenden Gremien. Der Rest nörgelt. Wie es der Deutschen Manier ist, wurden unzählige fadenscheinige Gründe ausgegraben, erfunden und an den Haaren herbeigezogen, die dem Individuum zeigen, dass der Wunsch nach Verwirklichung beider Gebiete – Beruf und Familie – ein Wunsch ist, der immer nur auf Kosten von einem der beiden Dinge realisierbar ist.

Doch losgelöst von allen Hindernissen und Barrieren betrachtet steht fest, dass sich für die Familien in diesem Land etwas ändern muss. Diese Änderung ist kein Luxus, sondern schlicht und einfach notwendig. Wirft man beispielsweise einen Blick in das VWL-Buch eines Schülers, so werden grundlegende Zusammenhänge schon unserem Nachwuchs eingetrichtert, die es zu beachten gilt. Dazu gehört folgende Regel: Weniger Menschen bedeuten weniger Konsumenten und Erwerbstätige. Weniger Erwerbstätige bedeuten zumeist weniger Produktion, weniger Innovationsfähigkeit und weniger Risikobereitschaft. Dies sind alles wesentliche Faktoren, um eine Volkswirtschaft dynamisch zu halten. Oder aber um sie zu beleben, denn eine Belebung wäre bitter nötig. Anhand der von der *OECD* prognostizierten Zahlen für 2030 muss eine Sache unmissverständlich klar sein: Rund 0,5 Prozentpunkte Wachstum sind nicht genug, um die Hände in den Schoß zu legen. Und überspitzt gefragt: Ist es nicht Zeit zu handeln, wenn die Suche nach dem Weihnachtsgeschenk zum Frusterlebnis wird, weil in den Kaufhäusern mangels Nachfrage keine Schaukelpferde mehr verkauft werden, sondern nur noch Schaukelstühle?

Das Thema „Demographie", das Thema „Balance von Job und Familie" bilden eng verknüpft eine große Herausforderung für die jetzigen Entscheidungsträger. Doch von eben diesen hört der interessierte Bundesbürger Sätze wie „Das ist eine Aufgabe der Politik" oder von der anderen Seite „Wir haben nicht die Möglichkeiten. Das ist Aufgabe der Wirtschaft". Kurz bevor Dritte abstrakt formulieren: „Das ist ein Problem, das die Gesellschaft nur selbstständig lösen kann". Doch die Balance von Beruf und Familie kann nur ein Auftrag für Politik und Wirtschaft gleichermaßen sein. Sie, gemeinsam mit den Familien dieses Landes, also der Gesellschaft ganz konkret gesprochen, müssen diese gewichtige Aufgabe angehen. Denn nur dieser Verbund vermag es, Kräfte zu entfalten, die stark genug sind, Neues zu schaffen. Dynamik entsteht nur durch Kräfte und Innovationen nur durch Dynamik. Das Streben nach Wohlstand und die Wünsche für die Zukunft müssen Antrieb genug sein, um diese Problematik aus dem Weg zu räumen. Denn leider wächst das Bewusstsein nur langsam, dass wir eine familienfreundliche Gesellschaft und Unternehmenskultur brauchen, wenn wir dauerhaft Wachstum in Deutschland sichern wollen. Dieses Bewusstsein muss Platz schaffen für die jungen Frauen und Männer, die beides wollen: Erfolg im Beruf und ein generationenübergreifendes Familienleben mit Kindern und Großeltern. Dieses Familienleben braucht Zeit, Liebe und Geduld. Die Bedingungen sind aber in der Regel nicht so, dass es ihnen möglich ist, die Familie und Ihren Job in eine gute Balance zu bringen.

Der Wirtschaft kommt hierbei besondere Verantwortung zu. Die Betriebe können durch ihre Personalpolitik den entscheidenden Beitrag dazu leisten, die erforderliche Balance zu schaffen. Stellen Sie sich vor: Ein Großunternehmen, die Personalchefin, nennen wir sie der Einfachheit halber Schmidt, sitzt dem Bewerber für eine gehobene Führungsposition, nennen wir ihn Herrn Dr. Zeitz, verheiratet, drei Kinder, 37 Jahre alt, gegenüber. Frau Schmidt blättert in den Unterlagen und sagt:

„Also, Herr Dr. Zeitz, Sie haben ja ganz ausgezeichnete Qualifikationen. Nur eines finde ich nicht, Sie sind doch verheiratet und haben drei Kinder?" Dr. Zeitz: „Ja."
Frau Schmidt: „Dann habe ich es wahrscheinlich überblättert. Sagen Sie, wann haben Sie Ihre Erwerbstätigkeit wegen der Kinder unterbrochen, waren teilzeitbeschäftigt oder haben Elternzeit in Anspruch genommen?"
Herr Dr. Zeitz merkt, worauf das hinaus läuft, wird trotz seines Selbstbewusstseins verlegen, kommt sogar ein bisschen in Stottern und sagt: „Meine Frau, also ich und meine Frau haben beschlossen, dass diese Aufgabe meine Frau übernimmt."
Daraufhin klappt die Personalchefin Schmidt bedauernd die Bewerbungsunterlagen zu und sagt: „Dann kommen Sie für eine Führungsposition in unserem Hause leider nicht infrage. Wir legen Wert darauf, dass unsere Führungskräfte, soweit sie Kinder haben, die Kompetenzen, die man in der Familienarbeit erwerben kann, auch tatsächlich selbst erwerben."

Anhand dieser kleinen erdachten Geschichte wird deutlich, was heute leider noch immer nach Zukunftsmusik klingt: Personalchefs müssen nach und nach erkennen, dass die Motivation der Mitarbeiter und Mitarbeiterinnen, das Leistungsvermögen für den Betrieb eng mit ihrem Familienleben im Zusammenhang steht.

Mitarbeiter und Mitarbeiterinnen mit Familien stehen vor doppelten Herausforderungen: Das berufliche Leben mit dem der Familien zu vereinbaren, ist eine existentielle Aufgabe. Oder ganz konkret: Ein Unternehmen, das Personalchefs hat, die sich dieses Spannungsfeldes bewusst sind, kann sich klare betriebswirtschaftliche Vorteile schaffen. Mitarbeiter, die sich nicht darum kümmern müssen, was abends für Familie und Kinder gekocht werden soll, weil man aus der Betriebskantine das Abendessen für die Familie mitnehmen kann, werden sich ihrer Arbeit konzentrierter widmen können und an ihren Arbeitsplätzen bessere Leistungen bringen. Wenn Firmen die Möglichkeit bieten, dass Mitarbeiter oder Mitarbeiterinnen von zu Hause arbeiten können, wenn ein Kind krank ist, wird dies die Zahl der Krankmeldungen positiv beeinflussen. Auch betriebliche Kinderbetreuungsmöglichkeiten und familiengerechte Arbeitszeiten helfen Eltern enorm, sich während ihrer Arbeitszeit voll ihrem Beruf widmen zu können.

Die Vorteile, die eine familienfreundliche Personalpolitik mit sich bringt, sind konkret auszudrücken: Eine Studie der *Prognos AG* im Auftrag des Bundesfamilienministeriums hat bei verschiedenen Unternehmen im gesamten Bundesgebiet mit ganz unterschiedlichen Mitarbeiterzahlen (zwischen 150 und 13.000 Beschäftigte) die konkreten Einsparpotenziale untersucht – mit erstaunlichen Ergebnissen: Die Studie „Betriebswirtschaftliche Effekte familienfreundlicher Maßnahmen" ergaben selbst bei mittelständigen Unternehmen Einsparpotenziale bei der Einführung familienfreundlicher Maßnahmen in einer Größenordnung von mehreren 100.000 Euro. Als erstes Beispiel für Kostenersparnis lassen sich die **Fluktuationskosten** nennen. Wenn ein Elternteil – es ist ja leider meist immer noch die Mutter – in die Elternzeit geht, bedeutet dies für den Betrieb, dass er entweder für die Dauer der Elternzeit einen befristeten Ersatz suchen muss, was Akquise- und Qualifizierungskosten für neue Mitarbeiter mit sich bringt, oder die Stelle vakant lässt – hier müssen dann andere Mitarbeiter die

Aufgaben wahrnehmen und haben damit enorme Mehrbelastungen und Überstunden. Durch weiche Übergangsregelungen, Teilzeitarbeit und flexible Betreuungsangebote lassen sich die Fluktuationskosten deutlich minimieren. Als zweites Beispiel sind die **Wiedereinstiegskosten** zu nennen. Eltern, die nach der Elternzeit in den Betrieb wieder einsteigen, müssen sich erst wieder erneut an die Veränderungen innerhalb des Betriebes gewöhnen. Eine neuerliche Einarbeitungsphase wird nötig. Schätzungen gehen davon aus, dass der Wiedereinstieg nach der dreijährigen Elternzeit immerhin 75 % der Kosten einer Neueinstellung verursacht. Bei einem Wiedereinstieg nach nur einem halben Jahr fallen lediglich 15 % der Kosten an – ein triftiges Argument, die Rahmenbedingungen, für ein Miteinander von Familie und Beruf verbessern. Hinzu kommen die **Kosten für Fehlzeiten**. Bei der Krankheit eines Kindes, das sonst in einer Tagesbetreuungseinrichtung untergebracht ist, muss der Vater oder die Mutter zu Hause bleiben, um das kranke Kind zu betreuen. Bei flexiblen Arbeitszeitmodellen oder bei Teleheimarbeitsplätzen fallen diese Fehlzeiten erst gar nicht an. All diese Kosten sind zwar schwer exakt zu beziffern, lassen sich aber durch familienfreundliche Personalpolitik leicht vermeiden und steigern damit gleichzeitig die Zufriedenheit der Mitarbeiter in ihrem Betrieb.

Hieb- und stichfeste Argumente gibt es genügend, es muss aber zunächst darum gehen, Familienfreundlichkeit von dem Image zu befreien, nicht viel mehr als ein kostspieliges Förderprogramm für ein positives Betriebsklima und Frauenbeschäftigung zu sein. Es ist eindeutig: Familie bringt Gewinn. Familie ist gerade in Zeiten des demographischen Umbruchs ein harter, ökonomischer Wettbewerbsfaktor. Zahlreiche Unternehmen haben sich bereits einer familienfreundlichen Personalpolitik verpflichtet. Mit der Allianz für Familie und zahlreichen lokalen Bündnissen für Familie haben die Unternehmen die Möglichkeit bekommen, sich vor Ort für familienfreundliche Arbeitsbedingungen einzusetzen. Die Maßnahmen sind breit gefächert: Von betriebseigener Kinderbetreuung über finanzielle Förderung der Kinderbetreuungskosten oder der konkreten Hilfe bei der Vermittlung von Tagesmüttern – dies sind alles Hilfestellungen, die Mütter und Väter dabei unterstützen, Familie und Beruf besser zu vereinbaren. Eine familienfreundliche Personalpolitik spart nicht nur Kosten und verbessert die Wettbewerbssituation des Unternehmens, sie sorgt auch für zufriedenere Mitarbeiterinnen und Mitarbeiter – also eine echte win-win-Situation. Der erste Schritt in die richtige Richtung ist es wohl, diese Fakten zu verinnerlichen. Entscheidend ist aber dann der Mut der Verantwortlichen, die Schritte in die richtige Richtung zu gehen und konventionelle Organisationsstrukturen aufzubrechen, eine innovative Unternehmenskultur zu entwickeln, die eine wirkliche Balance von Beruf und familiären Interessen möglich macht.

Die Politik ist bereits auf dem Weg, Rahmenbedingungen zu schaffen, denn die Rolle der Politik ist neben dem Engagement der Wirtschaft eine ganz Entscheidende und damit der zweite Schlüssel zu einer gemeinsamen Strategie einer nachhaltigen und bevölkerungsorientierten Familienpolitik. Deutschland gibt bereits jetzt vergleichsweise viel Geld für Familien aus; im *EU*-Vergleich liegen wir im oberen Drittel. Dieses viele Geld hat in Deutschland jedoch nicht dazu geführt, dass die Menschen mehr Kinder bekommen. Ein Blick über die Grenzen zeigt, dass dort, wo es mehr Kinderbetreuungsangebote gibt, also dort, wo der Staat gezielt Möglichkeiten zur Vereinbarung von Job und Familie schafft, auch die Geburtenrate höher ist. Deshalb hat die Bundesregierung unter dem damaligen *Bundeskanzler Schröder* und mir als damaliger *Familienministerin* einen Paradigmenwechsel eingeleitet, weg von einer Fixierung auf monetäre Familienpolitik, verstärkt hin zu einer Familienpolitik besserer Infrastrukturen und familienunterstützender Dienstleistungen. Dazu wird die Kinderbetreuung ausgebaut und dabei auf differenzierte Angebote gesetzt: in guter Qualität, zeitlich flexibel, bezahlbar und vielfältig. Vielfalt bedeutet hierbei sowohl Ganztagsschulen und Horte, als auch Ganztagskindergärten und Kleinkindbetreuung, in Krippen oder durch Tagesmütter. Mit dem qualitätsorientiertem Ausbau der Kinderbetreuung wird auf die frühe Förderung der Kinder gesetzt. Denn gerade für Kinder unter drei Jahren fehlt es an geeigneten Kinderbetreuungsmöglichkeiten. Es gab 2004 für nur 2,7 % der Kinder in Westdeutschland Krippenplätze. Diese alarmierende Zahl dürfte jedem den Handlungsbedarf vor Augen führen.

Ein Blick über die Grenzen zeigt, dass dort, wo es mehr Kinderbetreuungsangebote auch für unter 3-Jährige gibt, dort wo eine Balance von Familie und Beruf erleichtert wird, auch die Geburtenrate höher ist. Die Kinderarmut ist dort geringer, und auch um die Bildung ist es besser bestellt. *PISA I* und *II* haben uns deutlich gemacht wie notwendig, ergänzend zur Familie, außerfamiliäre Betreuung, Erziehung und Bildung für Kinder sind. Diese gezielte Förderung schafft wichtige Grundlagen für das gesellschaftliche Leben und bereitet sie optimal auf spätere Herausforderungen von Ausbildung und Beruf vor. Denn unsere Wirtschaft, unsere Gesellschaft ist auf das Können und die Impulse der Nachwachsenden angewiesen. Qualitativ hochwertige Ausbildung schafft Produktivität und Innovation.

Die Kinderbetreuungsinfrastruktur hat offenbar auch einen entscheidenden Einfluss auf die Erwerbsbeteiligung von Müttern. Die Neuen Bundesländer liefern uns dafür das beste Beispiel. Dort sind bei einer vergleichsweise gut ausgebauten Kinderbetreuungsinfrastruktur 12 % mehr Mütter erwerbstätig als in Westdeutschland. Dass dort die Geburtenraten noch niedriger sind als in Westdeutschland liegt in der hohen Arbeitslosigkeit und dem Wegzug junger qualifizierter Frauen begründet. Denn natürlich gibt es bei der Entscheidung für oder gegen Kinder keine monokausalen Ursachen. Gerade deswegen muss man mit dieser Erkenntnis arbeiten und gemeinsam an vielen Stellen parallel ansetzen. Eine dieser Stellschrauben ist die ganztägige Betreuung der Kinder verschiedenster Altersgruppen. Mit vier Milliarden Euro wurde in der letzten Legislatur der Ausbau von Ganztagsschulen gefördert, und seit 2005 kommen den Kommunen jährlich 1,5 Milliarden Euro aus der Zusammenlegung von Arbeitslosenhilfe und Sozialhilfe zugute, um für einen qualitätsorientierten Ausbau der Tagesbetreuung insbesondere für Kinder im Alter unter drei Jahren zu sorgen. Bis 2010 soll ein auf westeuropäisches Niveau angeglichenes Angebot erreicht werden. Falls bis zum Jahr 2008 der Ausbau nicht wie vorgesehen voranschreitet, ist im Koalitionsvertrag der Großen Koalition vorgesehen, dass es einen Rechtsanspruch auf Ganztagsbetreuung vom zweiten Lebensjahr an geben soll. Hierbei handelt es sich um ein essentielles Thema, das die Kinder und damit die Zukunft unseres Landes betrifft. Das finanzielle Engagement der Politik in diesem Bereich muss auch in Zukunft einen hohen Stellenwert haben. Ein Gutachten des *DIW* von 2003 belegt: Jeder Euro, der für öffentliche Kinderbetreuung ausgegeben wird, bringt drei bis vier Euro zurück. Somit entstehen erhebliche Einnahme- und Einspareffekte der öffentlichen Haushalte von Bund, Ländern und Kommunen sowie der Sozialversicherungsträger. Denn

- erstens zahlen Mütter, die einer Erwerbsarbeit nachgehen können, Steuern und Sozialversicherung,
- zweitens können mehr alleinerziehende Mütter, die heute Sozialhilfe beziehen, erwerbstätig sein und
- drittens werden Kindertageseinrichtungen mehr Personal beschäftigen.

Eine weitere Komponente der staatlichen Förderung ist das von mir angestoßene Elterngeld, das am 01.01.2007 in Kraft tritt. Die Idee ist, das Erziehungsgeld in ein auf das erste Lebensjahr des Kindes konzentriertes Elterngeld mit Lohnersatzfunktion umzuwandeln. Voraussetzung für die Einführung eines neuen Elterngeldes ist jedoch, dass genügend Kinderbetreuungsplätze vor allem für Kinder unter drei Jahren vorhanden sind oder zügig geschaffen werden. Deshalb behält der qualitative und quantitative Ausbau der Kinderbetreuung wie geschildert für die Bundesregierung oberste Priorität.

Aber bei all den Systemen, Kosten, Bilanzen und Prioritäten darf man nicht vergessen, worum es hier geht. Es sollen nicht Gesetze und Erlässe, von denen ohnehin zu viele existieren, Familienfreundlichkeit als neue Devise verordnen. Es geht um einen Mentalitätswechsel. Weg von der Vorstellung, dass Kinder ein lästiges, bisweilen lärmendes, zweifelhaftes Privatvergnügen sind, hin zu einem Bild, das das Glück, das Kinder bedeuten, herausstellt. Dieses zu zeichnen und bunt zu gestalten, liegt in der Hand jedes Einzelnen, die Wege liegen offen, Sie zu beschreiten ist der Weg, den zu gehen wir verpflichtet sind.

Um unserer Kinder Willen...

Im Zeichen der Demographie: Potenziale nutzen – Wettbewerbsvorteile sichern

Harald Rost
Staatsinstitut für Familienforschung an der Universität Bamberg

Einleitung

„Unser Berufssystem ist nicht familienkonform und umgekehrt unsere Familien- und Haushaltsstruktur ist nicht berufskonform; die an der Wurzel der industriellen Gesellschaft liegende Trennung von Dienst- und Privatleben wird hier zum strukturellen Widerspruch der beiden großen Bindungen und sozialen Lebensnotwendigkeiten, auf denen die Sicherheit des Menschen in der modernen Gesellschaft beruht. Ausgetragen wird dieser fundamentale Widerspruch des Systems auf dem Rücken der berufstätigen Mutter".[1] Dieses Zitat, das auch eine aktuelle soziologische Analyse sein könnte, wurde bereits 1972 von *Helmut Schelsky* verfasst. Das Problem der Vereinbarkeit von Familie und Beruf wurde also von den Sozialwissenschaften bereits vor Jahrzehnten erkannt. Auch auf anderen Ebenen wird dieses Thema seit langem diskutiert. So kam beispielsweise das Gutachten zum 60. Deutschen Juristentag 1994 zu dem Schluss, dass die Arbeitswelt (immer noch) generell wenig Rücksicht auf die individuelle und familiale Lebensgestaltung nehme, und die Organisation der Arbeit wenig familienorientiert sei. Die erwerbstätigen Familienmitglieder seien bisher gezwungen, ihre Pflichten und Wünsche weitgehend den Bedingungen des Erwerbsarbeitslebens unterzuordnen. Die Organisation der Erwerbsarbeit wird demgegenüber den persönlichen und familialen Interessen übergeordnet. Wer seine Aufgaben in beiden Lebensbereichen (Arbeitswelt und Familie) ernst nimmt,

---

[1] *Schelsky, H.* (1972), S. 34.

gerät damit fast zwangsläufig in Konflikte.[2] Umso erstaunlicher ist es, dass das Problem der Vereinbarkeit von Familie und Berufstätigkeit, das sich bei vielen jungen Müttern und Vätern stellt, von der Arbeitswelt auch heute leider immer noch zu wenig berücksichtigt wird. Konflikte zwischen familialen und beruflichen Aufgaben führen häufig dazu, dass viele junge Paare die Geburt von Kindern aufschieben oder ganz auf Kinder verzichten, denn die Vereinbarkeit dieser beiden Lebensbereiche ist für viele junge Menschen ein wichtiger Aspekt bei der Entscheidung pro oder contra Familie. Und nach der Familiengründung haben viele junge Familien in Deutschland nach wie vor erhebliche Probleme, Erwerbstätigkeit und Kinderbetreuung unter einen Hut zu bringen.

Die hohe Aktualität und Brisanz des Themas und die Notwendigkeit, hier nach neuen Lösungsmöglichkeiten zu suchen, wurden auf der politischen Ebene seit langem erkannt. Die „Gender Mainstreaming"-Verordnung der *Europäischen Union*[3], die Vereinbarung zwischen der Bundesregierung und den Spitzenverbänden der deutschen Wirtschaft zur Förderung der Chancengleichheit von Frauen und Männern in der Privatwirtschaft vom 2.7.2001[4], die Neuregelungen des Bundeserziehungsgeldgesetzes (BErzGG)[5], das neue Teilzeit- und Befristungsgesetz (TzBfG)[6] und neue Konzepte zur institutionellen Kindertagesbetreuung (Ausbau der Kinderkrippen und Ganztagsschulen) sind jüngste Versuche, durch Gesetze oder andere Maßnahmen, den Familien die Vereinbarkeit zu erleichtern. Die familienpolitischen Maßnahmen des Staates haben sich zwar als sehr hilfreich erwiesen, aber ohne eine aktive Mitwirkung der privaten Wirtschaft kann das Problem der Vereinbarkeit von Familie und Erwerbstätigkeit wohl nicht gelöst werden. Einer konfliktfreieren Vereinbarkeit stehen jedoch oftmals innerbetriebliche Hürden im Wege. Die Führungskräfte der Wirtschaft und der öffentlichen Verwaltung stehen diesem Problem bislang nicht einheitlich positiv gegenüber, sondern teils zögernd oder immer noch ablehnend. Und

---

[2] *Birk, R.* (1994).
[3] http://europa.eu.int/comm/employment_social/equ_opp/gms_de.html.
[4] http://www.bmfsfj.de/Politikbereiche/gleichstellung,did=6408.html.
[5] http://bundesrecht.juris.de/bundesrecht/berzgg/.
[6] http://bundesrecht.juris.de/bundesrecht/tzbfg/.

dies, obwohl es heute schon viele gute Beispiele und Modellvorhaben gibt, wie man innerbetriebliche Abläufe familienfreundlicher gestalten kann.[7]

Ein Aspekt, der in der bisherigen Work-Life Balance Debatte noch sehr unterbelichtet ist, ist die Auswirkung der demographischen Entwicklung, die sich zukünftig in zweifacher Weise stark bemerkbar machen wird. Zum einen wird sich der Fach- und Führungskräftemangel in naher Zukunft aufgrund der Entwicklung des Erwerbspersonenpotenzials erheblich verschärfen. Zum anderen wird aufgrund der unausweichlichen Alterung der Gesellschaft auch die Betreuung und Pflege älterer Angehörigen einen zentralen Aspekt der Vereinbarkeitsproblematik einnehmen. Dies soll im Folgenden thematisiert werden.

Demographische Entwicklung in Deutschland

Die jüngste demographische Entwicklung in Deutschland ist zunächst von einem deutlichen Anstieg der Zahl der Geburten nach Ende des zweiten Weltkrieges geprägt: Während 1946 „nur" 920.000 Kinder geboren wurden, waren es im Jahr 1964 1,36 Millionen. In den Nachkriegszeiten des „Wirtschaftswunders" erlebte Deutschland einen wahren Babyboom. Ihm folgte allerdings ein starker Geburtenrückgang, der oft als „Pillenknick" bezeichnet wird, da er zeitlich mit der Einführung der Antibabypille zusammenfiel. Dieser demographische Einbruch währte, wie die Abbildung 1 veranschaulicht, bis 1976. In diesem Jahr wurde der Tiefststand mit rund 800 Tausend Geburten erreicht. Seit Ende der 1970er Jahre stiegen die Geburtenzahlen wieder leicht an und erreichten 1990 einen neuerlichen Höchststand mit 910 Tausend. Seitdem werden in Deutschland wieder weniger Kinder pro Jahr geboren, im Jahr 2004 betrug ihre Zahl rund 710.000.

Aussagekräftiger als die absoluten Geburtenzahlen, die unter anderem stark vom Altersaufbau einer Bevölkerung abhängen, sind für die demographische Entwicklung eines Landes die so genannten Geburtenziffern. Üblicherweise wird, insbesondere für internationale Vergleiche, die zusammengefasste Geburten-

---

[7] *Rost, H.* (2004).

ziffer TFR[8] ausgewiesen, welche die Geburtenzahlen auf die Zahl der Frauen im Alter zwischen 15 und 49 Jahren bezieht. Mit dieser Messzahl lässt sich die Reproduktion einer Bevölkerung quantifizieren. Um den gegenwärtigen Bevölkerungsstand zu erhalten, d. h. die aktuelle Elterngeneration durch gleich viele Kinder zu ersetzen, wäre eine TFR von 2,1 notwenig, d. h. im Durchschnitt müssten 100 Frauen 210 Kinder gebären. Dieser Wert wurde jedoch in Deutschland zuletzt Mitte der 1960er Jahre erreicht. Seit gut drei Jahrzehnten pendelt dieser Wert zwischen 1,35 und 1,45 (vgl. Abbildung 2). Die Geburtenziffern sind in Deutschland also seit langem nicht mehr auf einem Niveau, das die Bevölkerungsgröße langfristig wenigstens konstant halten könnte.

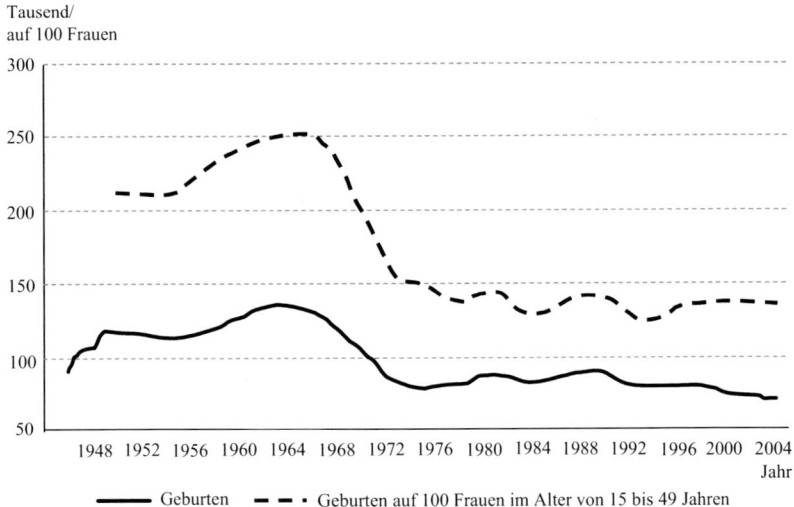

Abbildung 1: Geburten in Deutschland 1946 bis 2004.[9]

Im internationalen Vergleich liegt Deutschland mit einer TFR von 1,37 (bezogen auf das Jahr 2004) deutlich unter der durchschnittlichen Geburtenziffer für

---

8   TFR = Total Ferility Rate.
9   *Statistisches Bundesamt*, Statistik der Geburten, eigene Berechnungen. Geburten auf 100 Frauen im Alter von 15 bis 49, Jahre bis 1990: alte Bundesländer.

die EU (1,50) und bildet mit Griechenland, Italien und Spanien das Schlusslicht im westlichen Europa (vgl. Abbildung 2).[10] Noch niedrigere Fertilitätsquoten weisen derzeit die ehemaligen Ostblock-Staaten (Bulgarien, Lettland, Litauen, Polen, Rumänien, Slowakei, Slowenien, Tschechische Republik, Ungarn) auf. Die höchste TFR der europäischen Staaten haben aktuell Island (2,03), Irland (1,99) und Frankreich (1,90).

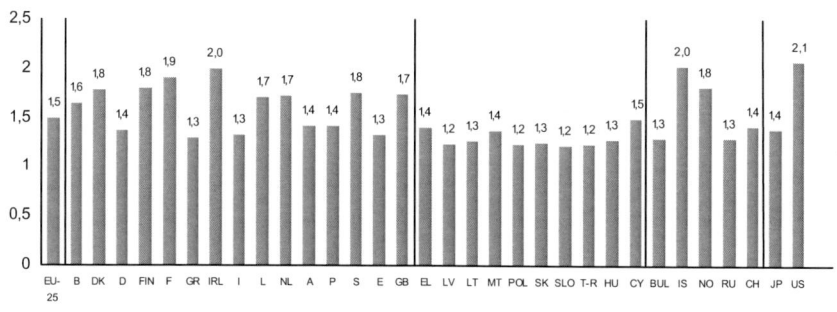

■ Zusammengefasste Geburtenziffer

Abbildung 2: Zusammengefasste Geburtenziffern nach ausgewählten Staaten 2004.[11]

Die altersspezifischen Geburtenziffern sind auch die Basis für die Bevölkerungsvorausberechnungen, die in regelmäßigen Abständen vom *Statistischen Bundesamt* vorgelegt werden. Abbildung 3 zeigt die prognostizierte Entwicklung der Geburten in Deutschland bis zum Jahr 2050. Langfristig wird mit einem konstant niedrigen Geburtenniveau gerechnet.[12] Wenn die Geburtenziffer dauerhaft unter dem Bestandserhaltungsniveau liegt, führt dies zu erheblichen Konsequenzen in der gesellschaftlichen Entwicklung. Wesentliche Kernpunkte sind die Schrumpfung der Bevölkerung, die, je nach Modellvariante, in Deutschland bis zum Jahr 2050 auf ca. 67-75 Millionen Personen zurückgehen wird.[13]

---

[10] *Mühling, T. / Rost, H.* (2006), S. 24.
[11] *Eurostat,* Europäische Sozialstatistik Bevölkerung.
[12] *Statistisches Bundesamt* 2003, S. 10 f.; *DJI-Bulletin* 2001, S. 5 f.
[13] *Statistisches Bundesamt* (2003), S. 26.

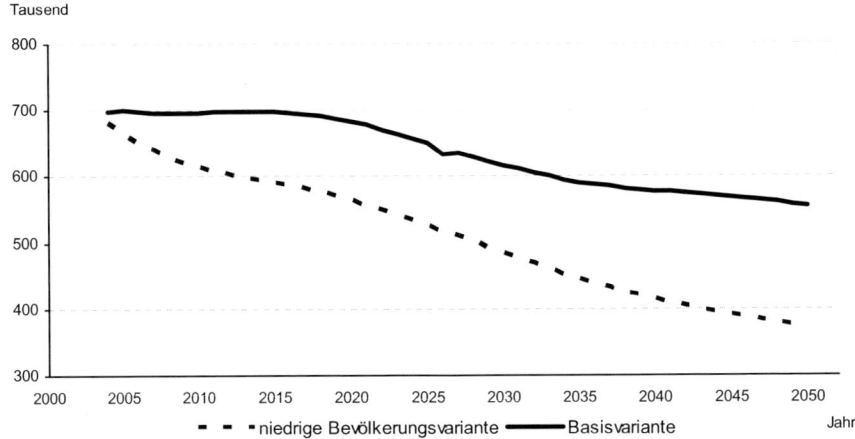

Tausend

Abbildung 3: Entwicklung der Geburten in Deutschland 2004 bis 2050.[14]

Konsequenzen der demographischen Entwicklung für die Bevölkerungsstruktur

Nachdem die Geburtenziffer in Deutschland bereits seit über drei Jahrzehnten auf einem niedrigen Niveau ist, ist ein Bevölkerungsrückgang nahezu unausweichlich, außer es ergeben sich sehr hohe Zuwanderungsraten, was jedoch aufgrund der derzeitigen Einwanderungspolitik als wenig wahrscheinlich anzusehen ist. Auf der anderen Seite nimmt die durchschnittliche Lebenserwartung kontinuierlich zu. Die Lebenserwartung heute Geborener ist um 30 Jahre höher als die von Kindern, die vor hundert Jahren zur Welt kamen. In den letzten drei Jahrzehnten hat sich die durchschnittliche Lebenserwartung immerhin um rund sieben Jahre erhöht. Die demographische Entwicklung führt somit in der Summe zu einer Alterung der Gesellschaft. Immer weniger Kinder werden geboren und stellen ihrerseits als Elterngeneration ein geringeres Potenzial für zukünftige Kinder dar. Daraus folgt, dass der Anteil der älteren Bevölkerung und damit der Altersaufbau der Bevölkerung Deutschlands sich dramatisch verschieben wird,

---

[14] *Eurostat.*

wie Tabelle 1 aufzeigt. Es ist zu erwarten, dass der Altenquotient, das heißt die Relation der Bevölkerung im Rentenalter zur Bevölkerung im Erwerbsalter stark ansteigen wird. Im Jahr 2001 lag dieser Wert bei 44, d. h. 100 Personen im erwerbsfähigen Alter standen 44 Personen im Rentenalter gegenüber. Nach den Vorausberechnungen des *Statistischen Bundesamtes* wird dieser Wert bis 2030 auf circa 71 steigen. Wie die Hochrechnung verdeutlicht, wird sich die Zahl der über 80-Jährigen verdreifachen und auf circa 12 % der Bevölkerung im Jahr 2050 anwachsen.

Jahr	Bevölkerung in Million.	Davon im Alter von ... bis ... Jahren (in %)			
		Unter 20	20-59	60 und älter	
				Insgesamt	80 und älter
1950	69,3	30,4	55,0	14,6	1,0
1970	78,1	30,0	50,1	19,9	2,0
1990	79,8	21,7	57,9	20,4	3,8
2001	82,4	20,9	55,0	24,1	3,9
2010	83,1	18,7	55,7	25,6	5,0
2030	81,2	17,1	48,5	34,4	7,3
2050	75,1	16,1	47,2	36,7	12,1

Tabelle 1: Altersaufbau der Bevölkerung Deutschlands.[15]

Prognosen über die Auswirkungen des demographischen Wandels sind aufgrund der zeitlichen Reichweite und der komplexen Wirkungszusammenhänge immer mit einigen Unwägbarkeiten behaftet. So wird beispielsweise davon ausgegangen, dass das generative Verhalten weitgehend konstant bleibt, d. h. eine Konstanz der Geburtenhäufigkeit von 1,4 Kindern pro Frau für die nächsten Jahre und Jahrzehnte. Hinsichtlich des Wanderungsüberschusses, d. h. dem Saldo von Zu- und Abwanderungen werden verschiedene Varianten berechnet, und bei der Zunahme der Lebenserwartung werden die vergangenen Jahre extrapoliert. Trotz aller Unsicherheiten, die in diesen Prognoserechungen enthalten sind, ist jedoch mit einer hohen Wahrscheinlichkeit davon auszugehen, dass zukünftig

---

[15] Ab dem Jahr 2010 Schätzwerte der 10. koordinierten Bevölkerungsvorausberechnung (Variante 5 „mittlere" Bevölkerung), *Statistisches Bundesamt* (2003), S. 31.

- immer weniger junge Menschen immer mehr älteren Personen gegenüber stehen,

- das Durchschnittsalter der Bevölkerung im erwerbsfähigen Alter sowie

- die Bevölkerung insgesamt deutlich zunehmen wird.[16]

Einfluss des demographischen Wandels auf das Erwerbspersonenpotenzial

Die aufgezeigten demographischen Veränderungen führen auch zu drastischen Auswirkungen auf den Umfang und die Struktur des Erwerbspersonenpotenzials: In Zukunft wird zum einen das Arbeitskräfteangebot generell zurückgehen und gleichzeitig wird der Altersdurchschnitt der Arbeitskräfte erheblich steigen. Wie Abbildung 4 eindrucksvoll zeigt, wird nach der aktuellen *IAB*-Projektion[17] das Erwerbspersonenpotenzial nach einer Stagnation etwa ab dem Jahr 2015 deutlich sinken, wobei das Ausmaß des Rückgangs wesentlich vom Umfang der zukünftigen Zuwanderung abhängt: „Je niedriger die Nettozuwanderung ausfällt, desto stärker und schneller wird sich das Arbeitskräfteangebot verringern.“[18] Es zeigt sich, dass nach dieser Projektion eine Nettoeinwanderung von 500 Tausend Arbeitskräften jährlich notwendig wäre, um die Zahl der Personen im Erwerbsalter auf dem heutigen Stand zu belassen.

Die Erwerbsbevölkerung, damit wird die Bevölkerung im erwerbsfähigen Alter[19] bezeichnet, wird nach diesen Hochrechnungen relativ und absolut stärker zahlenmäßig abnehmen als die Gesamtbevölkerung. Gleichzeitig wird sich die altersmäßige Zusammensetzung der Erwerbsbevölkerung erheblich ändern: „Langfristig steigt der Anteil der älteren Erwerbsbevölkerung deutlich an und zwar über lange Zeit ausschließlich zu Lasten der heute stark besetzten mittleren Altersjahrgänge.“[20]

---

[16] *Deutscher Bundestag* (2002), S. 33.
[17] *Fuchs, J. / Söhnlein, D.* (2005) beziehungsweise *Fuchs, J. / Dörfler, K.* (2005).
[18] *Schimany, P.* (2003), S. 453.
[19] Üblicherweise wird hier das Altersintervall von 15 bis 64 Jahren als Definition gewählt.
[20] *Fuchs, J. / Söhnlein, D.* (2005), S. 26.

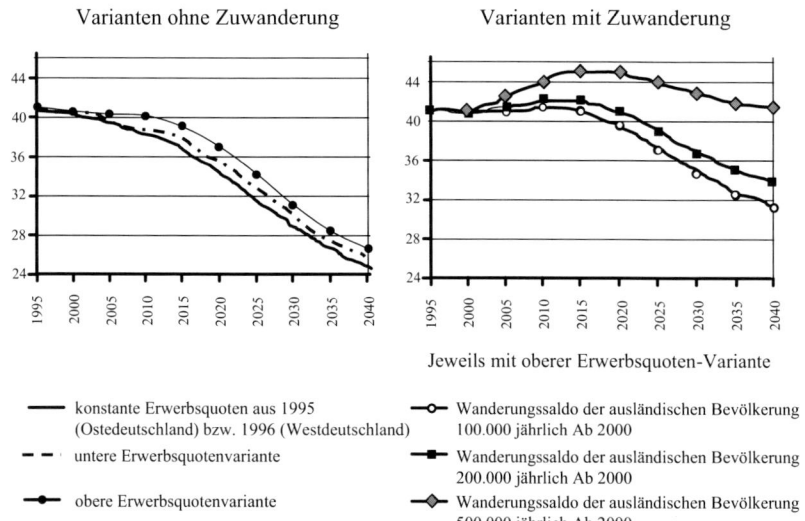

Varianten ohne Zuwanderung   Varianten mit Zuwanderung

Jeweils mit oberer Erwerbsquoten-Variante

——— konstante Erwerbsquoten aus 1995   —○— Wanderungssaldo der ausländischen Bevölkerung
(Ostedeutschland) bzw. 1996 (Westdeutschland)   100.000 jährlich Ab 2000

– – untere Erwerbsquotenvariante   —■— Wanderungssaldo der ausländischen Bevölkerung
                                                  200.000 jährlich Ab 2000

—●— obere Erwerbsquotenvariante   —◆— Wanderungssaldo der ausländischen Bevölkerung
                                                  500.000 jährlich Ab 2000

Abbildung 4: Entwicklung des Erwerbspersonenpotenzials in Deutschland 1995 bis 2050.[21]

Es ist insgesamt davon auszugehen, dass die demographische Alterung die Wirkung des Anstiegs der Frauenerwerbstätigkeit und der Zuwanderungen bei weitem übertrifft. Der Rückgang und die Alterung des Erwerbspersonenpotenzials wird demnach die Wirtschaft vor neue Herausforderungen stellen, wobei hier langfristige Prognosen mit größeren Unsicherheiten behaftet sind, da Vorausschätzungen über die Entwicklung der Arbeitsnachfrage mit erheblichen Schwierigkeiten verbunden sind.[22]

Folgen für die zukünftige Vereinbarkeit von Familie und Beruf

Die demographischen Veränderungen führen, wie aufgezeigt, auch zu einem drastischen Rückgang des Erwerbspersonenpotenzials. Die Zahl der Erwerbspersonen wird sich von derzeit circa 42 Millionen auf 25 bis 35 Millionen – je nach Zuwanderungsvariante – verringern, wenn nicht eine erhebliche Migration von

---

[21] *Schimany, P.* (2003), S. 450.
[22] *Schimany, P.* (2003), S. 453.

Arbeitskräften erfolgt. Das bedeutet, dass auf lange Sicht zunehmend weniger Arbeitskräfte zur Verfügung stehen und insbesondere sich das schon jetzt teilweise bestehende Defizit an qualifizierten Fach- und Führungskräften dramatisch erhöhen wird. Der Bedarf an gut qualifiziertem Personal wird weiter wachsen. Auch wenn man es sich bei circa 4,5 Millionen Arbeitslosen derzeit kaum vorstellen kann, wird ein Fachkräftemangel bereits auf mittlere Sicht immer wahrscheinlicher. Nach *IAB* Studien werden anspruchsvolle Tätigkeiten, d. h. Führungsaufgaben, Organisation und Management, qualifizierte Forschung und Entwicklung, Betreuung und Beratung, Lehren und ähnliche Tätigkeiten zukünftig immer bedeutsamer. „Der Anteil der Arbeitskräfte, die diese Tätigkeiten mit überwiegend hohen Anforderungen leisten, dürfte in Deutschland bis 2010 auf gut 40 % steigen".[23] Die Frage ist, inwieweit diese Entwicklung des zukünftigen qualifikationsspezifischen Arbeitsangebots durch das vorhandene Potenzial an Arbeitskräften gedeckt werden kann. Aufgrund der demographischen Entwicklung ist hier große Skepsis angebracht, da sie den Umfang des qualifizierten Arbeitskräftenachwuchses limitiert. Zusammen mit der derzeitigen Qualifikationsstruktur der Bevölkerung wird bei Erwerbspersonen mit Hochschulabschluss ab 2010/2015 mit einer Mangelsituation zu rechnen sein, da die dann ausscheidenden stark besetzten und gut qualifizierten Jahrgänge wegen den geburtenschwachen nachrückenden Generationen nicht mehr in ausreichendem Maße ersetzt werden können.[24] Der drohende Fachkräftemangel in Deutschland scheint also weitgehend unausweichlich zu sein. Es kann davon ausgegangen werden, dass es als Anreizsystem auf den qualifizierten Nachwuchs wirkt, wenn sich Betriebe auf die neuen Bedürfnisse der Vereinbarkeit von Familie und Erwerbstätigkeit einstellen und somit als „familienfreundliches" Unternehmen gelten. Diese Unternehmen werden im zukünftigen Wettbewerb um die knappen hochqualifizierten Fach- und Führungskräfte einen Standortvorteil haben. Auch in der Stellungnahme der Bundesregierung zum *Siebten Familienbericht „Familie zwischen Flexibilität und Verlässlichkeit – Perspektiven für eine lebenslaufbezogene Familienpolitik"* wird der zukünftige Vorteil einer familienfreund-

---

[23] *Reinberg, A. / Hummel, M.* (2003), S. 3.
[24] *Reinberg, A. / Hummel, M.* (2003), S. 5.

lichen Arbeitswelt betont: „Eine gute Balance von Familie und Arbeitswelt liegt im gemeinsamen Interesse und in gemeinsamer Verantwortung von Politik und Wirtschaft. Was wir brauchen ist eine nachhaltige Bevölkerungsentwicklung für unser wirtschaftliches Wachstum und für die nachhaltige Stabilisierung der Grundlagen sozialer Sicherheit."[25] Der Bericht geht davon aus, dass Familienfreundlichkeit in Unternehmen zunehmend als Standortvorteil angesehen wird. „Unternehmen sind jetzt aufgefordert, sich aktiv an Betreuungslösungen für ihre Beschäftigten zu beteiligen und Arbeitszeitbedingungen anzubieten, mit denen Väter und Mütter ihre familiären und beruflichen Aufgaben unter einen Hut bringen können."[26]

Der demographische Wandel wird sich jedoch auch noch in einem anderen Aspekt signifikant auf das Work-Life Balance Thema auswirken. Die Problematik der Vereinbarkeit von Familie und Beruf wird derzeit fast ausschließlich unter dem Gesichtspunkt der Kinderbetreuung diskutiert. Häufig wird dabei an junge Paare beziehungsweise Menschen gedacht, die ihre beruflichen Anforderungen mit der Betreuung und Erziehung von Kindern unter einen Hut bringen müssen. Die Unterstützung hilfe- und pflegebedürftiger Menschen gerät dabei bislang nur selten in das Visier der Diskussion. Dabei wird übersehen, dass von den über zwei Millionen pflegebedürftigen Menschen 68% im eigenen Haushalt leben und von Familienangehörigen sowie anderen Mitgliedern des privaten Netzes vollständig oder zum Teil versorgt werden. Insgesamt werden etwa 92% der pflegebedürftigen und etwa 85% der hilfebedürftigen Menschen in der Regel von Familienangehörigen betreut.[27]

Die Bedeutung familialer Leistungen für die Unterstützung älterer, auf Hilfe angewiesener Menschen ist unumstritten. Aus der sich verändernden Altersstruktur unserer Gesellschaft ergibt sich zwangsläufig eine Zunahme derjenigen Personen, die auf Hilfe- und Pflegeleistungen angewiesen sind. Generell geht die steigende Lebenserwartung mit einer besseren Gesundheit einher, so dass

---

[25] *Deutscher Bundestag* (2006), S. XXXI.
[26] *Deutscher Bundestag* (2006), S. XXXI.
[27] *Bundesministerium für Familie, Senioren, Frauen und Jugend* (2005), S. 313.

das Risiko der Pflegebedürftigkeit in Deutschland sinkt. Das bedeutet, dass die Alterung der Bevölkerung nicht zwangsläufig von einem parallelen Anstieg der Zahl der pflegebedürftigen Personen begleitet sein muss.[28] Sicher ist jedoch, dass, durch die Alterung der Gesellschaft und die Zunahme der Hochbetagten, der Anteil pflegebedürftiger Personen an der Gesamtbevölkerung steigen wird.

Die Abbildung 5 zeigt eine Hochrechung der absoluten Zahl der Pflegebedürftigen bis zum Jahr 2050 auf der Basis der *10. koordinierten Bevölkerungsvorausberechnung* des *Statistischen Bundesamtes* mit den entsprechenden Prognosevarianten. Sie verdeutlicht, dass, unabhängig davon welche Modellvariante herangezogen wird, die Zahl der Pflegefälle erheblich ansteigen wird. Im Durchschnitt kann man davon ausgehen, dass sich ihre Zahl bis zum Jahr 2050 etwa verdoppelt.[29]

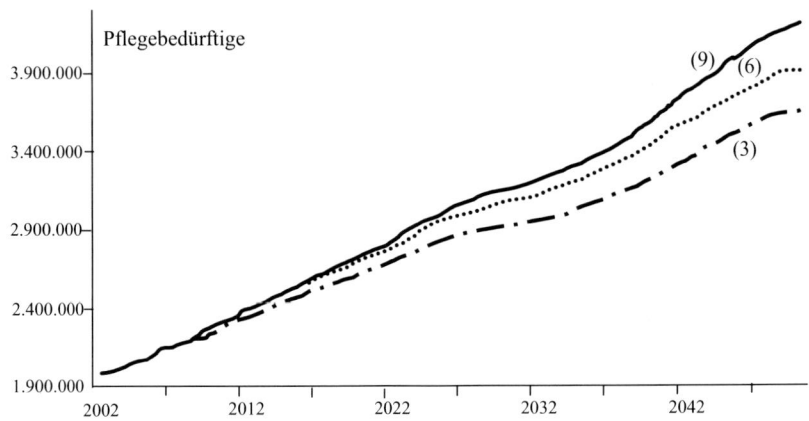

Abbildung 5: Absolute Zahl der Pflegebedürftigen bei Prävalenzraten wie 2001 in den drei Prognosevarianten (3),(6) und (9) der 10. koordinierten Prognose des Statistischen Bundesamtes.[30]

[28] *Ziegler, U. / Doblhammer, G.* (2005), S. 2.
[29] *Dinkel, R. / Kohls, M.* (2005), S. 11.
[30] *Dinkel, R. / Kohls, M.* (2005), S. 12.

Ausgehend von diesen Zahlen wird für erheblich mehr Familien als bisher eine doppelte Vereinbarkeitsproblematik entstehen. Gerade Familienmitglieder im mittleren Alter, die „Sandwich-Generation", werden vermehrt zum einen die Aufgaben in der Betreuung und Erziehung von Kindern bewältigen müssen, zum anderen auch Unterstützungsleistungen hinsichtlich der Betreuung und Pflege ältere Menschen zu erbringen haben.

Fazit

Wie aufgezeigt, wird der demographische Wandel die deutsche Bevölkerung in den nächsten Jahren und Jahrzehnten deutlich umstrukturieren. Diese Entwicklung ist aufgrund der Tendenzen der letzten drei Jahrzehnte für die nahe Zukunft vorgezeichnet und unaufhaltsam. Für die Unternehmen hierzulande ist in erster Linie die Entwicklung des Erwerbspersonenpotenzials wichtig, welches das inländische Arbeitskräfteangebot determiniert. Die dafür prognostizierten Veränderungen weisen auf einen rasch zunehmenden Mangel an hochqualifizierten Fach- und Führungskräften hin. Um hier keine zukünftigen Wettbewerbsnachteile zu erleiden, erscheint es als Gebot der Stunde, dass Betriebe verstärkt Anstrengungen unternehmen müssen, Qualifikation langfristig an das Unternehmen zu binden. Gerade junge hochqualifizierte Arbeitskräfte wollen aber immer häufiger Karriere machen, ohne dabei auf Kinder verzichten zu müssen. Die hohe Kinderlosigkeit von Akademikerinnen beispielsweise kommt in den meisten Fällen nicht freiwillig zustande, sondern ist mehrheitlich strukturell bedingt. Eine familienfreundliche Unternehmensstruktur kommt nicht nur der Familienorientierung von hochqualifizierten jungen Menschen und den Bedürfnissen der Familien entgegen, sondern bedeutet auch in der zunehmenden Konkurrenz um Fach- und Führungskräfte einen Vorteil für das Unternehmen. Ein Indiz dafür ist die zunehmende Zahl an Betrieben, die mit dem Gütesiegel *audit berufundfamilie*® zertifiziert werden. Gerade die Globalisierung mit der Öffnung der Weltmärkte und immer schneller werdende technologische Innovationen erfordern zunehmend qualifiziertes Personal, das für die meisten Arbeitgeber nur dann eine sinnvolle Investition bedeutet, wenn es auf Dauer an das Unternehmen gebunden werden kann.

Eine weitere Konsequenz der demographischen Veränderung ist die Zunahme des Anteils an Älteren in der Bevölkerung. Unabhängig von der Entwicklung der Pflegeversicherung wird auch weiterhin der Großteil der Pflege- und Hilfebedürftigen von Familienangehörigen betreut werden. Das bedeutet, dass ein zusätzlicher Aspekt in der Diskussion um die Vereinbarkeit von Familie und Beruf berücksichtigt werden muss, und zusätzliche Belastungen für die Mehrheit der Erwerbspersonen zu erwarten sind. Auch hier kann eine familienbewusste Arbeitswelt den Bedürfnissen der Menschen entgegenkommen und gleichzeitig die Eigeninteressen der Betriebe bedienen.

Die Erfahrungen der Vergangenheit zeigen, dass familienpolitische Leistungen des Staates nicht ausreichen, um das Problem der Vereinbarkeit von Familie und Beruf zufriedenstellend zu lösen. Auch die Wirtschaft ist hier gefordert, eine tragende Rolle und Mitverantwortung zu übernehmen. Denn nur so kann es gelingen, jungen Menschen eine Work-Life Balance zu ermöglichen, in deren Rahmen sie sowohl ihren Beruf ausüben als auch den Wunsch nach Familie, den immer noch die meisten Paare als Lebensziel haben, verwirklichen können.

Literaturverzeichnis

Birk, Rolf (1994): Welche Maßnahmen empfehlen sich, um die Vereinbarkeit von Berufstätigkeit und Familie zu verbessern? Gutachten für den 60. Deutschen Juristentag, München.

Bundesministerium für Familie, Senioren, Frauen und Jugend (2005): Fünfter Bericht zur Lage der älteren Generation in der Bundesrepublik Deutschland: Potenziale des Alters in Wirtschaft und Gesellschaft. Der Beitrag älterer Menschen zum Zusammenhalt der Generationen. Bericht der Sachverständigenkommission, Berlin.

Ziegler, Uta / Doblhammer, Gabriele (2005): Steigende Lebenserwartung geht mit besserer Gesundheit einher, in: *Hoem, Jan M. / Vaupel, James W.* (Hrsg.): Demografische Forschung, 2(1), Rostock.

Deutscher Bundestag (2002): Schlussbericht der *Enquete-Kommission* „Demographischer Wandel – Herausforderungen unserer älter werdenden Gesellschaft an den Einzelnen und die Politik", http://dip.bundestag.de/btd/14/088/1408800.pdf.

Deutscher Bundestag (2006): Drucksache 16/1360, http://www.bmfsfj.de/RedaktionBMFSFJ/Abteilung2/Pdf-Anlagen/siebter-familienbericht,property=pdf,bereich=,rwb=true.pdf.

Dinkel, Reiner Hans / Kohls, Martin (2005): Die zukünftige Zahl der Pflegebedürftigen – Die Auswirkungen von Mortalitätsfortschritt, Tagungsbeitrag zur Statistischen Woche vom 26.-29.09.2005 in Braunschweig, http://www.statistische-woche.de/Archiv/braunschweig/tagungsbeitraege/z_0_dgd_dinkel_u_kohls_260905.pdf

DJI-Bulletin (2001): Heft 54, München.

Reinberg, Alexander / Hummel, Markus (2003): *IAB Kurzbericht* Nr. 9/2003, Nürnberg.

Fuchs, Johann / Dörfler, Katrin (2005): Projektion des Erwerbspersonenpotentials bis 2050. Annahmen und Datengrundlage, in: *Institut für Arbeitsmarkt- und Berufsforschung der Bundesagentur für Arbeit* (Hrsg.): IAB Forschungsbericht 25/2005, Nürnberg.

Fuchs, Johann / Söhnlein, Doris (2005): Projektion des Erwerbspersonenpotentials bis 2050. Annahmen und Datengrundlage, in: *Institut für Arbeitsmarkt- und Berufsforschung der Bundesagentur für Arbeit* (Hrsg.): IAB Forschungsbericht 16/2005, Nürnberg.

Mühling, Tanja / Rost, Harald (2006): *ifb* Familienreport Bayern 2006. Zur Lage der Familie in Bayern. Schwerpunkt: Väter in der Familie, Bamberg: ifb-Materialienband 6-2006.

Rost, Harald (2004): Work-Life-Balance. Neue Aufgaben für eine zukunftsorientierte Personalpolitik, Leverkusen.

Schelsky, Helmut (1972): Die Bedeutung des Berufs in der modernen Gesellschaft in: *Luckmann, Thomas / Sprondel, Walter M.* (Hrsg.): Berufssoziologie, Köln.

Schimany, Peter (2003): Die Alterung der Gesellschaft Ursachen und Folgen des demographischen Umbruchs, Frankfurt am Main.

Statistisches Bundesamt (2003): Bevölkerung Deutschlands bis 2050, 10. Koordinierte Bevölkerungsvorausberechnung, Wiesbaden.

United Nations Population Division (Department of Economic and Social Affairs) (2002): World Population Ageing 1950-2050, New York, NY.

Die Bedeutung innovativer Personalmanagementkonzepte für Betriebe und die Gesamtwirtschaft

Christiane Flüter-Hoffmann
Institut der Deutschen Wirtschaft, Köln

Problemkontext

Alterung und Schrumpfung des Erwerbspersonenpotenzials

Etwa 19 % aller Deutschen sind derzeit über 65 Jahre alt. Im Jahr 2050 wird fast jeder Dritte älter als 65 sein. Die Lebenserwartung der Bundesbürger steigt dank des medizinischen Fortschritts und des Wohlstands kontinuierlich an: Die Lebenserwartung eines 2004 geborenen Jungen betrug 76 Jahre, eines Mädchens 82. Im Jahr 2050 werden neugeborene Mädchen aber bereits eine Lebenserwartung von 88 Jahren haben und Jungen 83 Jahre. Während die Gruppe der Älteren zahlenmäßig kontinuierlich ansteigt, nimmt der prozentuale Anteil der Jüngeren aufgrund der geringen Geburtenrate immer weiter ab: Die Altersgruppe der 0- bis 19-Jährigen macht heute etwa 21 % der Gesamtbevölkerung aus; im Jahr 2050 wird der Anteil auf nur noch 15 % gesunken sein.

Für das Erwerbspersonenpotenzial in Deutschland hat das *Institut der Deutschen Wirtschaft Köln* eine beträchtliche Verschiebung in den Altersstrukturen bis zum Jahr 2050 berechnet.[1] So steigt der Anteil der 45- bis 59-Jährigen am Erwerbspersonenpotenzial von derzeit rund 30 % bis 2050 auf schätzungsweise 37 %. Gleichzeitig bricht der Anteil der 30- bis 44-Jährigen um 7,5 Prozentpunkte von 43,1 auf 35,6 % ein. Auch der Anteil der ganz jungen Erwerbspersonen bis 29 Jahre sinkt um zwei Prozentpunkte von 21,5 % auf 19,5 %. In abso-

---

[1] *Schäfer, H. / Seyda, S.* (2004), S. 102.

61

luten Zahlen ist der Rückgang wesentlich deutlicher zu spüren. Das *Forschungs-institut zur Zukunft der Arbeit (IZA)* hat berechnet, dass der Rückgang des Angebots an Fach- und Führungskräften im Jahr 2015 bereits spürbar sein und im Jahr 2025 bereits zu einer Lücke von etwa 350.000 Personen geführt haben wird. Bis zum Jahr 2050 wird sich die Lücke voraussichtlich auf einen Wert von knapp einer Million erhöht haben, also ein Viertel weniger als heute.[2] Die künftige Entwicklung des Arbeitsmarktes zeigt zwei Effekte:

- der Anteil der Menschen, die zu den Erwerbspersonen zählen, sinkt und
- die Altersstruktur verschiebt sich zugunsten der älteren Jahrgänge.

Die demographische Entwicklung wird den Arbeitsmarkt und die Personalpoli-tik in den Unternehmen nachhaltig beeinflussen. Denn es steigt nicht nur das Durchschnittsalter der Belegschaften, sondern gleichzeitig rücken kaum noch ausreichend junge Leute nach. Die Betriebe werden immer weniger geeignete Auszubildende und Fachkräfte finden und werden daher verstärkt auf ältere Be-schäftigte angewiesen sein. Dennoch wird es zunehmend zu qualifikatorischen und regionalen Lücken im Arbeitskräfteangebot kommen.

Ungenutzte Beschäftigungspotenziale von Älteren und Frauen

Deutschland weist im Unterschied zu anderen Ländern (vgl. Tabelle 1) eine äußerst geringe Arbeitsmarktnähe Älterer auf. Zwar ist der Anteil in den letzten zehn Jahren (1995 bis 2005) um gut acht Prozentpunkte gestiegen, doch er liegt immer noch um mehr als 20 Prozentpunkte unter den Werten von Neuseeland, Schweden, Norwegen und der Schweiz.

Lange Jahre haben die politischen Rahmenbedingungen in Deutschland das vor-zeitige Ausscheiden Älterer aus dem Berufsleben gefördert und ihre Wiederein-stellung behindert. Die Frühverrentung wurde über Jahre als gezieltes arbeits-marktpolitisches Instrument eingesetzt, um das Erwerbspersonenpotenzial durch die frühzeitige Ausgliederung älterer Arbeitnehmerinnen und Arbeitnehmer zu reduzieren und die Arbeitslosigkeit anderer sozialer Gruppen zu vermeiden.

---

[2] *Schneider, H. / Stein, D.* (2006), S. 13.

				Zuwachs
Neuseeland	69,7	57,2	50,4	19,3
Schweden	69,6	65,1	62,0	7,6
Norwegen	67,6	67,1	63,1	4,5
Schweiz	65,0	63,3	62,0	3,0
Japan	63,9	62,8	63,7	0,2
Dänemark	59,8	54,6	49,3	10,5
Verein. Königr.	56,8	50,4	47,5	9,3
Kanada	54,8	48,1	43,0	11,8
Australien	53,7	46,9	41,4	12,3
Finnland	52,6	42,3	34,4	18,2
Irland	51,7	45,2	39,4	12,3
Portugal	50,5	50,8	44,6	5,9
Deutschland	**45,5**	**37,6**	**37,4**	**8,1**
Niederlande	44,9	37,9	29,4	15,5
Spanien	43,1	37,0	32,4	10,7
Griechenland	41,6	39,0	40,5	1,1
Belgien	32,1	25,0	23,3	8,8
Österreich	31,8	28,1	30,4	1,4
Luxemburg	31,7	27,2	24,0	7,7
Italien	31,4	27,7	28,4	3,0

Tabelle 1: Beschäftigungsquoten Älterer (55 bis 64 Jahre) in den Jahren 1995, 2000 und 2005, Zuwachsraten in Prozentpunkten.[3]

Aus betrieblicher Sicht war die Frühverrentung älterer Beschäftigter eine vergleichsweise kostengünstige und reibungslose Maßnahme der Personalverjüngung und des Personalabbaus, denn die Kosten dieser betrieblichen Anpassungsstrategien werden dabei in erheblichem Umfang externalisiert, also entweder auf die Betroffenen oder auf die Renten- und Arbeitslosenversicherung abgewälzt. So gehen viele Arbeitnehmer schon vor dem 65. Lebensjahr in Ruhestand. Dementsprechend stehen derzeit nur noch 27 % der 60- bis 65-Jährigen dem Arbeitsmarkt zur Verfügung. 860.000 Unternehmen beziehungsweise 40,7 % aller Unternehmen beschäftigten im Jahr 2004 keine älteren Personen über 55. Dabei handelte es sich überwiegend um Kleinstbetriebe und kleine Unternehmen: 95 %

---

[3] *OECD* Employment Outlook (2006).

von diesen haben weniger als 20 Mitarbeiter. Bereits ab einer Größe von 50 Mitarbeitern hat die Mehrheit der Betriebe einen Anteil älterer Mitarbeiter, der zwischen 10 und 30 % liegt und damit ihrem Anteil an der erwerbstätigen Bevölkerung entspricht.

Auch das Beschäftigungspotenzial von Frauen wird noch längst nicht ausgeschöpft. Noch immer werden Frauen zu oft vor die Wahl gestellt: entweder Beruf oder Familie. Beides zusammen geht vielfach nicht. Die Folgen sind in beiden Fällen dramatisch. Entweder gehen den Unternehmen gut ausgebildete Mütter als Mitarbeiterinnen verloren. Oder die Frauen entscheiden sich für den Beruf, wodurch sich das demographische Problem weiter verschärft. Während die Erwerbstätigenquote zu Berufsbeginn noch etwa gleich hoch mit derjenigen der Männer ist, so sinkt diese in der Familienphase zwischen 25 und 40 Jahren erheblich. Viele gut qualifizierte Mütter können aufgrund unzureichender Kinderbetreuungsangebote gar nicht oder nur in Teilzeit arbeiten. Hier besteht ein erhebliches Beschäftigungspotenzial von knapp 3,3 Millionen Frauen, die zurzeit überhaupt nicht oder (ungewollt) teilzeiterwerbstätig sind. Die *OECD* hat berechnet, dass durch eine bessere Kinderbetreuungsinfrastruktur bis zum Jahr 2025 zusätzlich 2,4 Millionen Frauen auf den Arbeitsmarkt zu holen wären.

Know-how-Verluste und zu geringer Know-how-Aufbau

Rückblickend haben in den langen Jahren der Frühverrentungspraxis viele Unternehmen immer wieder festgestellt: „Bei uns ist viel Know-how in Rente gegangen". Die Unternehmen hatten keinerlei Vorkehrungen dafür getroffen, um das Wissen der ausscheidenden Beschäftigten für das Unternehmen und die verbleibenden Mitarbeiter bewahren und produktiv nutzen zu können. Immer wieder musste Wissen, das über Jahre im Unternehmen vorhanden war, wieder neu aufgebaut werden und kostete unnötige Ressourcen. Denn über Jahrzehnte bauen sich Beschäftigte in Unternehmen ein erhebliches Erfahrungswissen auf. Sie erwerben nicht nur immer mehr Fachkenntnisse über die von ihnen erbrachten Dienstleistungen oder Produktionsprozesse, sondern eignen sich auch überfachliche Qualifikationen wie Lösungskompetenz für verschiedenste Problemarten, Verantwortungsbewusstsein und die nötige Sozialkompetenz an, um im Team mit Ruhe und Gelassenheit Herausforderungen zu meistern. Darüber hinaus entwickeln sie sich zu Kennern aller innerbetrieblichen Abläufe, sie wissen, wer wofür zuständig ist, wer welche Fragen beantworten kann und wer nicht, bis hin zu betriebsspezifischen Sprachregelungen und so genannten „do's" und „don'ts", die in jedem Unternehmen unterschiedlich sind. Was passiert mit diesem Erfahrungsschatz, wenn die Beschäftigten das Unternehmen verlassen? Vielfach haben die Unternehmen hier keinerlei Vorkehrungen getroffen, und der Know-how-Verlust trifft sie mit allen Konsequenzen.

Neben dem Know-how-Verlust ist der zu geringe Know-how-Aufbau bei älteren Beschäftigten durch Qualifizierungsmaßnahmen ein großes Problem. Betrachtet man die Weiterbildungsbeteiligung durch die verschiedenen Lebensphasen, so nimmt diese vor allem nach dem 50. Lebensjahr sehr stark ab. Die Weiterbildungsbeteiligung der 50- bis 64-Jährigen ist deutlich niedriger als in den anderen Altersgruppen. Die Teilnahmequote für berufliche Weiterbildung lag im Jahr 2003 nur knapp halb so hoch wie bei den 35- bis 49-Jährigen (Tabelle 2).

Nun muss hierbei allerdings in Betracht gezogen werden, dass diese Quoten sich auf die Gesamtbevölkerung beziehen und nicht auf die Erwerbstätigen; dort sind die Unterschiede zwischen den Altersgruppen wesentlich kleiner.

	1979	1982	1985	1988	1991	1994	1997	2000	2003
19-34	16	15	14	23	25	27	33	31	29
35-49	9	15	14	20	24	29	36	36	31
50-64	4	4	6	8	11	14	20	18	17

Tabelle 2: Berufliche Weiterbildung nach Altersgruppen von 1979 bis 2003; Teilnahmequoten in %.[4]

[4] *BMBF* Berichtssystem Weiterbildung (2004).

Innovative Personalmanagementkonzepte

Familienfreundliche Arbeitswelt

Die Vereinbarkeit von Familie und Beruf ist von zentraler Bedeutung, um das Erwerbspotenzial von qualifizierten Frauen besser als bisher zu erschließen. Ein höheres Arbeitskräfteangebot reduziert den Lohndruck, erhöht den Wohlstand und versetzt eine Volkswirtschaft besser als bisher in die Lage, dem Problem der Bevölkerungsalterung zu begegnen. Die *Organisation für wirtschaftliche Zusammenarbeit und Entwicklung (OECD)* fordert daher ihre Mitgliedsstaaten auf, die Vereinbarkeit von Familie und Beruf zu erleichtern. Sie bewertet die bisherigen Aktivitäten der deutschen Wirtschaft zur Vereinbarkeit von Familie und Beruf als günstig.[5] Deutsche Unternehmen gehören demnach mit ihren familienfreundlichen Maßnahmen und betrieblichen Vereinbarungen[6] gemäß dem aus den Faktoren „Arbeitszeitflexibilisierung", „Kinderbetreuung", „Mutterschaftsurlaub" und „Arbeitsfreistellungen" gebildeten Vereinbarkeitsindex zum oberen Drittel der *OECD*-Staaten. Allerdings darf dabei der Zusammenhang zwischen den rechtlichen Rahmenbedingungen und den freiwilligen Maßnahmen der Betriebe für mehr Familienfreundlichkeit nicht übersehen werden. Denn je stärker der Staat in diesen Bereich eingreift, desto weniger freiwillige Aktivitäten gibt es von Seiten der Betriebe. In den nordeuropäischen Ländern dominieren beispielsweise die staatlichen Vorgaben. Freiwillige Maßnahmen der Unternehmen sind daher nur eingeschränkt mit denen in anderen Ländern vergleichbar. In Deutschland ist das freiwillige Engagement der Unternehmen vergleichsweise hoch.

Das *Institut der Deutschen Wirtschaft Köln (IW)* hat im Sommer 2003 eine repräsentative Unternehmensbefragung durchgeführt zur Beantwortung der Frage „Wie familienfreundlich ist die deutsche Wirtschaft?"[7] Das *IW* fragte vier große Teilbereiche (flexible Arbeitszeiten und Telearbeit, Kinder- und Angehö-

---

[5]   *OECD* (2001), S. 152.
[6]   *Flüter-Hoffmann, C.* (2005).
[7]   *Flüter-Hoffmann, C. / Solbrig, J.* (2003).

rigenbetreuung, Familienservice und Elternförderung) mit insgesamt 26 familienfreundlichen Maßnahmen ab. Es stellte sich heraus, dass 80 % der Unternehmen mindestens eine familienfreundliche Maßnahme praktizieren; die größeren Unternehmen (ab 250 Beschäftigte) waren alle aktiv und praktizierten mindestens sechs der abgefragten Maßnahmen. Im Bereich „Flexible Arbeitszeiten und Telearbeit" waren die Unternehmen am aktivsten: 58 % hatten flexible Tages- und Wochenarbeitszeiten, 56 % individuell vereinbarte Arbeitszeiten. Flexible Jahres- und Lebensarbeitszeitmodelle bot knapp jedes fünfte der befragten Unternehmen in Deutschland an, Telearbeit praktizierten allerdings nur acht Prozent der Organisationen. Hier gab es noch Potenzial für eine familienfreundlichere Arbeitswelt. Nachholbedarf bestand vor allem bei verschiedenen Formen der Unterstützung von Eltern, beispielsweise bei der Weiterbildung während der Elternzeit. Bei der Kinderbetreuung hingegen sagten die meisten Unternehmen, dass dies keine betriebliche Aufgabe, sondern Aufgabe von Ländern und Kommunen sei.

Die Motive der Unternehmen für die familienbewusste Personalpolitik lagen einerseits darin, die Arbeitszufriedenheit der Mitarbeiter zu erhöhen, um letztlich insgesamt eine höhere Produktivität zu erreichen. Andererseits wurde die Personalpolitik als ein Wettbewerbsfaktor gesehen, um qualifizierte Mitarbeiter zu gewinnen und zu halten. Jeweils drei Viertel der Unternehmen gaben diese Motive als Grund für die Einführung von familienfreundlichen Maßnahmen in ihrem Unternehmen an. An dritter Stelle wollten die Unternehmen durch einen geringen Krankenstand und eine geringere Fluktuation Kosten einsparen. Das war für zwei Drittel der Unternehmen ein Beweggrund für eine familienbewusste Personalpolitik.[8] In der neuerlichen repräsentativen Unternehmensbefragung im Sommer 2006 zeigte sich, dass die Familienfreundlichkeit in der deutschen Wirtschaft in den letzten drei Jahren zum Teil deutlich angestiegen ist:

- Fast drei Viertel aller Unternehmen in Deutschland (71,7 %) schätzen die Bedeutung von Familienfreundlichkeit für das eigene Unternehmen als sehr

---

[8] *Flüter-Hoffmann, C. / Solbrig, J.* (2003), S. 38.

wichtig oder wichtig ein. Vor drei Jahren war dies nur bei knapp der Hälfte der Unternehmen (46,5 %) der Fall.

- Ein knappes Viertel aller Unternehmen (23,4 %) praktiziert sieben bis neun Maßnahmen (2003: 9,4 %), jedes siebte Unternehmen bietet inzwischen sogar schon zehn bis zwölf familienfreundliche Maßnahmen an (2003: 3,4%).

- Mehr als die Hälfte aller Unternehmen (52,4 %) praktizieren sechs und mehr familienfreundliche Maßnahmen. Vor drei Jahren war es erst jedes fünfte Unternehmen (20,3 %).

- Die Zahl der Unternehmen, die keine der abgefragten Maßnahmen praktizieren, ist von 19,6 % auf 4,8 % gesunken.

- Fast alle familienfreundlichen Maßnahmen zeigen prozentuale Zuwächse auf. Sie lagen zwischen 0,9 und 28,3 Prozentpunkten.

- Vor allem die als besonders wichtig eingestuften Maßnahmen – familienfreundliche Arbeitszeiten und aktive Gestaltung der Elternzeit haben zugenommen.

Einen aktuellen internationalen Vergleich haben *Bloom*, *Kretschmer* und *van Reenen* in Zusammenarbeit mit der Unternehmensberatung *McKinsey* durchgeführt.[9] Sie befragten 732 mittelständische Industrieunternehmen in den USA (circa 300), Frankreich (circa 150), Deutschland (circa 150) und dem Vereinigten Königreich (circa 150) im Hinblick auf ihre Managementpraktiken und deren Einfluss auf Work-Life Balance-Maßnahmen und Produktivität. Die Forschungsfragen lehnten sich an zwei kontroverse wirtschaftspolitische Aussagen von *Chirac* und *Blair* an: „Der Wettbewerb in einer globalisierten Wirtschaftswelt erhöht die Produktivität auf Kosten der Motivation der Beschäftigten durch den Rückgang von Work-Life Balance-Maßnahmen" (*Chirac*) und „Work-Life Balance-Maßnahmen erhöhen die Produktivität durch höhere Motivation der Beschäftigten und indem gute qualifizierte Mitarbeiter angeworben werden können (vor allem auch weibliche Führungskräfte). Märkte können dies forcieren. Es besteht eine win-win-Situation" (*Blair*). Als Work-Life Balance-Maßnahmen wurden abgefragt: Telearbeit, flexible Arbeitszeiten, Zahl der Arbeitsstunden, Unterstützung bei der Kinderbetreuung, Freistellungen zur Betreuung von Kin-

---

[9] *Bloom, N. / Kretschmer, T. / van Reenen, J. (2006).*

dern oder pflegebedürftigen Angehörigen und Anteil weiblicher Führungskräfte. Es wurden insgesamt 18 Managementpraktiken abgefragt, beispielsweise Reorganisationsmaßnahmen, Problembewusstsein, Verbesserungsmanagement, transparente, zeitlich fixierte Ziele und Anreizsysteme. Als gutes Management wurde definiert, wenn das Unternehmen über alle Praktiken hinweg mindestens durchschnittliche Werte auswies. Folgende Ergebnisse stellten sich beispielsweise heraus:

- Es gibt bestimmte Unternehmensmerkmale (z. B. Beschäftigtenzahl, Anzahl der weiblichen Beschäftigten, Anzahl der hoch qualifizierten Beschäftigten), die mit dem Angebot von familienfreundlichen Maßnahmen positiv korrelieren. Das heißt: Wenn ein Unternehmen einen hohen Anteil an weiblichen Führungskräften oder an hoch qualifizierten Beschäftigten hat, wenn es ein Großunternehmen ist oder wenn es über gute Managementpraktiken verfügt, dann ist die Wahrscheinlichkeit recht hoch, dass es seinen Beschäftigten tendenziell auch mehr Work-Life Balance-Maßnahmen anbietet als solche Unternehmen mit wenigen weiblichen Führungskräften, wenigen Akademikern oder geringer Beschäftigtenzahl.

- Es gibt keinen Zusammenhang zwischen Work-Life Balance und globalisierten Wettbewerb, und es gibt keinen Zusammenhang zwischen Work-Life Balance und Produktivität.

Beide Hypothesen, die von *Chirac* und die von *Blair* wurden falsifiziert: Work-Life Balance-Maßnahmen werden nicht durch verschärften Wettbewerb abgebaut, aber sie führen auch nicht unmittelbar zu höherer Produktivität.[10]

Diversity Management

Der Arbeitsmarkt ist heute bereits viel stärker von Unterschiedlichkeit („diversity") geprägt, als es die Beschäftigten und die Unternehmen oft wahrnehmen: Altersvielfalt, Qualifikationsvielfalt und kulturelle Vielfalt kennzeichnen die Belegschaften. Die Globalisierung der Unternehmen hat die kulturelle Vielfalt bereits verstärkt, der demographische Wandel macht es notwendig, wieder mehr für Altersvielfalt in den Unternehmen zu tun.

---

[10] *Flüter-Hoffmann, C. / Solbrig, J.* (2003), S. 23, 26.

Eine große Studie der *Europäischen Kommission*[11] aus dem Jahr 2005 fand heraus, dass die Förderung der Personalvielfalt den Unternehmen einen konkreten wirtschaftlichen Vorteil beschert: Der Nutzen von Diversity-Maßnahmen entsteht vor allem durch die Erhöhung des Organisations- und Humankapitals in den Unternehmen, also durch bessere betriebliche Abläufe, mehr Innovationen, höhere Mitarbeiterbindung und stärkere Verwertung der Qualifikationen der Beschäftigten. Dadurch erzielen die Unternehmen eine Imageverbesserung als attraktive Arbeitgeber (Tabelle 3).

Diversity-Maßnahme	%
Zugang zu einem neuen Arbeitskräftereservoir und/oder Gewinnung hoch qualifizierter Mitarbeiter	42,6
Vorteile für den Ruf oder das Image des Unternehmens oder seine Beziehung zur Gesellschaft	38,2
Engagement für Gleichstellung und Vielfalt als Unternehmenswerte	35,4
Innovation und Kreativität	26,3
Größere Motivation und Effizienz	24,4
Einhaltung von Rechtsvorschriften / Vermeidung von Geldbußen oder anderen Sanktionen	23,5
Wettbewerbsvorteile gegenüber anderen Unternehmen	17,1
Wirtschaftlichkeit und Rentabilität	16,7
Geschäftsmöglichkeiten auf einer breiteren Kundenbasis	15,8
Größere Kundenzufriedenheit und höheres Dienstleistungsniveau	15,4

Tabelle 3: Nutzen einer durch Vielfalt gekennzeichneten Belegschaft für das Unternehmen, Prozentangaben, Mehrfachnennungen.[12]

In der Studie stellte sich heraus, dass etwa die Hälfte der befragten Unternehmen (49,8 %) die Vielfalt und die Anerkennung des Andersartigen am Arbeitsplatz fördert, jedes fünfte Unternehmen (20,3 %) verfolgt diese Unternehmenspolitik sogar seit längerem (mehr als fünf Jahre) und verbessert sie ständig.

Der wichtigste Bereich im Unternehmen, auf den sich die Maßnahmen zur Förderung der Vielfalt konzentrieren, ist die betriebliche Personalpolitik (siehe Tabelle 4). Über die Hälfte der Unternehmen (54,3 %) ist in diesem Bereich

---

[11] *Europäische Kommission* (2005).
[12] *Europäisches Unternehmenstestpanel – EBTP –* zu Vielfalt am Arbeitsplatz (2005).

aktiv: Die Beschäftigten sollen ihre Leistungsbereitschaft und Leistungsfähigkeit uneingeschränkt entwickeln können. Einzelne Maßnahmen sind hier:

- Neueinstellung: Interkulturelle Kompetenz ist eine Qualifikationsanforderung von global agierenden Unternehmen; die bewusste Neueinstellung von Mitarbeitern mit unterschiedlichen fachlichen und kulturellen Hintergründen, Erfahrungen und Problemlösungsansätzen erhöht das Innovationspotenzial eines Unternehmens.

- Weiterbildung: Förderung von Frauen durch Mentoringprogramme, Antidiskriminierungsschulungen für Führungskräfte, Sensibilisierungstraining für die Beschäftigten.

- Vereinbarkeit von Familie und Beruf: flexible Arbeitszeiten, Telearbeit, zeitliche, finanzielle und organisatorische Unterstützung der Beschäftigten bei der Kinderbetreuung und der Pflege ihrer Angehörigen.

Diversity-Maßnahme	%
Betriebliche Personalpolitik (Personalakquise und -entwicklung, Vereinbarkeit von Familie und Beruf etc.)	54,3
Unternehmenskultur	32,6
Gesellschaftliches Engagement und Sensibilisierung	19,6
Absatz und Kundendienst	12,7
Marketing und Kommunikation	11,3

Tabelle 4: Bereiche der Diversity-Maßnahmen der Unternehmen, Prozentangaben, Mehrfachnennungen.[13]

Viele Großunternehmen haben schon ein ganzheitliches Diversity-Konzept entwickelt. Es gibt aber auch Unternehmen, die aufgrund ihres besonderen Umfeldes, ihrer Beschäftigtenstruktur oder spezieller Interessen der Geschäftsführung besondere Schwerpunkte setzen. Hier einige Beispiele:

- Die Kenntnisse und Fähigkeiten von älteren Beschäftigten sollen eine höhere Wertschätzung erfahren und diese Menschen länger im Unternehmen verbleiben. Dazu dienen Unternehmensprogramme wie „Älter und weiter", „Älter werden – jünger denken", Manager für „Alter", Programm zur „altersbezogenen Vielfalt", „Gesund arbeiten bis ins Alter", „Agemanagement-Workshops" und „Wertschätzungstrainings".

---

[13] Europäisches Unternehmenstestpanel – EBTP – zu Vielfalt am Arbeitsplatz (2005).

- Die Integration von Menschen mit Behinderungen sowie die Sensibilisierung der Kollegen soll durch Programme wie Taskforce „Behinderung in Aktion" verbessert werden.

- Personen mit Migrationshintergrund können durch Programme wie „mühelose Eingliederung" oder besondere Einarbeitungs- und Mentorenprogramme für Migranten besser integriert werden. Das Erstellen von „religiösen und kulturellen Faktenbüchern" unterstützt die Führungskräfte und Kollegen beim Abbau von Vorurteilen.

Lebenslanges Lernen

Die *OECD* propagiert „lebenslanges Lernen zum Erhalt von Employability". Qualifikationen („skills and competences") werden als entscheidende Faktoren für eine optimale Aufgabenerfüllung und hohe betriebliche Produktivität gewertet. Qualifikationen sind darüber hinaus aber vor allem wichtig für die Beschäftigungsfähigkeit des Einzelnen und seine Teilhabe am Arbeitsmarkt; für die Höhe seines Einkommens und ein geringeres Risiko, arbeitslos zu werden oder eine erhöhte Chance für Arbeitslose, wieder Beschäftigung zu finden.

Die Notwendigkeit für eine höhere Beteiligung an lebenslangem Lernen ist aber nicht nur im Zusammenhang mit der schrumpfenden und alternden Gesellschaft zu sehen, sondern sie ist auch bedingt durch den Wandel unserer Industriegesellschaft zur wissensbasierten Gesellschaft: Lebenslanges Lernen ist die Basis zum Erhalt der individuellen Beschäftigungsfähigkeit. Lebenslanges Lernen, vor allem als informelles und selbstgesteuertes Lernen, braucht Unterstützung und Beratung. Dies gilt sowohl hinsichtlich der Einstellungen und Fertigkeiten, die für solches Lernen notwendig sind, wie auch bei der didaktischen Planung und Organisation von Lernprozessen aller Art.

Die neue Lernkultur des lebensbegleitenden Lernens wird durch gewandelte Funktionen der Weiterbildungsinstitutionen geprägt.[14] Neben ihrer Aufgabe, zusammenhängend strukturierte und professionell angeleitete Lernprozesse zu organisieren, müssen die Bildungsträger zunehmend Zentrum für Lernen aller

---

[14] *Flüter-Hoffmann, C.* (2002), S. 264 ff.

Art werden und Information und Beratung in ihr Dienstleistungsangebot aufnehmen. Die Devise heißt: vom Kursanbieter zum Dienstleister rund um das formale, informelle und virtuelle Lernen. Die neue Lernkultur wird zudem geprägt von einer stärkeren Verlagerung der Lernverantwortlichkeit auf die Lernenden selbst. Denn es ist die vorrangige Aufgabe des Arbeitnehmers, für den Erhalt und die Verbesserung der eigenen Beschäftigungsfähigkeit zu sorgen. Diese stärkere Eigenverantwortlichkeit der Lernenden für ihre Lernprozesse bringt auch ein verändertes Rollenverständnis der Dozenten mit sich: Sie entwickeln sich vom „Lernstoffvermittler" zum Coach und Förderer von Lernprozessen, zum Lernberater von Einzelnen und Lernbegleiter von Gruppen.

Nach der Weiterbildungserhebung der Wirtschaft, die das *Institut der deutschen Wirtschaft Köln* im dreijährigen Turnus durchführt, ist das Lernen im Prozess der Arbeit in den Unternehmen weit verbreitet: Knapp 93 % der Unternehmen setzen dieses Instrument ein. Darunter fallen Unterweisungs- und Schulungsmaßnahmen am Arbeitsplatz durch Kollegen oder Vorgesetzte (90,1 %) sowie das organisierte Einarbeiten und Anlernen (66,4 %). Diese Form der Mitarbeiterbildung ist deshalb so weit verbreitet, weil hierbei erprobte und bewährte Verfahren angewendet werden, die auf die jeweilige Ablauforganisation und Arbeitsprozesse abgestimmt sind. Immer häufiger wenden die Unternehmen auch neue Formen des Lernens im Prozess der Arbeit an: Coaching (Beratung und Schulung durch einen Trainer am Arbeitsplatz), Jobrotation (systematischer Wechsel des Arbeitsplatzes innerhalb einer Abteilung oder über die Abteilungsgrenzen hinweg) und Qualitätszirkel (regelmäßige Treffen von Beschäftigten aus verschiedenen Abteilungen mit dem Ziel, Verbesserungsmaßnahmen zu entwickeln und durchzuführen). Darüber hinaus versuchen viele Unternehmen, eine lernförderliche Arbeitsumgebung zu etablieren, um den Beschäftigten optimale Bedingungen für ein Arbeiten und Lernen zu schaffen. Diese Unternehmen entwickeln sich zu lernenden Organisationen. Nach dem Berichtssystem Weiterbildung des *BMBF* praktizierten fast zwei Drittel der Erwerbstätigen (61 %) das „Lernen im Prozess der Arbeit" (Tabelle 5).

Kleine und mittlere Unternehmen, die auf Grund ihrer dünnen Personaldecke, sowie auf Grund finanzieller Engpässe oft Schwierigkeiten haben, das lebens-

lange Lernen zu praktizieren, greifen immer häufiger zu zwei innovativen Weiterbildungskonzepten: der Weiterbildungskaskade und der Weiterbildungsbörse.

	Alle Personen	Erwerbs-tätige
Insgesamt	68	78
Informelle berufliche Weiterbildung (z. B. Unterweisung oder Anlernen am Arbeitsplatz)	46	61
Lernen außerhalb der Arbeitszeit ohne Besuch von Kursen oder Seminaren	35	37
Berufliche Weiterbildung in Form von Kursen oder Seminaren	26	34
Allgemeine Weiterbildung in Form von Kursen oder Seminaren	26	28

*Tabelle 5: Berufliche Weiterbildung nach Art der Weiterbildung im Jahr 2003, Prozent-
angabe – Befragung von 7.108 deutschsprachigen Personen im Alter von 19 bis 64
Jahren im Frühjahr 2004.[15]*

Das Weiterbildungskaskadensystem trägt dazu bei, finanziell bedingte Weiter-
bildungshemmnisse abzubauen, und die Effizienz von externen Seminarbe-
suchen zu steigern: Vor der Teilnahme an externen Seminaren prüfen der
interessierte Mitarbeiter und sein Vorgesetzter, für wen im Unternehmen dieses
Seminar interessant sein könnte und erfragen bei diesen Kollegen, an welchen
speziellen Inhalten sie interessiert sind, damit sie im Seminar die Interessen von
mehreren Kollegen des Unternehmens vertreten können. Nach der Rückkehr aus
dem Seminar geben sie das Gelernte samt Unterlagen in einem Miniseminar an
die Kollegen weiter und beantworten deren Fragen. Dadurch werden die Seminare besser vorbereitet, der Transfer des Gelernten vom Seminar in die Arbeitswelt wird intensiviert sowie multipliziert, und die Beschäftigten schulen gleichzeitig die eigenen Präsentationsfähigkeiten.

Die zweite kostengünstige und wenig aufwändige Methode zur systematischen
Weitergabe von betrieblich relevanten Kenntnissen und Fertigkeiten durch die
Beschäftigten selbst ist die Weiterbildungsbörse. Sie ist ebenfalls vor allem bei
kleinen und mittleren Unternehmen recht verbreitet, die keine eigene Personal-

---

[15] *BMBF* Berichtssystem Weiterbildung (2004).

entwicklungsabteilung haben. Hier können die Beschäftigten selbst Anbieter und Nachfrager von Weiterbildung sein. Die innerbetriebliche Weiterbildungsbörse will dazu beitragen, dass das Unternehmen, aber auch die Beschäftigten selbst, vom Wissen und Können der Kollegen profitieren. Die Beschäftigten prüfen, über welche Kenntnisse und Fähigkeiten sie verfügen, die auch andere im Unternehmen zur Bewältigung ihrer Arbeitsaufgaben benötigen und bieten entsprechende Seminare, Vorträge oder Informationsveranstaltungen an. In manchen Unternehmen läuft dies sehr informell, oft auf eine Abteilung beschränkt. Andere haben es systematisiert und machen die Angebote und Nachfrage über das Intranet transparent. Die jeweiligen Vorgesetzten fördern die Aktivitäten, regen zu weiteren Seminaren an und lassen die „Kollegentrainer" didaktisch schulen, um deren Trainingskompetenz zu stärken und die Seminare zu professionalisieren.

In vielen Unternehmen werden die Weiterbildungsbörsen inzwischen gezielt auch zum generationenübergreifenden Wissenstransfer genutzt. Entweder in Kooperation mit der Personalentwicklungsabteilung oder mit dem jeweiligen Vorgesetzten werden ältere Beschäftigte darauf vorbereitet, die letzten Jahre ihrer Betriebszugehörigkeit verstärkt dazu zu nutzen, ihr Wissen in innerbetrieblichen Seminaren an jüngere Kollegen weiterzugeben. Manchmal sind dies reine Informationsveranstaltungen, manchmal Erfahrungsaustauschrunden, manchmal auch didaktisch aufbereitete Seminare.

Lebenszyklusorientierte Personalpolitik

Die demographische Entwicklung zwingt jedes Unternehmen, die Beschäftigungsfähigkeit der Mitarbeiter zu erhalten und zu verbessern, neue Fachkräfte zu akquirieren, und die Qualifikation der Mitarbeiter durch lebenslanges Lernen ständig aktuell zu halten.[16] Angesichts dieser Entwicklung sehen *Adenauer* et al. „personalwirtschaftliche Risiken" bei der betrieblichen Leistungserstellung und Leistungsverwertung der Unternehmen.[17] *Görges* plädiert für eine altersrelevante

---

[16] *Buck, H. / Weiderhöfer, J.* (2006), S. 115.
[17] *Adenauer, S.* et al. (2005), S. 13.

Personalpolitik, die sich mit betrieblichen Altersstrukturen befasst, mit der Ausgestaltung der Generationenbeziehungen, mit innovativen, den gesamten Erwerbsverlauf umfassenden Arbeitszeitmodellen und mit den Potenzialen vorausschauender Laufbahngestaltung.[18]

Viele Unternehmen haben sich inzwischen entschlossen, die einzelnen Ansätze zu bündeln, und der demographischen Herausforderung mit einem ganzheitlichen, innovativen Personalmanagementsystem zu begegnen, der lebenszyklusorientierten Personalpolitik. Diese Personalarbeit richtet sich strategisch an den arbeits- und lebenszyklischen Bedürfnissen der Beschäftigten aus:

- an ihrem beruflichen Lebenszyklus: von der Berufswahl bis zum Ausscheiden aus dem Berufsleben,

- an ihrem betrieblichen Lebenszyklus: vom Eintritt in das Unternehmen bis zum Ausscheiden, Laufbahn innerhalb einer Organisation,

- an ihrem stellenbezogenen Lebenszyklus: vom Antritt einer bestimmten Stelle in einem Unternehmen bis zum Stellenwechsel beziehungsweise Austritt aus dem Unternehmen,

- an dem familiären Lebenszyklus: von der Gründung einer Familie über die Kindererziehung bis hin zur Betreuung von pflegebedürftigen Familienmitgliedern sowie

- an dem biosozialen Lebenszyklus: Förderung der unterschiedlichen Potenziale in unterschiedlichen Lebensaltern

Die lebenszyklusorientierte Personalpolitik ist sowohl mitarbeiter- als auch unternehmensorientiert. Sie zielt auf die permanente Weiterentwicklung der Mitarbeiter gemäß ihrer Potenziale und ihrer spezifischen Lebenssituation ab, um deren Leistungsbereitschaft, Leistungsvermögen und ihre beruflichen Kompetenzen optimal zu fördern und gleichzeitig davon zu profitieren.[19]

Aufgrund von Altersstrukturanalyse, Work Ability Index und Mitarbeitergesprächen sowie Stellenanforderungsprofilen können die Unternehmen ihre aktuelle betriebliche Situation und die Beschäftigungsfähigkeit ihrer Mitarbeiter mit der

[18] *Görges, M.* (2004), S. 11 f.
[19] *Graf, A.* (2002), S. 34 f.

künftigen Situation in 10, 15 und 20 Jahren vergleichen und Handlungsfelder mit konkreten Maßnahmen definieren. Dazu gehören beispielsweise:

- Nachwuchsförderung und spezielle Rekrutierungsmaßnahmen (Hochschulmarketing, Praktikanten-, Diplomanden- sowie Stipendiatenprogramme),

- innovative Arbeitszeitgestaltung: Vertrauensarbeitszeit, Lebensarbeitszeitkonten, Sabbaticals für Familienphase oder Weiterbildung, Job-Sharing, flexible Teilzeitmodelle, Telearbeit,

- Wissenstransfer zwischen älteren und jüngeren Beschäftigten: lernförderliche Arbeitsumgebung, Lernen im Prozess der Arbeit, Orientierungsinitiativen für jüngere Mitarbeiter, abteilungsübergreifende Kommunikation und Kooperation, innerbetriebliche Jobrotation, Erfahrungsaustauschzirkel, „Communities of Practice",

- präventives Gesundheitsmanagement: ergonomisch gestaltete Arbeitsplätze, Krankenstandsanalyse, betriebliche Gesundheitschecks, Ernährungsberatung, Information, Beratung, Trainings, Kampagnen,

- bessere Vereinbarkeit von Familie und Beruf: familienorientierte Arbeitszeiten, Teilzeit, Telearbeit, aktive Gestaltung der Elternzeit mit Kontakt, Weiterbildung und Vertretungseinsätzen, Unterstützung bei der Kinder- und Angehörigenbetreuung, haushaltsnahe Dienstleistungen,

- Aufbau einer Wissenskultur: Bedeutung der Akquise, Weitergabe und Nutzung von Wissen, systematisches Wissensmanagement und

- Aufbau eines Leitbildes „Altersvielfalt", das dem Wandel der Lebens- und Erwerbsbiographien gerecht wird und eine generationenübergreifende Personalpolitik ermöglicht.

Die lebenszyklusorientierte Personalpolitik ist das innovativste und umfassendste Konzept, das in Deutschland zurzeit vor allem Großunternehmen entwickeln und praktizieren. Kleine und mittlere Unternehmen setzen aber zumindest einzelne Instrumente daraus ein, die so genannten „Demographietools".

Fazit

Die Debatte über die Bedeutung von innovativen Personalmanagementkonzepten ist aktuell ganz eng mit den Herausforderungen des demographischen Wandels und der Entwicklung der Industriegesellschaft zu einer wissensbasierten

Gesellschaft für die Unternehmen, die Gesamtwirtschaft und die Gesellschaft verbunden.

Unternehmen sind angesichts der gegebenen Rahmenbedingungen künftig mehr denn je auf die Kreativität und Innovationskraft ihrer Mitarbeiter angewiesen und darauf, dass sie solche überhaupt akquirieren und halten können oder selbst ausbilden.[20] Der Aufbau entsprechender Humanressourcen und die Rahmenbedingungen zur Entfaltung des Potenzials werden zu einem entscheidenden Erfolgsfaktor im Wettbewerb und stellen neue Anforderungen an Führungskräfte und Personalentwicklung.

In manchen Branchen hängt der Unternehmenserfolg heute schon in entscheidendem Maße von der Fähigkeit des Unternehmens ab, einen zusätzlichen Kundennutzen zu schaffen, indem individuelle Produkte und Dienstleistungen geschaffen werden, die speziell auf den Bedarf der einzelnen Kunden abgestimmt ist. Dies aber können nur entsprechend qualifizierte und motivierte Mitarbeiter schaffen. Das heißt: Beim Aufbau von Kundenbeziehungen und beim Nutzen des Kundenwissens für die Weiterentwicklung der betrieblichen Produkte und Dienstleistungen (Kunden als Wertschöpfer, nicht mehr nur als Wertempfänger) ist die Ressource „Mensch" von zentraler Bedeutung. Innovative Personalmanagementkonzepte der Zukunft müssen daher angemessene Führungsstrategien und Anreizsysteme schaffen, die den Menschen in der künftigen Arbeitswelt dazu befähigen, seine Kenntnisse, Fertigkeiten und Fähigkeiten entsprechend einsetzen zu können. Kreativitätshemmende Barrieren, Ideen blockierende Schranken und entmutigende Rahmenbedingungen sind kontraproduktiv. Führungskräfte müssen ihre Mitarbeiter coachen, nicht kontrollieren. Sie sollen betriebliche Lernprozesse initiieren und begleiten, nicht unterbinden. In multidisziplinären und generationenübergreifenden Projektteams können am besten unterschiedliche Ideen erarbeitet und auf Grund der langjährigen Erfahrung auch umgesetzt werden. Abteilungsübergreifende Kommunikation und Kooperation

---

[20] *Schneider, H. / Stein, D.* (2006), S. 18: „Langfristig sehen sich über drei Viertel der befragten Unternehmen vom demografischen Trend betroffen ...", dass sie nur unzureichend Führungskräfte akquirieren können.

vermeiden Ressourcen verschlingende Doppelarbeiten und schaffen Synergie-effekte zum Wohl des Unternehmens, der Kunden und der Mitarbeiter.

Deutschland wird als Hochtechnologiestandort nur dann eine Chance haben, seine Position zu behaupten oder gar zu verbessern, wenn die verlangsamte Bildungsexpansion wieder an Fahrt gewinnt, wenn sich die Bildungsanstrengungen von Politik und Wirtschaft auf allen Ebenen verstärken und die Unternehmen auf betrieblicher Ebene ganzheitliche innovative Personalmanagementkonzepte einsetzen.

Literaturverzeichnis

Adenauer, Sibylle / Bursee, Michael (2005): Demografische Analyse und Strategieentwicklung in Unternehmen, hrsg. von *Institut für angewandte Arbeitswissenschaft*, Köln.

Behrend, Christoph (2005): Demografischer Wandel und Konsequenzen für die betriebliche Personalpolitik, in: *Schott, Thomas* (Hrsg.): Eingliedern statt Ausmustern. Möglichkeiten und Strategien zur Sicherung der Erwerbstätigkeit älterer Arbeitnehmer, Weinheim, München, S. 23-37.

Bloom, Nick / Kretschmer, Tobias / van Reenen, John (2006): Work-Life Balance, Management Practices and Productivity, London.

Buck, Hartmut / Weidenhöfer, Jörg (2006): Betriebliche Personalpolitik – Demographische Herausforderungen bewerten und annehmen, in: *Prager, Jens U. / Schleiter, André* (Hrsg.): Länger leben, arbeiten und sich engagieren. Chancen werteschaffender Beschäftigung bis ins Alter, Gütersloh, S. 103-116.

Europäische Kommission (Hrsg.) (2005): Geschäftsnutzen von Vielfalt – Bewährte Verfahren am Arbeitsplatz, Luxemburg.

Flüter-Hoffmann, Christiane (2005): Familienfreundliche Regelungen in Tarifverträgen und Betriebsvereinbarungen. Beispiele guter Praxis, in: *Bundesministerium für Familien, Senioren, Frauen und Jugend* (Hrsg.): Familienfreundliche Regelungen in Tarifverträgen und Betriebsvereinbarungen. Beispiele guter Praxis, Köln / Berlin.

Flüter-Hoffmann, Christiane (2005): Flexible Arbeitszeiten und Weiterbildung, in: *Personal,* Zeitschrift für Human Resource Management, 57(3), S. 6-9.

Flüter-Hoffmann, Christiane (2004): Aus- und Weiterbildung im internationalen Vergleich, in: *Personalwirtschaft*. Magazin für Human Resources, 2, S. 24-29.

Flüter-Hoffmann, Christiane (2004): Benchmarking Bildung. Wo steht Deutschland? In: *Personal*, Zeitschrift für Human Ressource Management. 56(5), S. 10-14.

Flüter-Hoffmann, Christiane (2002): Weiterbildung und Reorganisation – Kooperation von Weiterbildungsanbietern und Betrieben, in: *Winfried Schlaffke / Reinhold Weiß (Hrsg.):* Arbeiten und Lernen. Neue Wege der Weiterbildung, Köln, S. 250-273.

Flüter-Hoffmann, Christiane / Solbrig, Jörn (2003): Wie familienfreundlich ist die deutsche Wirtschaft?, in: *IW-Trends*, vierteljährliche Zeitschrift zur empirischen Wirtschaftsforschung, 30(4), S. 37-46.

Görges, Martina (2004): Gesellschaftliche Alterung als Herausforderung für betriebliche Arbeitsmärkte. Eine Expertenstudie in ausgewählten Betrieben in der Region Rhein/Ruhr. Dissertation, Universität Münster, http://nbn-resolving.de/urn:nbn:de:hbz:6-28609593915, [Zugriff: 02.11.2006].

Graf, Anita (2002): Lebenszyklusorientierte Personalentwicklung Ein Ansatz für die Erhaltung und Förderung von Leistungsfähigkeit und -bereitschaft während des gesamten betrieblichen Lebenszyklus. Dissertation, Universität Bern, Bern, Stuttgart, Wien.

Hentze, Henner / Hinkelmann, Doris (2005): Alternde Belegschaften – Herausforderung für die betriebliche Personalpolitik der Zukunft". Gutachten für die *IHK NRW*, Münster.

Institut der deutschen Wirtschaft Köln (Hrsg.) (2004): Perspektive 2050. Ökonomik des demographischen Wandels, Köln.

OECD (Hrsg.) (2006): Employment Outlook 2006, Paris.

OECD (Hrsg.) (2001): Employment Outlook 2001, Paris.

Rost, Harald (2004): Work-Life Balance: Neue Aufgaben für eine zukunftsorientierte Personalpolitik, Opladen.

Rürup, Bert / Gruescu, Sandra (2005): Familienorientierte Arbeitnehmermuster – Neue Wege zu Wachstum und Beschäftigung. Gutachten im Auftrag des *BMFSFJ*, Berlin.

Schäfer, Holger / Seyda, Susanne (2004): Arbeitsmärkte, in: Perspektive 2050. Ökonomik des demographischen Wandels, hrsg. von *Institut der deutschen Wirtschaft Köln*, Köln, S. 97-120.

Schneider, Hilmar / Stein, Dieter (2006): Personalpolitische Strategien deutscher Unternehmen zur Bewältigung demografisch bedingter Rekrutierungsengpässe bei Führungskräften, Bonn [= Institut zur Zukunft der Arbeit: IZA Research Report; 6].

80

Personalmanagement und demographischer Wandel: Eine interdisziplinäre Perspektive

Ursula M. Staudinger
Jacobs University Bremen[1]

Einführung

Die demographische Entwicklung in den westlichen Ländern ist geprägt durch eine stark erhöhte durchschnittliche Lebenserwartung und verringerte Geburtenraten: Immer mehr Menschen werden immer älter, gleichzeitig werden immer weniger Menschen geboren. In Deutschland erwartet das *Mannheimer Forschungsinstitut Ökonomie und Demographischer Wandel* einen Rückgang der Gesamtbevölkerung für das Jahr 2020 um rund 10 %, eine Immigration von 100.000 pro Jahr schon eingerechnet, für das Jahr 2050 gar um rund 35 %[2]. Diese demographischen Entwicklungen bedeuten Veränderungen für den Einzelnen, den Staat und die Unternehmen. Und diese Veränderungen betreffen nicht nur die älteren Mitarbeiter und nicht nur einen Bereich des betrieblichen Handelns, wie etwa den Bereich der Weiterbildung. Vielmehr sind von diesem demographischen Wandel alle Altersgruppen und fast alle Bereiche unternehmerischen Handelns betroffen. So gibt es, wie noch zu diskutieren ist, auch eine enge Wechselbeziehung zwischen Age Management und dem Thema der Work-Life Balance in Unternehmen.

Die in Deutschland verfügbare Arbeitnehmerschaft wird sich verringern und ihr Durchschnittsalter wird sich erhöhen. Der berufliche Nachwuchs, vor allem der qualifizierte, wird zunehmend ausbleiben. Im Jahr 2020 werden fast 40 % der

---

[1] Ehemals *International University Bremen.*
[2] *MEA* (2002).

arbeitenden Bevölkerung zwischen 50 und mindestens 65 Jahren alt sein.[3] Die nächste Generation von Arbeitnehmern wurde schon geboren und steht in ihrer Zahlenstärke fest. Viele Firmen spüren bereits den Mangel an jungen, qualifizierten Fachkräften, und dieses Problem wird sich in Zukunft noch verschärfen. Natürlich bietet sich für deutsche Unternehmen die Möglichkeit der Auslagerung ihrer Aktivitäten in andere Länder, und viele Unternehmen nutzen diese Möglichkeit auch schon. Allerdings ist dies nicht für alle Branchen in gleicher Weise möglich, und auch bei Unternehmen, die dies schon exerzieren, wird immer ein Teil der Produktion/Aktivitäten im Inland verbleiben, nicht zuletzt um den Inlandsmarkt nicht zu verlieren.

Die demographische Entwicklung ist aber nur ein Aspekt. Wir leben gleichzeitig in einer Wissensgesellschaft, die durch eine immer schnellere Erneuerung des Wissens gekennzeichnet ist. Die Halbwertszeit von Wissen wird immer kürzer bei einer immer älter werdenden Arbeitnehmerschaft. In der Folge wird das Thema des lebenslangen Lernens für Unternehmen zunehmend wichtiger. Denn für die Arbeitgeber kommt es nun darauf an, mit den verbleibenden, immer älter werdenden Arbeitnehmern die Aufgaben der Zukunft erfolgreich zu meistern, Produktivität und Innovation zu sichern. Es wird zur Notwendigkeit, in Weiter-, Neu- und Umbildung **auch älterer Arbeitnehmer** zu investieren.

Trotz dieser Faktenlage ist es gegenwärtig so, dass nach einer jüngsten *OECD* Studie[4] die Beschäftigungsquote der 55- bis 64-jährigen in Deutschland nur bei 39 % liegt, wohingegen Länder, die wesentlich weniger Probleme mit der Bevölkerungsschrumpfung haben, wie etwa Schweden, die Schweiz und Dänemark, die Quoten zwischen 60 und 70 % liegen. Ebenso wird es nötig sein, in der Zukunft die Erwerbsbeteiligung von Frauen weiter zu erhöhen und gezielt Zuwanderungspolitik zu betreiben, um der Schrumpfung des qualifizierten Arbeitskräftepotentials in Deutschland entgegen zu wirken. Erhöhte Erwerbsbeteiligung von Frauen wird aber dauerhaft und erfolgreich nur dann möglich sein, wenn Familie und Beruf besser miteinander vereinbar werden.

---

[3]   *IAB* (2005).
[4]   *OECD* (2006).

Vor diesem Hintergrund scheint es an der Zeit, sich einer Modernisierung des Personalmanagements zu zuwenden. Im Folgenden wird deshalb ein Ansatz des dynamischen Personalmanagements vorgeschlagen, der einen Schlüssel zur Erschließung des Humanvermögens eines Unternehmens darstellt. Das dynamische Personalmanagement, wie es am *Jacobs Center for Lifelong Learning and Institutional Development der Jacobs University Bremen* entwickelt wurde und auch gelehrt wird, umfasst fünf zentrale Komponenten, die im folgenden detaillierter erläutert werden:

1. Kompetenzmanagement
2. Diversity Management
3. Erfahrungstransfer und Wissensmanagement
4. Gesundheitsmanagement
5. Unternehmensklima in den Bereichen Weiterbildung, Gesundheit, Altersbild, Work-Life Balance, Kommunikation

Systemisches Modell der Lebenslangen Entwicklung und des Lernens

Diesem Ansatz zum dynamischen Personalmanagement legen wir am *Jacobs Center for Lifelong Learning and Institutional Development* ein systemisches Modell der sich wechselseitig bedingenden Entwicklung von Individuum und Institution zugrunde (vgl. Abbildung 1). In dessen Zentrum steht der einzelne, sich entwickelnde und lernende Mensch. Schon für den Umgang mit dem Individuum müssen zumindest zwei Untersysteme berücksichtigt werden: der Mensch als biologisches Wesen und der Mensch als psychisches Wesen (Denken, Fühlen, Wollen). Des Weiteren ist dieses Individuum eingebettet in eine Reihe von anderen wichtigen Einflusssystemen, die einbezogen werden müssen, wenn Lernen und Entwicklung erfolgreich sein sollen. Diese Systeme sind Bildung, Beruf / Unternehmen, Familie, Freizeit und schließlich die gesellschaftlichen Rahmenbedingungen.[5]

---

[5] *Staudinger, U. M. / Kühler, L.* (2006).

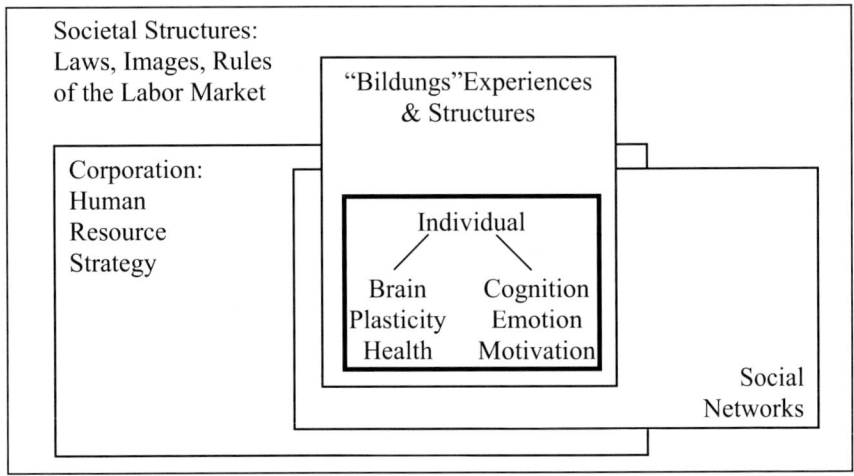

Abbildung 1: Ein systemischer Blick auf lebenslange Entwicklung und Lernen.

Was können ältere Beschäftigte?

Aufgrund dieses systemischen Ansatzes ist es für die Umsetzung des dynamischen Personalmanagements zunächst zentral, sich mit den neuesten Erkenntnissen der Entwicklungspsychologie und der Neurowissenschaften hinsichtlich der Stärken und Schwächen Älterer vertraut zu machen. Deren Erkenntnisse lassen keinen Zweifel daran, dass der Mensch, wenn er nicht ausgeprägten pathologischen Prozessen unterworfen ist, bis ins hohe Alter hinein lernen kann.[6]

In der geistigen Entwicklung lassen sich zwei Komponenten unterscheiden, zum einen die Mechanik und zum anderen die Pragmatik. Die Mechanik umfasst geistige Leistungen, die in engem Zusammenhang stehen mit der Grundarchitektur des Gehirns und stark biologisch bedingt sind, wie etwa die Schnelligkeit der Verarbeitung neuer Informationen oder die Kontrolle des Ablaufs von Verarbeitungsprozessen von neuer Information. Die Mechanik zeigt einen abfallenden Verlauf schon ab etwa 25 Jahren. Die Pragmatik dagegen, die das im Laufe des Lebens erworbene Wissen umfasst, zeigt einen ansteigenden Verlauf bis etwa 55 oder 60 Jahre und danach Stabilität. Nur im sehr hohen Alter, also etwa

---

[6]   Z. B. *Baltes, P. B.* et al. (2006).

ab 85 Jahren können auch hier Abbauprozesse beobachtet werden. Die Mechanik und Pragmatik stehen in einer kompensatorischen Beziehung zueinander, so dass die Abbauprozesse in der Mechanik im normalen Alltagsgeschehen bis ins hohe Alter kaum in Erscheinung treten.

Allerdings verändern sich die Lernprozesse mit dem Alter, sie werden langsamer und die Motivation für die Aufnahme der neuen Information muss stark ausgeprägt sein. Dies muss bei Weiterbildungsmaßnahmen in Rechnung gestellt werden. Beispielsweise sollten neue Inhalte mit bereits bekanntem Wissen verknüpft werden. Gleichzeitig müssen wir uns auch darüber im Klaren sein, dass das chronologische Alter mit wachsendem Alter immer weniger hilfreich ist, wenn es um die Vorhersage der geistigen Leistungsfähigkeit einer Person geht.[7] Ein weiterer zentraler Befund zur geistigen Entwicklung ist ihre enorme Plastizität. Die kognitive Trainingsforschung hat gut repliziert nachgewiesen, dass die Verluste in der Mechanik des Geistes durch entsprechende Trainingsprogramme ausgeglichen werden können.[8] Dies ist ein wichtiger Hinweis für die Gestaltung von Arbeitsplätzen. Je mehr Arbeitsanforderungen uns immer wieder mit neuen kognitiven Aufgaben konfrontieren und aus der Routine herausholen, umso besser sind sie geeignet, dem Abbau in der Mechanik entgegen zu wirken. Interessant sind auch neueste Befunde, die zeigen, dass die Erhöhung von aerobischer[9] Fitness in Zusammenhang mit einer Verbesserung der Leistungen in der Mechanik des Geistes stehen. Mit anderen Worten: Ausdauersport hilft also nicht nur beim Stressabbau sondern hilft auch dem Denken auf die Sprünge.[10]

Was nun die Entwicklung der Motivlagen angeht, so zeigt die Forschung, dass unsere Strebungen auch immer Spiegelungen gesellschaftlicher und anderer kontextueller Anreizsysteme sind.[11] Gegenwärtig beispielsweise kommt der Beruf bei den 55 bis 65-Jährigen in den ersten vier Bereichen des Investments von

---

[7] *Staudinger, U. M. / Baumert, J.* (in Druck).
[8] Z. B. *Baltes, P. B. / Kliegl, R.* (1992).
[9] *Colcombe, S. J. / Kramer, A. F.* (2003).
[10] S. a. *Voelcker-Rehage* et al. (2006).
[11] Z. B. *Staudinger, U. M.* (2005).

Energie nicht vor.[12] Dies ist aber nicht der Fall, weil es naturgesetzlich so ist, sondern weil beispielsweise seit den späten 1970er Jahren die Frühruhestands-regelung gesetzlich gefördert wurde. Man sieht hier erste Veränderungen, die wohl auch im Zusammenhang mit der seit kurzem veränderten Gesetzeslage zu sehen sind.[13] Unterstützung bekommt die Motivierungsarbeit übrigens auch durch die schleichende Rentenkürzung, der wir alle unterliegen. Ein 1963 Gebo-rener erhält erst mit 67 Jahren und ein 1973 Geborener erst mit 69 Jahren die Rente, die heute ein 62-Jähriger bekommt.[14] Ebenso stellt man bei den gegen-wärtig mittelalten und älteren Kohorten fest, dass die Offenheit für neue Erfah-rungen sowie die Flexibilität zurückgeht.[15] Auch hier liegt die Vermutung nahe, dass die in Zusammenhang mit der gegenwärtigen Strukturierung des Lebens-laufs zu sehen ist. Wir sind mit zunehmendem Alter immer weniger gefordert, uns in neue Kontexte zu begeben und zeigen auch immer weniger spontane Ten-denz dies zu tun. Es ist allerdings unklar wie sich die Persönlichkeitsentwick-lung verändern würde, wenn wir auch im mittleren und höheren Alter noch gefordert wären, uns regelmäßig mit neuen Kontexten auseinanderzusetzen. Es gibt erste Hinweise aus einer interventiven Längsschnittstudie, die dafür spre-chen, dass die Offenheit für Neues dann nicht nur keinen Abbau sondern sogar Zuwachs zeigen könnte.[16]

Diese Befunde verweisen darauf, dass es wichtig ist, die Anreizstrukturen für Weiterbildungs- und Qualifizierungsprozesse aller Altersgruppen von Beschäftigten sorgfältig zu entwickeln. Hierbei spielt das Unternehmensklima zum Thema Lernen und Alter sicher auch eine zentrale Rolle. Ängste vor Lernversagen können durch den Einsatz adäquater Lernformen und den Abbau des negativen Altersstereotyps bei den Betroffenen behoben werden.[17] Die Befunde verweisen aber auch darauf, dass wir in der Grundausbildung darauf achten müssen, dass die nachwachsenden Kohorten mit einem Begriff von

---

[12] *Staudinger, U. M. / Schindler, I.* (2002).
[13] *Tesch-Römer, C.* et al. (2006).
[14] *Prager, J. U. / Schleiter, A.* (2006).
[15] Z. B. *Staudinger, U. M.* (2005).
[16] *Mühlig-Versen & Staudinger, U. M.* (2007).
[17] *Staudinger, U. M.* (2003).

Lernen aufwachsen, der nicht mit dem ersten Bildungsabschluss ad acta gelegt werden kann, sondern uns ein Leben lang begleitet.

Bildung für ältere Mitarbeiter: Lohnt sich die Investition?

Die Betrachtung der Stärken und Schwächen älterer Beschäftigter ist aber nur ein Aspekt der Vorbedingungen gelungener Entwicklung. Hinzukommen muss die entsprechende Qualität der Bildungseinrichtungen für Erwachsene, und hier ist es nicht allein mit Geld getan.[18] Ganz zentral ist die Etablierung eines flächendeckenden Modells der Qualitätskontrolle in der Erwachsenenbildung. Es muss für die Akteure deutlich sein, was sie für ihr Geld bekommen. Bestehen hier Unsicherheiten, wird die Investition verständlicherweise eher ausbleiben. Es mangelt aber auch an der wissenschaftlichen Durchdringung des pädagogischen Feldes der Erwachsenenbildung. So gibt es zu wenig systematisches und empirisch abgesichertes Wissen über die adäquate Didaktik. Das Berufsbild des Erwachsenenbildners muss weiter professionalisiert werden. So müsste eine übersichtlichere Form der Organisation und des Zugangs zu Angeboten im Weiterbildungsbereich gefunden werden. Für den Einzelnen wie für Betriebe herrscht gegenwärtig immer noch Unübersichtlichkeit vor. Schließlich spielt in diesen Fragenkomplex auch die finanztechnische Seite für die Unternehmen mit hinein. Zum einen gibt es in Deutschland kein gutes Modell zur Finanzierung erhöhten Bedarfes an Weiterbildung und das obwohl in 2004 eine vom *Bundesministerium für Bildung und Forschung* eingesetzte Expertenkommission ihren Abschlussbericht vorgelegt hat, der hier sehr praktikable Vorschläge unterbreitet.[19] Zum anderen sind für Unternehmen die Kosten für Weiterbildung und Training von Mitarbeitern ausschließlich auf der Ausgabenseite zu verbuchen. Diese Kosten gelten nicht als Investitionen in Humanvermögen, die man abschreiben kann und die dem Vermögen des Unternehmen hinzurechnen sind. Gegenwärtig sind erste Ansätze in der Entwicklung, wie man zu einer Quantifizierung solcher sogenannter „intangibles" kommen könnte.[20]

---

[18] Z. B. *Faulstich, P.* (2004).
[19] *Expertenkommission Finanzierung Lebenslangen Lernens* (2004).
[20] Z. B. *Ewerhart, G.* (2001).

87

Kompetenzmanagement

Das Kompetenzmanagement ist das Herzstück des dynamischen Personalmanagements und auch des Umgehens mit alternden Belegschaften. Es besteht selbst wiederum aus vier verschiedenen Komponenten: (1) Kompetenzentwicklung und Weiterbildung, (2) regelmäßige Diagnostik, (3) Abstimmung von Kompetenz- und Arbeitsplatzprofilen und (4) Flexibilisierung von Karrieren. Die Neuerung liegt hier in der Dynamisierung: Nicht nur bei der Einstellung eines/r Mitarbeiters/in lohnt es sich, Aufwand in Form von Assessment Center etc. zu treiben, und dann die Person der Stelle zuzuordnen in dem Glauben, dass sich beides statisch verhält. Das Gegenteil ist der Fall. Sowohl die neue Mitarbeiterin als auch die Stelle verändern sich, sind also dynamisch. Es ist deshalb im Interesse der Produktivitätsoptimierung des Unternehmens unerlässlich, sich in regelmäßigen Abständen systematisch und nicht über Selbstbericht oder Vorgesetztenbericht der Kompetenzen von Mitarbeitern zu versichern[21] und sich auch immer wieder Klarheit über die aktuellen Anforderungsprofile des jeweiligen Arbeitsplatzes zu verschaffen. Beim Mitarbeiter können neue Kompetenzen hinzugekommen sein genauso wie einmal vorhandene Kompetenzen verblasst oder veraltet sein können. Diese Dynamisierung sollte sich auch in regelmäßigen Laufbahngesprächen mit Mitarbeitern (und zwar auf allen Qualifikationsniveaus) niederschlagen, die von vorne herein die körperlichen und psychischen Belastungen des jeweiligen Arbeitsplatzes in Rechnung stellen und deshalb begrenzte Verweildauern vorsehen.[22] Lateraler Stellenwechsel kann hier eine Lösung sein, wenn durch Qualifizierungsmaßnahmen rechtzeitig auf den Wechsel vorbereitet wird. Es ist jedoch nicht nur die körperliche Belastung, die die Produktivität eines/r Mitarbeiters/in auf einer Position begrenzt, sondern auch die psychische Belastung und Routinisierung tragen zum Verlust von Produktivität bei. In diesem Sinne werden im Rahmen des hier vorgeschlagenen Kompetenzmanagements für die in einem Unternehmen existierenden Arbeitsplatztypen Produktivitätsverläufe erstellt, die vorhersagen nach welcher Ver-

---

[21] Z. B. *v. Rosenstiel, L.* et al. (2004).
[22] *Schömann, K.* (2006).

weildauer auf einer Position das Optimum an Produktivität erreicht wird, und wann diese Kurve umkippt. In Vorbereitung dieses Scheitelpunkts werden die Mitarbeiter dann rechtzeitig durch Qualifizierungsmaßnahmen für die Übernahme anderer Positionen im Unternehmen weiterentwickelt. Auf diese Weise ist der Gesundheitsschutz der Mitarbeiter optimiert, und das Humanvermögen bleibt dem Unternehmen in optimaler Weise erhalten.

Alter als Dimension des Diversity Management

Diversity Management ist seit geraumer Zeit eine wichtige Komponente in der Managementstrategie von Unternehmen.[23] Bisher hat sich die Aufmerksamkeit dabei auf Geschlecht und Volkszugehörigkeit konzentriert. Hier wird nun vorgeschlagen auch die Diversität der Mitarbeiter hinsichtlich des Alters ernst zu nehmen, und für die Optimierung der Produktivität des Unternehmens einzusetzen. Ein wichtiges Tool ist hier die Altershetero- oder -homogenität von Arbeitsgruppen. Allerdings ist es nicht so einfach wie mancherorts zu lesen ist, dass die Altersmischung von Teams als Allheilmittel genutzt werden kann. Vielmehr ist der Sachverhalt, wie so häufig komplizierter. Man muss sich die Art der Aufgabe, die die Arbeitsgruppe zu lösen hat, genau ansehen. Es gibt auf diesem Gebiet leider noch zu wenige systematische Studien[24], aber erste empirische Befunde deuten darauf hin, dass alt-jung gemischte Teams dann gut funktionieren, wenn die Aufgabe beiden Altersgruppen die Möglichkeit zum Einsatz ihrer speziellen Expertisen gibt (also zum Beispiel das Einbringen des neuesten Wissens durch die Jungen und das Einbringen von Markterfahrung etc. durch die Älteren) oder auch wenn die junge von der älteren Person lernen kann.[25] Hingegen werden altersgemischte Teams eher weniger erfolgreich sein bei Aufgaben, die durchgängig nur die Stärken der einen Gruppe erfordern.

Erfahrungs- und Wissensmanagement

Vielfach herrscht bei Personalvorständen und Arbeitsdirektoren die Meinung vor, wir brauchen uns um alternde Belegschaften keine Sorgen zu machen, denn

---

[23] Z. B. *Aretz, H.-J.* (2001).
[24] *Mannix, E. / Neale, M. A.* (2005).
[25] Z. B. *Kessler, E.-M. / Staudinger, U. M.* (2006).

wir haben ja das bewährte Instrument des Frühruhestandes. Nicht selten erleben solche Firmen dann, dass sie durch diese viel gelobte Frühruhestandsregelung die Erfahrungsbestände ganzer Generationen verloren haben. Auch nicht selten hat dies dann zu mehr oder weniger erfolgreichen Rückholaktionen früherer Mitarbeiter geführt. Besonders mittelständische Unternehmen sind von dieser Entwicklung betroffen. Zu solchem Erfahrungswissen gehören auch persönliche Netzwerke und Wissen über Arbeits- und Entscheidungsprozesse. Für die betroffenen Unternehmen stellt dies eine echte Bedrohung ihrer Produktivität dar. Die Frage des Wissens- oder besser des Erfahrungs-Managements gewinnt deshalb neue Brisanz. Mögliche Methoden für Wissenserhalt und Erfahrungstransfer, die auch schon praktiziert werden, sind beispielsweise Job Rotation, Tandembildung zwischen älteren und jüngeren Arbeitnehmern[26], oder phasenweiser Übergang in den Ruhestand sowie die Bildung von Alumni-Netzwerken anstelle des „Rentnerkaffeekreises".

Gesundheitsmanagement

Modernes Gesundheitsmanagement setzt am Individuum genauso wie am Arbeitskontext an. Es geht darum, dem Einzelnen die Bedeutung und die Konsequenzen eines gesunden Lebensstils zu vermitteln, und diesen auch im Unternehmen zu exerzieren (z. B. gesunde Ernährung in der Kantine, Anregung zu Bewegung und Entspannung). Es geht aber auch um Maßnahmen wie Arbeitsplatzgestaltung und Job Rotation. In Abstimmung mit dem Kompetenzmanagement geht es darum, langfristig gesundheitsschädliche Effekte bestimmter Arbeitsplätze zu minimieren oder ganz zu vermeiden. Es gibt viele gute und harte Gründe als Unternehmen Gesundheitsprävention zu betreiben, wie beispielsweise die Reduktion von Krankheitstagen. Zu diesen Gründen ist nun ein weiterer hinzugekommen. Wir wissen, wie oben angedeutet, aus neuesten neurowissenschaftlichen Befunden, dass Fitness nicht nur verhindert krank zu werden, sondern durch kognitive Aktivierung auch zu höherer Produktivität beiträgt. Neueste Befunde zeigen eine enge Beziehung zwischen Ausdauertraining wie Nordic Walking, Fahrradfahren oder Schwimmen mit kognitiver Leistungs-

---

[26] Z. B. *VW Coaching* (2007).

fähigkeit. Wenn ältere Personen drei Monate lang an einer solchen Ausdauerintervention teilnehmen, haben sie große Zugewinne in verschiedensten Aspekten der kognitiven Leistungsfähigkeit.[27] Der letzte Aufschluss über die vermittelnden Prozesse steht noch aus, man kann aber davon ausgehen, dass es sich nicht nur um Effekte aufgrund erhöhter Gehirndurchblutung handelt.

Unternehmensklima

Als letzte Komponente eines dynamischen Personalmanagements kann die Bedeutung des Unternehmensklimas in Bereichen wie Lernen, Altersbild, Kommunikation, Work-Life Balance oder Gesundheit gar nicht hoch genug angesetzt werden.[28] Ältere Arbeitnehmer dürfen in einem Unternehmen nicht als Belastung angesehen werden, ihnen muss zugetraut werden, weiterzulernen und auch innovationsfähig zu sein.[29] Wir wissen aus der experimentellen Sozialpsychologie, dass das Vorherrschen einseitig negativer Altersstereotype zu Einbußen in der Leistungsfähigkeit der Betroffenen führt, da diese sich dieses Altersbild zu eigen machen und sich selbst dadurch weniger zutrauen. Beispielsweise wurde in einer Studie gezeigt, dass ältere Personen, die gerade eine Seite über Alzheimer und Alter gelesen hatten, in ihrer Gedächtnisleistung signifikant schlechter waren als zu einem früheren Zeitpunkt, wo sie ohne eine solche Intervention in ihrer Erinnerungsleistung getestet wurden. Umgekehrt stellte man in der gleichen Studie aber auch fest, dass sich die Gedächtnisleistung signifikant verbesserte, wenn man älteren Personen eine Seite über Weisheit und Alter zu lesen gegeben hatte.[30] In einer ersten Studie mit Unternehmen konnten wir im *Jacobs Center* feststellen, dass ältere Mitarbeiter in Unternehmen, in denen ein eher negatives Altersbild vorherrscht, signifikant niedrigere Produktivität und weniger Selbstregulation berichteten als ältere Mitarbeiter aus Unternehmen mit weniger negativem Altersklima.[31]

---

[27] *Kramer, A. F.* et al. (1999).
[28] Z. B. *Schein, E. H.* (1996).
[29] *Butler, R. N.* (1969).
[30] *Levy, B. R.* (1996).
[31] Kontrolliert für Gesundheitszustand, Qualifikation und Alter (*Staudinger, U. M.* et al. (2006)).

Neben dem „Altersklima" spielt auch die Lernkultur eine zentrale Rolle.[32] Wenn Fehlermachen zum Erfolg dazugehört und dadurch das Lernen, um nicht den gleichen Fehler zweimal zu machen, dann hat lebenslanges Lernen eine Chance. Es stellt sich in diesem Zusammenhang aber auch die Frage nach der Passung. Eventuell liegen bei Beschäftigten und Management unterschiedliche Interessenlagen vor. So könnten Manager eher ein Interesse daran haben, dass ihre Angestellten Fähigkeiten erwerben, die unmittelbar deren Produktivität erhöhen. Die Angestellten hingegen möchten sich eher mittelfristig beruflich weiterentwickeln oder ihre Lern- und Arbeitsfähigkeit erhalten. Ebenso spielt es eine Rolle, mit welchem Gesundheitsklima ein Unternehmen ausgestattet ist. Wird Gesundheit „zwischen den Zeilen" ausschließlich im Bereich der persönlichen Verantwortung und als Privatsache gesehen, oder ist man in einem bestimmten Unternehmen eben nicht krank. Die soziale Arbeitsumgebung beeinflusst maßgeblich das „Gesundheitsklima", d. h. die Normen und sozialen Standards innerhalb eines Betriebes in Bezug auf Gesundheit und Krankheit. Die positive Wahrnehmung des Gesundheitsklimas beeinflusst beispielsweise das Gesundheitsverhalten der Beschäftigten sowie die Arbeitszufriedenheit signifikant positiv.[33] Schließlich spielt auch das Kommunikationsklima eine wichtige Rolle. Wenn in einem Unternehmen der Austausch von Wissen und Erfahrung nicht selbstverständlich ist, sondern jeder sorgsam sein Wissen hütet, weil Wissen ja Macht ist, dann erzeugt dies „unsichtbare" Probleme beim Wissens- und Erfahrungsmanagement.

Ausblick

Für den erfolgreichen Umgang mit dem demographischen Wandel im betrieblichen Kontext müssen wir sukzessive Abschied nehmen von dem überholten Lebenszeitstrukturmodell, das davon ausgeht, dass der Mensch am Anfang des Lebens lernt, dann arbeitet und am Ende des Lebens primär Freizeit hat. Denn Bilder, die in unseren Köpfen über das Alter bestehen, stimmen keineswegs mit dem überein, was heute Realität ist. Zum Teil liegt das an den demographischen

---

[32] Z. B. *Sonntag, K.* et al. (2004).
[33] *Ribisi, K. M. / Reischl, T.* (1993).

Veränderungen, mit denen wir kaum Schritt halten können. In den letzten 100 Jahren ist unsere durchschnittliche Lebenserwartung kontinuierlich um etwa 30 Jahre angestiegen.[34] Diese Veränderung erfolgte jedoch so graduell, dass sie weder beim Einzelnen noch in der Gesellschaft schon zu den nötigen Umorientierungen geführt hat. Unsere Lebenszeitstruktur ist immer noch die alte: Für die ersten 30 Jahre des Lebens haben wir sehr differenzierte Auffassungen, durch welche Tätigkeiten wir produktive Mitglieder der Gemeinschaft sind bzw. erst dazu werden. Dann folgen 30 Jahre, die – simplifizierend – mit dem Beitrag zum Bruttosozialprodukt verbracht werden. Hingegen gibt es für die letzten 30 Jahre, die wir dazu gewonnen haben, keine klaren gesellschaftlichen Vorgaben außer dem Ruhestand.[35] Es sind also volle 30 Jahre unseres Lebens, die mehr oder weniger im „Nirvana" der Freizeit bestehen. Weder für den Einzelnen noch für das Gemeinwesen kann dies auf Dauer ein erstrebenswerter Zustand sein.[36]

Wollen wir die Produktivität alternder Gesellschaften erhalten und noch steigern, müssen wir daher versuchen, die Lebenszeitstruktur zu parallelisieren, das heißt Lernen, Arbeit und Freizeit begleiten uns ein Leben lang. Die relative Gewichtung verschiebt sich für verschiedene Altersgruppen, aber auch individuell gibt es Unterschiede. Es muss normal werden, immer wieder Phasen der Bildung und des Lernens, genauso wie Phasen der intensiveren Familienarbeit (sei es nun in der Bertreuung der Kinder oder der Betreuung von alten Eltern und Verwandten) oder auch der Verfolgung anderer außerberuflicher Interessen einzuschieben, ohne dass dadurch die Karrierewege bedroht werden. Diese Auflockerung und „Entdichtung" des Lebenslaufs würde einen Gewinn an Lebensqualität bedeutet und hätte auch starke Rückwirkungen auf die Produktivität.

Für die Maximierung der Chancen des demographischen Wandels sind auf verschiedenen Ebenen Veränderungen und Interventionen notwendig, die vom Individuum über das Bildungssystem zur Wirtschaft sowie der Gesellschaft reichen. Die öffentliche Meinung, der Gesetzgeber, Bildungsinstitutionen, Un-

---

[34] *Baltes, P. B.* et al. (2006).
[35] *Riley, M. W. / Riley, J. W.* (1994).
[36] *Staudinger, U. M.* (1996).

ternehmen und der Einzelne müssen umdenken, um bei den durch Demographie und Globalisierung veränderten Rahmenbedingungen erfolgreich zu sein.

An dieser komplexen Themenlage setzt das *Jacobs Center for Lifelong Learning and Institutional Development der Jacobs University Bremen* an. Am *Jacobs Center* erarbeiten wir bislang fehlendes Wissen über erfolgreiche Rahmenbedingungen lebenslangen Lernens. Dieses Wissen über den erfolgreichen Umgang mit alternden Belegschaften wird weitergegeben, z. B. in interdisziplinären Ausbildungsgängen wie dem Executive Master Studiengang oder einer Reihe von Executive Seminaren. Schließlich hilft das Jacobs Center bei der Lösung konkreter Praxisprobleme vor Ort durch Consultingaktivitäten.

Literatur

Aretz, H.-J. (2001): Diversity und Diversity Management im Unternehmen: eine Analyse aus systemtheoretischer Sicht, Hamburg.

Baltes, P. B. / Kliegl, R. (1992): Further Testing of Limits of Cognitive Plasticity: Negative Age-Differences in a Mnemomic Skill are Robust, in: *Development Psychology*, 28(1), S. 121-125.

Baltes, P. B. / Lindenberger, U. / Staudinger, U. M. (2006): Lifespan Theory in Developmental Psychology, in *Lerner, R. M.* (Hrsg.): Handbook of Child Psychology (6. Aufl., Bd. 1).

Butler, R. N. (1969): Ageism: Another Form of Bigotry. *Gerontologist*, 9, S. 243-252.

Buttler, F. / Tessaring, M. (1993): Humankapital als Standortfaktor. Argumente zur Bildungsdiskussion aus arbeitsmarktpolitischer Sicht, *MittAB*, 26(4), S. 467-476.

Colcombe, S. J. / Kramer, A. F. (2003): Fitness Effects on the Cognitive Function of Older Adults: A Meta-Analytic Study, *Psychological Science*, 14, S. 125-130.

EC Council of the European Union (2002): Resolution on Lifelong Learning, Brüssel.

Ewerhart, G. (2001): Humankapital in Deutschland: Bildungsinvestitionen, Bildungsvermögen und Abschreibungen von Bildung, *Beiträge zur Arbeitsmarkt- und Berufsforschung*, 247.

Expertenkommission Finanzierung lebenslangen Lernens (2002): Auf dem Weg zur Finanzierung lebenslangen Lernens, Bielefeld.

Expertenkommission Finanzierung lebenslangen Lernens (2004): Schlussbericht, Bielefeld.

Faulstich, P. (2004): Ressourcen der allgemeinen Weiterbildung in Deutschland, Bielefeld.

IAB Institut für Arbeitsmarkt- und Berufsforschung (2005), Projektion des Arbeitskräftebedarfs bis 2020. *IAB Kurzbericht*, 12.

Kessler, E.-M., / Staudinger, U. M. (2006): Plasticity in Old Age: Micro- and Macroperspectives on Social Context, in *H. W. Wahl / C. Tesch-Römer / A. Hoff* (Hrsg.), *New Dynamics in Old Age. Individual, Environmental and Societal Perspectives*, Amityville, NY, S. 361-381.

Kramer, A. F. / Hahn, S. / Cohen, N. J. / Banich, M. T. / McAuley, E. / Harrison, C. R. / Chason, Julie / Vakil, Eli / Bardell, Lynn / Boileau, Richard A. / Colcombe, A. (1999): Aging, Fitness and Neurocognitive Function. *Nature,* 400, S. 418-419.

Levy, B. R. (1996): Improving Memory in Old Age through Implicit Self-Stereotyping, *Journal of Personality and Social Psychology*, 52, S.1092-1107.

Mannix, E. / Neale, M. A. (2005): What Differences Make a Difference? *Psychological Science in the Public Interest*, 6(2), S. 31-55.

MEA Mannheimer Forschungsinstitut Ökonomie und Demographischer Wandel (2002). http://www.mea.uni-mannheim.de/mea_neu/pages/files/nopage_pubs/eguod8uw4qw92-yaf_dp25.pdf.

Mühlig-Versen, Andrea / Staudinger, U. M. (2007): Lässt sich Persönlichkeitsentwicklung im Alter unterstützen? Eine quasiexperimentelle Felduntersuchung, Längsschnittstudie im Rahmen des Bundesmodellprogramms „Erfahrungswissen für Initiativen", erwähnt z. B. in: „Erfahrungswissen der Älteren – ein Gewinn für alle Generationen" Bericht zur 5. Fachtagung des Bundesmodellprogramms „Erfahrungswissen für Initiativen", Berlin 2006, *ISAB Berichte aus Forschung und Praxis*, Nr. 96, S. 159.

Nyberg, L. / Sandblom, J. / Jones, S. / Neely, A. / Petersson, K. / Ingvar, M. (2003): Neural Correlates of Training-Related Memory Improvement in Adulthood and Aging, *Proceedings of the National Academy of Sciences USA*, 100(23), S. 13728-13733.

OECD (Hrsg) (2006): Employment Outlook 2006, Paris.

Prager, J. U. / Schleiter, A. (Hrsg.) (2006): Länger leben, arbeiten und sich engagieren. Gütersloh.

Prager, Jens U. / Schleiter, André (2006): Länger leben, arbeiten und sich engagieren. Chancen werteschaffender Beschäftigung bis ins Alter, Gütersloh.

Ribisi, K. M. / Reischl, T. (1993). Measuring the Climate for Health at Organizations, in: *Journal of Occupational Medicine*, 35, S. 812-824.

Riley, M. W. / Riley, J. W. (1994): Individuelles und gesellschaftliches Potential des Alterns, in *Baltes, P. B. / Mittelstraß, J. / Staudinger, U. M.* (Hrsg.), *Alter und Altern: Ein interdisziplinärer Studientext zur Gerontologie*, Berlin, S. 437-460.

Rosenstiel, L. v. / Pieler, D. / Glas, P. (2004): *Strategisches Kompetenzmanagement*. Wiesbaden.

Schein, E. H. (1996): Culture: The Missing Concept in Organization Studies. *Administrative Science Quarterly*, 41, S. 229-240.

Schömann, Klaus (2006): Renaissance des Mitarbeitergesprächs, in: *Personalwirtschaft* 2/2006, Studie mit Unternehmen: Altersbild negativ, negative Einstellung/Selbsteinschätzung, http://www.iu-bremen.de/schools/jacobs/research/01968/.

Sonntag, Kh. / Stegmaier, R. / Schaper, N. / Friebe, J. (2004): Dem Lernen im. Unternehmen. auf der Spur: Operationalisierung. von Lernkultur, in: *Unterrichtswissenschaft*, 32, S. 104-128.

Staudinger, Ursula M. (2005): Lebenserfahrung, Lebenssinn und Weisheit, in *Filipp. S. M. / Staudinger, U. M.* (Hrsg.), Entwicklungspsychologie des mittleren und höheren Erwachsenenalters, Göttingen, S. 740-757.

Staudinger, Ursula M. (1996): Psychologische Produktivität und Selbstentfaltung im Alter, in *Baltes, M. M. / Montada, L.* (Hrsg.), Produktivität und Altern, Hamburg, S. 344-373.

Staudinger, Ursula M. (2000): Eine Expertise zum Thema "lebenslanges Lernen" aus der Sicht der Lebensspannen-Psychologie, in *Achtenhagen, F. / Lempert, W.* (Hsg.): *Lebenslanges Lernen im Beruf: Seine Grundlegung im Kindes und Jugendalter*, Bd. III, Opladen, S. 90-110.

Staudinger, Ursula M. (2003): Die Zukunft des Alterns und das Bildungssystem, in *Pohlmann, S.* (Hrsg.): Der demografische Imperativ. Von der internationalen Sozialpolitik zu einem nationalen Aktionsplan, Hannover, S. 65-81.

Staudinger, Ursula M. / Baumert, J. (in Druck): Bildung und Lernen jenseits der 50: Realität und Plastizität, in *Max Planck Gesellschaft* (Hrsg.), Die Zukunft des Alters, München.

Staudinger, Ursula M. / Kühler, L. (2006): Das Ende der geistigen Frührente. *Personalwirtschaft*, 2, S. 10-13.

Staudinger, Ursula M. / Schindler, I. (2002): Produktivität im Alter, in *Oerter, R. / Montada, L.* (Hrsg.): Entwicklungspsychologie, 5. Aufl., Weinheim, S. 995-982.

Tesch-Römer, C. / Engsteler, H. / Wurm, S. (Hrsg.) (2006): Altwerden in Deutschland. Wiesbaden.

Voelcker-Rehage, C. / Godde, B. / Staudinger, U. M. (2006):. Bewegung, körperliche und geistige Mobilität im Alter. Bundesgesundheitsblatt- Gesundheitsforschung – Gesundheitsschutz [Activity, Physical and Psychological Mobility in Old Age], 49, S. 558-566.

Volkswagen Coaching GmbH (2007): Wissensstafette. Transferring skills – sharing knowledge, http://www.volkswagen-coaching.de/fileadmin/cg-inranet/dokumente/pdf/ww.deck/Wissensstafett.pdf. [Zugriff am 15.01.2007].

Work-Life Balance aus der Sicht der Gerontologie

Heinz Jürgen Kaiser
Friedrich-Alexander Universität Erlangen-Nürnberg

Zum gesellschaftlichen Aspekt der Problemstellung

In den meisten entwickelten Industriestaaten der Welt hat sich in den letzten Jahrzehnten ein Widerspruch herausgebildet, den es zum Wohle des Wirtschaftslebens ebenso wie eines gesunden und produktiven Alterns aufzulösen gilt: Der Alterung der Gesellschaften insgesamt stand eine Verjüngung ihrer Arbeitswelt gegenüber. Während die Lebenserwartung der Menschen und der Anteil der älteren Menschen an der Gesamtbevölkerung in den letzten Jahrzehnten gestiegen sind, sank das Durchschnittsalter der erwerbstätigen Bevölkerung. Schon viele 55-Jährige finden heute keinen Platz mehr in der Welt der Erwerbsarbeit. Das belastet nicht nur die Sozialsysteme, sondern in vielen Fällen auch das Wohlbefinden, die Lebensqualität und das positive Selbst- und Rollenverständnis der Älteren. Eine Änderung dieses Zustandes wird gründliche Überlegungen zur Ausbalancierung zwischen Arbeitsbedingungen einerseits und Lebensbedingungen und Lebensentwürfe der Einzelnen andererseits erforderlich machen, also eine „Work-Life Balance" auch im Hinblick auf die Lebenssituation der älteren Menschen. Damit ist die Gerontologie aufgerufen, an dieser Aufgabe mitzuarbeiten. Sie ist schon deshalb unabweisbar, weil das Potenzial an Arbeitskräften zukünftig aus demographischen Gründen nicht nur schrumpfen, sondern zugleich auch ein steigendes **Durchschnittsalter** haben wird. *Clemens* spricht von dem „**Berg an Mittelalten**", welcher derzeit die Arbeitswelt dominiert, der aber, die Jahrgänge durchwandernd, in etwa 10 bis 20 Jahren zu einem **Altersberg** anwachsen werde.[37]

---

[37] *Clemens, W.* (2004), S. 91.

Die Prinzipien, nach denen bisher gewirtschaftet wurde, werden in Zukunft so wohl nicht weiter befolgt werden können.

Work-Life Balance erfordert also auch aus gerontologischer Sicht einen Blick auf die **gesellschaftlichen** Rahmenbedingungen des Alterns. Der Gerontologie, also die Gesamtheit der Wissenschaften vom Altern, ist dieser Blickwinkel durchaus vertraut. Sie ist ja gerade deswegen zu einer beachtlichen und beachteten Disziplin geworden, weil das Altern nicht nur als ein individuelles, sondern als ein gesellschaftliches Phänomen und Schicksal betrachtet wird.

Folgendes ist festzustellen: Die Überlegungen, die derzeit zur Ausbalancierung von privatem Leben und Arbeitswelt angestellt werden, nehmen einerseits eine mikro-ökonomische, betriebswirtschaftliche Perspektive ein, andererseits aber auch eine makro-ökonomische, volkswirtschaftliche. Das heißt im Ergebnis, dass von einer Work-Life Balance unter Einbezug der Belange der älteren Arbeitnehmer ein Gewinn sowohl auf mikro- als auch auf makro-ökonomischer Ebene erwartet wird. Selbstverständlich gilt darüber hinaus auch noch der Blick auf den Gewinn für die Arbeitnehmer mit ihren individuellen Lebensentwürfen und biographischen Besonderheiten als Kriterium für die Notwendigkeit von Maßnahmen, die eine bessere Vereinbarkeit von privatem, familiärem und beruflichem Leben gewährleisten sollen.

Die Gerontologie ist eine Wissenschaft vom Altern, d. h., sie ist nicht nur ergebnis-, sondern auch prozessorientiert. Der (individuelle) Alternsprozess der Menschen wird als Resultat der wirtschaftlichen und allgemein gesellschaftlichen Bedingungen gesehen, unter denen sie leben. Einerseits wirkt demnach die Art und Weise der Güterproduktion und der Dienstleistungen sowie der Verteilung des gesellschaftlichen Reichtums in einer Gesellschaft auf den Alternsprozess ein, andererseits verändern aber auch die säkularen Entwicklungsprozesse in Bezug auf Ansichten, Werthaltungen und biographischen Entwürfen der alternden Menschen die Voraussetzungen und die Form des Wirtschaftens. Beides ist neben den durch die Demographie erzeugten Vorgaben bei den Überlegungen zu einer die älteren Menschen einschließenden Work-Life Balance zu berücksichtigen.

Schließlich ist zu bedenken, dass im Rahmen der Versuche, zu einer besseren Work-Life Balance zu kommen, die älteren Menschen in zwei unterschiedlichen Rollen auftreten können: Zum einen geht es um die Integration der Älteren als Arbeitnehmer in die Welt der Erwerbsarbeit, zum anderen um die Älteren als zu Versorgende und zu Pflegende, deren Versorgung und Pflege zum Teil von einer gelungenen Vereinbarkeit von Familie und Beruf bei der nachfolgenden Generation abhängt.

Das Thema der Work-Life Balance soll deshalb mit Blick auf beide, auf die mittlere und die ältere Generation(en), erörtert werden.

Generationenspezifische Überlegungen

Work-Life Balance als Problem der mittleren Generation

Die mittlere Generation (die Menschen etwa zwischen 40 und 60 Jahren) wird in der sozialen Gerontologie der Gegenwart häufig als „Sandwich-Generation" bezeichnet.[38] Diese Generation nämlich, üblicherweise in der Erwerbsarbeit stehend und damit eine Säule des Wirtschaftslebens, erfüllt Verpflichtungen nach zwei Seiten hin, gegenüber der nachfolgenden Generation der Kinder und den vorangegangenen Generationen der Eltern und Großeltern. Insbesondere die Versorgung und Betreuung der Altengenerationen durch die mittlere Generation bedeutete und bedeutet bis heute eine erhebliche Entlastung für die Gesellschaft und ihre Sozialsysteme – und damit auch für die Wirtschaft. Gemeint ist nicht nur der finanzielle Beitrag der Erwerbstätigen zum Unterhalt der nicht mehr im Arbeitsleben Stehenden im Rahmen des gesellschaftlichen so genannten „Generationenvertrages", sondern vor allem auch die Arbeitsleistung, die individuell innerhalb der Familien aufgebracht wird, um kranke, hilfs- und pflegebedürftige Alte zu versorgen. Sie wird auch heute noch vor allem von Frauen erbracht, deren Potenzial an Wissen und Können wegen ihrer familiären Aufgaben dann nicht immer dem Wirtschaftsleben zugute kommen kann.

---

[38] Vgl. *Barkholdt, C. / Lasch, V.* (2004).

Die Größenordnung dieser Leistung für die älteren Generationen ist enorm; immerhin sind mindestens zwei Drittel der pflegebedürftigen alten Menschen **nicht** in Pflegeinstitutionen untergebracht[39]. Der Vierte Altenbericht der Bundesregierung von 2002 gibt differenzierte Informationen zu den familiären Ressourcen, die älteren Menschen zugute kommen. Einem „**Praxisleitfaden zur Vereinbarung von Erwerbstätigkeit und Pflege**" des *Bundesministeriums für Senioren, Frauen und Jugend* folgend, müssen immerhin 45 % der Personen, die in ihrer Familie Pflegeleistungen erbringen, diese ihre Tätigkeit mit den Anforderungen ihrer Erwerbstätigkeit in Einklang bringen.[40] Das bedeutet, dass das Thema der Vereinbarkeit von Familie und Beruf sich nicht mit Blick auf die Möglichkeiten der Kinderbetreuung erschöpfend behandeln lässt.

Häufig wird die Veränderung der demographischen Struktur unserer Gesellschaft für die sich abzeichnenden Probleme der Versorgung der Älteren verantwortlich gemacht. Besonders in den Massenmedien wird ein düsteres Bild der Zukunft gezeichnet, mit dem die Notwendigkeit eines „Umbau des Sozialstaates" begründet wird. Aus der Nähe betrachtet, erweisen sich die Prognosen und die darauf aufbauenden Argumentationen als stark überzeichnet und überzeichnend.[41] Geht man nämlich von nur wenig geänderten, mindestens aber ebenso wahrscheinlichen Prämissen für die Prognose der gesellschaftlichen Verhältnisse in dreißig bis fünfzig Jahren aus, lassen sich dem bisher bestehenden Generationenvertrags und damit die Rolle der mittleren Generation durchaus als zukunftsfest verteidigen. Denn erstens steht einer Zunahme der Zahl älterer Menschen eine Abnahme der Zahl jüngerer Menschen gegenüber (d. h., dass sich der Gesamt-Belastungsquotient nicht wesentlich verändert)[42], und zweitens ist zu erwarten, dass der Produktivitätsfortschritt dafür sorgen wird, dass das gesellschaftlich erarbeitete Produkt (d. h. der Kuchen, der prinzipiell verteilt werden kann) trotz eines Schrumpfens der Zahl der Erwerbstätigen nicht gerin-

---

[39] Prozent der in Heimen versorgten Pflegebedürftigen nach Altersgruppen: 60-79 Jahre: 24 %; 80-89 Jahre: 37 %; 90 Jahre und älter: 43 % (*Roloff, J.* 2003).

[40] *BMFSFJ* (2000).

[41] Vgl. *Kistler, E.* (2006).

[42] Vgl. *Christen, C.* et al. (2003), S. 37 f.

ger werden wird. Mithin stellt die Versorgung der zukünftigen Altengenerationen in einer demographisch veränderten Gesellschaft nicht unbedingt ein Finanzierungsproblem dar, auch wenn die Zahl der zu Pflegenden größer werden sollte, sondern eher ein Problem der Ressourcenverteilung und eines der Arbeitsorganisation. Die Pflege von Pflegebedürftigen ist ja nicht nur kostenintensiv, sondern auch arbeitsintensiv, und es stellt sich daher die Frage, wie diese Arbeit von einer geringer werdenden Zahl potentiell Pflegefähiger bewältigt werden kann. Mit anderen Worten: Auch in Zukunft wird die Familie ein Hauptort der Versorgung und Pflege der Älteren sein. Zugleich werden die Frauen, diejenigen also, die bis heute die Hauptlast der Pflegeleistung in den Familien tragen, zur Aufrechterhaltung und Steigerung der gesellschaftlichen Produktivität vermehrt in die Erwerbsarbeit eintreten müssen. Es macht also Sinn, wenn der Abschlussbericht der *Enquête-Kommission „Demographischer Wandel – Herausforderungen unserer älter werdenden Gesellschaft an den Einzelnen und die Politik"* die Bedeutung der zukünftigen Frauenerwerbsquote hervorhebt und schreibt: „Auf lange Sicht dürfte sich die Erwerbsbeteiligung der Frauen in Gesamtdeutschland auf einem Niveau stabilisieren, das deutlich über dem Niveau in den alten Bundesländern und etwa auf gleichem Niveau der nordeuropäischen Staaten liegt. Dabei ist zu erwarten, dass sich die niedrige Erwerbsquote von Frauen in den alten Bundesländern an die höhere Erwerbsquote von Frauen in den neuen Bundesländern annähern wird. Damit wird sich die gesamtdeutsche Erwerbsquote der Frauen wohl an die höhere Quote vergleichbarer Industriestaaten annähern".[43]

Mit steigender Erwerbsquote bei den Frauen würde der Bedarf an stationärer, institutionalisierter Hilfe für Pflegebedürftige erheblich ansteigen – wenn die Arbeitwelt so organisiert bliebe, wie sie heute ist. *Blinkert* und *Klie* (2001) haben berechnet, dass die Zahl der Versorgungsbedürftigen in Institutionen 2040 und 2050 um jeweils 200.000 Personen steigen dürfte. Ihr Anteil stiege dann von 30 % im Jahr 2001 auf ca. 42 % 2050.[44]

---

[43] *Deutscher Bundestag* (2002), S. 72.
[44] *Blinkert, B. / Klie, T.* (2001).

Die Arbeitswelt der Zukunft wird, wahrscheinlich vor allem von den Frauen, eine erhöhte Managementleistung auf dem Gebiet des Termin- und Zeitmanagements fordern. Eigene Bedürfnisse einerseits, familiäre und betriebliche Bedürfnisse und Erfordernisse andererseits müssen mit erheblicher Flexibilität synchronisiert werden. Auch aus der Sicht der Gerontologie gehört demnach eine Intensivierung der Anstrengungen um eine Work-Life Balance zu den Zukunftsaufgaben, denen wir uns zu stellen haben.

Allerdings darf das balancierte Verhältnis zwischen Erwerbswelt und Privatwelt nicht einfach nur dadurch gekennzeichnet sein, dass durch ein effektives Management die Dichte der von den pflegenden Personen zu erbringenden Leistungen pro Zeiteinheit erhöht wird. Eine Work-Life Balance soll ja einem Burnout der Beschäftigten entgegenwirken und, durchaus auch im Interesse der Betriebe, Arbeitskraft durch Schonung aufrechterhalten. Die Warnung vor einer Auszehrung der Kräfte durch Maßnahmen, die einer Vereinbarkeit von Berufsaufgaben und Familienpflichten dienen sollen, ist durchaus berechtigt, wie ein Blick über die Grenzen Deutschlands hinaus zeigt.[45]

Die Versorgung und Pflege älterer Menschen ist als eine Aufgabe anzusehen, die der gesamten Gesellschaft aufgegeben ist, nicht nur der individuellen Familie. Es darf ja nicht unberücksichtigt bleiben, dass die nun zu versorgenden Alten im Laufe ihres Erwerbslebens (oder überhaupt ihres Lebens) Arbeit geleistet haben, die der Gesellschaft als Ganzes zugute gekommen ist. Deswegen ist auch die folgende Argumentation berechtigt: „Kosten der familialen Betreuung bzw. Pflege werden bisher größtenteils individualisiert, d. h. sie entstehen nur den pflegenden Angehörigen, während gleichzeitig der Nutzen dieser Betreuungsbzw. Pflegleistungen sozialisiert wird, d. h. überwiegend der Gesellschaft ent-

---

[45] In Frankreich beispielsweise ist es gelungen, nicht nur durch finanzielle Unterstützung, sondern vor allem durch Einrichtung von Kinderbetreuungsplätzen auch und gerade für Familien, in denen beide Partner berufstätig sind, Entlastung zu schaffen. Der Effekt ist bekannt: Die Geburtenrate ist in Frankreich gestiegen und liegt derzeit bei wenig unter zwei (2005: 1,94 lt. Nationalem Statistikamt, Paris) und damit deutlich höher als in Deutschland. Derzeit erwägt die französische Regierung, betriebliche Krippenplätze zu subventionieren und damit diese Art der Voraussetzung für eine Work-Life Balance der Arbeitnehmer weiter zu stärken.

steht. Diese Unausgewogenheit gilt es zu beseitigen, um die familiale Betreuung bzw. Pflege alter Menschen zu stabilisieren bzw. zu fördern".[46] Mit „Gesellschaft" sind hier nicht nur der Steuerzahler gemeint, sondern gerade auch die Betriebe und Verwaltungen.

Schließlich wäre es sicher eine Fehlentwicklung mit unerwünschten Folgen für die Gesellschaft, wenn Bemühungen um eine Work-Life Balance im Rahmen des Generationenverhältnisses lediglich die Lebensgestaltung der Frauen berücksichtigten, die Männer aber nicht einbeziehen würde. Die Erfahrungen mit der Einführung der Elternzeit beispielsweise zeigen, dass die überkommene Rollenverteilung zwischen Männern und Frauen bisher nicht überwunden wurde, wenn es um die Betreuung und Erziehung der Kinder geht. In einem Bericht über die Auswirkungen der §§ 15 und 16 Bundeserziehungsgeldgesetz stellt das *BMFSFJ* fest, dass etwa drei Viertel der Haushalte in Deutschland nach der Geburt eines Kindes Elterngeld in Anspruch nehmen, während die Fälle, in denen auch der Vater allein oder zusammen mit der Mutter in Elternzeit geht, nur ca. 5 Prozent ausmachen.[47]

Work-Life Balance als Problem der älteren Generation

Ausgliederung älterer Menschen aus der Arbeitswelt

Auch jene Menschen, die gemeinhin in unserer Gesellschaft als die „Älteren" angesprochen werden[48], stehen zum Teil noch im Arbeitsprozess. Allerdings ist dieser Teil in Deutschland relativ gering verglichen mit anderen hoch entwickelten Industriestaaten auf der Welt. *Funk* und *Seyda* haben die Situation hierzulande näher beschrieben: Unter 21 Industriestaaten nimmt Deutschland den 17. Platz ein; nur noch knapp 40 % der 55 bis 64-Jährigen waren 2004 erwerbstätig

---

[46] *Jentzsch, N.* (2004), S. 260.

[47] *Cornelißen, W.* (2005), S. 313 f.

[48] Angesichts zukünftiger Entwicklungstendenzen in Gesellschaft und Arbeitsmarkt halte ich es für angebracht, als „ältere" Arbeitnehmer vor allem jene um die 60 Jahre und älter anzusprechen, ungeachtet der Tatsache, dass auf dem Arbeitsmarkt – je nach Standpunkt und Bedürfnis – auch schon 40-Jährige als „älter" apostrophiert werden.

(ein geringerer Anteil fand sich nur noch in Luxemburg, Italien, Belgien und Österreich).[49] Zugleich wies Deutschland mit 11,3 % die bei weitem höchste Arbeitslosenquote in dieser Altersgruppe auf. Seit 1990 hat sich in Deutschland die Erwerbstätigenquote der Älteren mit 14,7 % nur mäßig erhöht, in anderen Industrieländern fiel die Erhöhung zum Teil sehr viel kräftiger aus (in den Niederlanden z. B. um 59,2 %, in Irland um 27,2 %). Die Zahlen spiegeln nicht nur eine eher schlechte Integration älterer Arbeitnehmer in die Arbeitswelt, es bestehen auch ungünstige Bedingungen für eine Verbesserung der Situation. So beklagen *Funk* und *Seyda* eine im Vergleich mit anderen Industrieländern geringe Tendenz zu berufsbezogener Fort- und Weiterbildung der Arbeitnehmer, vor allem bei den am meisten von Arbeitslosigkeit bedrohten gering Qualifizierten.[50] Ein Bericht der *OECD* aus dem Jahre 2005 kommt mit Blick auf Deutschland zu folgendem Ergebnis: „In der Altersgruppe der 50- bis 64-Jährigen z. B. nehmen lediglich 1,7 Prozent der gering qualifizierten Arbeitskräfte an Weiterbildungsmaßnahmen teil, verglichen mit 17,3 Prozent bei den hoch qualifizierten und 7,4 Prozent bei den qualifizierten Kräften".[51] Es kommt demnach auch darauf an, Kompetenzen und Leistungscharakteristiken der Arbeitnehmer zu verbessern, wobei die Fortbildungsbemühungen nicht vor den älteren Arbeitnehmern halt machen dürfen.

Dass die Erwerbstätigenquote unter den Menschen ab 55 Jahren in Deutschland (und auch in anderen Ländern Europas) relativ niedrig ist, liegt, wie *Bellmann* et al. anmerken, aber auch an der hohen Zahl von Frühverrentungen aufgrund „völliger Leistungsverausgabung in der Arbeitswelt" (S. 135), vor allem in körperlich anstrengenden Berufen.[52] Es ist demnach auch eine Zukunftsaufgabe, die „völlige Leistungsverausgabung" älter gewordener Mitarbeiter zu vermeiden.

---

[49] *Funk, L. / Seyda, S.* (2006) S. 17 ff.
[50] *Funk, L. / Seyda, S.* (2006), S. 24 f.
[51] *OECD* (2005) S. 140; zit. nach *Funk, L. / Seyda, S.* (2006), S. 25.
[52] *Bellmann, L.* et al. (2003), S.135.

Die Älteren als Arbeitnehmer – Besonderheiten und Potenziale

Eingedenk der Diskussion bis hierher ist der Schluss gerechtfertigt, dass die sehr frühe Ausgliederung älterer Menschen aus der Welt der Erwerbstätigkeit, wie sie bisher betrieben wurde, sich in Zukunft so nicht fortgesetzt werden kann. *Naegele* kritisiert, dass immer noch von einer viel zu starren Dreiteilung des Lebenslaufes ausgegangen werde: von einer längeren Vorbereitungsphase, einer immer kürzeren (aber auch dichteren) Erwerbsphase und einer immer längeren Altersphase, die gesellschaftlich, aber auch individuell häufig unproduktiv verlaufe.[53] Tatsächlich zeigen die bisher vorliegenden demographischen Prognosen, dass mit einer hohen Wahrscheinlichkeit von einer weiteren Verlängerung der Lebensphase Alter ausgegangen werden kann.

Die Elfte koordinierte Bevölkerungsvorausberechnung des *Statistischen Bundesamtes* erwartet bis 2050 darüber hinaus eine Verlängerung der **ferneren Lebenserwartung** 60-Jähriger von bisher 23 Jahre auf 28,2 Jahre (für die Frauen) und von ca. 19 Jahren auf 23,7 Jahre (bei den Männern). Ein neuer Blick auf die gesellschaftliche Strukturierung und die individuelle Gestaltung der Lebenszeit der Menschen wird wohl unausweichlich.

Was die Arbeitswelt angeht ist die Alterung der Erwerbspersonen (d. h. die Erhöhung ihres Durchschnittsalters) bisher hinter die Diskussion der Schrumpfung des Arbeitskräftepotentials zurückgetreten[54], eine unberechtigte Nachordnung, wie ein genaueres Hinschauen zeigt. Von einem mangelnden Arbeitskräfteangebot kann zumindest in den nächsten 15 Jahren nicht die Rede sein.[55]

In den nächsten zehn bis fünfzehn Jahren werden die Angehörigen der geburtenstarken Jahrgänge (die es bis in die siebziger Jahre hinein gegeben hat) 55 Jahre oder älter sein. Diese große Gruppe in eine Frühverrentung zu entlassen, wird vom Rentensystem finanziell kaum tragbar sein; eine starke Minderung der Rentenansprüche wiederum wird von den Betroffenen nicht akzeptiert

---

[53] *Naegele, G.* (2005).
[54] Vgl. *Kistler, E.* (2006), S. 74.
[55] *Bellmann, L.* et al. (2003).

werden können. So gesehen wird sich die Wirtschaft in die Pflicht genommen sehen, von der bisherigen Strategie der einseitig auf jüngere Menschen setzenden Personalpolitik Abstand zu nehmen.

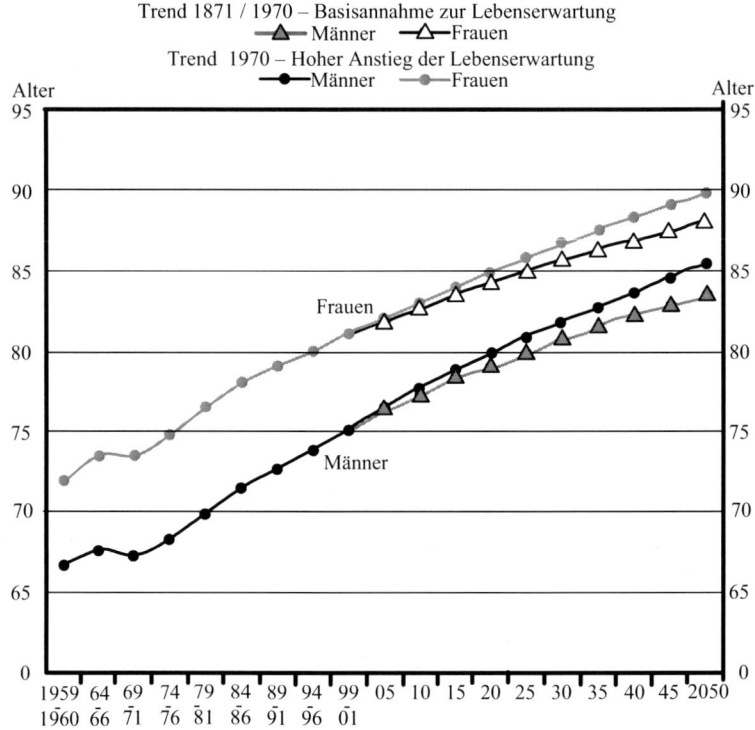

Abbildung 1: Annahmen über das zukünftigen Anstieg der Lebenserwartung.[56]

Es scheint auch eine Umorientierung in Gang gekommen zu sein, und dieses Umdenken nimmt dieselbe Richtung, die auch das Thema der Work-Life Balance eingeschlagen hat: Neben dem **betriebs**wirtschaftlichen Denken werden mittlerweile auch **volks**wirtschaftliche Sichtweisen wieder stärker zur Gewinnung

---

[56] *Statistisches Bundesamt* (2006), S. 18.

einer Orientierung für die gesellschaftliche Entwicklung herangezogen. Für die volkswirtschaftliche Gesamtrechnung stellen nach neuerer Erkenntnis auch ältere Arbeitnehmer ein positives Element dar, und betriebswirtschaftliche Kalkulationen sollten die volkswirtschaftliche Gesamtrechnung nicht außer Acht lassen, wenn es um zukunftssichere Entscheidungen geht.[57]

Eine höhere Erwerbsbeteiligung unter Einschluss der älteren Arbeitnehmer ist **volkswirtschaftlich** deswegen wünschenswert, weil sie zu einem höheren Gesamteinkommen führt, welches das Konsumklima positiv beeinflusst, weil sie die Steuereinnahmen erhöht, damit den Spielraum für öffentliche Investitionen vergrößert, und die sozialen Sicherungssysteme auf eine breitere Basis stellt.[58] Wenn sich in diesem Sinne volkswirtschaftliche Vernunft durchsetzt, wird die Frage der flexiblen Verzahnung von Privat- und Arbeitsleben auch die älteren Arbeitnehmer erreichen und dann zu ihrer und zur Aufgabe ihrer Arbeitgeber werden.

Damit diese Entwicklung einsetzen kann, ist aber noch ein Umdenken nötig. Zwar hat die gerontologische Forschung nachweisen können, in welch hohem Maße ältere Menschen in Familie und Gesellschaft aktiv sind, über welche Kompetenzen sie dabei verfügen, und was sie deshalb auch im Berufsleben (noch) leisten könnten, doch diese Erkenntnisse scheinen in der Öffentlichkeit, die angesichts der demographischen Veränderungen derzeit noch unaufhörlich Belastungsdiskurse führt, noch nicht recht angekommen zu sein.

Tatsache ist, dass die Menschen des 21. Jahrhunderts im Alter zwischen 55 und 65 Jahren weitaus gesünder und leistungsfähiger sind, als ihre Altersgenossen vor 40 oder 50 Jahren. Sofern nicht eine übermäßig strapaziöse körperliche Arbeit zu leisten ist, sind Menschen dieses Alters als eine sehr produktive Gruppe von Arbeitnehmern anzusehen. Das ist eigentlich eine gute Nachricht auch für Betriebswirtschaftler. Zwar ist die Arbeitsproduktivität in quantitativer Hinsicht (von einigen Ausnahmen abgesehen) generell schwierig zu bestimmen, also

---

[57] *BMFSFJ* (2005).
[58] *BMFSFJ* (2005), S. 7.

auch der diesbezügliche „Wert" älterer Arbeitnehmer[59], doch geht es nicht nur um quantitativ messbare Vorzüge, sondern auch um qualitative. Es gibt deutliche Anzeichen für positive Beiträge älterer Mitarbeiter zum betrieblichen Erfolg in qualitativer Hinsicht. Die folgende Abbildung zeigt die Zuschreibung von betriebsdienlichen Persönlichkeitseigenschaften zu jüngeren bzw. älteren Arbeitnehmern, wie sie von befragten Betrieben in *Rheinland-Pfalz* 2002 (im Rahmen des *IAB-Arbeitspanels*) vorgenommen wurde.

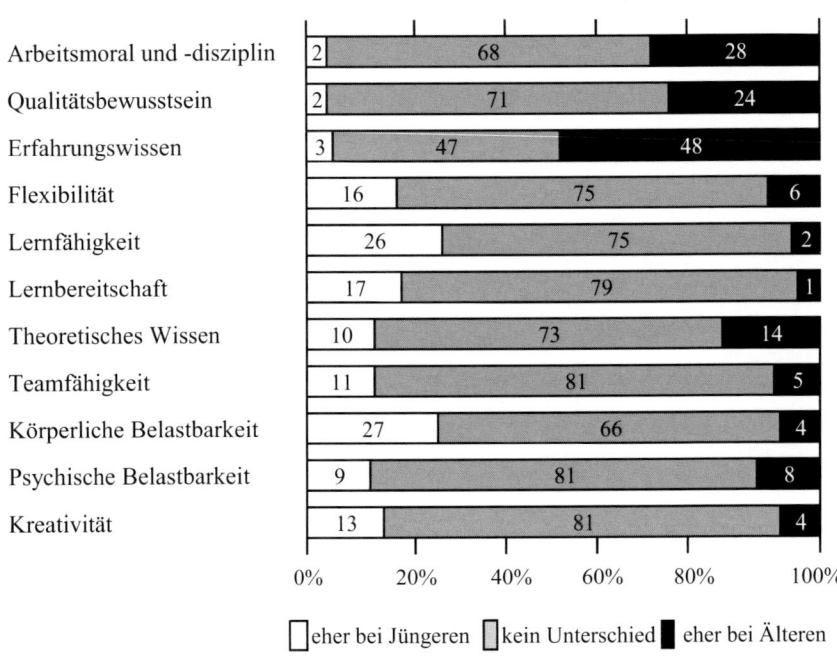

Abbildung 2: Zuschreibung von Eigenschaften zu älteren und jüngeren Arbeitnehmern durch ihre Betriebe.[60]

---

[59] Vgl. *Börsch-Supan, D. / Weiss* (2006).
[60] *Dera, S. / Schmidt, A.* (2003), S. 63.

Älteren Arbeitnehmern wird vor allem Arbeitsmoral, Arbeitsdisziplin, Qualitäts-bewusstsein und Erfahrungswissen zugeschrieben, und das sind genau jene Tu-genden, die als Arbeitstugenden die ersten Rangplätze in der Wertschätzung der Unternehmen einnehmen (wie die Abbildung 3 zeigt).

Es kann also keine Rede davon sein, dass ältere Arbeitnehmer unter einem generellen altersbedingten Defizit litten, welches für die Betriebe eine Belastung darstellen würde. Dass die körperliche Leistungsfähigkeit mit dem Alter (indi-viduell unterschiedlich) abnimmt und dass dies bei körperlich stark belastenden Tätigkeiten zu beachten ist, darf als bekannt vorausgesetzt werden.

Arbeitstugend	Wert
Arbeitsmoral und -disziplin	136
Qualitätsbewusstsein	130
Erfahrungswissen	124
Flexibilität	122
Lernfähigkeit	118
Lernbereitschaft	118
Loyalität	117
Teamfähigkeit	116
Theoretisches Wissen	106
Körperliche Belastbarkeit	104
Psychische Belastbarkeit	103
Kreativität	97

Abbildung 3: Wertschätzung spezifischer Arbeitstugenden durch Arbeitgeber.[61]

Es lohnt sich also durchaus, dafür zu sorgen, dass ältere Arbeitnehmer auf ihrem Arbeitsplatz verbleiben können, auch wenn dies ein Eingehen auf ihre jeweils besondere Lebenssituation bedeuten kann. Was ist damit gemeint?

Der gute körperliche und intellektuelle Status, der heute bei den so genannten „jungen Alten" anzutreffen ist, resultiert nicht nur aus verbesserten Lebens-bedingungen und dem medizinischen Fortschritt, sondern zu einem großen Teil auch aus einer Lebensführung, die stärker als früher auf die Aufrechterhaltung

---

[61] *Dera, S. / Schmidt. A.* (2003), S. 62.

109

der Gesundheit und Leistungsfähigkeit gerichtet ist. Möglicherweise (und hoffentlich) wird sich dieser Trend fortsetzen, so dass besonders auch die kommenden Altengenerationen davon profitieren werden. Der Lebensstil von vielen der heute älteren Menschen berücksichtigt, dass der Alternsprozess eine erhöhte Aufmerksamkeit für die körperlichen Vorgänge und vermehrt eigene Anstrengungen und damit auch Zeit für die Aufrechterhaltung von Gesundheit und Arbeitskraft fordert. Wenn die Kinder aus dem Hause sind, bedeutet dies deswegen nicht unbedingt eine dramatische Veränderung des Budgets an tatsächlich **freier** Zeit. Die Entpflichtung im familiären Bereich durch Auszug der Kinder beispielsweise macht Ältere nicht unbedingt arbeitszeitlich disponibler; im Gegenteil sollten sie im Rahmen des Arbeitszeitmanagements durch flexibles Zeitmanagement in ihrem alternsdienlichen Lebensstil unterstützt werden. Das würde eine Anpassung des Betriebs an die Bedürfnisse der älteren Arbeitnehmer bedeuten. Der als „alternsdienlich" bezeichnete" Lebensstil, gekennzeichnet vor allem durch stärkere Beachtung der körperlichen Grenzen, durch ausreichende Erholung einerseits und körperliche, physiologisch sinnvolle Bewegung andererseits, beachtet dass das höhere Lebensalter einen Abschnitt darstellt, in dem sich charakteristische Veränderungen auf **biologischer Ebene** vollziehen: Die Funktionstüchtigkeit der Organe verringert sich, ebenso die Anpassungsfähigkeit des Organismus an Umweltbedingungen oder auch innerorganismische Veränderungen. Die Vulnerabilität erhöht sich, d. h. schädigende Einflüsse haben schlimmere Folgen als in jüngeren Jahren.

Eingedenk der Erkenntnis, dass Altern ein biopsychosoziales Phänomen ist, gibt es daneben auch charakteristische Veränderungen auf psychologischer und sozialer Ebene zu beachten, die sich nachteilig auf die Position und Funktion älterer Arbeitnehmer im Arbeitsprozess auswirken könnten, wenn sie allein im Fokus der Aufmerksamkeit stehen würden:

Psychologische Ebene: Es ist vor allem ein Nachlassen **spezifischer** kognitiver Fähigkeiten zu beobachten: Das Gedächtnis, vor allem das Kurzzeitgedächtnis, erleidet Einbußen, die Informationsverarbeitungsgeschwindigkeit verringert sich, geschwindigkeitsabhängige Anteile der Intelligenz (Wortflüssigkeit, rasches Schlussfolgern) zeigen ein Nachlassen, Störungen der Aufmerksamkeit treten auf, die Fähigkeit zur Bewältigung komplexer Aufgaben verringert sich.[62]

Soziale Ebene: Die Wahrscheinlichkeit, soziale Verluste zu erleiden, wird größer. Ursache dafür ist zum Teil gerade die Arbeitswelt, durch die nicht selten erzwungene, vorzeitige Beendigung der Berufstätigkeit, durch frühzeitigen Ausschluss von Weiterbildungsmaßnahmen, durch die Diskriminierung Älterer als eher unflexible Arbeitnehmer, durch Einschränkung der sozialen und gesellschaftlichen Partizipation.

Allerdings muss noch einmal hervorgehoben werden, was auch anerkanntes Ergebnis der gerontologischen Forschung ist: Es gibt große individuelle Unterschiede, wann diese Prozesse eintreten, wie schnell sie verlaufen und welche Qualität sie haben.

Besonders das letztgenannte Feld der sozialen Lebensbedingungen zeigt, dass der Verlauf des Alterns mit seinen bekannten und häufig unerwünschten Folgen keineswegs nur ein „naturgemäßer", biologisch determinierter Vorgang ist, sondern dass eine aktive, die geschilderten Alternsprozesse berücksichtigende Lebensführungen einerseits und eine alternsgerechte Organisation der Lebenswelt des älteren Menschen – und mithin auch seiner Arbeitswelt – andererseits geeignet sind, moderierend in den Alternsprozess einzugreifen, dem Abbau von Fähigkeiten entgegenzuwirken und die Potenziale des höheren Lebensalters zu wecken.

Work-Life Balance und die psychische Situation älterer Arbeitnehmer

Die älteren Menschen von heute heben sich als die „Neuen Alten" von früheren Altengenerationen dadurch ab, dass sie in Verhalten und Habitus erheblich jünger erscheinen als ihre Vorfahren. Das gilt erst recht für jene Menschen, die noch im Arbeitsprozess stehen und in diesem Sinne noch nicht entpflichtet sind, sondern ihre Funktion als Produzenten des gesellschaftlichen Reichtums erfüllen. Der Verlust der Arbeit durch Arbeitslosigkeit oder Frühverrentung bedeutet für viele Arbeitnehmer einen Verlust an Lebenssinn und an Orientierung im Le-

---

[62] *Lehr*, *U.* (2003), S. 212 ff.; *Naegele*, *G.* (2006).

111

bensalltag. Als psychische Folgen bei älteren Arbeitnehmern werden von *Naegele* Schamgefühl, individuelle Schuldzuweisungen, Mutlosigkeit, Resignation, Gefühle des Abgeschobenseins und Isolationstendenzen angegeben.[63] Darüber hinaus könne es auch zu psychischen Erkrankungen, insbesondere Depressionen kommen.

Solche negativen Folgeerscheinungen werden dadurch verstärkt, dass die Ausgliederung aus dem Erwerbsleben in einen Teufelskreis hineinführt. Solange nämlich eine Person in einem Arbeitsprozess integriert ist, werden ihre Fähigkeiten auch abgerufen; die berufliche Tätigkeit ist als ein regelmäßiges Training von psychophysischen, psychomotorischen und kognitiven Fähigkeiten zu interpretieren. Entfällt dieses Training, bilden sich die trainierten Fähigkeiten zurück, damit aber auch die Chance, als potentielle Arbeitskraft später überhaupt noch berücksichtigt zu werden. Wir können nicht erwarten, dass der Verlust von Kompetenzen (im doppelten Sinn: **Befugnisse** und **Fähigkeiten**) den Betroffenen selbst unbemerkt bliebe. Der wahrgenommene Verlust von Kompetenzen beeinflusst das Selbstwertgefühl der Menschen negativ und mindert zudem ihre Motivation, „an sich zu arbeiten". Psychologisch gesehen, ist das scheinbar bequeme Leben der freigesetzten Arbeitskraft also keineswegs bequem.

Weniger Schwierigkeiten sind dort zu erwarten, wo der frühe Ausstieg aus der Arbeitswelt dem Lebensplan des Betroffenen entspricht, aber auch hier sind Desorientierung und die Suche nach neuem Lebenssinn nicht auszuschließen. Pläne werden ja keineswegs immer auch verwirklicht.

Ob die ältere Erwerbsbevölkerung Deutschlands sich mittlerweile allgemein auf einen frühen Erwerbsausstieg als Teil ihres Lebensplanes hin orientiert hat (wie *Naegele* meint)[64], wäre empirisch noch zu belegen. Selbst wenn es diese Orientierung geben sollte, ist doch noch kritisch zu diskutieren, wie sie entstehen konnte. Aus der Forschung zum Altersbild ist bekannt, dass sich Fremdbild (die Vorstellungen, die Jüngere von Älteren haben) und Selbstbild (die Vorstellungen der Älteren von sich selbst) unterscheiden. Während der Blick „von außen"

---

[63] *Naegele, G.* (1992), S. 181.
[64] *Naegele, G.* (2005).

auf den älteren Menschen vor allem die Veränderungen bemerkt, d. h. die Effekte des Alternsprozesses auf die äußere Gestalt, steht im subjektiven Lebensgefühl der Älteren die Konstanz der Persönlichkeit, die Beibehaltung von Einstellungen, Gedanken und Gefühlen im Vordergrund.[65] Wenn Ältere sich dennoch eher dem Fremdbild gemäß verhalten, geschieht dies meist als Anpassung an soziale Rollen und gesellschaftliche Erwartungen, denen man entsprechen möchte.[66] Insofern könnte eine Tendenz zum frühen Ausstieg aus der Erwerbsarbeit auch als eine sich selbst erfüllende Prophezeiung interpretiert werden. Sie entspricht dem, was in der Gesellschaft und in der Arbeitswelt von älterer Arbeitnehmern erwartet wird: den Jüngeren Platz zu machen.

Aus all dem folgt, dass Maßnahmen zur Work-Life Balance auch für ältere Menschen sinnvoll sind und ein frühes (subjektiv so empfundenes) Nutzloswerden verhindern, ihre Suche nach Lebenssinn unterstützen, dem Verlust von Fähigkeiten entgegenwirken können.

Den subjektiv-emotionalen Gewinn der Freisetzung von Arbeitsverpflichtungen, vor allem am Beginn der Nacherwerbsphase, zu bemerken, sollte nicht zu hoch eingeschätzt werden.[67] Möglicherweise ist die Rede vom „Pensionierungsschock" eine Übertreibung und sitzt einem Mythos auf, gewiss aber ist die Zeit des Eintritts in den Ruhestand eine Zeit der Unsicherheit, der Neuorientierung und der Gewöhnung an eine erhöhte Eigenverantwortung für den Tageslauf. Das ist eine Aufgabe, die keineswegs von allen Arbeitnehmern gut bewältigt wird. Eine Arbeitswelt, die sich besser als bisher an die „Entwicklungsaufgaben" des Menschen im Lebenslauf (s. hierzu das Entwicklungsmodell nach *Erikson*[68]) gewissermaßen anschmiegen will, könnte Hilfestellung für einen sanfteren Übergang in den Ruhestand leisten. Es gibt ja bereits Firmen, die den älteren Mitarbeitern Zeit für den Besuch von Vorbereitungskursen auf den Ruhestand einräumen und diese Kurse auch selbst anbieten. Auf diese Weise würde in der Zeit der Erwerbstätigkeit die Grundlage für ein zufriedenes und in diesem Sinne

---

[65] Vgl. *Kaiser, H. J. / Myllymäki-Neuhoff, J.* (1995).
[66] *Lehr, U.* (2003), S. 201 f.
[67] Vgl. *Rosebrock, I.* (2004).
[68] *Erikson, E. H.* (1992).

„erfolgreiches" Altern gelegt werden können. Der Übergang in den Ruhestand kann vor allem dann erfolgreich verlaufen, wenn eine Antizipation der zukünftigen Situation ermöglicht wird.[69]

Maßnahmen zur Realisierung einer Work-Life Balance

Alternsgerechte Laufbahngestaltung

Die Erwerbsbiographien der Menschen in den entwickelten Industriestaaten zeigen kaum einen Bezug zu Alternsprozessen und ihren Folgen. Das heißt, dass die in Produktion, Verwaltung und Dienstleistungssektor ausgeübten individuellen Tätigkeiten im Laufe eines Erwerbslebens selbst keine Entwicklung in Inhalt und Form über die Jahre hinweg erkennen lassen. Tätigkeitsabläufe und –abfolgen sind eher standardisiert als individualisiert. Das Problem ist mittlerweile erkannt, Konzepte werden entwickelt.[70] 2002 wurden in Nürnberg bereits Praxiserfahrungen zu Projekten einer alternsgerechten Personalentwicklung im Rahmen eines „Impuls-Workshops" mitgeteilt.[71]

Eine **nicht** am Alternsprozess orientierte Arbeitsgestaltung aber wirkt in einer eher ungünstigen Weise auf den Alternsprozess zurück, weil die jeweils verfügbaren Ressourcen in einem doppelten Sinne nicht berücksichtigt werden: Zum einen muss sich der alternde Arbeitnehmer auch bei nachlassenden Kräften in die vorgezeichneten Leistungsanforderungen fügen, zum anderen werden seine im bisherigen Arbeitsleben erworbenen speziellen Kompetenzen nur ungenügend abgerufen. Das, was den besonderen Wert eines älteren Arbeitnehmers ausmacht, wird nicht genutzt. Eine Verlagerung der Anforderungen weg von jenen, die von Älteren weniger gut erfüllt werden können, hin zu jenen, die besonders gut gemeistert werden, findet nicht statt. Das ist eigentlich zum Nachteil des Gesamtsystems Betrieb / Verwaltung, ja der Volkswirtschaft überhaupt. Dabei ist ja, wie beschrieben, aus der gerontologischen Forschung mittlerweile

---

[69] *Maier, G.* (2000), S. 409.
[70] Für das Handwerk vgl. z. B. *Packebusch, L. / Weber, B.* (2000).
[71] Der Ergebnisbereich dieses Workshops kann abgerufen werden unter www.aqua-nordbayern.de/aqua/download/ergebnisbericht_IWS1.pdf.

hinlänglich bekannt, was ältere Arbeitnehmer positiv in die Arbeitswelt einbringen können.

Weiterbildungsmaßnahmen

Ein in der Arbeitswelt angemessenes Instrument einer alternsgerechten Laufbahngestaltung ist das der Weiterbildung. Weiterbildungsmaßnahmen im Betrieb oder im Rahmen des Betriebsablaufes sind ein unverzichtbares Instrument der Personalentwicklung.

Weiterbildungsmaßnahmen sollten nicht allein den jüngeren Arbeitskräften vorbehalten bleiben, das Potenzial der älteren bliebe sonst, wie beschrieben, ungenutzt. Der Mensch kann auch im höheren Lebensalter noch einen Zugewinn an Wissen, Fähigkeiten und Fertigkeiten erlangen, das ist gewiss.[72] Allerdings muss die (Lern-) Umwelt so gestaltet sein, dass die besonderen Lernbedingungen des älteren Menschen Berücksichtigung finden. Weiterbildungsmaßnahmen müssten sich demnach dem veränderten Publikum anpassen, d. h. sich fragen, unter welchen besonderen, veränderten Bedingungen ihre ältere Klientel diese Maßnahmen, die immer auch **Lernsituationen** bedeuten, mit Erfolg durchlaufen könnten.

Besonderheiten des Lernens im höheren Lebensalter sind heute aus der Geragogik (der Pädagogik des älteren Menschen) gut bekannt.[73] Aus gerontologischer Sicht gibt es demnach keinen Grund, den Zugang Älterer zu Weiterbildungsmaßnahmen zu beschränken.

Zeit für krankheitspräventive Maßnahmen

Mitarbeitern Zeit für krankheitspräventive Maßnahmen zu gewähren, ist gewissermaßen eine Akt ausgleichender Gerechtigkeit, ist es doch die Arbeitswelt, die in vielen Fällen selbst zu den pathogenen Einflüssen eines Lebens zu rechnen ist. So gibt es Berufsfelder, die mit so starken Belastungen einhergehen, dass die

---

[72] *Gösken, E. / Pfaff, M.* (2003).
[73] Vgl. hierzu den Beitrag von *Esslinger, A. S. / Braun, N.* in diesem Band, auch *Schwab, H./ Seemann, S.* (2005).

Chancen, dort in der Erwerbsarbeit alt zu werden, gering sind.[74] Geht es um den älteren Arbeitnehmer, sind die physischen und physiologischen Besonderheiten seines Körpers in Rechnung zu stellen, der im Laufe der Entwicklung charakteristische Veränderungen zeigt. Dazu gehören in der Regel ein Nachlassen der Körperkraft aufgrund einer Rückbildung der Muskulatur und des Skeletts, eine Verlangsamung der Informationsverarbeitungsgeschwindigkeit, das sind Leistungsschwächen im Bereich der Sinnesorgane und eine Erhöhung der Wahrscheinlichkeit von Erkrankungen. Diesen alterstypischen Veränderungen kann, wie *Heyer* et al.[75], auflisten, u. a. begegnet werden durch:

- Arbeitsmittel und Arbeitsumgebungen, die in ihrer ergonomischen Gestaltung auf den älter gewordenen Organismus zugeschnitten sind,

- eine Veränderung der Arbeitsorganisation (etwa: Vermeidung störender Arbeitsunterbrechungen) sowie

- Trainingsmaßnahmen und Maßnahmen der (aktiven) Gesundheitsförderung und Förderung der Eigenverantwortung der Beschäftigten.

Vor allem aber ist es der Faktor Zeit, der neu überdacht werden muss. Dass das Arbeitszeitmanagement heutzutage flexibel ausfallen kann, zeigten beispielsweise *Rössel* et al. bereits 1999.[76] Mit Arbeitszeitmanagement ist hier nicht nur gemeint, dass der Arbeitsrhythmus dem Lebens- und Tätigkeitsrhythmus der Älteren angeglichen werden sollte, dass Pausen vorgesehen und eingehalten werden sollten, dass Arbeitszeiten der jeweiligen (körperlichen) Leistungsfähigkeit der älteren Arbeitnehmer anzupassen wären. Insbesondere ist es sinnvoll, darüber nachzudenken, ob nicht innerbetriebliche Zeit für Programme zu reservieren ist, die geeignet ist, die körperliche Fitness der Arbeitnehmer zu erhöhen und Erkrankungen (insbesondere des Skeletts und des Herz-Kreislaufsystems) vorzubeugen.[77] Krankheitspräventive Maßnahmen im Betrieb selbst hätten den Vorteil, dass beispielsweise die Betroffenen besser erreicht werden können, dass

---

[74] *Behrens, J.* (1999).
[75] *Heyer, A.* et al. (2006).
[76] *Rössel, G.* et al. (1999).
[77] Über die Möglichkeiten des Betriebssports informiert beispielsweise der *Deutsche Betriebssportverband DBSV*, Arcostr.11, 10587 Berlin.

gesundheitsdienliches Training kontrollierter realisiert werden kann, dass ein Zuschneiden auf spezifische betriebstypische Belastungen möglich ist.

Zeit für ehrenamtliches Engagement

Die älteren Arbeitnehmer wurden oben als positive Elemente einer volkswirtschaftlichen Gesamtrechnung bezeichnet. Das sind sie nicht nur in ihrer Rolle als Funktionsträger in Produktion, Verwaltung und Dienstleistung, sondern auch in ihrer Freizeit, in ihrem ehrenamtlichen Engagement. Zwar ist der Anteil ehrenamtlich tätiger älterer Menschen in Deutschland geringer als in etlichen anderen Industrieländern[78], lag aber Ende der neunziger Jahre des vorigen Jahrhunderts bei ca. 12 % der über 65-Jährigen. Dieser Anteil dürfte in Zukunft größer werden, wenn erkannt wird, dass nicht erst die Zeit der Rente abgewartet werden muss, um sich mit seinen beruflichen / fachlichen Kenntnissen in der Gesellschaft und für sie zu engagieren. Für den, der fremdbestimmte Arbeitszeit im höheren Alter weniger schätzt, der im Rahmen seiner beruflichen Tätigkeit stärker zeitflexibel sein möchte, dennoch aber auch tätig bleiben und sinnstiftende Arbeit außerhalb der Erwerbsarbeit leisten möchte, für den sollte ehrenamtliches Engagement ermöglicht werden. Auf diese Weise wäre gewissermaßen ein „sanfter" Übergang von der Arbeitswelt in die private Welt des Rentnerdaseins möglich. Es wäre ein Übergang, der gleichzeitig für die Gesellschaft wie für den Einzelnen produktiv und auch deswegen sinnerfüllt wäre. „So verstandene Produktivität bemisst sich vornehmlich in Erkenntnis, Anerkennung, emotionalem Wohlbefinden, in Zielgerichtetheit des Strebens und in Lebenssinn. Diese für volkswirtschaftliche Überlegungen zunächst scheinbar so wenig relevanten Maßeinheiten sind in ihren indirekten Auswirkungen auf die volkswirtschaftliche Produktivität im engeren Sinne jedoch kaum zu überschätzen".[79]

Beispiele für Strukturen, in denen sich ältere Menschen mit ihrem beruflich-fachlichen Know-how außerhalb oder nach ihrer Berufstätigkeit engagieren können, sind mittlerweile einem größeren Publikum bekannt geworden. Der

---

[78] *Staudinger, U. M.* (2003).
[79] *Staudinger, U. M.* (2003), S. 37.

117

Senior Experten Service in Bonn etwa hat nach der Wende mit seinen ehrenamtlichen Mitgliedern tatkräftig beim Neuaufbau der Wirtschaft in den neuen Bundesländern mitgewirkt, und ist vor allem in Entwicklungsländern erfolgreich tätig. Ruheständler mit spezifischem Fachwissen sind also bereit, sich bürgerschaftlich zu engagieren, und ihr Wissen in ehrenamtlicher Tätigkeit einzusetzen. Ein großer Teil der Verkehrssicherheitsarbeit in Deutschland – um ein anderes Beispiel zu nennen – wird von einer solchen ehrenamtlichen Tätigkeit von Senioren getragen.

Um zum Ausgangspunkt dieses Beitrages zurückzukommen: Wenn der Gedanke der Work-Life Balance nicht nur betriebswirtschaftliche Überlegungen zulässt, sondern auch das „größere Ganze", die Volkswirtschaft, mit einschließt und volkswirtschaftliche Verantwortung akzeptiert, dann sollten sich die Arbeitnehmer schon in der Erwerbsarbeitsphase ihres Lebens einstimmen können auf eine Tätigkeit nach dieser Phase. Diese Tätigkeit würde ihnen persönlich Sinnhorizonte für ihr weiteres Leben geben und gleichwohl der Gemeinschaft dienen, zumindest indirekt damit auch den Betrieben, die sich um die Balance zwischen Arbeits- und Lebenslaufsbedürfnissen aktiv gekümmert haben.

Ausblick

Der vorliegende Beitrag hat versucht, folgenden Schluss zu begründen: Work-Life Balance, dieses Organisationsprinzip der Lebensführung im Spannungsfeld zwischen persönlich-individuellen Ansprüchen und Lebensentwürfen, betriebswirtschaftlichen Erfordernissen und gesellschaftlichen Notwendigkeiten, sollte auch eine Leitidee für das Leben **älterer** Arbeitnehmer werden. Es gibt ja durchaus konkrete Vorkehrungen, wie die Idee in die Tat umgesetzt werden kann. Es gibt praktische Maßnahmen, mit denen die Aufgaben, vor die sich ältere Menschen in ihrer speziellen Lebensphase gestellt sehen, mit den Organisations- und Regulations- und Produktionsprinzipien des Arbeitslebens in Einklang gebracht werden können. Man kann berechtigterweise argumentieren, dass dies allen, den erwerbstätigen älteren Menschen, ihren Betrieben und Verwaltungen und ebenso der Wirtschaft und Gesellschaft insgesamt zugute kommt.

Aber das Konzept hat Pferdefüße, die gerade in der Beschäftigung mit den älteren Arbeitnehmerinnen und Arbeitnehmern bemerkbar werden:

1. Es ist insofern nicht für alle Berufstätigen bestimmt, als nicht alle in ihrem beruflichen Leben alt genug werden (können), um mit Recht als „ältere Menschen" im Sinne der Gerontologie angesprochen zu werden, d. h. als Personen um die 60 Jahre oder darüber. Es gibt körperlich stark belastende Berufe, in denen man Menschen gar nicht bis an die gesetzliche Altersgrenze (die ja sogar ausgeweitet werden soll!) arbeiten lassen kann.

2. Es ist ein Konzept, das sich eher an eine Elite der Arbeitnehmer wendet, für die Sinnbildung eine persönliche Herausforderung und denen beispielsweise eine (anspruchsvollere) Weiterbildung ein Bedürfnis ist, und denen diese auch möglich ist.

3. Aber gerade die besonders gut ausgebildeten, mit großer Erfahrung ausgestatteten Arbeitnehmer sind den Betrieben wertvoll und in ihrer Position anerkannt. Für sie ist mehr als für andere ihre Arbeit auch ihr Leben, wie man im Alltag durchaus zutreffend formuliert. Für sie stellt sich deshalb das erstrebte Ausbalancieren nicht in derselben Schärfe wie für andere.

4. Interessenkonflikte sind möglich. Zeit für eine ehrenamtliche Tätigkeit beispielsweise, die einen sanfteren Übergang vom Erwerbsleben in den Ruhestand ermöglichen könnte, ist unter Umständen eine produktive gesellschaftliche Tätigkeit, die in Konkurrenz zu regulärer Arbeit tritt, in diesem Sinne Arbeit „wegnehmen" könnte.

Ich denke, dass Work-Life Balance im Hinblick auf die älteren Menschen in unserer Gesellschaft ein Projekt ist, das von Ideen „vor Ort", von konkreten Modellprojekten, von differenzierten individuellen Realisierungsversuchen eher profitiert als vom akademischen Diskurs. Auch so ist die eingangs vorgetragene Vermutung zu verstehen, dass die sich ändernden Ansichten, Werthaltungen und biographischen Entwürfe der nachwachsenden Generationen älterer Menschen die Voraussetzungen (und die Art) des Wirtschaftens in unserem Land verändern werden.

Literatur

Barkholdt, Corinna / Lasch, Vera (2004): Vereinbarkeit von Pflege und Erwerbstätigkeit, Expertise für die Sachverständigenkommission für den 5. Altenbericht der Bundesregierung, Berlin.

Behrens, Johann (1999): Länger erwerbstätig durch Arbeits- und Laufbahngestaltung: Personal und Organisationsentwicklung zwischen begrenzter Tätigkeitsdauer und langfristiger Erwerbstätigkeit, in: *Behrens, Johann / Morschhäuser, Martina / Zimmermann, Eberhard / Viebrok, Holger* (Hrsg.): Länger erwerbstätig – aber wie?, Opladen.

Bellmann, Lutz / Hilpert, Markus / Kistler, Ernst / Wahse, Jürgen (2003): Herausforderungen des demografischen Wandels für den Arbeitsmarkt und die Betriebe. Mitteilungen Arbeitsmarkt und Berufsforschung, 2, 133-149.

Blinkert, Baldo / Klie, Thomas (Hrsg.) (1999): Pflege im sozialen Wandel. Studie zur Situation häuslich versorgter Pflegebedürftiger, Hannover.

Börsch-Supan, Axel / Düzgün, Ismail / Weiss, Matthias (2006): In: *Prager, Jens U. / Schleiter, André* (Hrsg.) (2006): Länger leben, arbeiten und sich engagieren. Chancen werteschaffender Beschäftigung bis ins Alter, Gütersloh.

Brussig, Martin (2005): Die Nachfrageseite des Arbeitsmarktes. Betriebe und die Beschäftigung Älterer im Lichte des *IAB Betriebspanels* 2002. Alters-Übergangs-Report 2, Düsseldorf.

Bundesministerium für Familie, Senioren, Frauen und Jugend (Hrsg.) (2004): Bericht über die Auswirkungen der §§ 15 und 16 Bundeserziehungsgeldgesetz, Berlin.

Bundesministerium für Familie, Senioren, Frauen und Jugend (Hrsg.) (2005): Work-Life Balance. Motor für wirtschaftliches Wachstum und gesellschaftliche Stabilität. Analyse der volkswirtschaftlichen Effekte – Zusammenfassung der Ergebnisse, Berlin.

Bundesministerium für Familie, Senioren, Frauen und Jugend (2000): Vereinbarkeit von Erwerbstätigkeit und Pflege: Betriebliche Maßnahmen zur Unterstützung pflegender Angehöriger. Ein Praxisleitfaden, Berlin.

Christen, Christian / Michel, Tobias / Rätz, Werner (2003): Sozialstaat. Wie die Sicherungssysteme funktionieren und wer von den "Reformen" profitiert (AttacBasisTexte 6), Hamburg.

Clemens, Wolfgang (2004): Arbeit und Alter(n) – Neue Aspekte eines alten Themas, in: *Blüher, Stefan / Stosberg, Manfred* (Hrsg.) Neue Vergesellschaftungsformen des Alter(n)s, Wiesbaden, S. 87-99.

Cornelißen, Waltraud (Hrsg.) (2005): Gender Datenreport, 1. Datenreport zur Gleichstellung von Frauen und Männern in der Bundesrepublik Deutschland. 2. Fassung, Berlin, erhältlich unter: www.bmfsfj.de/Publikationen/genderreport.

Dera, Susanne / Schmidt, Alfons (2003): IAB Betriebspanel Rheinland-Pfalz 2002. Beschäftigungstrends. Abschlussbericht zur dritten Welle des *IAB Betriebspanel*, Institut für Wirtschaft, Arbeit und Kultur.

Deutscher Bundestag 2002. Schlussbericht der Enquete-Kommission „Demographischer Wandel – Herausforderungen unserer älter werdenden Gesellschaft an den Einzelnen und die Politik", Berlin, Drucksache 14/8800.

Erikson, Erik H. (1988): Der vollständige Lebenszyklus, Frankfurt am Main.

Funk, Lothar / Seyda, Susanne (2006): Beschäftigungschancen für ältere Arbeitnehmer – Ein Ländervergleich, in: *Prager, Jens U. / Schleiter, André* (Hrsg.) Länger leben, arbeiten und sich engagieren. Chancen werteschaffender Beschäftigung bis ins hohe Alter, Gütersloh, S. 15-50.

Gösken, Eva / Pfaff, Matthias (Hrsg.) (2003): Lernen im Alter – Altern lernen. Oberhausen.

Heyer, Andreas / Hollmann, Detlef / Stierle, Mirjam (2006): Anforderungen an präventive Arbeitsgestaltung und Gesundheitsmanagement, in: *Bundesministerium für Familie, Senioren, Frauen und Jugend* (Hrsg.) Work-Life-Balance. Motor für wirtschaftliches Wachstum und gesellschaftliche Stabilität. Analyse der volkswirtschaftlichen Effekte – Zusammenfassung der Ergebnisse, Berlin.

Iller, Carola (2005): Altern gestalten – berufliche Entwicklungsprozesse und Weiterbildung im Lebenslauf, Bonn: *Deutsches Institut für Erwachsenenbildung*, im Internet erhältlich unter www.die-bonn.de/esprid/dokumente/doc-2005/iller05_06.pdf.

Jentzsch, Nikola (2004): Die Betreuung und Pflege alter Menschen durch Angehörige. Befunde zur Bedeutung der Familie für die Gesellschaft aus „ökonomischer" Perspektive, Unv. Dissertation Universität Eichstätt, Eichstätt.

Kaiser, Heinz J. / Myllymäki-Neuhoff, Johanna (1995): Die Verkehrsteilnahme Älterer als komplexes Handlungsproblem. Verkehrswachtforum, 1, Meckenheim.

Kistler, Ernst (2006): Die Methusalem-Lüge. Wie mit demographischen Mythen Politik gemacht wird, München.

Lehr, Ursula M. (2003): Psychologie des Alterns, Wiebelsheim.

Maier, Gabriele (2000): Zwischen Arbeit und Ruhestand, in: *Wahl, Hans-Werner / Tesch-Römer, Clemes* (Hrsg.) Angewandte Gerontologie in Schlüsselbegriffen, Stuttgart, S. 407-411.

Naegele, Gerhard (2005): Arbeit und Alter(n) – Plädoyer für eine demographiesensible Arbeits- und Beschäftigungspolitik. Thesenpapier, vorgetragen auf der Klausurtagung des *SPD*-Parteivorstandes, 10.01.2005 in Weimar.

Naegele, Gerhard (2006): Arbeitnehmer im Alter, in: *Oswald, Wolf D. / Lehr, Ursula M./ Sieber, Cornel / Kornhuber, J.* (Hrsg.): Gerontologie. Medizinische, psychologische und sozialwissenschaftliche Grundbegriffe, 3., vollst. überarb. Auflage, Stuttgart, S. 109-113.

Naegele, Gerhard (1992): Zwischen Arbeit und Rente. Gesellschaftliche Chancen und Risiken älterer Arbeitnehmer, Augsburg.

Packebusch, Lutz / Weber, Birgit (2000): Alternsgerechte Gestaltung von Berufslaufbahnen im Handwerk. *Personalführung*, 4, 38-43.

Prager, Jens U. / Schleiter, André (Hrsg.) (2006): Länger leben, arbeiten und sich engagieren. Chancen werteschaffender Beschäftigung bis ins Alter, Gütersloh.

Puhlmann, Angelika (2002): Der demographische Wandel als Herausforderung an die betriebliche Weiterbildung, in: *Behrend, Christoph* (Hrsg.): Chancen für die Erwerbsarbeit im Alter. Betriebliche Personalpolitik und ältere Erwerbstätige, Opladen.

Roloff, Juliane (2003): Demographischer Faktor, Hamburg.

Rosebrock, Imke (2004): Wer bin ich ohne Job? *Das Parlament*, 48 (erhältlich unter www.das-parlament.de/2004/48/Thema/032.html).

Rössel, Gottfried / Schaefer, Reinhard / Wahse, Jürgen (1999): Alterspyramide und Arbeitsmarkt. Zum Alterungsprozeß der Erwerbstätigen in Deutschland, Frankfurt am Main.

Schwab, Herbert / Seemann, Sabine (2005): Brauchen Ältere eine besondere Didaktik in der beruflichen Qualifizierung?, in: *Loebe, H. / Severing, E.* (Hrsg.): Wettbewerbsfähigkeit mit alternden Belegschaften. Betriebliche Bildung und Beschäftigung im Zeichen des demografischen Wandels, Band 34, Bielefeld, S. 59-68.

Statistisches Bundesamt (2006): 11. koordinierte Bevölkerungsvorausberechnung. Annahmen und Ergebnisse, Wiesbaden.

Staudinger, Ursula M. (2003): Das Alter (n): Gestalterische Verantwortung für den Einzelnen und die Gesellschaft. *Aus Politik und Zeitgeschichte*, B 20, S. 35-42.

Möglichkeiten der Integration älterer Arbeitnehmer in die Arbeitswelt

Adelheid Susanne Esslinger / Nadine Braun
Friedrich-Alexander-Universität Erlangen-Nürnberg

Ältere Arbeitnehmer in einer sich wandelnden Arbeitswelt

Aktuell lässt sich in der Arbeitswelt ein paradoxes Phänomen beobachten: Die Bevölkerung altert – die Arbeitswelt wird immer jünger. Ältere Arbeitnehmer werden frühzeitig aus dem Erwerbsleben gedrängt, und die Frühverrentung stellt ein vorherrschendes personalpolitisches Instrumentarium dar.[1] Allerdings ist ein Umdenken erkennbar.[2] So wird das Renteneintrittsalter auf 67 Jahre angehoben; die Erwerbstätigenquote der 55 bis 64-Jährigen soll im Rahmen der europäischen Beschäftigungspolitik gesteigert werden.[3] Nicht zuletzt die demographische Entwicklung und ein zu erwartender Fachkräftemangel führen zu der Notwendigkeit, ältere Arbeitnehmer länger als dies bisher der Fall ist, zu beschäftigen bzw. deren Neueinstellung in Betracht zu ziehen.[4] Eine gelungene Integration Älterer in betriebliche Arbeitsprozesse ist unabdingbar.

Stellenwert von Arbeit für Individuen

Fakt ist, dass das „Thema Arbeit" mit all seinen Facetten entscheidend in das Leben eines jeden Menschen eingreift.[5] Welche Bedeutung hat die Arbeit für

---

[1] *Kordey, N. / Korte, W. B.* (2005), S. 14.
[2] *Clemens, W.* (2006), S. 41. In einigen Unternehmen gibt es zwischenzeitlich spezielle Konzepte zur Förderung älterer Arbeitnehmer (vgl. z. B. *Zisgen, A.* (2005), S. 16 ff.).
[3] *Sacher, M.* (2005), S. 495; *Kordey, N. / Korte, W. B.* (2005), S. 5.
[4] Zum Thema z. B. *Kistler, E. / Hilpert, M.* (2001), S. 5 ff.
[5] Die Facetten der Arbeit können sowohl positiver als auch negativer Natur sein, je nach der

Individuen? Welche Faktoren zeichnet sie aus? In aller Kürze werden hier wesentliche Aspekte dargestellt. *Jahoda* et al. beschreiben 1983 fünf Merkmale:

- Arbeit bringt eine feste Zeitstruktur mit sich.
- Arbeit bereichert soziale Erfahrungen auf den Gebieten, die weniger emotional besetzt sind als zum Beispiel Partner- und Familienbeziehungen.
- Arbeit ermöglicht Teilnahme an kollektiven Zielsetzungen und Anstrengungen.
- Arbeit weist über eine berufliche Position Status und Identifikation zu.
- Arbeit verlangt regelmäßige Tätigkeit.[6]

So erfüllt die Arbeit wesentliche Funktionen in der Lebensgestaltung, für das psychische Wohlbefinden und im sozialen Kontext. „Arbeit und Beruf vermitteln einmal das Gefühl, gebraucht zu werden, und garantieren darüber hinaus ein Training kognitiver und sozialer Fähigkeiten und Funktionen, das nachgewiesenermaßen notwendig ist, um das höhere Lebensalter noch zu genießen."[7] *Havighurst, Baltes* und *Baltes* sehen in den Bereichen körperliche Leistungsfähigkeit, Berufsaufgabe, Partnerverlust, Älterwerden und Rollendefinition die bedeutendsten Entwicklungsaufgaben im Alter.[8] Aufgrund dieses Wissens ist Arbeit generell ein sinnstiftendes Element in der Lebensgestaltung. So sollte vor diesem Hintergrund eine bestmögliche Integration aller Arbeitnehmer in die Arbeitswelt erfolgen.

Die Gruppe der Älteren auf dem Arbeitsmarkt

Vor einer näheren Betrachtung der Möglichkeiten gelungener Integration älterer Arbeitnehmer muss zunächst geklärt werden, wer zu dieser Gruppe überhaupt

---

gegenwärtigen situativen Bedingung und der eigenen Zukunftsorientierung (*Lehr, U. / Wilbers, J.* (1992)); Das Ausscheiden aus dem Berufsleben wird als positiv oder negativ empfunden (*Naegele, G.* (1992)), wobei heute der Ruhestand als eigenständige Lebensphase gesellschaftlich akzeptiert ist und kein Stigma mehr darstellt (*Bäcker,G. / Naegele, G.* (1993), S. 46 f.).

[6] *Jahoda, M.* et al. (1983).
[7] *Lehr, U.* (1986).
[8] *Backes, G. M. / Clemens, W.* (1998), S. 154 ff.

gehört. Der Begriff „ältere" wird auf verschiedene Weise definiert. Laut der Definition der *OECD* sind ältere Arbeitnehmer Personen in der zweiten Hälfte des Berufslebens, die das Pensionsalter noch nicht erreicht haben, und die gesund und arbeitsfähig sind. Weiterhin wird von der *OECD* unterschieden zwischen „alternden Arbeitnehmern", also solche zwischen dem 40. und 55. Lebensjahr, sowie „älteren Arbeitnehmern", also solche zwischen dem 55. Lebensjahr und dem Ausscheiden aus dem Erwerbsleben.[9] In der amtlichen Arbeitsmarktstatistik gelten die Arbeitnehmer als „alt", die das 50. Lebensjahr erreicht bzw. überschritten haben. Die Definition geht konform mit der Einschätzung des betrieblichen Managements, das gemäß einer repräsentativen Umfrage aus Nordrhein-Westfahlen aus dem Jahr 1997 seine Mitarbeiter gewöhnlich ab dem 50. Lebensjahr zu den älteren Arbeitnehmern zählte. Arbeiter werden dabei sogar noch etwas früher, nämlich mit 48,8 Jahren als „alt" eingestuft.[10] In der IT-Branche gelten häufig sogar schon 40-Jährige als „älter". Derartige Beispiele verdeutlichen, dass die Einstufung als älterer Mitarbeiter durchaus Variationen in Abhängigkeit von Beruf, Geschlecht oder Branche unterliegen kann.

Arbeitswelt und Erwerbsleben unterliegen Wandlungsprozessen, die schlagwortartig mit folgenden Faktoren skizziert werden können: der Trend zur Globalisierung, die Entwicklung von der Industriegesellschaft hin zur Dienstleistungs- und Wissensgesellschaft, die fortschreitende Integration neuer Technologien und Arbeitsformen (z. B. Zunahme der Team- und Gruppenarbeit), die Zunahme der Frauenerwerbstätigkeit sowie die Destandardisierung von Erwerbsbiographien und die zunehmende Flexibilisierung von Arbeitsverhältnissen sowie Arbeitsbedingungen. Aufgrund der demographischen Entwicklung wird es zudem zu Veränderungen der Altersstruktur in Unternehmen kommen: Es wird in der Zukunft insgesamt mehr Ältere und weniger Jüngere geben, die im Berufsleben stehen. Eine weitere Verjüngung der Arbeitswelt wird nicht mehr beliebig möglich sein. So wird die Integration der Arbeitnehmer, die in der zweiten Hälfte des Erwerbslebens stehen, zukünftig aufgrund von Wandlungsprozessen

---

[9] *Menges, U.* (2000), S. 31.
[10] *Frerichs, F.* (2005), S. 49.

der Erwerbsarbeit sowie der demographischen Entwicklung eine wichtige Aufgabe und Herausforderung darstellen. Die älteren Arbeitnehmer werden zunehmend wieder attraktiv für den Arbeitsmarkt. Sie werden, nach Zeiten des Vorruhestands als „Normalfall", vermehrt als Potenziale erkannt.

Hindernisse einer gelungenen Integration

Die Schwierigkeiten älterer Arbeitnehmer, sich auf dem Arbeitsmarkt zu behaupten, ihren Arbeitsplatz zu behalten oder nach Arbeitslosigkeit, eine neue Arbeitsstelle zu finden, sind heute oft groß. Welches sind die Gründe, die eine gelungene Integration Älterer verhindern?

Veränderte Arbeitsmarktbedingungen

Wichtige Aspekte sind wirtschaftliche Faktoren sowie Veränderungen im Rahmen von Wandlungsprozessen der Erwerbsarbeit: Neben wachsendem Konkurrenzdruck im Zuge der Globalisierung sowie steigendem Kostendruck spielt die beschleunigte Innovationsdynamik eine Rolle, die mit besonderen Anforderungen an die Qualifikation sowie an die Beanspruchbarkeit der Beschäftigten verbunden ist. So wird etwa im Verlauf der Destandardisierung und Wandlungsprozesse der Erwerbsarbeit mehr Verantwortung und Flexibilität sowie höhere Leistungs- und Mobilitätsbereitschaft verlangt. Gerade die konkreten Leistungsmöglichkeiten Älterer geraten aufgrund des zunehmenden Konkurrenz- und Produktivitätsdrucks in den Fokus der Aufmerksamkeit, wenn es um Rationalisierungsmöglichkeiten geht. Viele Betriebe stehen heute den Einsatzmöglichkeiten Älterer sehr viel kritischer gegenüber als dies früher der Fall war.[11]

Qualifikationsdefizite

Eine Konsequenz der sich rasch verändernden Arbeitsbedingungen ist die Tatsache, dass einmal erworbene Qualifikationen und Fertigkeiten heute rasch ihre

---

[11] *Frerichs, F.* (2002), S. 49.

Bedeutung im Berufsleben verlieren und entwertet werden können. Hieraus kann besonders für Ältere ein gewisses Risiko resultieren, wenn etwa die von Unternehmen gestellten Anforderungen und die Kenntnisse älterer Arbeitnehmer auseinander klaffen. Dabei unterscheidet *Naegele* vier Einzelrisiken: Neben dem Leistungswandel, der sich im Zuge von Alterungsprozessen ergeben kann, sind ferner intergenerative Qualifikationsdiskrepanzen zu nennen. Die Zugehörigkeit zu einer bestimmten Generation bringt spezifische Chancen der Schul- und Berufsbildung mit sich, die für zukünftige Qualifikationen eine wichtige Rolle spielen. Weiterhin besteht das so genannte Dequalifikationsrisiko, das die Entwertung der Fähigkeiten meint, die während der Ausbildung oder im Verlauf des Berufslebens erworben wurden. Zuletzt kann eine betriebsspezifische Qualifizierung ein Risiko darstellen, wenn etwa im Betrieb eine sehr intensive Spezialisierung vorzufinden ist.[12]

Derartige Qualifikationsrisiken können Hemmnisse auf dem Weg zur gelungenen Integration darstellen. Gerade deshalb erscheint die stetige Fort- und Weiterbildung im Laufe eines Erwerbslebens als sehr relevant. Auf sie wird weiter unten noch näher eingegangen.

Vorbehalte und Vorurteile älteren Arbeitnehmern gegenüber: Ursprung, Kritik und Auswirkungen des Defizitmodells

Vorbehalte und Bedenken gegenüber Älteren findet man häufig dann, wenn es um deren Leistungsfähigkeit, um höhere Krankheitsrisiken, geringere Belastbarkeit sowie Qualifikationsdefizite geht.[13] So zeigen Untersuchungen, dass gerade gegenüber älteren Arbeitnehmern oftmals eine Vielzahl an Vorurteilen etwa in Bezug auf deren sinkende Leistungsfähigkeit sowie Arbeitsproduktivität vorhanden sind. Eine Folge hieraus sind Beschäftigungsnachteile für Ältere, denn die Betriebe glauben, auf ältere Mitarbeiter am ehesten verzichten zu können.[14] Ein Grund für Vorbehalte und Vorurteile älteren Arbeitnehmern gegenüber ist

---

[12] *Naegele, G.* (1992), S. 39
[13] *Behrend, C.* (1997); *Eckhardstein, D.* (2004).
[14] *Lehr, U.* (2000).

das so genannte Defizit-Modell, das einen Leistungsabfall im höheren Lebensalter konstatiert. Das Modell wurde durch vielfältige Faktoren wie beispielsweise durch Einzelbeobachtungen, denen eine hohe Evidenz zugeschrieben wurde, durch in der Bevölkerung verhaftete Altersstereotype oder auch durch ärztliche Multimorbiditätserfahrungen mit alten Menschen gefördert.[15] Die Annahme, das Alter sei eine defizitäre Lebensphase, muss aus heutiger Sicht als haltlos zurückgewiesen werden. Von einem generellen altersabhängigen Abbau des physisch-psychischen Leistungsvermögens kann keinesfalls die Rede sein. Vielmehr können Stärken und Schwächen im Alter kompensiert und Kompetenzen aufgebaut werden.[16]

Zu einer kritischen Auseinandersetzung mit dem Defizit-Modell des Alterns hat unter anderem die Distanzierung vom Konzept der allgemeinen Intelligenz und eine Hinwendung und Aufgliederung der Intelligenz in Einzelaspekte beigetragen. Zwei wichtige Konstrukte spielen eine Rolle: die fluide und die kristalline Intelligenz. Während „fluid" beispielsweise die Umstellungsfähigkeit, die Neuorientierung, Geschwindigkeitskomponenten sowie die Kombinationsfähigkeit beinhaltet, bedeutet „kristallin" das Allgemein- und Erfahrungswissen, den Wortschatz sowie das Sprachverständnis. Diese beiden Teilaspekte der Intelligenz unterliegen einem Wandel. Während die fluide Intelligenz im Alter abnimmt, kann die kristalline Intelligenz (also das Welt- und Erfahrungswissen) bis ins hohe Alter ansteigen – gerade Erfahrung und Kenntnisse spielen in der Arbeitswelt oftmals eine entscheidende Rolle. Außerdem muss davor gewarnt werden, experimentell gewonnene Daten unhinterfragt auf den beruflichen Alltag zu übertragen. Denn ein im Labor gefundener Leistungsabfall bei Älteren muss nicht zwangsläufig auch mit einem Leistungsabfall in der realen Arbeitswelt einhergehen, wo der Mensch etwa wesentlich mehr Einübungszeit hat als bei einem Experiment.[17] *Lehr* weist in diesem Zusammenhang darauf hin, dass in betriebsnah durchgeführten Untersuchungen mit älteren Arbeitnehmern kei-

---

[15] *Abraham, E.* (1992), S. 27.
[16] *Kordey, N. / Korte, W.* (2005), 24; Der Begriff des Kompetenzmodells im Alter wurde durch *Baltes, P. B. / Baltes, M. M.* eingeführt.
[17] *Lehr, U.* (1996).

128

nesfalls die in experimentellen Untersuchungen gefundenen Defizite Älterer zu Tage treten. Doch gerade diese negative Voreinstellung Älteren gegenüber erschwert deren gelungene Integration in den Unternehmen und gibt eher jugendzentrierten Personalstrategien auftrieb.

Auf der psychologischen Ebene können Vorurteile auf die älteren Arbeitnehmer selbst im Sinne einer „sich selbst erfüllenden Prophezeiung" wirken.[18] Das drückt sich beispielsweise darin aus, dass der Betroffene sich nur noch wenig zutraut, oder auch eine geringere Bereitschaft zeigt, sich etwa mit technischen Neuerungen auseinander zu setzen.[19] *Wagner-Link* sieht darin einen Teufelskreis mit negativen Wechselwirkungen, den sie wie folgt beschreibt: Der abnehmende „Wert" älterer Menschen in der Gesellschaft aufgrund ihrer steigenden Anzahl führt zu deren „Geringschätzung" und zu sozialer Ausgrenzung. Das wiederum erhöht die Wahrscheinlichkeit für seelische Probleme, und wirkt sich negativ auf das Selbstbild aus („das schaffe ich nicht mehr"). Es kommt daher etwa zum Gefühl der Überforderung und zu steigender Unsicherheit im Arbeitsverhalten, was im Versuch mündet, die Unsicherheit durch rigides Verhalten zu kompensieren. Die Folge: Kreativität und Lernfähigkeit nehmen ab, und die Leistung verschlechtert sich. So kann es zu Kritik von Außen kommen, was wiederum zur Verschlechterung der psychischen Verfassung führt.[20] Dies soll verdeutlichen, dass an älteren Arbeitnehmern kritisierte Aspekte wie Rigidität oder mangelnde Flexibilität durchaus auch „hausgemacht" sein können.

Erhalt der Leistungsfähigkeit im höheren Erwerbsalter: Kompetenzen Älterer nutzen

Es wird zunehmend wichtiger werden, ältere Arbeitnehmer ihr Arbeitsleben lang als leistungsfähige, qualifizierte und aktive Fachkräfte für das Erwerbsleben und die Unternehmen zu erhalten. Denn nur so kann der Erwerbsalltag zur Zufriedenheit der Betriebe und der Älteren selbst gestaltet werden. Damit die Integra-

---

[18] *Lehr, U.* (2000), S. 210.
[19] *Behrend, C.* (1997), S. 44.
[20] *Wagner-Link, A.* (2001), S. 78.

tion gelingt, muss eine entsprechende Organisationskultur gelebt werden, die einer Ausgrenzung des Alters entgegenwirkt.[21]

Vorurteile abbauen: die Integration beginnt im Kopf

Ein wichtiger Grundbaustein für jeglichen Versuch der Integration älterer Arbeitnehmer ist eine annehmende Grundhaltung und Wertschätzung den Älteren gegenüber. Die negativen Konsequenzen, die aus einer abwertenden Haltung im Sinne der „sich selbst erfüllenden Prophezeiung" resultieren können, wurden bereits angesprochen. Genauso aber wie negative Voreinstellungen bei älteren Arbeitnehmern Auswirkungen haben können, so ist es auch möglich, durch eine akzeptierende und vorurteilsfreie Grundhaltung positive Akzente zu setzen, den Älteren das Gefühl zu geben, wichtige Beiträge in Unternehmen zu leisten, und vollwertige Mitglieder der Gemeinschaft zu sein.

Wagner-Link beschreibt als Gegenpol zum oben erwähnten „Teufelskreis" auch einen positiven „Engelskreis", der genau dies thematisiert: Wenn ältere Mitarbeiter aufgrund ihrer Erfahrung und Kompetenz Wertschätzung durch ihr soziales Umfeld erfahren und in ihren Arbeitsalltag integriert sind, führt dies zu einem positiven Selbstbild. Die Menschen sehen sich eher in der Lage, den an sie gerichteten Anforderungen gerecht zu werden, und sie fühlen sich an ihrem Arbeitsplatz wohl. Daraus resultieren positive Kognitiven wie etwa „Meine Erfahrungen sind wichtig" oder „Ich gehöre dazu". Neue Aufgaben werden daher auch eher als Herausforderungen und weniger als Stress empfunden, weshalb eine starke Bewältigungsanstrengung folgt. Der Ältere bringt sein Wissen und seine Erfahrung zur Aufgabenbewältigung ein und kann nebenbei auch Neues erlernen, wodurch seine Lernfähigkeit herausgefordert und trainiert wird. Bei erfolgreicher Bewältigung des Neuen kommt es zu positiven Rückmeldungen und damit zu einer Steigerung des Selbstwertgefühls. Ein selbstsicherer Mitarbeiter wiederum kann ohne Konkurrenzdenken auf Kollegen zugehen und kooperativ mit ihnen arbeiten, was zu einer höheren Wertschätzung durch das Ar-

---

[21] *Kordey, N. / Korte, W. B.* (2005), S. 33.

beitsumfeld führt. Der Ältere zeigt sich aktiv und produktiv und stellt sich als wichtiger Bestandteil des Arbeitsumfelds dar. So kann die Akzeptanz und positive Haltung gegenüber älteren Mitarbeitern zu einer Leistungssteigerung und damit zu einem „Engelskreis" führen.[22] Dieser beschriebene positive Rückkopplungsprozess zeigt auf, dass auf der psychologischen Ebene ein wichtiger Schritt für eine gelungene und erfolgreiche Integration Älterer eine wertschätzende Haltung und Arbeitsatmosphäre sind.

Veränderte Qualitäten älterer Arbeitnehmer erkennen und nutzen

Die Alternsforschung weist heute alles in allem immer wieder deutlich darauf hin, dass zum Qualifikationspotenzial älterer Arbeitnehmer eine Vielzahl an Einzelkomponenten gehört und somit kein genereller Abbau, sondern eher eine Veränderung im physischen und psychischen Bereich konstatiert werden kann. Daher leisten Ältere in der Arbeit nicht weniger, sondern sie erbringen vielmehr andere Leistungen als Jüngere.[23] Bei den Jüngeren sind körperliche Leistungsfähigkeit, Merkfähigkeit, Kurzzeitgedächtnis sowie die fluide Intelligenz (also Umstellungsfähigkeit und Wendigkeit) hervorzuheben.[24] Auch Ältere weisen eine ganze Reihe positiver Eigenschaften auf, wie beispielsweise Gelassenheit, Ausgeglichenheit, Übersicht, Erfahrung, Fachwissen, Genauigkeit, Leichtigkeit im Umgang mit komplexen Aufgabenstellungen, Gewissenhaftigkeit, größere Umsicht sowie Urteils- und Entscheidungsfähigkeit – also insgesamt eher Bereiche, die der kristallisierten Intelligenz zuzuordnen sind.[25] Gerade in Entscheidungsgremien und Problemlöseteams kann es von großem Vorteil sein, sowohl ältere als auch jüngere Mitarbeiter in altersheterogenen Teams zu integrieren, um so die Perspektivenvielfalt zu fördern und die unterschiedlichen Wissens- und Erfahrungswerte der Generationen sinnvoll zu nutzen.[26]

---

[22] *Wagner-Link, A.* (2001), S. 79.
[23] *Naegele, G.* (1992), S. 23.
[24] *Böhne, A. / Wagner, D.* (2002).
[25] *Böhne, A. / Wagner, D.* (2002); *Gravalas, B.* (1999), S. 41; *Lehr, U.* (2000); *Naegele, G.* (1992); *Wagner-Link, A.* (2001).
[26] *Böhne, A. / Wagner, D.* (2002); *IG-Metall* (2003), S. 8.

131

Erfahrungswissen erhalten

Werden die Fähigkeiten und Ressourcen älterer Mitarbeiter im Arbeitsprozess nicht gut genug genutzt, kann es passieren, dass wertvolle Erfahrungen verloren gehen und Wissenslücken entstehen, die von Jüngeren oftmals nicht adäquat geschlossen werden können. Die Vorteile der langjährigen Berufstätigkeit Älterer liegen z. B. in der Verbesserung ihrer Arbeitstechniken sowie in der Ausarbeitung effizienterer Strategien für komplexe Aufgaben oder im Umgang mit Kollegen.[27] Scheiden Ältere aus dem Berufsleben aus, gehen zweierlei Dinge verloren: deren Fachwissen sowie das „inoffizielle Wissen". Jüngere Mitarbeiter haben zwar während ihrer Ausbildung mehr aktuelles Wissen erworben, jedoch wird oft übersehen, dass auch „älteres" Wissen wichtig und von großer Bedeutung sein kann. Mit dem Ausscheiden Älterer gehen beispielsweise Erfahrungen bezüglich der kommunikativen Infrastruktur des Unternehmens über kurze Dienstwege, alte Kontakte und „direkte Drähte" verloren.[28]

Vor dem Hintergrund der Erkenntnis, welch große Relevanz das Erfahrungswissen Älterer besitzen kann, gibt es Konzepte, die auf die Rückgewinnung Älterer und ihrer Erfahrung für die Unternehmen zielen. Dies geschieht etwa durch die Wiedereinstellung bereits verrenteter Mitarbeiter oder durch die verschiedensten Formen der Teilzeitarbeit. So werden Ältere dort eingesetzt, wo ihr Erfahrungswissen gefragt ist. Neben dem Vorteil der Erfahrung geben Betriebe die zeitliche Flexibilität älterer Mitarbeiter sowie die preiswerte Möglichkeit, zeitlich befristete Arbeitsanforderungen zu bewältigen, als Gründe an. Ältere sind so häufig flexibel als „Puffer" oder Springer einsetzbar:[29] „Viele Unternehmen nutzen ältere Arbeitnehmer weiterhin als betriebliche Flexibilitäts- und Anpassungsreserve."[30] Auf Seiten der Älteren selbst werden neben finanziellen Erwägungen (Zusatzverdienst zur Rente) v. a. die soziale Einbindung durch Arbeit, die Freude an der Arbeit sowie die Sinnstiftung durch Arbeit genannt.[31]

---

[27] *Behrend, C.* (2002).
[28] *Jagoda, B.* (2001), S. 21.
[29] *IG-Metall* (2003), S. 8.
[30] *Kordey, N. / Korte,W. B.* (2005), S. 5.
[31] *Puhlmann, A.* (2002), S. 111 f.

Neben der Wiedereinstellung älterer, bereits aus dem Erwerbsleben ausgeschiedener Mitarbeiter gibt es auch Konzepte, die darauf hinwirken sollen, dem Verlust von Erfahrung und Wissen Älterer im Arbeitsleben vorzubeugen. Zielgruppe hierfür sind vor allem Führungskräfte ab 50 Jahren, die in Weiterbildungen an Themen wie Motivation, berufliche Neuorientierung, Informations- und Kommunikationstechnologien sowie Führungs- und Konfliktlösestrategien herangeführt werden. Durch derartige Konzepte sollen Führungspersonen für betriebliche Entwicklungsprozesse mobilisiert sowie auf neue Aufgabenfelder vorbereitet werden.[32]

Leistung und Produktivität erhalten: Stellenwert der Fort- und Weiterbildung

Für die wirtschaftliche Entwicklung in Zeiten der sich ständig ändernden Arbeitsplatzanforderungen ist zwar die berufliche Erstausbildung nach wie vor ein wichtiger Ausgangspunkt für das berufliche Fortkommen. Allerdings leben wir in einer Gesellschaft, in der das beständige Hinzulernen verstärkt an Bedeutung gewinnt. Umbrüche und Wandlungsprozesse des Erwerbslebens führen dazu, dass das Gelernte innerhalb kurzer Zeit als überholt und somit als kaum mehr brauchbar im Beruf gilt. Da zukünftig Innovationsvorhaben und Neuerungen mehr und mehr auch mit einer alternden Belegschaft umgesetzt werden müssen, wird der Erhalt der Flexibilität, Anpassungs- und Innovationsfähigkeit Älterer immer relevanter werden. Ein wichtiges Mittel hierfür stellen Fort- und Weiterbildungen dar.

Für die Praxis kann festgestellt werden, dass gerade Ältere, für die eine zusätzliche Qualifizierung die Chance auf dem Arbeitsmarkt erhöhen könnte, noch zu wenig an Weiterbildungsmaßnahmen teilhaben.[33] *Gravalas* führt das Literaturgutachten zur „Innovationsfähigkeit von Betrieben angesichts alternder Belegschaften" an. Es wird kritisiert, dass die bisherige Weiterbildungspraxis gegen-

---

[32] Hier wird als Beispiel das Personalenwicklungsprogramm der Lufthansa „Added Experience Programm für ältere Führungskräfte" angeführt (*Puhlmann, A.* (2002), S. 112).

[33] *Gatter, J.* (2004), S. 52; *Barkholdt / Frerichs / Naegele* (1995), zitiert nach *Schwab, H. / Seemann, S.* (2005), S. 62; *IG-Metall* (2003), S. 9; *Kistler, E./ Hilpert, M.* (2001), S. 10.

133

über älteren Arbeitnehmern restriktiv und selektiv sei, da ältere Beschäftigte als Problemgruppe von Qualifizierungsmaßnahmen weitgehend ausgeschlossen bleiben und weniger als Jüngere an diesen teilnehmen. Zudem dauern Qualifizierungsmaßnahmen zu lang und es fehlt an bedarfsorientierten Weiterbildungskonzepten sowie an der Einbindung des Erfahrungswissens Älterer.[34]

Woran aber liegt die deutlich geringere Beteiligung älterer Mitarbeiter an Weiterbildungen? Die Gründe hierfür sind vielfältig: So sind die betriebliche Personalpolitik und die Weiterbildungsangebote eher auf jüngere Beschäftigte ausgerichtet – einer Förderung und Erweiterung der Fähigkeiten und Kenntnisse über die Lebensspanne wird insgesamt aufgrund einer eher jugendzentrierten Förderung zu wenig Beachtung geschenkt.[35] Unternehmen erhoffen sich zudem aus der Weiterbildung Jüngerer mehr Vorteile und Gewinne, da jüngere Mitarbeiter eine größere „Restnutzungszeit"[36] versprechen und der Qualifizierungsaufwand für Ältere höher erscheint. Oftmals wird in den Firmen oftmals davon ausgegangen, dass das Interesse an Weiterbildungen mit dem Alter abnimmt, was nach *Gatter* ein Wahrnehmungsproblem der Arbeitgeber darstellt. Häufig sehen Ältere selbst für sich eine geringere Notwendigkeit zur Weiterbildung – haben sie doch immerhin im Laufe des Berufslebens ein erhebliches Maß an Erfahrungswissen angesammelt und bereits einen gewissen beruflichen Status erreicht.[37] *Jagoda* (2001) betrachtet die Frage, ob sich Weiterbildung für Ältere aus Sicht der Unternehmen lohnt, aus ökonomischer Sicht und stellt fest, dass für die Investition in Humankapital (unabhängig ihres Alters) das gleiche gelten solle wie für die Investition in Sachkapital, die sich nämlich in kurzer Zeit rechnen muss. Ein Computer sei demnach in der Regel nach dem deutschen Steuerrecht in drei Jahren abzuschreiben, wobei die Betriebe die Computer häufig schon vorher auswechseln. Werde aber ein 55-Jähriger weitergebildet, so könne seine Qualifikation theoretisch bis zum 65. Lebensjahr genutzt werden.[38]

---

[34] *Gravalas, B.* (1999), S. 24.
[35] *Puhlmann, A.* (2002), S. 110.
[36] *Schwab, H. / Seemann, S.* (2005), S. 63.
[37] *Gatter, J.* (2004), S. 55; *Puhlmann, A.* (2002), S. 108.
[38] *Jagoda, B.* (2001), S. 23.

Anforderungen an die Fort- und Weiterbildung

Allgemeine und spezielle Fort- und Weiterbildungsmaßnahmen für ältere Mitarbeiter müssen mehreren Anforderungen genügen. So sind bei ihrer Konzeption zunächst psychologische Faktoren zu berücksichtigen:

- Die Weiterbildung stellt für die Betroffenen eine persönliche Herausforderung dar, die als „Schritt zurück auf die Schulbank"[39] erlebt werden kann.

- Dies kann zu negativen Assoziationen bezüglich früherer Lernerfahrungen führen.

- Weiterhin hegen ältere Arbeitnehmer selbst Zweifel daran, ob sie überhaupt noch etwas Neues lernen können.

- Eine solche Haltung wird sicherlich auch durch die bereits oben erwähnten negativen Erwartungen, die von außen an ältere Menschen herangetragen werden, generiert und verstärkt.

Neben psychologischen Faktoren sind bei für Ältere konzipierten Weiterbildungen didaktische Grundregeln zu beachten, die das Lernen und die Fortbildung erleichtern können. So wurden von *Stöckl*, *Spevacek* und *Straka* einige didaktische Leitlinien ermittelt, die bei der Konzeption von Weiterbildungen für Ältere berücksichtigt werden können:[40]

- Die Teilnehmer sollten unter Verwendung aktivierender Methoden des Lehrens und Lernens in die Kurs- und Materialgestaltung einbezogen werden.

- Positiv wäre Vermittlung von Lernstrategien, Vermittlung von Zusammenhängen, Strukturierung des Lernstoffs so wie eine reduzierte Komplexität.

- Die Aufgaben sollten einen möglichst hohen Realitätsbezug aufweisen.

- Insgesamt sollten die Maßnahmen dabei helfen, Vorurteile gegenüber der Lern- und Leistungsfähigkeit Älterer abzubauen.

Mittlerweile finden sich einige Konzepte zum Thema Lernen und Weiterbildung Älterer, mit denen in der Praxis gute Erfolge erzielt wurden. Es gibt beispielsweise Modellversuche des Bundesinstituts für Berufsbildung, wie etwa der Modellversuch *FESILI* (*„Forschungs- und Entwicklungsprojekt Lernen von Arbeit-*

---

[39] *Puhlmann* (2002), S. 108.
[40] *Stöckl, M. / Spevacek, G. / Straka, G. A.* (2001).

nehmerInnen in der zweiten Lebenshälfte durch selbstgesteuertes individualisiertes Lösen komplexer arbeitsbezogener Problemstellungen mittels EDV-Software"), der an der *Universität Bremen* durchgeführt wurde. Das Projekt war auf die Qualifizierung älterer Sachbearbeiter in EDV-gestützter Aufgabenerledigung ausgelegt. Dafür wurden Lernmaterialien entwickelt, die einen unmittelbaren Bezug zum Arbeitsplatz hatten und die auch an die Voraussetzungen und Lernstile Älterer ausgerichtet waren.[41]

Nicht nur auf der fachlichen Ebene ist es wichtig, ältere Mitarbeiter zu schulen und sie weiterzubilden. Auch im Zuge der sich verändernden Erwerbsarbeit erscheint es relevant, Ältere frühzeitig an Veränderungen und Neuerungen im Arbeitsprozess heranzuführen. So spielt heute beispielsweise die Gruppenarbeit eine große Rolle in Unternehmen. Diese erfordert Teamfähigkeit, Kommunikations- und Methodenkompetenz sowie Selbstverantwortung des Einzelnen innerhalb der Gruppe.[42] In der Regel wird die Einführung von Gruppenarbeit durch Weiterbildungsmaßnahmen vollzogen, in denen auf die besonderen Aspekte der Teamarbeit eingegangen wird. Beispielhaft nennt *Puhlmann* hier das Leonardo-Projekt der *IG-Metall* in Kooperation mit Partnerbetrieben in England und Schweden. Dieses Projekt berücksichtigt die Interessen Älterer im Hinblick auf ihre berufliche Weiterqualifizierung, berufliche Entwicklungsmöglichkeiten sowie im Hinblick auf die Gestaltung von Arbeitsplatzanforderungen.

Fort- und Weiterbildung in der Zukunft

Die Personalpolitik der Zukunft muss ihr Augenmerk verstärkt darauf legen, dass Mitarbeiter im Verlauf ihres Arbeitslebens nicht von Weiterbildungen abgeschnitten bleiben, sondern lebenslang lernen und einen lebensbegleitenden Kompetenzgewinn erreichen.[43] Durch effiziente und adäquate Weiterbildung kann verhindert werden, dass Ältere den Anschluss verlieren, überfordert werden oder Schwierigkeiten mit Neuerungen erleben. Vor diesem Hintergrund

---

[41] *Puhlmann, A.* (2002), S. 108.
[42] *Puhlmann, A.* (2002), S. 110.
[43] *Kistler, E. / Hilpert, M.* (2001), S. 13.

136

haben *Barkholdt, Frerichs und Naegele* eine „Strategie der altersübergreifenden Qualifizierung" erarbeitet.[44] So sollen Qualifizierungsprozesse in die Arbeitsorganisation eingebunden werden, wobei besonderes der hohen Bedeutung des Lernens am Arbeitsplatz Rechnung getragen wird, was bewusst im Gegensatz zu einer allzu theoretischen, verwissenschaftlichen Berufsbildung steht. Zudem wäre es demgemäß wünschenswert, Arbeitszeitmodelle zu schaffen, die die Integration von Weiterbildungsphasen und somit einen Wechsel zwischen Arbeit und Lernen erlauben und ermöglichen. Weiterbildung und Qualifizierung sind nach diesem Modell eingebunden in eine Personalpolitik, die Bezug nimmt auf die gesamte Erwerbsbiographie und ausdrücklich auch Ältere berücksichtigt.[45]

Leistung und Produktivität erhalten: Prävention und Gesundheitsförderung

Neben fachlichen Weiterqualifikationen müssen auch andere personalpolitische Maßnahmen verstärkt ins Auge gefasst werden: Hierzu gehören etwa rechtzeitige Interventions-/Präventionsmaßnahmen und Programme zum Erhalt und zur Förderung der Gesundheit und Sicherheit der Mitarbeiter, um Krankheiten oder Unfälle zu vermeiden.[46] Solche Maßnahmen beugen aus Arbeitgebersicht insbesondere einem Produktivitätsverlust vor.[47] Das physische Wohlbefinden ist ebenfalls von großer Bedeutung, da so vielen Krankheiten und Alterungsprozessen vorgebeugt werden kann.[48] Gesundheitspräventive Maßnahmen können einen Beitrag zum Erhalt körperlicher Gesundheit und somit zum Erhalt der gesamten Leistungsfähigkeit leisten.

Insgesamt wichtig ist zudem eine angemessene Gestaltung der Arbeitsumgebung, des Arbeitsumfeldes sowie der Arbeitsbedingungen. Wenig abwechslungsreiche Tätigkeiten können zu einer dauerhaften Vereinseitigung der beruf-

---

[44] *Barkholdt, C. / Frerichs, F. / Naegele, G.* (1995), zitiert nach *Schwab, H. / Seemann, S.* (2005), S. 63 f.
[45] *Schwab, H. / Seemann, S.* (2005), S. 64.
[46] *IG Metall* (2003), S. 6.
[47] *Kordey, N. / Korte, W. B.* (2005), S. 30.
[48] *Wagner-Link, A.* (2001), S. 80.

lichen Fähigkeiten führen.[49] Dies wiederum kann ein Grund für die bei Älteren oft beklagte abnehmende Flexibilität und Mobilität sein. In diesem Zusammenhang ist es von Bedeutung, den älteren Mitarbeitern eine Aufgabenstellung zu gewähren, die ihren Fähigkeiten und Kenntnissen entspricht, sie fordert und fördert, weder unter- noch überfordert, sinnvolle Anregungen bietet und anspornt. Nur so kann ein Optimismus in Bezug auf die eigenen Leistungen und zu einem Gefühl des Stolzes auf die erbrachte Leistung gefördert werden: beides wichtige Faktoren zum Erhalt und zur Steigerung der Motivation.

Motivation erhalten: Arbeitswunsch und Karriere auch im Alter

Generell kann nicht davon ausgegangen werden, dass mit zunehmendem Alter die Bereitschaft, einer Berufstätigkeit nachzugehen, abnimmt. Vielmehr äußert ein nicht unerheblicher Teil älterer Menschen den Wunsch einer aktiven (Erwerbs-)Arbeit nachzugehen.[50] Diese Tatsache ist auch Ausdruck des Erhalts einer möglichst großen Lebenszufriedenheit. Eine solche beinhaltet eine soziale Teilhabe und Interaktion[51], die durchaus auch durch Erwerbstätigkeit erreicht wird.[52] Weitere wichtige Punkte sind mögliche Karriere- und Aufstiegschancen sowie die Laufbahngestaltung der Mitarbeiter. Diese sollten gerade für Ältere mehr in den Vordergrund gestellt werden, um Anreize zu bieten, auch im höheren Erwerbsalter noch entsprechende Leistung, die sich letztendlich lohnt und auszahlt, zu bringen.[53] Es treten hier außerdem individuelle, intra-psychische Faktoren bei den Betroffenen hinzu. So wird wichtig, aktiv, offen und begeisterungsfähig für neue Erfahrungen und Handlungsmuster zu bleiben – dazu gehört auch die Bereitschaft, nicht ausschließlich „alten" Mustern verhaftet zu bleiben, sondern die Neugierde zu besitzen, andere Wege zu gehen. Sich im

---

[49] *Behrend, C.* (2002), S. 23.
[50] *Kistler, E. / Hilpert, M.* (2001), S. 9.
[51] Arbeiten über Lebenszufriedenheit und den in diesem Zusammenhang relevanten Aktivitäts- bzw. Disengagementtheorien existieren zwischenzeitlich umfangreich. Hier wird auf die Arbeit von *Rupprecht, R.* (1993) verwiesen.
[52] Faktoren zum Erhalt der Lebenszufriedenheit (inklusive Erwerbsleben) bei: *Schumacher, J. / Gunzelmann, T. / Brähler, E.* (1996), S. 4 ff.
[53] *Behrens, J.* (2001); *Pack, J.* et al. (2000).

Berufs- und Arbeitsalltag weiterzuentwickeln und wo es geht, die gesammelte Erfahrung mit Neuerungen und Innovationen in Verbindung zu bringen, wird wesentlich. Die Motivation, die aus dem Gefühl des „noch gebraucht werdens" resultiert, ist ein entscheidender Faktor für den Erhalt der Leistungsfähigkeit- und zudem ein wichtiger Schritt im Prozess der Erfahrungsweitergabe über die Generationen hinweg.

Fazit

Um konkrete personalpolitische Maßnahmen für Ältere durchzuführen, müssen Kenntnisse auf Seiten des Personalmanagements vorhanden sein, die etwa Leistungsveränderungen im Alter, die Stärken und Potenziale Älterer sowie deren berufliche Wünsche und karrierebezogene Vorstellungen beinhalten. Dies wiederum setzt eine Abkehr von einer allzu sehr auf jüngere Mitarbeiter ausgerichteten Personalpolitik zugunsten eines ausgewogenen Vorgehens voraus. Als Fazit können also die folgenden Wege der Integration Älterer im Erwerbsleben aufgezeigt werden:

- Abbau von Vorurteilen bezüglich der Leistungsfähigkeit Älterer und Förderung einer akzeptierenden, wertschätzenden Haltung.

- Erkennen, fördern und nutzen der Potenziale und Qualitäten Älterer.

- Erhalt des Erfahrungswissens für die Unternehmen und Verstärkung der Zusammenarbeit in altersheterogenen Teams.

- Erhalt der Leistungsfähigkeit und Produktivität durch frühzeitig einsetzende Weiterbildungsmaßnahmen sowie durch Schaffung geeigneter Arbeitsbedingungen und Arbeitsumgebungen.

Werden diese Aspekte durch die Organisationen berücksichtigt, kann eine dauerhafte Integration älterer Arbeitskräfte im Betrieb gelingen.

Literaturverzeichnis

Abraham, Edgar (1992): Arbeitstätigkeit, Arbeitslebenslauf und Pensionierung, Münster.
Backes, Gertrud / Clemens, Wolfgang (1998): Lebensphase Alter: Eine Einführung in die Sozialwissenschaftliche Alternsforschung, Weinheim u. a.

Bäcker, Gerhard / Naegele, Gerhard (1993): Alternde Gesellschaft und Erwerbstätigkeit. Modelle zum Übergang vom Erwerbsleben in den Ruhestand, Köln.

Baltes, Paul B. / Baltes, Margret M. (1993): Successful Aging, Cambridge u. a.

Barkholdt, Corinna / Frerichs, Frerich / Naegele, Gerhard (1995): Altersübergreifende Qualifizierung – eine Strategie zur betrieblichen Integration älterer Arbeitnehmer, *Mitteilungen aus der Arbeitsmarkt- und Berufsforschung*, 3, S. 425-436.

Behrend, Christoph (1997): Beschäftigungsstrukturen und Alterssicherung. Weiden, Regensburg.

Behrend, Christoph (2000): Arbeit im Alter, in: *Wahl, Hans-Werner / Tesch-Römer, Clemens* (Hrsg.): Angewandte Gerontologie in Schlüsselbegriffen. Stuttgart, S. 402-407.

Behrend, Christoph (2002): Chancen für die Erwerbsarbeit im Alter Betriebliche Personalpolitik und ältere Erwerbstätige, Opladen.

Behrens, Johann (2001): Was uns vorzeitig „Alt aussehen" lässt. Arbeits- und Laufbahngestaltung: Voraussetzungen für eine länger andauernde Erwerbstätigkeit, in: *Politik und Zeitgeschichte*, B 3-4/2001, S. 14-22.

Böhne, Alexander / Wagner, Dieter (2002): Managing Age im Rahmen von Managing Diversity: Alter als betriebliches Erfolgspotential, in: *Behrend, Christoph* (Hrsg.): Chancen für die Erwerbsarbeit im Alter. Betriebliche Personalpolitik und ältere Erwerbstätige.

Clemens, Wolfgang (2006): Ältere Arbeitnehmerinnen in Deutschland: Erwerbsstrukturen und Zukunftsperspektiven, in: *Zeitschrift für Gerontologie und Geriatrie*, 39(1), S. 41-47.

Eckhardtstein, Dudo von (2004): Demographische Verschiebungen und ihre Bedeutung für das Personalmanagement, in: *zfo* 3/2004, S. 128-135.

Frerichs, Frerich (2002): Zur betrieblichen Beschäftigungssituation älterer Arbeitnehmer-Eine lebenslagen- und produktionsregimespezifische Problemanalyse, in: *Behrend, Christoph* (Hrsg.): Chancen für die Erwerbsarbeit im Alter. Betriebliche Personalpolitik und ältere Erwerbstätige, Opladen.

Frerichs, Frerich (2005): Das Arbeitspotenzial älterer Mitarbeiter und Mitarbeiterinnen im Betrieb, in: *Loebe, Herbert / Severing, Eckart* (Hrsg.): Wettbewerbsfähigkeit mit alternden Belegschaften. Betriebliche Bildung und Beschäftigung im Zeichen des demographischen Wandels, Bielefeld.

Gatter, Jutta (2004): Personalpolitik und alternde Belegschaft. Betriebliche Ursachen für die Persistenz der Frühverrentung aus Sicht der Neuen Institutionenökonomie, München, Mering.

Gravalas, Brigitte (1999): Ältere Arbeitnehmer. Eine Dokumentation. Bielefeld.

IG-Metall Vorstand und Sozialforschungsstelle Dortmund (2003): Diskussionspapier: Älterwerden in der Arbeit und die Zukunft von Belegschaften.

Jagoda, Bernhard (2001): 50plus – die können es: Arbeitsmarktpolitik für Ältere, in: *Holzamer, Hans- Herbert* (2001): 50plus: Erfahren, erfolgreich, aber ohne Chance auf dem Arbeitsmarkt Zweimonatszeitschrift für Politik und Zeitgeschichte. Politische Studien. Sonderheft 2/2001, *Hanns Seidel Stiftung e.V.*

Jahoda, Marie / Kieselbach, Thomas / Leithäuser, Thomas (1983): Arbeit, Arbeitslosigkeit und Persönlichkeitsentwicklung, Bremen.

Kistler, Ernst / Hilpert, Markus (2001): Auswirkungen des demographischen Wandels auf Arbeit und Arbeitslosigkeit, in: *Aus Politik und Zeitgeschichte*, B 3-4/2001, S. 5-14.

Kordey, Norbert / Korte, Werner B. (2005): active@work: Auswirkungen des demographischen Wandels auf Unternehmen und mögliche Maßnahmen zur Sicherung der Beschäftigung älterer Arbeitnehmer, hrsg. von *empirica – Gesellschaft für Kommunikations- und Technologieforschung mbH*, Bonn.

Lehr, Ursula (1986): Ältere Mitarbeiter im Betrieb. Die Zukunft bewältigen mit oder ohne die Älteren? in: *Bayerisches Staatsministerium für Arbeit und Sozialordnung* (Hrsg.): Ältere Mitarbeiter im Betrieb. Fakten – Tendenzen – Empfehlungen, München, S. 13-47.

Lehr, Ursula (1996): Psychologie des Alterns, Wiesbaden.

Lehr, Ursula (2000): Psychologie des Alterns. 9. Auflage, Wiebelsheim.

Lehr, Ursula / Wilbers, Joachim (1992): Arbeitnehmer, Ältere, in: *Gaugler, Eduard / Weber, Wolfgang* (Hrsg.): Handwörterbuch des Personalwesens, Stuttgart, S. 203-212.

Menges, Ulrich (2000): Ältere Mitarbeiter als betriebliches Erfolgspotential, Köln.

Naegele, Gerhard (1992): Zwischen Arbeit und Rente. Gesellschaftliche Chancen und Risiken älterer Arbeitnehmer, Augsburg.

Pack, Jochen / Buck, Hartmut / Kistler, Ernst / Mendius, Hans Gerhard / Morschhäuser, Martina / Wolff, Heimfrid (2000): Zukunftsreport demographischer Wandel Innovationsfähigkeit in einer alternden Gesellschaft, Bonn.

Puhlmann, Angelika (2002): Der demographische Wandel als Herausforderung an die betriebliche Weiterbildung, in: *Behrend, Christoph* (Hrsg.) (2002): Chancen für die Erwerbsarbeit im Alter Betriebliche Personalpolitik und ältere Erwerbstätige, Opladen.

Rupprecht, Roland (1993): Lebensqualität: Theoretische Konzepte und Ansätze zur Operationalisierung, Dissertation an der Philosophischen Fakultät der Friederich-Alexander-Universität Erlangen-Nürnberg, Erlangen.

Sacher, Matthias (2005): Erwerbsstruktur und Alterssicherung: Entwicklungslinien des deutschen Arbeitsmarktes seit den 1980er-Jahren, in: *Wirtschaft und Statistik*, 5, S. 479-495.

Schumacher, J. / Gunzelmann, T. / Brähler, E. (1996): Lebenszufriedenheit im Alter – Differentielle Aspekte und Einflussfaktoren, in: *Zeitschrift für Gerontopsychologie und -psychiatrie*, 9 (1996), S. 1-17.

Stöckl, Markus / Spevacek, Gert / Straka, Gerald, A. (2001): Altersgerechte Didaktik, in: Schemme, Dorothea (Hrsg.): Qualifizierung, Personal und Organisationsentwicklung mit älteren Mitarbeiterinnen und Mitarbeitern: Probleme und Lösungsansätze, Berichte zur beruflichen Bildung, Heft 247, Schriftenreihe des Bundesinstituts für Berufsbildung, Bielefeld, S. 89-121.

Wagner-Link, Angelika (2001): 50plus – Ballast oder Leistungspotenzial? Die Kompetenzen älterer Arbeitnehmer, in: *Holzamer, Hans- Herbert* (2001): 50plus: Erfahren, erfolgreich, aber ohne Chance auf dem Arbeitsmarkt? Zweimonatszeitschrift für Politik und Zeitgeschichte. Politische Studien. Sonderheft 2/2001, *Hanns Seidel Stiftung e.V.*

Zisgen, Armin (2005): Das Konzept Älterer Arbeitnehmer – Eine Strategie im demographischen Wandel. Armin Zisgen im Gespräch mit Matthias Schmidt, in: *Schmidt, Matthias / Sprang, Michael* (Hrsg.): Speyerer Texte, Speyer.

Teil II: Gestaltungskonzepte – Vorgehen – Bewertung

Beratungsinhalte und Erkenntnisse der Anfragekunden von 1995 bis 2006: Familienservice München

Jürgen Griesbeck
pme Familienservice, München

Einleitung

„Pflegebedürftig – was nun?" So der Titel des ersten Vortrags, den ich einst für den Familienservice zum damals noch neuen Beratungsmodul „Eldercare" konzipiert hatte und mittels schwarzweißer Folien auf dem Overheadprojektor präsentierte. So wie man dafür jetzt schicke PowerPoint-Präsentationen und Beamertechnik verwendet, hat auch der Bereich Pflege eine rasante Entwicklung vollzogen. Natürlich ist die breite Problematik, mit der Angehörige und Betroffene im Falle der Pflegebedürftigkeit konfrontiert werden, nach wie vor brisant und vielgestaltig. Die Lösungsangebote in diesem Feld haben sich jedoch in den vergangenen Jahren stark erweitert und tragen der wachsenden und differenzierten Nachfrage und Bedarfslage Rechnung. Die Anforderungen des flexiblen und modernen Arbeitsmarktes auf Struktur und Zusammenleben der Familien sowie der Fortschritt der Medizin, der zur fortwährenden Erhöhung der Lebenszeit beiträgt, haben den Bedarf passgenauer Lösungen bei Krankheit und Pflegebedürftigkeit für ältere Menschen, aber auch für berufstätige Singles ohne Familien gesteigert. Wer heute pflegebedürftig wird, wendet sich nicht mehr zwangsläufig an betreuende Angehörige oder geriatrische Institutionen, sondern kann je nach Bedarf, Vorstellung und Geldbeutel eine individuell passende Lösung verschiedener Dienstleister für sich nutzen. Diese Angebotsfülle ist sowohl Ergebnis eifriger Pionierarbeit als auch eines veränderten sozialen Bewusstseins.

145

Vom Kinderbüro zum Familienservice

Die gesellschaftliche Notwendigkeit, Kinderbetreuungslösungen bereitzustellen, verstand sich in Deutschland Anfang der 90er Jahre vor allem bei den jüngeren Menschen, die ihre Karriere planten, von alleine. Die bestehenden Angebote waren höchst unzureichend. Der Wunsch Familie und Beruf erfolgreich zu vereinbaren, musste in der Regel individuell von den Betroffenen selbst organisiert werden. Vorhandene oder neu gegründete Betriebskindergärten konnten Kinder erst ab drei Jahre unterbringen und lagen für viele Familien so weit von der Wohnstätte entfernt, dass ab 1992 das „Kinderbüro" in Zusammenarbeit mit *BMW* eine revolutionäre Lösung bot. Die im Münchener *Kinderbüro* tätigen Mitarbeiterinnen recherchierten nach punktgenauen Betreuungslösungen, die ganz dem persönlichen Bedarf, den finanziellen Möglichkeiten und konkreten pädagogischen Wünschen der anfragenden Familien Rechnung trugen. Vermittelt wurden insbesondere vertrauenswürdige Tagesmütter, Kinderfrauen, Babysitter und Au-pair-Mädchen präzise an den Ort, an dem die jeweilige Familie lebte. Kinder berufstätiger Frauen konnten so von Geburt an „fremd betreut" werden. Sicher musste gegen das „Rabenmutterklischee" in der Gesellschaft und das schlechte Gewissen mancher berufstätigen Mutter angegangen werden. Prinzipiell aber hatten die Unternehmensleitungen verstanden: Wer wollte, dass motivierte, gut ausgebildete Frauen nach dem Mutterschutz rasch in den Beruf zurückkehrten, musste sich hier gezielt engagieren und in das Leistungsangebot des *Kinderbüros* auch finanziell investieren. In den Personalentwicklungsabteilungen wurde daher die Familienfreundlichkeit als Unternehmensstrategie mehr und mehr entdeckt und dementsprechend gefördert. Auf diese Weise konnte das *Kinderbüro* dank der Gründerin und Unternehmerin *Gisela Erler* und ihrem starken Team rasch in andere Städte expandieren, wurde 1998 zur *pme Familienservice GmbH* umgewandelt und gewann zahlreiche namhafte Firmenkunden in ganz Deutschland. Der Familienservice ist längst der größte Work-Life-Anbieter im Bundesgebiet.

Das Produkt „Eldercare"

Die ersten Schritte

Ganz anders verhielt es sich jedoch zu Beginn beim neuen Produkt der *pme Familienservice GmbH* „Eldercare". Dieser nach umfänglichen Überlegungen ausgewählte Produktname war in Deutschland weitgehend unbekannt. Im Gegensatz zu Amerika, wo sich bereits zahlreiche Anbieter und Produkte zukunftsweisend unter diesem Titel versammelten. In unseren Breiten jedoch klang er 1996 fremd und bedurfte wortreicher Erklärungen. Das lag nicht zuletzt daran, dass die Zielgruppe der Wohltaten selbst, also die Älteren, den Anglizismus meistens nicht einmal aussprechen denn verstehen konnten, und auch die berufstätigen Angehörigen einer Einweisung bedurften. Eine besondere Herausforderung bestand schließlich bei der Vermarktung in den Personalbüros der Unternehmen. Hatte man selbst noch als Theoretiker mit drastischen Beispielen des Pflegenotstandes argumentiert und sich kühn als „Buschmesser im Pflegedschungel" präsentiert – die Firmenverantwortlichen blieben hart und ungerührt. Der Radius der hier vorgeschlagenen Unternehmensmitverantwortung ging ihnen entschieden zu weit: „Kinder ja, aber auch die Oma?" Mit anderen Worten: Lediglich das Interesse des Unternehmens an Mitarbeitern, die dank der durch Firmenengagement verbesserter Betreuungslösungen für ihre Kinder weniger Ausfallzeit und Krankenstände aufwiesen, war evident.

Die Sorge um Eltern und Pflegebedürftige wurde von ihnen in den Bereich der Selbstverantwortung verortet, das Produkt abgelehnt und nicht eingekauft. Zu Hilfe kam segensreich die Politik der Zeit mit der Einführung der Pflegeversicherung durch *Norbert Blüm* als „Teilkasko" und alle damit einhergehenden Verständnisprobleme in der Bevölkerung. Die Pflegeversicherung selbst musste der abgabenmüden Arbeitswelt als fünfte Säule der Sozialversicherung plausibel gemacht werden. Viele Reportagen und Artikel berichteten daher über die desolate Lage der Senioren, von der Ebbe in den Kassen der Sozialämter und der Überalterung der Gesellschaft. Schließlich begannen Betreuer der Behinderten und Dementen, die zunächst nicht zu den Adressaten der Pflegeleistungen zählten, lautstark um ihre Rechte zu kämpfen. Dieser Pressewirbel und die öffentliche Aufmerksamkeit gab uns erneut Rückenwind. Auch wenn die Unternehmen zurückhaltend blieben, wurde von den meisten die „Eldercare"-Problematik als relevant akzeptiert – jedoch nur als Gratiszubrot, um damit die bestehenden Verträge mit den Firmen zu stützen. Auf diese wenig ruhmvolle Weise konnten wir immerhin beginnen. Dabei lagen wenige, handverlesene Anfragen vor. Das große Problem in der Anfangsphase der Bearbeitung bestand nicht zuletzt darin, dass noch überhaupt keine klare inhaltliche Festlegung dafür bestand, welche Leistung eigentlich gemeint war, und wann für uns ein Fall erfolgreich abgeschlossen war. Als Pioniere auf diesem Gebiet gab es für uns keine Vergleichs- oder Absprachemöglichkeit im Sinne des „Benchmarking". So geschah es, dass ein Mitarbeiter einer Münchener Firma für seine in die Jahre gekommene Mutter in einem Dorf bei Augsburg pflegerische und hauswirtschaftliche Unterstützung wünschte. Sie sei viel alleine und er mache sich Sorgen, weil ihr Gedächtnis nachließe; Fremde im Haus aber möge sie nicht. Nach eingehenden Beratungen zu den Möglichkeiten, über Träger finanzielle und andere Unterstützung zu bekommen, fuhren wir viele Male in jenes Dorf zu Lokalterminen mit der Mutter, mit und ohne den Sohn, wählten in einem trostlosen Café mögliche Betreuerinnen aus und verfolgten ratlos deren Scheitern an Sohn und Mutter. Dies nur als Beispiel für die traurige Orientierungskrise zu Beginn unserer Erfolgsgeschichte.

Neben dem dringenden Wunsch, unseren Kunden wirklich nachhaltig zu helfen, die wenigen Mitarbeiteranfragen also mit viel Schwung und beispiellosem Engagement anzugehen, wurde immer deutlicher, dass sich ein solch umfassender Einsatz niemals wirtschaftlich rechnen könne und zudem bald die eigenen Ressourcen spürbar nachlassen würden. Glücklicherweise mischten sich unter die ersten Kunden auch solche, die vor allem Fragen zur Pflegeversicherung hatten und sich über das Einstufungsprocedere informieren wollten. Der Fall, dass ein Angehöriger nach einem Oberschenkelhalsbruch im Krankenhaus lag und für Panik und Sorge in der Restfamilie sorgte, wurde in der Anfangsphase allmählich zum Klassiker. Wir entwickelten Aufgabenlisten für die Kunden zur Orientierung, übernahmen deren gesamten Schriftverkehr mit den Trägern, brieften

Angehörige und Patienten für die Begutachtung durch den *Medizinischen Dienst* und organisierten ambulante Dienste. Parallel zur persönlichen und telefonischen Beratung und Vermittlung hielten wir Vorträge in Unternehmen zu unserem Thema und informierten in besonderen Firmenaktionen über unser Tun. Endlich kamen positive, ja begeisterte Rückmeldungen! Wir bekamen einen Eindruck für den zeitlichen Rahmen und die angebrachten Inhalte unserer Leistung. „Dankesschreiben aus aller Welt" generierte zu einem festen Begriff, wenn süffisant über „Eldercare" gewitzelt wurde. Die Akquiseabteilung konnte stolz mit den Anfangslorbeeren hausieren gehen und bat gleichermaßen um detaillierte Fallbeschreibungen, um so den Firmenverantwortlichen das Ergebnis der „Pilotphase" noch eindrücklicher schildern zu können. Die erste Hürde war genommen, Preise konnten kalkuliert werden und kühne Unternehmen kauften „Eldercare" tatsächlich ein! Notwendig wurde dadurch auch ein ausgefeiltes Softwareprogramm der Falldokumentation und Datenpflege, später zur Eingabe der Seniorenbetreuerinnen und geriatrischen Institutionen.

Wachstum

In den ersten Jahren behandelten die Beratungen auffällig oft die psychosozialen Fragen der Pflege. Die eigenen Eltern von anderen, für sie fremden Menschen, pflegen zu lassen, war vielen – vor allem – Töchtern nicht leicht möglich. Bei einem Vortrag in einem ländlichen Vorort von Bonn versteinerten die Gesichter der Frauen im Auditorium, als sie von den Möglichkeiten der Seniorenbetreuung durch Dienste und Laienpfleger vernahmen. Die Sozialkontrolle in der Provinz funktionierte so sehr, dass die Annahme von Hilfe sofort von den anderen thematisiert wurde, und in deren Augen den Undank und das Scheitern der (Schwieger-)Tochter abbildeten. Augenfällig war, wie häufig in den betroffenen Pflegesituationen verborgene Familiengeheimnisse nachwirkten, z. B. wie sich Töchter opfern ließen und Söhne dem Liebesverbot durch die Mutter Rechnung trugen. Erst wenn hier Verstrickungen und Abhängigkeiten aufgedeckt und angesprochen wurden, konnten die eigentlichen Hilfsangebote erfolgreich angewandt werden. Bald wurde deutlich, wie groß die Zielgruppe unseres Service eigentlich ist, nachdem sich auch Ehefrauen an uns wendeten, deren Männer nach Unfällen im Koma lagen oder behinderte Kinder hatten, die einen Fahrdienst brauchten oder für die Leistungen der Pflegeversicherung beantragt werden sollten.

Die Unternehmen erkannten zusehends, dass sich über dieses erweiterte Work-Life-Angebot nicht nur Imagepflege betreiben ließ, sondern dass tatsächlich viele Mitarbeiter in diesem Segment Hilfe benötigten. Die Orte, an denen ihre Angehörigen leben, hatten sie aus beruflichen Gründen längst verlassen. Der Familienservice bot durch seine überregionale bundesweite Präsenz überall Lösungen an, ganz gleich wo sich Anfragende und Hilfebedürftige aufhielten. Je mehr namhafte Firmen dieses Angebot akzeptierten, desto leichter fiel es auch anderen Unternehmen, unsere Dienste zu beziehen.

Ende der 90er Jahre zeichnete sich in den Beratungen eine neue Entwicklung ab. Die meisten Kunden hatten sich über die Medien zumindest prinzipiell über das Wesen der Pflegeversicherung informiert, der Gewissensdruck beim Thema Fremdbetreuung mit dem steigendem Wunsch und der Notwendigkeit sich beruflich zu verwirklichen, ließ nach. Zentrales Interesse war nun die zeitnahe Vermittlung von Pflegeheimplätzen. Auffällig war, dass viele der Patienten ohne oder mit Pflegestufe 1 Hilfe suchten. War noch keine Einstufung realisiert, musste diese im Eiltempo vorangetrieben, gegebenenfalls Widersprüche formuliert und eine erneute Begutachtung durch den *Medizinischen Dienst* erwirkt werden. Viele Angehörigen fragten nach, ob eine Einstufung nicht auch im Krankenhaus möglich sei. Der Beratungsalltag gestaltete sich für uns immer widersprüchlicher: Es gab sehr zufriedene Anfragende und von uns in stationäre Einrichtungen vermittelte Angehörige, die häufig nach einer kurzen Verweildauer im Pflegeheim verstarben. Bei jeder Kondolenzkarte wurden wir unsicherer, ob wir so den Erfolg unserer Arbeit definieren wollten. Davon zu Maßnahmen der Abhilfe motiviert, bauten wir unser Angebot ambulanter Unterstützung umfassend aus: Wir recherchierten nach kostengünstigen SeniorenbetreuerInnen, die je nach Bedarf stundenweise bei den Senioren sowohl Pflege als auch Aufgaben im Haushalt verwirklichten, neue stabile Bezugspersonen darstellten und sich ganz auf das Patientenwohl konzentrieren konnten. Wir machten dafür Anstellungsformen, das Abrechnungsprocedere und steuerliche Entlastungen für hauswirtschaftliche Dienstleistungen deutlich. Hinzu kamen Angebote zur Wohnungsanpassung, wir fuhren in die Wohnungen vor Ort um aufzuzeigen, wo gefährliche Stolperfallen waren, Griffe und Lichtquellen fehlten und Pflegehilfsmittel Sicherheit und Unabhängigkeit gewährleisteten. Dazu boten wir Zimmer suchende Studenten als Mitbewohner gegen Sozialleistung den Senioren an, die vor allem während der Nacht alleine Angst hatten. Durch die erweiterte Palette von Hilfen im privaten Pflegeumfeld gelang es, Heimaufenthalte zu vermeiden beziehungsweise zu verzögern. Die Idee, ein eigenes kleines Kurzzeitpflegeheim zu verwirklichen, scheiterte an den vielen Auflagen des Gesetzgebers hinsichtlich Personalstruktur und Bauvorgabe. Nach genauer Kostenkalkulation durch einen Pflegefachmann wurde deutlich, dass sich eine Einrichtung erst ab 50 Betten halbwegs rechnen würde. Die Investitionskosten dafür waren uns zu hoch.

Je restriktiver die Sozialämter über das Subsidiaritätsgesetz die Kinder bei der Finanzierung der Pflegekosten um Unterhaltsleistungen baten, desto offener und experimentierfreudiger wurden die anfragenden Angehörigen für kreative, ungewöhnliche Lösungen. Gerechterweise muss man sagen, dass viele Frauen so lange selbst unermüdlich und ohne jede Entlastung gepflegt hatten, dass sie als Ausdruck des eigenen Burnout sich nur noch ein Heim für den Patienten vorstellen konnten. Vor allem bei Demenzpatienten, deren Betreuung ungeheuer zeitintensiv und anstrengend ist, war zunächst wenig Offenheit bei den betroffenen Familien anzutreffen. Die Zusammenarbeit und Vermittlung von Tagespflegeplätzen wurde daher immer schlüssiger und von Angehörigen sowie Patienten gut angenommen. Die Patienten werden hier morgens von einem Shuttledienst abgeholt, verbringen nur den Tag mit anderen Patienten in einer teilstationären Einrichtung, die sowohl Tagesstruktur, neue Formen der Gruppendynamik bietet und zudem gewährleistet, dass die Patienten nötige Ruhe finden und gemeinsam die Mahlzeiten einnehmen können. Aufgrund der bundesweit eingeführten DRG[1]-Abrechnung – also Fallpauschalen statt Abrechnung über Verweildauer –

---

[1] *Diagnosis Related Groups* (kurz DRG, deutsch Diagnosebezogene Fallgruppen) bezeichnen ein ökonomisch-medizinisches Klassifikationssystem, bei dem Patienten anhand ihrer Diagnosen und der durchgeführten Behandlungen in Fallgruppen klassifiziert werden, die

in den Krankenhäusern, wurden zusehends Mitarbeiter der Unternehmen selbst vorübergehend pflegebedürftig. Die Krankenhäuser konzentrieren sich nach der Gesundheitsreform nunmehr gezielt auf die medizinische Versorgung und Behandlung der Patienten, gliedern aber Pflege- und Rekonvaleszenzphase mehr und mehr aus, oder überlassen diesen Teil der Selbstverantwortung der Patienten. Viele Mitarbeiter der Vertragsfirmen haben keine eigene Familie beziehungsweise keine pflegewilligen oder pflegefähigen Angehörigen, die im Falle einer schweren Erkrankung oder nach der forcierten Entlassung nach einem Eingriff im Krankenhaus bereit wären, die Gesundung zu begleiten und hilfreich zu unterstützen. Das nahmen wir zum Anlass, „Eldercare" in „Homecare Eldercare" umzubenennen und unseren Service auf die Angestellten selbst auszuweiten. Wir entwickelten spezielle Instrumente, indem wir preisgünstiges oder ehrenamtliches Hilfspersonal rekrutierten, das individuell definierte Aufgaben ambulant realisiert, z. B. einkauft, die Wäschepflege oder Botengänge übernimmt, kocht, Kinder abholt und damit den Gesundungsprozess vorantreibt. Den Unternehmen war dieser Ausbau der Zielgruppe schlüssig, insbesondere deshalb, weil die Mitarbeiter weniger lange im Krankenstand verbleiben müssen und schneller an ihren Arbeitsplatz zurückkehren.

Ein deutlicher Ausbau des Produkts gelang über den vermehrten Ausbau der Beratungsinhalte zum Thema private Altersvorsorge, Altersteilzeit, Anträge auf Schwerbehindertenausweis, Unterstützung bei allen Fragen der gesetzlichen Betreuung, Patientenvorsorge, Beihilferegelungen und Maßnahmen im Bereich Gesundheitsmanagement und lebenslangem Lernen, um den natürlichen Altersprozess der Mitarbeiter positiv zu beeinflussen. Auch die Berechnung von Elternunterhalt und die Kriterien für die Kofinanzierung der stationären Pflege über die gesetzliche Grundsicherung entwickelten sich zu einem vordringlichen

---

nach dem für die Behandlung erforderlichen ökonomischen Aufwand unterteilt und bewertet sind. *DRG*s werden in verschiedenen Ländern zur Finanzierung von Krankenhausbehandlungen verwendet. Während in den meisten Ländern die *DRG*s krankenhausbezogen zur Verteilung staatlicher oder versicherungsbezogener Budgets verwendet werden, wurde in Deutschland das 2003 eingeführte *DRG*-System zu einem Fallpauschalensystem weiterentwickelt und wird seither zur Vergütung der einzelnen Krankenhausfälle verwendet.

Beratungsinhalt. Unternehmen lassen sich von uns über die Auswirkungen des demographischen Wandels auf die Betriebe informieren und geeignete Maßnahmen aufzeigen, wie man dieser Entwicklung wirksam gegenübertreten kann. Schließlich wurden durch die *EU*-Erweiterung und besonderen Regelungen im Bereich der Arbeitsvermittlung auch legale Formen der Vermittlung osteuropäischer Pflegekräfte möglich. So konnten wir hier ohne mit dem Gesetzgeber in Konflikt zu kommen, nach passendem Pflegepersonal recherchieren und bei der Abfassung der Verträge hilfreich sein. Die Nachfrage nach Pflegekräften aus dem Ausland ist stetig steigend. Ähnlich wie bei der Vermittlung von Au-pair-Mädchen besteht hier neben dem formalen Vermittlungsprocedere ein besonders großer Beratungsbedarf, um Ansprüche, Erwartungen und Vorurteile der Patienten und Gastfamilien in realistische Bahnen zu lenken.

Schließlich wurde durch die disparat diskutierte Einführung von ALG II[2] auch die Vermittlung von MAW-Kräften[3] in Haushalte möglich, in denen bedürftige Menschen lebten, die sich keine Seniorenbetreuer leisten konnten. Hier entstanden Synergieeffekte: Aus dem kollektiven Arbeitsleben ausgegliederte ALG II-Empfänger können sich engagieren, die „Mehraufwandsentschädigung" verdienen und über die Arbeit Selbstbewusstsein und Struktur gewinnen, während die

---

[2]   ALG II: Das Arbeitslosengeld II (auch kurz ALG II genannt) ist seit dem 1. Januar 2005 in Kraft. Unter dem Begriff Arbeitslosengeld II wurden Arbeitslosenhilfe und Sozialhilfe zusammengelegt. Betroffen sind alle (bisherigen) Arbeitslosenhilfe- und Sozialhilfeempfänger. Das Arbeitslosengeld II (ALG II) greift nach einem Jahr Arbeitslosigkeit; bei über 55-jährigen nach 18 Monaten.

[3]   Ein-Euro-Jobs sind „Arbeitsgelegenheiten mit Mehraufwandsentschädigung" (MAW) im Sinne des § 16 Abs. 3 SGB II. Diese Arbeitsgelegenheiten sind eine Einrichtung der früheren Sozialhilfe, ehemals § 19 BSHG (gemeinnützige zusätzliche Arbeit), wurden aber nie im heutigen Umfang von den Sozialämtern angeboten beziehungsweise durchgesetzt und waren daher in der Öffentlichkeit kaum bekannt. Es wird kein Arbeitsentgelt oder Lohn, sondern eine „Mehraufwandsentschädigung" (angemessene Entschädigung für Mehraufwendungen) gezahlt, da die Grundsicherung Arbeitslosengeld II unverändert während der Beschäftigung weitergewährt wird. Die Höhe dieser „Mehraufwandsentschädigung" ist zwar im Gesetz nicht festgelegt, der frühere Wirtschaftsminister *Wolfgang Clement* hat aber eine Entlohnung von ein bis zwei Euro pro Stunde – in Anlehnung an die Entlohnung von Sozialhilfeempfängern – empfohlen. Somit soll Empfängern des neuen Arbeitslosengeldes II ein zusätzliches Einkommen ermöglicht werden, welches nicht auf das Arbeitslosengeld II angerechnet wird.

Älteren weniger einsam, ausgeliefert und auf die Dienste von Heimen verwiesen sind. Die Auswahl der geeigneten Bewerber für dieses Programm, aber auch das Coaching und die Supervision dieser Helfer nimmt viel Zeit in Anspruch; hier muss mit viel Fingerspitzengefühl gearbeitet werden. Aber auch bei den Senioren muss für diese neue Form der Hilfe Akzeptanz geschaffen und regelmäßig Evaluation betrieben werden. Am Ende hat sich stets eine win-win-Situation ergeben.

Im Anhang fasst eine Tabelle die Leistungsfelder des *pme Familienservices* zum Produkt „Eldercare" zusammen.

Fazit

Durch die deutliche Zunahme von Angeboten der Tagespflege und des Betreuten Wohnens, der umfangreichen Leistungspalette der ambulanten Dienste, preisgünstige Hilfsmittel auch durch *ebay* im Internet und den neuen Personalformen für die Betreuung daheim, lassen sich passgenaue Lösungen für die Pflegebedürftigen realisieren, die die Zwangsläufigkeit der Heimunterbringung bei Überforderung der Angehörigen längst verhindert. Der *pme Familienservice* hat sein Serviceangebot stetig diesen neuen Angeboten angepasst und stellt sie einer eindrucksvoll wachsenden Gruppe von anfragenden Mitarbeitern bundesweit zur Verfügung.

Anhang

Folgende Tabelle stellt überblicksartig die Leistungen aus dem Bereich „Eldercare" des *pme Familienservices* vor:

Wohnungsanpassung, Beratung und Vermittlung von Pflegehilfsmitteln	Unterstützung bei Alzheimer, Senilität, Demenz, Wissen zur Krankheit, Umgang mit den Patienten (Validation)	Beratung bei Depressionen und Isolation im Alter
Neue Wege im Alter, Wohnen im Alter, Alterskompetenz erwerben	Hilfen zur geglückten Patientenüberleitung, Krankenhausnachversorgung	Beratung zu den Leistungen der Krankenkasse, dem REHA-Träger, der Pflegeversicherung, des Versorgungsamts, des Sozialamts
Urlaub und Betreuung für pflegende Angehörige	Beratung zur Finanzierung der Pflege und hauswirtschaftlichen Versorgung	Individuelles Case-Management im Alter und bei Pflegebedürftigkeit
Vermittlung von Hauspersonal, SeniorenbetreuerInnen, AltenpflegerInnen, Fahrdienste, GesellschafterInnen, Ehrenamtliche sowie osteuropäische Pflegekräfte und ambulante Dienste	Vermittlung von Plätzen im Betreuten Wohnen, Tagespflege, Kurzzeitpflege, Pflegeheim, Pflegehotel	Urlaub für Pflegebedürftige im In- und Ausland
Beratung und Hilfe zu pflegebedürftigen Kindern und Angehörigen mit angeborenen oder erworbenen Behinderungen; individuelle Planung und Organisation von Pflege	Individuelle, prozessuale Planung und Organisation von Pflege je nach Vorstellung, physischer Verfassung, äußeren Notwendigkeiten und finanziellem Spielraum	Weitgehende Informationen und Unterlagen zur Patientenvorsorge und Vollmachten, Erben und Vererben, Schenkungen

Die nachhaltige Umsetzung von Work-Life Balance mit Hilfe von Gleichstellungs-Controlling

Gudrun Sander
Universität St. Gallen

Was ist Gleichstellungs-Controlling?

Gleichstellungs-Controlling (GSC) ist ein Instrument, das verschiedene Anliegen der Gleichstellung im Erwerbsleben langfristig, nachhaltig und umfassend in der Organisation verankern will. Gleichstellungs-Controlling basiert auf dem Konzept des Gender Mainstreaming und ist in diesem Sinne eine so genannte Top-down-Strategie, das heißt, es funktioniert von oben nach unten. Es benutzt die vorhandenen Instrumente und Prozesse, um die Organisation mit Gleichstellungszielen zu durchdringen, und so letztlich einen Kulturwandel in Richtung einer partnerschaftlichen Organisationskultur zu unterstützen.

Einer der vier Eckpfeiler einer Erfolg versprechenden Gleichstellungsarbeit in Unternehmen und öffentlichen Verwaltungen beziehungsweise Organisationen allgemein ist laut *Krell* die Vereinbarkeit von Beruf und Privatleben, also die Unterstützung der Work-Life Balance der Mitarbeitenden und der Führungskräfte.[1] Die Diskussionen gehen zwar auseinander, ob die Vereinbarkeit von Beruf und Privatleben ein Gleichstellungsziel ist oder nicht. Wenig umstritten ist aber, dass die Vereinbarkeit von Beruf und Familie ein Gleichstellungsziel ist. Wenn ich im Folgenden also von Work-Life Balance spreche, beschränke ich mich auf den Bereich Vereinbarkeit von Beruf und Familie als ein wichtiges Ziel zur Erreichung der Gleichstellung im Erwerbsleben. Beim Gleichstellungs-Controlling werden ausgewählte Gleichstellungs- oder Diversity-Ziele und Maß-

---

[1] *Krell, G.* (2004), S. 24.

157

nahmen – z. B. Ziele zur besseren Vereinbarkeit von Beruf und Familie – verbindlich in die routinemäßigen Planungs- und Steuerungsprozesse einer Organisation integriert. Work-Life Balance wird so zu einer permanenten Querschnittaufgabe. Die Umsetzungsverantwortung wird dabei den Führungskräften und Entscheidungsträgerinnen und -trägern übertragen. Durch regelmäßige Erfolgskontrollen wird zudem die Transparenz über den Stand der Work-Life-Balance-Bemühungen in der gesamten Organisation erhöht. Das fördert langfristig auch das Genderbewusstsein aller Beteiligten, unterstützt die Auflösung von starren Geschlechterrollen und ermöglicht dadurch mehr Flexibilität und mehr Optionen in der Zusammenarbeit von Frauen und Männern.

Gleichstellung als Führungsaufgabe

Seit vielen Jahren wird mit unterschiedlichen Konzepten und Strategien, Engagement und gutem Willen versucht, die Gleichstellung von Frauen und Männern in Unternehmen, Organisationen oder öffentlichen Verwaltungen zu verwirklichen. Einiges wurde erreicht. Die Sensibilität für Gleichstellungsfragen ist in der Zwischenzeit auch bei den Führungskräften gestiegen, doch blieben die verschiedenen Bemühungen bisher überwiegend zufällig und oft unverbindlich. Zahlreiche, teilweise sehr spannende „Gleichstellungsprojekte" wurden und werden in Organisationen durchgeführt. Gemeinsam ist ihnen oft, dass sie so genannte „Sonderprogramme" sind, also Projektstatus haben. Implizit wird dabei unterstellt, Gleichstellung zwischen Frauen und Männern könnte durch vorübergehende, kurzfristige Sondermaßnahmen in der Organisation hergestellt werden. Viele Gleichstellungsprogramme bleiben zudem auf den Personalbereich beschränkt. Die Linienverantwortlichen sind von den Aktivitäten meistens nur marginal betroffen.

Mit großen Hoffnungen wurde daher die im Jahr 1995 an der 4. Weltfrauenkonferenz in Beijing verabschiedete **Gender-Mainstreaming-Strategie** aufgenommen. Gender Mainstreaming geht von der Erkenntnis aus, dass eine tatsächliche Chancengleichheit von Frau und Mann nur dann erreicht werden kann, wenn die Geschlechterperspektive bei allen Entscheidungen – in Politik, Wirtschaft und

158

Gesellschaft – berücksichtigt wird.[2] Konkret bedeutet dies die Integration einer geschlechtersensiblen Perspektive in alle Entscheidungsprozesse, d. h.

- einen Perspektivenwechsel von der Diskriminierung von Frauen hin zu den Geschlechterverhältnissen und Rollenzuweisungen allgemein,
- eine Verlagerung der Verantwortlichkeiten auf die Entscheidungsebene (Verantwortung und Macht decken sich),
- eine Entscheidungsfindung aufgrund geschlechterdifferenzierenden Wissens (Transparenz steigt),
- eine Analyse der erwarteten Auswirkungen auf beide Geschlechter und
- eine geschlechterdifferenzierende Evaluation.

Besonders die Verlagerung der Verantwortlichkeiten auf die Entscheidungsebene machte deutlich, dass eine tatsächliche Gleichstellung nur dann zu erreichen ist, wenn diejenigen, welche die formelle Macht haben, Veränderungen herbeizuführen, auch die Verantwortung für die Umsetzung von Gleichstellungsanliegen übernehmen. Gleichstellung wird mit der Gender-Mainstreaming-Strategie also zu einer nicht-delegierbaren Führungsaufgabe der Führungskräfte und Entscheidungsverantwortlichen.

Die Freude, mit der Gender Mainstreaming von vielen Seiten begrüßt wurde, wich bald einer gewissen Ernüchterung: Gender Mainstreaming wurde vielerorts als unverbindliches Schlagwort ohne konkrete Auswirkungen benutzt. Im schlimmsten Fall wurden sogar die Gleichstellungsbeauftragten abgeschafft mit dem Hinweis, man setze die Gleichstellung jetzt ja flächendeckend um. Der hohe Anspruch des Konzepts – Gleichstellung sofort und überall – überforderte alle Beteiligten.

Auf der Grundlage dieser Erfahrungen wurde Gleichstellungs-Controlling als ein konkretes Umsetzungsinstrument der Gender-Mainstreaming-Strategie ent-

---

[2]   Ein kurzer Überblick über die Gender-Mainstreaming-Strategie und ihre Vor- und Nachteile findet sich bei *Müller, C. / Sander, G.* (2005), S. 22-28. Vertiefende Literatur unter anderem bei *Stiegler, B.* (1998), *Schunter-Kleemann, S.* (2003) und *Metz-Göckel, S.* (2003).

wickelt.[3] Gleichstellungs-Controlling baut zwar auf der Gender-Mainstreaming-Strategie als eine der wesentlichen Grundlagen auf, ist im Gegensatz zu letzterer aber fokussierter, weil strategische Gleichstellungs-Schwerpunkte gesetzt werden. Wenige, klare Gleichstellungs-Ziele werden konsequent umgesetzt und evaluiert (z. B. verschiedene Work-Life-Balance-Ziele). Gleichstellungs-Controlling dient den Führungskräften als institutionelle Rückenstütze, knüpft an den Denkwelten der Führungskräfte an und versucht so, über klare Ziele einen langfristigen Lernprozess auf der Basis von Erfolgserlebnissen zu initiieren.

Einige wichtige Grundlagen des Gleichstellungs-Controlling

Neben der Gender-Mainstreaming-Strategie greift das Gleichstellungs-Controlling auf zentrale betriebswirtschaftliche Grundlagen zurück, d. h. es knüpft bewusst an die Sprache und die Denkverhältnisse der Führungskräfte an. Im Besonderen sind dies die **Controlling-Philosophie** und **zielorientierte Führungsinstrumente**.

Controlling wird definiert als Planung, Zielbestimmung und Steuerung im finanz- und leistungswirtschaftlichen Bereich. Es leitet sich aus der Führungsverantwortung ab, Resultate zu erreichen. Damit Resultate erreicht werden können, müssen Ziele und Maßnahmen zur Zielerreichung definiert werden. Zur Resultatsteuerung werden den Soll-Werten entsprechende Ist-Werte gegenübergestellt und aufgrund der Abweichungen wiederum (Korrektur-)Maßnahmen eingeleitet. Die Resultats- und damit die Controlling-Verantwortung liegt ganz allein bei den Führungskräften. Sie betreiben Controlling.[4] Controlling wird als „Führungsphilosophie" (mit entsprechenden Instrumenten) in privaten Unternehmen und zunehmend auch in anderen Organisationen eingesetzt. In den letzten Jahrzehnten hat sich mehr und mehr die Auffassung durchgesetzt, dass Con-

---

[3] Siehe http://www.gleichstellungs-controlling.org. Das Projekt wird von den Gewerkschaften *Verband des Personals öffentlicher Dienste vpod* und *Schweizer Syndikat Medienschaffender SSM* mit Finanzhilfen nach dem Schweizer Gleichstellungsgesetz von 2001 bis 2007 durchgeführt.

[4] Vgl. dazu unter anderem *Rüegg-Stürm, J.* (2002), S. 19 f.; *Sander, S.* (1990), S. 44 ff. und die dort zitierte Literatur.

trolling eine nicht delegierbare Führungsaufgabe ist. Controlling als Führungs-philosophie findet überall im Unternehmen statt, und ist ein ständiger Steu-erungs- und Lernprozess. Kernaktivitäten des Controlling sind die systematische Planung (partizipativer Prozess der Zielvereinbarung und Maßnahmenbestim-mung im so genannten Gegenstromprinzip, siehe unten MbO) und die beharr-liche Feinsteuerung (periodische Standortbestimmung, Abweichungs- und Ursachenanalysen, Erwartungs- und Entscheidungsrechnungen). Controlling-Instrumente bilden begleitende Instrumente des gesamten Managementprozes-ses. Der Controllingdienst, als eine Management-Service-Funktion, unterstützt die Führungskräfte durch bedürfnisgerechte und entscheidungsrelevante Infor-mationen (Reportings, Analysen, Kennzahlensets etc.). Die erforderlichen Infor-mationen müssen aktuell sein und zum richtigen Zeitpunkt zur Verfügung stehen, damit die Führungskräfte die entsprechenden Maßnahmen rechtzeitig einleiten können. Der Controllingdienst ist verantwortlich für die Ergebnistrans-parenz (finanzielle Transparenz) und das Berichtswesen (Reporting). Control-lingdienst und Führungskraft stellen hinsichtlich der Controllingaufgabe ein Team dar. Damit wird das finanzwirtschaftliche Bewusstsein der Führungskräfte gefördert und eine optimale Steuerung der Organisation möglich. Dieses Con-trollingverständnis bildet die Basis für das Gleichstellungs-Controlling. Es geht also weder um Kontrolle im eigentlichen Sinn (organisierte Besserwisserei in einer Misstrauenskultur) noch darum, Controlling auf statistische Auswertungen zu reduzieren oder als Diagnose-Instrument zu betrachten. Gleichstellungs-Controlling richtet den Fokus – im Unterschied zum klassischen Controlling – nicht auf die finanzielle Transparenz, sondern auf die Transparenz hinsichtlich des Standes der Gleichstellung in einer Organisation.

Für die Umsetzung der Controlling-Philosophie sind Ziele eine zentrale Voraus-setzung. Ohne klare Ziele ist der Controlling-Prozess unmöglich. Um Gleich-stellungs- oder Work-Life-Balance-Ziele flächendeckend in Organisationen ein-zubeziehen, ist **Management by Objectives** (MbO) oder Führen durch Zielver-einbarungen ein sehr brauchbares Konzept. Es gehört heute zu den Standard-Führungskonzepten in vielen privaten Unternehmungen und findet im Zuge von Verwaltungsreformen (New Public Management / NPM) zunehmend auch im öffentlichen Sektor und in Non-Profit-Organisationen Einzug. MbO zeichnet sich dadurch aus, dass das „Was" festgelegt wird, und das „Wie" den Verantwortlichen weitgehend zur Selbstgestaltung überlassen wird. Im Rahmen der Zielvereinbarungsgespräche werden zwischen Vorgesetzten und Mitarbeitenden konkrete Leistungen, Ziele oder Ergebnisse gemeinsam festgelegt, die in einem bestimmten Zeitraum zu erbringen sind. Die Auswahl der Ressourcen fällt vollständig in den Aufgabenbereich der Aufgabenträger und -trägerinnen. Zielerreichung und Entlohnungssystem sind oft gekoppelt. Im Sinne der Selbstverantwortung und -steuerung hinsichtlich der Zielerreichung sind die Führungskräfte auf die entscheidungsrelevanten und aktuellen Informationen angewiesen, die ihnen zum Beispiel der Controllingdienst, die Fachstelle für Genderfragen oder die Personalabteilung zur Verfügung stellen sollten.

Neben MbO eignen sich auch verschiedene andere zielorientierte Führungskonzepte, um Gleichstellungs-Controlling mit dem Fokus Work-Life-Balance-Zielen einzuführen. Dazu gehören z. B. Balanced Scorecard, Qualitätsmanagementsysteme oder New Public Management. Ausgewählt wird vorzugsweise jenes Führungsinstrument, das am besten im Alltag der Organisation Verwendung findet. Gleichstellungs-Controlling ist also ein sehr flexibles Instrument, das an die bestehenden Managementsysteme und -prozesse der Organisation optimal angepasst werden kann. Es ist als Instrument ideologisch offen, d. h. es eignet sich sehr gut, um z. B. Work-Life-Balance-Ziele in einer Organisation umzusetzen. Trotzdem lohnt es sich, mögliche nicht hinterfragte Annahmen offen zu legen, damit mit dem Instrument Gleichstellungs-Controlling Work-Life-Balance-Ziele erfolgreich umgesetzt werden können.

Wissenschaftliche Aussagen, Theorien, Konzepte und Instrumente basieren auf Annahmen über die Wirklichkeit, vereinfachen komplexe Zusammenhänge und spiegeln die Fähigkeiten, Werte und Normen der Forschenden, der Projektleitenden wider. Das Gleiche gilt auch für jedes konkrete Gleichstellungsprojekt in der Praxis. Bewusst oder unbewusst wird auf verschiedene Vorstellungen oder

Modelle von Gleichstellung zurückgegriffen.[5] In jedem konkreten Umsetzungs-projekt, z. B. einem bestimmten Projekt zur Verbesserung der Work-Life Balan-ce, existieren eine Reihe nicht weiter hinterfragter Annahmen, die für den Pro-zess und die Ergebnisse aber sehr entscheidend sind. Betrachten wir Work-Life Balance in der Organisation zum Beispiel als individuelles Problem einiger weniger Frauen, werden wir wohl andere Maßnahmen ergreifen (Sonderrege-lungen, besondere Unterstützung dieser Frauen etc.), als wenn wir Work-Life Balance als ein Problem der Organisationskultur oder überwiegend als ein Pro-blem der männlichen Führungskräfte betrachten. Und auch die Auswirkungen in den Organisationen werden verschieden sein. Wird Work-Life Balance als Sonderregelungen für Frauen verstanden, die den „Normalbetrieb stören", oder werden Work-Life-Balance-Fragen dazu genutzt, die Qualität von Management und Führung oder von Zusammenarbeit und Kultur zu erhöhen?

Wenn wir es mit Gleichstellungswissen im Allgemeinen zu tun haben, ist es demzufolge hilfreich, drei Ebenen zu unterscheiden (siehe Abbildung 1). Diese drei Ebenen stehen miteinander in Beziehung, auch wenn sie nicht immer expli-zit gemacht werden.

Gleichstellung ist ein Prozess, kein Zustand. Was wir unter „guter betrieblicher Gleichstellung" verstehen, ist ein Aushandlungsprozess, in dem viele verschie-dene Interessen und Vorstellungen mitspielen. Demzufolge ist es auch lohnens-wert, sich Gedanken darüber zu machen, was unter einer „guten Work-Life Ba-lance" zu verstehen ist, welche Konzepte oder Modelle von Work-Life Balance in Ihrer Organisation bewusst oder unbewusst dominieren, ob Work-Life Balan-ce aus einem „Gleichstellungsinteresse" heraus initiiert wird oder ob andere Beweggründe den Ausschlag geben (Gesundheitsförderung, Verteilung der vor-handenen Arbeit auf mehr Mitarbeitende etc.).

---

[5] Zu den verschiedenen Modellen von Gleichstellung vgl. unter anderem *Manchen-Spörri,* (2002); *Sander, G.* (1998).

Abbildung 1: Ebenen anwendungsorientierten Gleichstellungswissens.[6]

Weiterhin kann es auch hilfreich sein, die dominierenden Vorstellungen von Management und Führung zu reflektieren, bevor konkrete Work-Life-Balance-Ziele mit Hilfe von Gleichstellungs-Controlling umgesetzt werden. Ein konkretes Work-Life-Balance-Ziel könnte z. B. die Förderung von Teilzeitmöglichkeiten in Führungspositionen sein (um damit letztlich mehr Frauen in Führungspositionen zu bekommen). Wird in Ihrer Organisation aber Führung mit Präsenz gleichgesetzt[7], und ist die Organisationskultur (un)bewusst von „Leistung = Zeit" geprägt, besteht möglicherweise eine ausgeprägte Dominanzkultur[8], dann läuft ein Teilzeit-Führungs-Ziel den grundlegenden Vorstellungen von Management in dieser Organisation zuwider und wird wenig Aussicht auf Erfolg haben.[9]

Mit dem Gleichstellungs-Controlling bewegen wir uns zwar auf der Ebene der Instrumente. Trotzdem lohnt sich eine „theoretisch reflektierte Praxis", weil

---

[6] *Müller, C. / Sander, G.* (2005), S. 20 in Anlehnung an *Rüegg-Stürm, J.* (2001), S. 19.
[7] *Straumann, L. / Hirt, M. / Müller, W.* (1996).
[8] *Sander, G.* (1998).
[9] Die Autorin möchte hier diesen theoretischen Überlegungen nicht weiter nachgehen. Sie lohnen sich aber in jedem Fall, um nicht später unrealistische Ziele im Rahmen eines GSC-Prozesses zu setzen. Work-Life Balance-Ziele müssen an die Organisationskultur „anschlussfähig" sein.

164

„jede Praxis auf bestimmten Vorannahmen beruht, also theoriehaltig ist, auch wenn sie es sich selber nicht eingesteht".[10] Gleichstellungs-Controlling kann hervorragend dazu genutzt werden, Work-Life-Balance-Ziele nachhaltig in der Organisation zu verankern. Es ist als Instrument offen für verschiedene Inhalte, wie z. B. Vereinbarkeit von Beruf und Familie, insbesondere Kinderbetreuung, Betreuung und Pflege von Angehörigen und älteren Menschen, verstärkte Integration von weiblichen Fach- und Führungskräften in die Organisation etc. Wichtig ist, dass die gewählten Schwerpunkte anschlussfähig an die Organisationskultur sind, und auf die Unterstützung der obersten Führung gezählt werden kann.

Der GSC-Prozess im Überblick

Im Normalfall beginnt der Gleichstellungs-Controlling-Prozess mit der Diagnose oder einer Standortbestimmung zum Thema Work-Life Balance, die mehr oder weniger umfassend durchgeführt werden kann. Aus der Diagnose werden die strategischen Ziele abgeleitet, welche die Schwerpunkte für die nächsten drei bis fünf Jahre bilden. Sie müssen von der obersten Führung unterschrieben werden. Danach werden mit den Führungskräften z. B. im Rahmen des normalen MbO-Prozesses Jahresziele vereinbart. Die Jahresziele tragen zur Erreichung der strategischen Work-Life-Balance-Ziele bei und liegen vollumfänglich im Verantwortungsbereich der jeweiligen Führungskraft. Wichtig ist, dass sowohl die strategischen Ziele als auch die Jahresziele mess- und überprüfbar formuliert werden. Nach der Zielfestlegung beginnt die Planung und Umsetzung der Maßnahmen, um die jeweiligen Jahresziele zu erreichen. Da die Führungskräfte in der Regel zwar guten Willens sind, ihre Work-Life-Balance-Ziele zu erreichen, oft aber nicht über das notwendige Fachwissen in diesem Bereich verfügen, sind sie in dieser Phase besonders auf die Unterstützung der Fachpersonen mit entsprechendem Wissen angewiesen. Das können die Fachstelle für Genderfragen, ein Gesundheitsbeauftragter oder Personal- oder Organisationsfachleute sein. In kleinen Organisationen kann diese Aufgabe auch eine Person aus dem Personal-

---

[10] *Knapp, G.-A.* (1997), S. 78.

bereich wahrnehmen. Die Ziele für die Führungskräfte werden jährlich aktualisiert beziehungsweise erneut vereinbart. Ebenso wird nach Erreichung des strategischen Work-Life-Balance-Ziels mit der obersten Führung wiederum ein strategischer Schwerpunkt vereinbart, sodass der Controlling-Prozess immer weiter läuft.

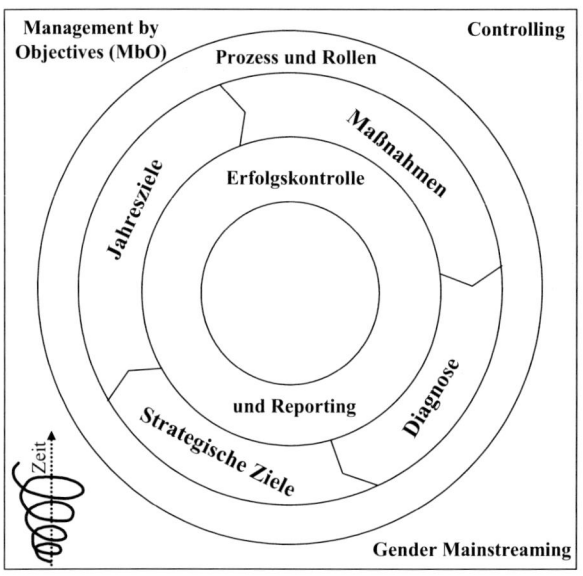

Abbildung 2: Der Gleichstellungs-Controlling-Prozess im Überblick.[11]

Der äußere Kreis der Abbildung 2 symbolisiert den permanenten Umsetzungsprozess und die damit verbundenen Rollen. Im Gleichstellungs-Controlling passiert ein Rollenwechsel: Die Führungskräfte sind die eigentlichen Verantwortlichen für die Umsetzung der Work-Life-Balance-Jahresziele. Die Fachstelle für Genderfragen oder der Personalbereich agieren als Service-Center, welches die Führungskräfte bei der Umsetzung der Ziele und Maßnahmen unterstützt. Sie stellen Instrumente und Methoden zur Verfügung, schulen die Führungskräfte und sorgen dafür, dass diese mit den notwendigen Daten, Auswertungen und

---

[11] *Müller, C. / Sander, G.* (2005), S. 16.

Berichten zum Stand der Zielerreichung immer aktuell dokumentiert sind, und so eine Selbstkontrolle möglich ist. Diese Selbstkontrolle (Feinsteuerung) wird durch die Reportings möglich, die eine periodische Erfolgskontrolle beinhalten. Reportings werden an die Bedürfnisse der Führungskräfte angepasst. Erfolgskontrolle und Reportings sind im inneren Kreis der Abbildung 2 dargestellt und wesentliche Teile des Gleichstellungs-Controlling.

Wie können Work-Life-Balance-Anliegen mit Hilfe von Gleichstellungs-Controlling umgesetzt werden?

Im Folgenden wird versucht, beispielhaft an einem MbO-Prozess zu zeigen, wie konkrete Work-Life-Balance-Schwerpunkte in den normalen Planungsablauf einer Organisation integriert werden können, also mit Hilfe von Gleichstellungs-Controlling umgesetzt werden. Da das Herzstück des Gleichstellungs-Controllings die konkreten Ziele und die veränderten Rollen sind, wird auf diese beiden Meilensteine besonders eingegangen. Die Analysephase, die Maßnahmen und der Teil Reportings und Erfolgskontrolle werden nur kurz besprochen.[12]

Diagnose zum Stand der Work-Life Balance in der Organisation

Zu Beginn des Gleichstellungs-Controlling-Prozesses ist eine umfassende Diagnose empfehlenswert. Hier wird der Fokus auf Möglichkeiten zur Verbesserung der Work-Life Balance in Ihrer Organisation liegen oder Work-Life Balance Teil einer umfassenden Analyse zur Gleichstellung allgemein sein. Besonders bevor neue strategische Ziele festgelegt werden, sind detailliertere Analysen unabdingbar. Die Analysephase kann mehr oder weniger umfassend sein, je nachdem wie viel im Bereich Work-Life Balance bisher schon umgesetzt wurde. Dazu gibt es verschiedene Instrumente, z. B. Checklisten und Informationen beim *audit berufundfamilie*® der *Hertie-Stiftung*[13] oder bei der Fachstelle *UND*[14],

---

[12] Eine systematische und umfassende Darstellung des Gleichstellungs-Controllings findet sich bei *Müller, C. / Sander, G.* (2005).
[13] http://www.beruf-und-familie.de.
[14] http://www.und-online.ch.

Familien- und Erwerbsarbeit für Männer und Frauen. In vielen Organisationen bestehen hier Vorleistungen, die Erkenntnisse daraus wurden aber vielleicht nicht zielorientiert umgesetzt. So kann teilweise auf bereits erhobene Daten und Analysen zurückgegriffen werden. Sobald der Prozess am Laufen ist, werden einerseits im Zuge des Reportings periodisch Standortbestimmungen zur Zielerreichung durchgeführt und andererseits kann es notwendig werden, Einzelbereiche detaillierter zu analysieren.

Beispiel:

Die Analyse der Beschäftigtenstruktur der Unternehmung X zeigt, dass 70 % aller Mitarbeitenden Vollzeit arbeiten. Bei den Männern sind es sogar 90 %. Die Frauen, welche Teilzeit arbeiten, haben zu einem Großteil ein Pensum bis zu 50%. Teilzeit in Führungspositionen kommt kaum vor. Die Fluktuationsrate der Unternehmung X ist leicht über dem Branchendurchschnitt. Auffallend ist, dass sie bei den Frauen fast doppelt so hoch ist wie bei den Männern. Aus der Mitarbeitendenumfrage weiß man zudem, dass mehr als ein Drittel der Männer unter der zunehmenden Arbeitsverdichtung leidet und „gerne etwas weniger arbeiten würde ohne allzu große Lohneinbußen". Bei den Teilzeit beschäftigten Frauen zeigt sich hingegen ein anderes Bild: Eine Mehrheit gibt an, dass sie ihre Aufgaben als mittelmäßig herausfordernd empfinden und circa ein Viertel dieser Frauen gibt an, dass sie gerne mehr arbeiten möchten, wenn sie eine bessere Unterstützung bei der Kinderbetreuung hätten. Zudem ist aus der Umfrage bekannt, dass die Mehrzahl der Eltern eine Unterstützung bei der Suche nach der geeigneten Kinderbetreuung begrüßen würde, insbesondere jene Eltern, die Kleinkinder haben. Eine so genannte „Basisgruppe", die aus Mitarbeitenden aus verschiedenen Bereichen und Hierarchien besteht, wird mit den verschiedenen Analyseergebnissen zur Work-Life Balance konfrontiert. Als Ergebnis dieses Workshops sollen die Mitarbeitenden angeben, wo aus ihrer Sicht der größte Handlungsbedarf besteht, um die Work-Life Balance zu verbessern.

Nehmen wir an, als Fazit der Basisgruppe hat sich ein besonders großer Handlungsbedarf im Bereich flexiblere Arbeitsmodelle und Unterstützung bei der Kinderbetreuung ergeben. Diese beiden Bereiche sollen schwerpunktmäßig in den nächsten Jahren verbessert werden. Alle anderen Möglichkeiten zur Verbesserung der Work-Life Balance werden vorläufig zurückgestellt. Beim Gleichstellungs-Controlling wird bewusst fokussiert. Weniger ist mehr! Ein bis zwei strategische Ziele werden konsequent verfolgt, anstatt sich mit einer Vielzahl von Zielen zu verzetteln.

Verabschiedung der strategischen Ziele durch die oberste Führung und Geschäftsleitung

Nach der Analysephase erfolgt die Schwerpunktsetzung für die nächsten zwei bis fünf Jahre. In dieser Phase ist es wichtig, möglichst breite Unterstützung der Führungskräfte zu erlangen. Das heißt es ist wichtig, Schwerpunkte auszuwählen, bei denen die Mehrheit der Führungskräfte tatsächlich einen Handlungsbedarf sieht, und für deren Erreichung sie sich zu engagieren bereit sind.

Beispiel:

Eine Zusammenfassung der Analyseergebnisse wird der Geschäftsleitung und einer ausgewählten Gruppe von Führungskräften präsentiert. Auch sie sind aufgefordert zu entscheiden, wo aus ihrer Sicht der größte Handlungsbedarf besteht. Die Führungskräfte sehen ebenfalls in den beiden Bereichen einen Handlungsbedarf, sind aber bei den flexibleren Arbeitsmöglichkeiten zurückhaltender und schließen sie für sich selber weitgehend aus.[15] Gleichzeitig erkennen sie aber auch, dass die jetzige Arbeitsverteilung in ihrer Organisation ein gewisses Diskriminierungspotenzial beinhaltet, und dass sie offensichtlich die Potenziale der Frauen zu wenig nutzen. In dieser Phase ist es auch wichtig herauszuarbeiten, unter welchen Bedingungen sich die Führungskräfte auf flexiblere Arbeitsmöglichkeiten – vorerst für ihre Mitarbeitenden – einlassen könnten.

Die für Work-Life Balance zuständige Fachperson oder die Fachperson für Genderfragen erarbeitet mit Unterstützung von ein bis zwei Führungskräften mögliche Schwerpunkte in Form von verschiedenen Alternativen und nimmt

---

[15] Aus der Analysephase ist u. a. klar geworden, dass Teilzeit und Führung in dieser Unternehmung kein Thema sind. Insofern wäre es nicht empfehlenswert, ein strategisches Work-Life-Balance-Ziel zu verabschieden, das den Anteil von Führungskräften in Teilzeit erhöht. Dafür scheint diese Organisation noch nicht „reif" zu sein. Das Ziel wäre nicht anschlussfähig an die bestehende Organisationskultur und damit unrealistisch.

eine Vorauswahl oder erste Prioritätensetzung unter Einbezug weiterer Fach-
gremien oder anderer „Echoräume" vor. Hier ist es bereits wichtig, möglichst
konkrete strategische Ziele und passende Maßnahmen zur Umsetzung zu erarbeiten. Auch der Ressourcenbedarf je Alternative ist unbedingt (zumindest grob)
zu schätzen. Danach werden die zwei oder drei gewählten Alternativen in der
Geschäftsleitung erneut präsentiert. Die endgültige Entscheidung über die strategischen Work-Life-Balance-Ziele für die nächsten zwei bis vier Jahre liegt bei
der obersten Führung oder Geschäftsleitung. Diese Instanzen sind letztendlich
auch für die Erreichung der strategischen Ziele verantwortlich. In jedem Fall
müssen die strategischen Ziele schriftlich festgehalten und in der Organisation
breit kommuniziert werden (z. B. via Intranet oder Hauszeitung). Gleichzeitig
sind die Indikatoren für die verabschiedeten strategischen Ziele festzulegen,
anhand derer die Zielerreichung gemessen wird. Sie sind die relevanten Größen
für die Erfolgskontrolle sowie die zentralen Informationsquellen für die oberste
Führung und die Geschäftsleitung zum Stand der Umsetzung der Work-Life
Balance.

Beispiel:
Zwei große Bereiche der Unternehmung X stellen sich zur Verfügung, um flexiblere Arbeitsmöglichkeiten auszuprobieren. Parallel soll eine Projektgruppe prüfen, ob der Aufbau einer eigenen Kinderkrippe, der Einkauf von Krippenplätzen
in verschiedenen bestehenden Krippen oder eine gemeinsame Krippe mit einem
weiteren mittelgroßen Arbeitgeber in der Region finanzierbar wären. Als strategische Work-Life-Balance-Ziele für beide Bereiche werden formuliert:

1. Flexibilisierung der Arbeitszeitmodelle: Bis 20XX (in 5 Jahren) arbeitet
mindestens die Hälfte aller Mitarbeitenden in den beiden Bereichen in Nicht-
Vollzeit-Arbeitsverhältnissen. Der Anteil der Männer in Nicht-Vollzeit-Arbeits-
verhältnissen erhöht sich von heute 10 auf 20 %. Das durchschnittliche Beschäftigungspensum bei Frauen erhöht sich von heute 40 auf mindestens 55 %. Kennzahlen, die zur Erreichung dieses strategischen Work-Life-Balance-Zieles regelmäßig erhoben werden, sind:

- der Anteil Frauen und Männer nach Beschäftigungsgrad (mit geeigneter Untergliederung, z. B. Teilzeit bis 50, 51-80 % und 81-99 %, Vollzeit) gesamt und nach Bereichen gegliedert (damit wird ein Benchmarking zwischen den Bereichen möglich),

- das durchschnittliche Beschäftigungspensum von Frauen und von Männern gesamt und nach Bereichen sowie

- die Fluktuationsrate bei Frauen und Männern (eventuell untergliedert nach Beschäftigungsgrad) gesamt und nach Bereichen.

Sofern regelmäßig eine Mitarbeitendenumfrage durchgeführt wird, sollen die aus der Analysephase relevanten Fragen möglichst beibehalten werden, damit auch hier ein Quervergleich zu früheren Mitarbeitendenumfragen möglich wird.

2. Unterstützung bei der Kinderbetreuung (für die gesamte Unternehmung): Bis 20XY (in zwei Jahren) ist eine bedürfnisgerechte Unterstützung bei der Kinderbetreuung unserer Mitarbeitenden implementiert.

Nach dem ersten Jahr wurden notwendigen Analysen durchgeführt und mindestens zwei finanzierbare Alternativen der Geschäftsleitung zur Entscheidung vorgelegt. Nach dem zweiten Jahr war die beschlossene Variante umgesetzt.

Klare, überprüfbare Ziele formulieren

Gleichstellungs-Controlling kann flächendeckend oder als Pilotversuch in einzelnen Bereichen oder Abteilungen eingeführt werden. Nach der Verabschiedung der strategischen Ziele erfolgt die **Vereinbarung von Jahreszielen mit den einzelnen Führungskräften.** Da der Prozess top-down verläuft, werden die strategischen Ziele auf Jahresziele für die nächste Führungsebene herunter gebrochen. Die zentrale Frage, die sich jede Führungskraft stellen muss, ist: „Was kann ich in meinem Verantwortungsbereich, das heißt in meiner Abteilung, in meinem Team dazu beitragen, dass die strategischen Ziele im festgelegten Zeitraum erreicht werden?" Dabei geht es nicht einfach darum, Prozentsätze auf die Abteilung anzupassen, sondern sich möglichst kreativ zu überlegen, welche Beiträge aus der jeweiligen Abteilung sinnvoll sein können. Die zwischen der vorgesetzten Person und der jeweiligen Führungskraft vereinbarten Jahresziele müssen wiederum messbar sein und schriftlich festgehalten werden, was eine große Herausforderung darstellt. Um die Zielerreichung im Sinne der Selbststeuerung verfolgen zu können, erhalten die Führungskräfte periodisch ein so genanntes „Führungs-Cockpit Gleichstellung". Dies ist ein Kennzahlen-Set, das auf die jeweiligen Jahresziele der Führungskraft abgestimmt ist. Es zeigt den Führungskräften einerseits, wie weit sie ihre Ziele zur Work-Life Balance schon erreicht haben, und macht andererseits transparent, wo die anderen Abteilungen stehen. So wird zumindest intern eine Vergleichsmöglichkeit geschaffen.

Überprüfbare Ziele zu formulieren braucht etwas Übung. Sehr oft werden statt klaren, messbaren Zielen Absichtserklärungen vereinbart, deren Überprüfung nur schwer möglich ist. „Wir bemühen uns um mehr Männer in Teilzeitarbeit." ist kein messbares Ziel. In der Praxis hat es sich daher bewährt, Ziele nach dem so genannten SMART-Prinzip[16] zu formulieren.

Ziele sollen **spezifisch** sein, das heißt keine allgemeinen Absichtserklärungen beinhalten, sondern konkrete, spezifische Resultate, die eine Führungskraft in ihrem Aufgabenbereich erreichen kann. Wichtig ist, dass die Person die Zielerreichung selber beeinflussen kann, sie also in ihrem Verantwortungsbereich liegt. Eine Führungskraft muss z. B. im Zusammenhang mit dem oben erwähnten ersten strategischen Work-Life-Balance-Ziel entscheiden können, ob sie einen zukünftigen Mitarbeiter im Teilzeit-Pensum anstellt und darf nicht dafür „bestraft" werden, wenn vorübergehend Arbeitszeit eingespart wird. In vielen Unternehmen und öffentlichen Verwaltungen laufen Budget- und Planungsprozesse oft sehr starr ab. D. h. wenn eine Bereichsleiterin während des Jahres Personal einspart beziehungsweise sie ihre Kontingente und Budgets nicht vollständig ausnutzt, stehen ihr diese in der nächsten Planungsperiode nicht mehr zur Verfügung. Solche routinierten Prozesse und Mechanismen sind unbedingt zu beachten, wenn Jahresziele mit den einzelnen Führungskräften vereinbart werden.

---

[16] SMART-Prinzip: S (spezifisch und schriftlich), M (messbar), A (attraktiv und aktionsorientiert), R (realistisch), T (terminiert).

Ein Ziel muss das zu erreichende Ergebnis beschreiben. Jedes Ziel muss die Frage „Wie viel?" und „Wie gut?" beantworten können. Das heißt, Ziele müssen **mess- und kontrollierbar** sein. Beim ersten strategischen Work-Life-Balance-Ziel (Flexibilisierung der Arbeitszeitmodelle) ist das leichter (siehe Kennzahlen) als beim zweiten Ziel (Unterstützung bei der Kinderbetreuung). Bei letzterem ist es wichtig, dass konkrete überprüfbare Ergebnisse (z. B. Analyse und Auswertung der Bedürfnisse der Mitarbeitenden bezüglich Kinderbetreuung) bis zu einem bestimmten Zeitpunkt (z. B. bis zur Geschäftsleitungssitzung vom Mai 20XY) vereinbart werden. Definierte Messgrößen oder Indikatoren sind Voraussetzung für die Zielüberprüfung.[17]

Jedes Ziel sollte von der aktuellen Situation ausgehend eine Herausforderung enthalten und bei entsprechender Anstrengung erreichbar sein. Ziele beziehen sich außerdem immer auf eine Person, nie auf eine Stelle. Nicht die Stelle erreicht das Ziel, sondern das Individuum. Ziele sollen zudem **aktionsorientiert** sein. Das heißt, sie sollen zum Handeln auffordern, sodass die Planung und Umsetzung konkreter Maßnahmen zur Zielerreichung die nächsten logischen Schritte sind. Beim zweiten strategischen Ziel (Unterstützung bei der Kinderbetreuung) muss z. B. eine Projektgruppe eingesetzt werden, später vielleicht eine Umsetzungsgruppe beziehungsweise die Verteilung der Umsetzungsaufgaben auf verschiedene involvierte Stellen.

Die Work-Life-Balance-Ziele müssen im gesamten Zielsystem der Organisation Sinn ergeben. Sie dürfen den übrigen Organisationszielen nicht zuwider laufen. Sie müssen aber auch für die einzelnen Führungskräfte **realistisch** in der Umsetzung sein. Ist die Fluktuationsrate in den beiden Pilotbereichen z. B. gering und stehen auch kaum Pensionierungen bevor, kann das erste strategische Ziel weni-

---

[17] Besonders bei qualitativen Zielen – die oft nicht direkt gemessen werden können – ist es wichtig, Indikatoren zu bestimmen. Wie soll z.B. eine bessere Qualität, eine höhere Zufriedenheit der Kundschaft oder das Image erfasst werden? Anhand wovon kann überprüft werden, ob die Wahlberichterstattung geschlechtergerechter durchgeführt wurde? In einem solchen Fall werden Indikatoren festgelegt, die das Ziel annäherungsweise erfassen helfen. Diese Indikatoren werden in konkrete Messgrößen übersetzt. Z. B. könnte die Fluktuationsrate als Indikator für die Zufriedenheit der Mitarbeitenden herangezogen werden.

ger über Neueinstellungen mit Teilzeitpensen sondern eher über Veränderungen der Beschäftigungsgrade bei den bestehenden Mitarbeitenden erreicht werden. Jedes Gleichstellungsziel muss eine Zeitangabe für die Erfüllung beinhalten. Bis wann ist das Ziel zu erreichen? Damit wird auch der Umsetzungszeitraum für die Planung und Feinsteuerung festgelegt. Ob eine Zielformulierung für beide Seiten richtig ist, zeigt sich immer auch daran, ob sich die beiden Zielvereinbarenden über die Methode zur Messung der Zielerreichung einig sind.

Beispiel:

Nehmen wir an, dass die beiden Pilotbereiche das erste strategische Ziel für ihren Verantwortungsbereich anpassen („R" für realistisch), und dass mit jeweils zwei Führungskräften auf der nächsten Hierarchieebene im Rahmen des MbO-Prozesses Jahresziele vereinbart werden. Dann könnten Work-Life-Balance-Jahresziele von einzelnen Führungskräften in den beiden Bereichen z. B. so aussehen:

- Jahresziel für Führungskraft M: Identifikation von Frauen, die der Führungskraft M unterstellt sind, die bereit wären, ihr Beschäftigungspensum zu erhöhen.

- Jahresziel für Führungskraft O: Bei Neuanstellungen in der Abteilung werden offensiv Teilzeitmöglichkeiten angeboten, und zwei Drittel der neuen Mitarbeitenden mit einem Nicht-Vollzeit-Pensum angestellt. Dabei wird insbesondere der Anteil an Männern, die Teilzeit arbeiten, von x auf y Prozent erhöht.

- Für alle Führungskräfte der beiden Pilotbereiche: In den zu führenden Mitarbeitenden-Gesprächen wird die Möglichkeit der Veränderung des Beschäftigungsgrades offensiv angesprochen. Ziel ist, dass mindestens 10 % der Mitarbeitenden ihren Beschäftigungsgrad zugunsten einer besseren Work-Life Balance verändern.

Konkrete Schritte machen und Synergien nutzen

In dieser Phase werden die Maßnahmen ausgewählt, mit deren Hilfe die Führungskräfte ihre Jahresziele erreichen sollen. Die Führungskräfte sind wiederum für die **Auswahl und Umsetzung der Maßnahmen** verantwortlich. Da sie in der Regel nicht über ein detailliertes Genderwissen oder Spezialwissen zu

Work-Life-Balance-Maßnahmen verfügen, sind sie in dieser Phase sehr stark auf die Unterstützung der Fachpersonen angewiesen. Einzelne Maßnahmen erfordern vielleicht auch eine intensive Schulung oder externe fachliche Unterstützung. Vielfach müssen (Unterstützungs-)Prozesse in der Organisation auf die neuen Gegebenheiten angepasst werden. Um die vereinbarten Work-Life-Balance-Ziele tatsächlich zu erreichen, müssen jetzt konkrete Taten folgen. Hier kann auf das große Reservoir von praxiserprobten Work-Life-Balance-Maßnahmen zurückgegriffen werden, die teilweise auch in diesem Buch vorgestellt werden. Die Maßnahmen werden ebenfalls regelmäßig evaluiert: Tragen sie wirklich zur Zielerreichung bei? Lenken sie den Prozess in die gewünschte Richtung? Werden sie tatsächlich umgesetzt? Wie wirksam sind sie beziehungsweise wie hoch ist die Akzeptanz der gewählten Maßnahmen?

Beispiel:

Für die oben dargestellten strategischen Work-Life-Balance-Ziele und die Jahresziele könnten unter anderem die folgenden Maßnahmen geprüft und umgesetzt werden:

• In Stelleninseraten besonders auf die Möglichkeiten von Teilzeitarbeit hinweisen, oder bisherige Vollzeitstellen grundsätzlich als 80-100 %-Stellen ausschreiben,

• Personalbedarfsplanungsprozesse flexibilisieren und anpassen,

• Information aller Mitarbeitenden der beiden Pilotbereiche über die Möglichkeit, den Beschäftigungsgrad zu verändern,

• Evaluation der Zufriedenheit der Mitarbeiten, die ihren Beschäftigungsgrad verändert haben,

• Unterstützung der Führungskräfte bei der „Neuorganisation" der Arbeitsverteilung eventuell über Abteilungsgrenzen hinweg sowie

• für das zweite strategische Ziel eine detaillierte Projektplanung mit Meilensteinen, Terminen, Verantwortlichkeiten und Ressourcen erstellen.

Die Umsetzung konkreter Work-Life-Balance-Maßnahmen erfordert die aktive Zusammenarbeit von Führungskräften und Fachpersonen verschiedener Stellen, um Synergien zu nutzen und Bewährtes weiter zu geben.

Regelmäßig evaluieren und vergleichen

Bei einem Gleichstellungs-Controlling-Prozess ist einerseits die Erfolgskontrolle der strategischen Ziele wichtig, und andererseits müssen die Jahresziele der Führungskräfte auf ihren Erfolg hin ausgewertet werden. Gerade zu Beginn eines Gleichstellungs-Controlling-Prozesses werden strategische Ziele und Jahresziele oft in einem einzigen Reporting dokumentiert (Führungs-Cockpit Gleichstellung). Das begleitende **Reporting** und die datenmäßige Unterstützung sind ein wichtiger Teil des Gleichstellungs-Controlling-Prozesses. **Zwischenkontrollen zur Erreichung der Jahresziele** erfolgen nach etwa sechs Monaten. Dies ermöglicht ein Gegensteuern noch während des Jahres, falls entsprechende Korrekturmaßnahmen notwendig werden. Die Zielerreichung wird sowohl auf Jahreszielebene als auch auf strategischer Ebene zum Ende des Jahres gemessen. Sie ist die Grundlage für die Vereinbarung neuer Jahresziele mit den Führungskräften und zeigt auch auf, ob die strategischen Work-Life-Balance-Ziele erreichbar bleiben. Die Nichterreichung dieser Jahresziele sollte Konsequenzen haben. Das kann über Anreize erfolgen, über zusätzliche Schulungs- und Unterstützungsmaßnahmen, aber auch über Bonuswirksamkeit. Gute und sinnvolle Reportings zu verfassen und entsprechende Gespräche zu führen, ist eine Kunst, die gelernt sein will. Ein gutes Reporting muss folgenden Kriterien genügen:

- ziel- und führungsorientiert
- aktuell
- relevant
- entscheidungsadäquat

Auf der strategischen Ebene ist es zudem wichtig, die Prämissen für die jeweiligen strategischen Ziele zu überprüfen, und rechtzeitig die Analysen für neue strategische Schwerpunkte zu initiieren. Grundsätzlich ist zu beachten, dass die Reportings im Bereich Gleichstellung in das Gesamt-Berichtswesen einer Organisation integriert werden und darauf abgestimmt sind.

Beispiel:

Zu den oben gezeigten strategischen Work-Life-Balance-Zielen und den Jahreszielen der beteiligten Führungskräfte wird halbjährlich ein Kurzreporting zum

Stand der Zielerreichung erstellt und den Führungskräften mit den weiteren Reportings, die sie für die Erfüllung ihrer Aufgaben brauchen, zugestellt. Im Minimum muss die Zielerreichung vor der Durchführung der MbO-Gespräche aktuell dokumentiert und kommentiert werden, damit neue, sinnvolle Jahresziele vereinbart werden können. Ein Führungs-Cockpit zur Überprüfung der Work-Life-Balance-Ziele könnte folgendermaßen aufgebaut werden:

- Nennung der strategischen Ziele der Pilotbereiche.
- Nennung der Gleichstellungs-Jahresziele der Führungskraft.
- Standortbestimmung und Abweichungsanalyse (absolute Zahlen, Prozentzahlen und – falls vorhanden – Vorjahres-Vergleichszahlen).
- Beides kurz kommentiert und visuell unterstützt.
- Knapper Hinweis darauf, wo dringender Handlungsbedarf besteht, oder wo das Jahresziel hervorragend erreicht wurde.

Für den Fall, dass die ursprünglich vereinbarten Ziele nicht mehr vollständig erreicht werden können, ist es wichtig, dass modifizierte Zielvorstellungen entwickelt werden (Erwartungsrechnung). Diese werden im Sinne einer revidierten Selbstverpflichtung verbindlich festgehalten. Die ursprünglichen Ziele dürfen nicht bei jedem „Windstoß" den aktuellen Gegebenheiten angepasst werden. Damit ginge nämlich die Chance auf einen Lernprozess verloren, weil die Gefahr besteht, dass negative Entwicklungen systematisch externalisiert, das heißt irgendwelchen unbeeinflussbaren Umfeldentwicklungen zugeschrieben werden. Die Erwartungsrechnung hat vor allem auch eine psychologische Wirkung. Sie signalisiert, dass weiterhin ein großes Engagement erwartet wird, um die ursprünglichen Ziele noch bestmöglich zu erreichen.

Im Hinblick auf eine langfristige Verankerung des Gleichstellungs-Controllings in den Planungs-, Führungs- und Steuerungsinstrumenten einer Organisation ist ein effizientes Berichtswesen unerlässlich. Reportings sorgen für **Transparenz** und eine optimale **Steuerbarkeit**, um die gesetzten Ziele zu erreichen. Der Nutzen, den das Führungs-Cockpit bringt, muss in jedem Fall den Aufwand übersteigen. Dabei ist folgendes zu beachten:

- Ein einfaches Berichtswesen mit nur wenigen, dafür aber wirklich wichtigen und stets aktuellen Informationen und Kenngrößen ist besser als überhaupt keines.

- Zweckmäßige Auswertungen, die zu einer maßnahmenorientierten Auseinandersetzung führen, stehen im Vordergrund.

- Eine halbjährliche Auswertung für die Jahresziele und eine jährliche Auswertung für die strategischen Ziele sollte genügen.

- Reportings sind immer auf die Bedürfnisse der Adressatinnen und Adressaten zuzuschneiden.

- Bei der Einführung ist es besser, in kleinen, verkraftbaren Schritten vorzugehen.

- Eine laufende Verfeinerung und kontinuierliche Verbesserung ist auch bei den Reportings notwendig.

Aber Zahlen konstruieren Wirklichkeiten. Auch der gesunde Menschenverstand, jenseits der Zahlen, sollte nicht vergessen werden!

Worauf ist bei einer erfolgreichen Einführung und Umsetzung des Gleichstellungs-Controlling zu achten?

Wichtige Voraussetzungen und Erfolgsfaktoren

Um Work-Life-Balance-Ziele mit Hilfe von Gleichstellungs-Controlling erfolgreich **einzuführen**, ist es wichtig, dass die folgenden Voraussetzungen möglichst ideal erfüllt sind:

- **Rechtliche, vertragliche und andere Rahmenbedingungen**: Dazu zählen sämtliche Gesetze (nationale wie EU-weite), Verordnungen, Kollektivverträge (in der Schweiz: Gesamtarbeitsverträge) etc. In der Schweiz ist die Gleichstellung von Frau und Mann seit 1981 in der Bundesverfassung verankert und das Gleichstellungsgesetz – das sowohl für den öffentlichen Sektor wie auch für die Privatwirtschaft gilt – seit 1996 in Kraft. Verboten ist insbesondere auch eine indirekte Diskriminierung. Beispielsweise können Teilzeitmitarbeitende weniger Zugang zu Weiterbildungsmöglichkeiten haben oder schlechtere Aufstiegschancen. Wenn die Teilzeitmitarbeitenden mehrheitlich Frauen sind, liegt damit eine indirekte Diskriminierung vor. Kollektiv- beziehungsweise Gesamtarbeitsverträge stecken sehr oft den Rahmen für flexible Arbeitsmöglichkeiten ab, und können so eine wichtige Voraussetzung für eine Verbesserung der Work-Life Balance bilden. Externe Akkreditierungsverfahren wie *ISO*-Zertifizierungen von Qualitätsmanagementsystemen oder Akkreditierungen im Hochschulbereich können auch einen unterstützenden Rahmen für die Umsetzung der Work-Life-Balance-Ziele bieten.

- **Politischer Wille innerhalb der Organisation***:* Die tatsächliche Umsetzung von Work-Life-Balance-Zielen muss dem obersten Führungsgremium ein echtes Anliegen sein, und es muss ein klares Bekenntnis zu diesem Vorhaben äußern. Ohne diese Absichtserklärung wird der Gleichstellungs-Controlling-Prozess scheitern. Der politische Wille wird in verbindlichen Dokumenten festgehalten, oftmals in einem Leitbild, in der Unternehmens- oder Personalpolitik oder eventuell auch in der Unternehmensstrategie.

- **Managementkonzepte, die eine Systematisierung und Priorisierung erlauben***:* Die Controlling-Philosophie mit Fokus auf Zielsetzungen und deren prozesshafter Umsetzung muss verankert sein und gelebt werden. Eine Organisation, die wenig systematisiert handelt, dürfte in der Zielsetzung und konsequenten Zielverfolgung insgesamt keine besondere Stärke zeigen. Das klare Vorgehen im Gleichstellungs-Controlling könnte einen Beitrag zu mehr Verbindlichkeit und Systematik bei der Umsetzung von Work-Life-Balance-Zielen leisten. Auf der anderen Seite werden Organisationen, die nach dem Zielvereinbarungsprinzip geführt werden, mit der Systematik des Gleichstellungs-Controlling, der strategisch ausgerichteten Schwerpunktsetzung, den daraus abgeleiteten Jahreszielen und Maßnahmen und der konsequenten Erfolgskontrolle kaum Schwierigkeiten haben.

- **Bereitstellen von Ressourcen (Zeit, Geld, Know-how)**: Es werden kaum Entscheidungen getroffen oder Projekte lanciert, ohne dass die Frage der anfallenden Kosten und der nötigen Ressourcen gestellt wird. Auch Work-Life Balance ist nicht gratis zu haben, zumindest wenn sie professionell umgesetzt werden soll – Qualität hat ihren Preis. Für die Umsetzung der Work-Life-Balance-Ziele mit Hilfe des Gleichstellungs-Controllings sind personelle Ressourcen nötig. So sind die Führungskräfte und die entsprechenden Fachpersonen direkt involviert und eventuell weitere Personen indirekt. Die für Work-Life Balance (oder Gleichstellung im weiteren Sinn) verantwortlichen Personen müssen über entsprechendes Know-how verfügen, welches in spezifischen Ausbildungen und Trainings, aber auch in Form von „learning by doing" erworben wird. Allenfalls werden für spezielle Projekte beziehungsweise Maßnahmen externe Fachkräfte hinzugezogen, die ihre Leistungen verrechnen. Und nicht zuletzt sind auch Ressourcen in Form von Sach- und Materialaufwand bereitzustellen. In der Phase der Einführung des

Gleichstellungs-Controllings ist der Aufwand größer als später, wenn es einmal implementiert ist, und die Abläufe routinemäßig verlaufen, das heißt die notwendigen Grundlagen erarbeitet sind.

- **Akzeptanz und Engagement auf höchster Ebene**: Gleichstellungs-Controlling als Top-down-Strategie kann nur dann tatsächlich greifen, wenn das oberste Führungsgremium den Sinn versteht und sich für die Umsetzung konkreter Work-Life-Balance-Ziele einsetzt. Absichtserklärungen im Leitbild sind wichtige formale Voraussetzungen, sie reichen aber nicht aus. Die Mitglieder der Geschäftsleitung oder der Direktion sind die eigentlichen (Macht-)Promotoren. Wenn sie als solche auftreten und die Wichtigkeit von Work-Life Balance persönlich vertreten, ist ein wesentlicher Grundstein für den Erfolg des Gleichstellungs-Controlling gelegt. Es gilt auch zu bedenken, dass die Vertretungen in den obersten Führungsgremien wechseln. Solche personellen Wechsel sind kritische Momente. Es ist häufig nicht abzuschätzen, wie sich neue Mitglieder im Top-Management gegenüber der Work-Life-Balance-Thematik positionieren. Insofern ist es von Bedeutung, auf dieser Hierarchieebene informell möglichst mehrere Schlüsselpersonen identifizieren zu können. Sonst besteht die Gefahr, dass mit dem Weggang von einzelnen einflussreichen Personen das Thema schnell in den Hintergrund gerät.

Für eine erfolgreiche **Umsetzung und Durchführung** eines Gleichstellungs-Controlling-Prozesses sowie für die kontinuierliche Verbesserung des Prozesses und der Ergebnisse sind folgende Erfolgsfaktoren wichtig:

- **Beeinflussbarkeit und Verantwortungsgerechtigkeit in Bezug auf die Ziele**: Die Führungskräfte müssen die Work-Life-Balance-Ziele, welche sie sich für ihre Abteilung beziehungsweise ihr Team gesetzt haben, auch selber mitbestimmen und deren Erreichung auch selber beeinflussen können.

- **Transparenz und Konsequenz**: Definierte Work-Life-Balance-Ziele, die nie überprüft werden oder deren Erreichung oder Nichterreichung niemanden interessiert, sind leere Ziele. Sie binden keine Energie und lösen kein Engagement aus. Wer Erträge erzielt oder Verluste macht, muss mit den Resultaten des eigenen Tuns konfrontiert werden. Insofern müssen erreichte oder nicht erreichte Work-Life-Balance-Ziele die gleichen Konsequenzen nach sich ziehen, wie die Erreichung oder Nichterreichung jedes anderen Zieles auch. Transparenz heißt auch, den Stand der Zielerreichung im Unternehmen offen zu kommunizieren. So wird ersichtlich, wer welchen Beitrag leistet, um die Work-Life Balance voranzutreiben. Eine offene und transparente Kommunikation zum Stand der Zielerreichung kann ein zusätzlicher Anreizfaktor sein (internes Benchmarking zwischen verschiedenen Abteilungen bzw. Führungskräften). Gute Reportings liefern dazu die Kommunikationsgrundlagen.

- **Klar definierte Zuständigkeiten, Rollenklarheit der Beteiligten**: Es sind die Führungskräfte, die für die Erreichung der Work-Life-Balance-Ziele verantwortlich sind; es sind „ihre" Ziele. Das heißt aber nicht, dass sich die Fachpersonen damit von der Verantwortung entbinden können. Sie übernehmen neue Aufgaben. Sie begleiten, beraten, bilden aus, coachen und fungieren als Gleichstellungs-Controllerinnen und -Controller, allenfalls gemeinsam mit dem Controllingdienst und/oder dem Personaldienst. Mit einer klaren Verteilung der Aufgaben und der Verantwortlichkeiten können die vorhandenen Ressourcen optimal genutzt werden.

- **Professionalität und Sensibilität für Work-Life Balance und Gleichstellung im Allgemeinen**: Work-Life Balance wird maßgeblich vorangetrieben, wenn eine Organisationskultur geschaffen wird, welche diese Fragen nicht als exotisches Anliegen einiger weniger Frauen oder als eine mit Problemen beladene Thematik versteht. Dazu gehört permanente Sensibilisierung wie auch die Schaffung von Strukturen für den institutionalisierten und den informellen Austausch.

- **Beharrlichkeit und langfristige Sicht**: Mit der Implementierung von Work-Life Balance geschieht – je nach Organisation – eine Kulturveränderung. Dieser Wandel der Führungs- und Organisationskultur geschieht nicht von heute auf morgen – er braucht Zeit. Es sind vielleicht mehrere Anläufe nötig, Hindernisse müssen überwunden, Tiefschläge eingesteckt werden. Insofern lohnt sich eine gewisse Gelassenheit, die aber keinesfalls auf Kosten des Engagements und der Überzeugung für den Erfolg gehen darf!

Der Erfolg von Veränderungsprozessen hängt im Wesentlichen davon ab, inwieweit es gelingt, „weiche" Faktoren (z. B. Kultur, Einstellungen, Kommunikation) und „harte" Faktoren (z. B. Strategie, Struktur, Regeln etc.) gleichermaßen zu berücksichtigen.[18] Die Einführung des Gleichstellungs-Controlling ist in Bezug auf die „harten" Faktoren kein Zauberwerk. Controlling als Zielsetzungs-, Planungs- und Steuerungsinstrument ist den Führungskräften in der Regel bekannt, und das Denken in Strategien, Strukturen und Prozessen ist ihr alltägli-

---

[18] Vgl. unter anderem *Doppler, K. / Lauterburg, Ch.* (2002); *Lombriser, R. / Abplanalp, P. A.* (1997); *Rüegg-Stürm, J.* (2001).

ches Geschäft. Anders bei den weichen Faktoren: Hier liegt der eigentliche Kern des Erfolges. Ob die Einführung und Umsetzung des Gleichstellungs-Controllings gelingt, hängt ganz direkt davon ab, wie Führungskräfte der Work-Life Balance beziehungsweise der Gleichstellung gegenüber eingestellt sind, und welche Kultur sie selber leben. Es gibt keine Veränderung ohne Widerstand. So wird auch die Umsetzung der Work-Life-Balance-Ziele mit Hilfe von Gleichstellungs-Controlling nicht überall mit offenen Türen empfangen werden. Widerstand ist etwas Normales, Alltägliches. Widerstand enthält immer eine verschlüsselte Botschaft. Die Ursachen liegen im emotionalen Bereich. Deshalb gilt die Regel: Mit dem Widerstand gehen und nicht gegen ihn! Denn das Nichtbeachten von Widerstand kann zu Blockaden führen. Opposition darf nicht einfach als irrationale Reaktion der Betroffenen gesehen werden, denn hinter dem Widerstand stehen Ursachen. Wenn diese nicht berücksichtigt werden, können Veränderungsprozesse derart blockiert werden, dass Wandel unmöglich wird.

Achtsamer Umgang mit den neuen Rollen

Mit der Umsetzung des Gleichstellungs-Controlling findet ein Rollenwechsel statt. Nicht mehr die Fachpersonen für Genderfragen oder die Personalfachkräfte sind für das Erreichen der Gleichstellungsziele – hier der Work-Life-Balance-Ziele – verantwortlich. Die Verantwortung für die Zielerreichung (Ergebnisverantwortung) liegt – wie bei den übrigen Leistungszielen auch – direkt bei den jeweiligen Führungskräften. Die Fachpersonen im Personalbereich beziehungsweise die Fachperson für Genderfragen übernehmen die Aufgaben der Beratung, des Coaching und der Unterstützung der Führungskräfte im Umsetzungsprozess. Sie sorgen – gemeinsam mit dem Controllerdienst – für eine Ergebnistransparenz im Bereich Work-Life Balance beziehungsweise Gleichstellung. Sie erarbeiten (entsprechend den Bedürfnissen der Führungskräfte) die Führungs-Cockpits Gleichstellung und stellen diese den Führungskräften zur Verfügung.

Die **Hauptaufgaben** der Gleichstellungs-Controllerin beziehungsweise des Gleichstellungs-Controllers lassen sich wie folgt beschreiben:

- Beratung der Führungskräfte in Sachen Work-Life Balance beziehungsweise Gleichstellung allgemein

- Aufbau von Planungs- und Steuerungssystemen für ein Gleichstellungs-Controlling

- Regelverantwortung bezüglich einheitlicher Begriffe und Richtlinien

- Planungs- und Interpretationsverantwortung betreffend einheitlicher Teil- und Gesamtpläne

- Mitgestaltung bei der Integration von Zielvorgaben in die Zielvereinbarungen der Führungskräfte (z. B. Vorschläge für mögliche Jahresziele unterbreiten)

Die Gleichstellungs-Controllerinnen beziehungsweise -Controller befinden sich sozusagen in einer Management-Service-Funktion. Sie unterstützen die Führungskräfte mit ihrem Know-how zur Umsetzung der Work-Life-Balance-Ziele, haben aber selbst keine Verantwortung für die Umsetzung der Ziele der Führungskräfte.

Die Führungskräfte werden zu den eigentlichen Akteuren. Sie allein sind für die Umsetzung der Work-Life-Balance-Ziele verantwortlich. In jedem Fall ist es aber wichtig, dass die Nicht-Erreichung des Zieles Konsequenzen hat. Das unterstreicht letztlich auch die Glaubwürdigkeit des Engagements einer Organisation für die Umsetzung der Work-Life Balance.

Zusammenfassung und Ausblick

Die Einführung des Gleichstellungs-Controlling ist kein Zauberwerk. Es braucht ein Mindestmaß an Sensibilität für das Thema Work-Life Balance und die Unterstützung der obersten Führungskräfte. Sofern ein zielorientiertes Führungs- und Steuerungssystem vorhanden ist, sind konkrete Ziele zur Umsetzung der Work-Life Balance integrierbar. Wichtig ist, dass die Bedürfnisse der Mitarbeitenden mitberücksichtigt werden und in die konkreten Ziele einfließen. Gleichstellungs-Controlling ist ein langfristiger Lernprozess, und es empfiehlt sich, ihn in überschaubaren Teilschritten einzuführen. Der Erfolg ist nicht sofort sichtbar, sondern wird sich erst nach einigen Jahren zeigen. Die Rollen, die Verantwortlichkeiten und die Zusammenarbeit müssen gerade in den ersten Jahren immer wieder überprüft und verbessert werden, bis sich die Prozesse institutionalisiert haben. Je sicherer und selbstverständlicher der Gesamtprozess wird, desto differenzierter können die Jahresziele gewählt werden. Ob sich das Genderbewusstsein der Führungskräfte nachhaltig verändert, wird sich besonders in Krisen zeigen. Gerade dann ist ein Rückfall in alte Muster sehr wahrscheinlich. Mit der Institutionalisierung von Gleichstellungs-Controlling werden Gleichstellungsthemen, wie z. B. die Vereinbarkeit von Beruf und Familie – im Sinne des Gender Mainstreaming – Führungsalltag. Je selbstverständlicher diese Themen im Alltag der Führung werden, umso schwieriger wird es werden, Entscheidungen zu fällen, die einseitig auf Kosten von Frauen oder Männern gehen.

So wenig ein gutes Controlling eine Unternehmung vor dem Konkurs bewahren kann, wenn dieses nicht überzeugende Produkte und Dienstleistungen bereit stellt, genauso wenig kann ein gutes Gleichstellungs-Controlling eine Organisation zu einem „Gleichstellungs- oder Work-Life-Balance-Paradies" machen, wenn das Management und die Mitarbeitenden vom Sinn und Nutzen der Gleichstellung beziehungsweise einer Work-Life Balance nicht überzeugt sind.

Literaturverzeichnis

Deyhle, Albrecht / Steigmeier, Beate et al. (1993): Controller und Controlling, Bern.
Doppler, Klaus / Lauterburg, Christoph (2002): Change Management. Den Unternehmenswandel gestalten, 10. Aufl., Frankfurt.
Knapp, Gudrun-Axeli (1997): Gleichheit, Differenz, Dekonstruktion: Vom Nutzen theoretischer Ansätze der Frauen- und Geschlechterforschung für die Praxis, in: *Krell, Gertraude* (Hrsg.): Chancengleichheit durch Personalpolitik, Wiesbaden, S. 77-85.
Krell, Gertraude (2004), Chancengleichheit durch Personalpolitik: Von „Frauenförderung" zu "Diversity Management", in: *Krell, Gertraude* (Hrsg.): Chancengleichheit durch Personalpolitik, 4. Aufl., Wiesbaden, S. 17-37.
Lombriser, Roman / Abplanalp, Peter A. (1997): Strategisches Management. Visionen entwickeln, Strategien umsetzen, Erfolgspotentiale aufbauen, Zürich.
Manchen Spörry, Sylvia (2002): Soziale Konstruktion von Geschlechterdifferenz im Management, in: *Wirtschaftspsychologie*, Heft 1/2002, S. 16-21.
Metz-Göckel, Sigrid (2003): Gender Mainstreaming und Geschlechterforschung – Gegenläufigkeiten und Übereinstimmungen. Ein Diskussionsbeitrag, in: *Zeitschrift für Frauen- und Geschlechterforschung*, Heft 2+3/2003, S. 40-47.
Müller, Catherine / Sander, Gudrun (2005): Gleichstellungs-Controlling: Das Handbuch für die Arbeitswelt mit CD-Rom, Zürich.
Rüegg-Stürm, Johannes (2002): Controlling für Manager, 7. Aufl., Zürich.
Rüegg-Stürm, Johannes (2001): Organisation und organisationaler Wandel, Wiesbaden.

Sander, Gudrun (1998): Von der Dominanz zur Partnerschaft: Neue Verständnisse von Gleichstellung und Management, Bern.

Sander, Stefan (1990): Der Controllerdienst als Funktionsbereich: Neue Wege für seine Effizienzsteigerung, Bamberg, Dissertation Universität St. Gallen, Nr. 1190.

Schunter-Kleemann, Susanne (2003): Was ist neoliberal am Gender Mainstreaming?, in: *Widerspruch*, Heft 44, S. 19-33.

Stiegler, Barbara (1998): Frauen im Mainstreaming?: Politische Strategien und Theorien zur Geschlechterfrage, Bonn: Friedrich-Ebert-Stiftung, Abt. Arbeits- und Sozialforschung.

Straumann, Leila D. / Hirt, Monika / Müller, Werner R. (1996): Teilzeitarbeit in der Führung. Perspektiven für Frauen und Männer in qualifizierten Berufen, Zürich.

Möglichkeiten für KMU und Großunternehmen bei der Umsetzung eines Trends: Life Balance als Beitrag zu einer Kultur der Unterschiede?

Anja Ostendorp

Universität St. Gallen

Was soll Life Balance leisten?

(Work-)Life Balance ist nach wie vor „in". Gerade in Großunternehmen gehören entsprechende Angebote zum guten Ton, nicht selten wird derzeit sogar vom marketingträchtigen „name of the game" gesprochen: „[W]ir können sehr viel von den Amerikanern lernen [...]. Die COLOSSAL C aus den USA fand plötzlich: ‚Work-Life Balance, das ist ‚the name of the game', das müssen wir machen'" (GU, PP, 16, S. 225-227).[1] So findet sich insbesondere in Großunternehmen eine imposante Fülle an (zumindest formalen) Angeboten, die im Bereich der Life Balance[2] verortet werden können, vom Massageangebot oder hauseigenen Swimmingpool bis hin zum Child Care System oder zur Väterförderung.[3] Auch im Zusammenhang mit Fragen des betrieblichen Gesundheits-

---

[1]   Die Zitierweise nennt das Kürzel der Quelle, hier GU für Großunternehmen und PP für professionelle Perspektive. Es folgen Nummer des Interviews und Zeilenangabe. Die Zitate stammen allesamt aus Schweizer KMU sowie Großunternehmen.

[2]   Auf die Problematik des Begriffs „Work-Life Balance" haben bereits mehrere AutorInnen hingewiesen (z. B. *Campbell Clark, S.* (2000); *Ostendorp, A.* (2006); *Resch, M.* (2003); *Resch, M. / Bamberg, E.* (2005); *Ulich, E. / Wülser, M.* (2004)). Um die Dichotomie von „Work" und „Life" zu vermeiden, wird hier alternativ von „Life Balance" gesprochen.

[3]   In der Schweizer Literatur werden insb. Maßnahmen zur Vereinbarkeit von Erwerbstätigkeit und weiteren zentralen Tätigkeiten wie allen voran der Haus-, Pflege-, und Betreuungsarbeit (*Bürgisser, M.* (1996); *Hasler, P.* (2001); *Ostendorp, A. / Nentwich, J.* (2005); *Ostendorp, A.* et al. (2003)) diskutiert sowie alternative Arbeitzeitmodelle wie Teilzeit, Telearbeit, Job- oder Topsharing (*Baillod, J.* (2001, 2002); *Baillod, J.* et al. (1997); *Kuark, J.* (2002); *Schär-Moser, M.* (2001); *Ulich, E.* (2000, 2005); *Zölch, M.* et al. (2002) erörtert.

managements[4] greifen Organisationen immer häufiger auf den Begriff der (Work-)Life Balance zurück. Unternehmen richten Fitness- bzw. Ruheräume ein, veranlassen Gesundheitschecks, organisieren Stressbewältigungsworkshops oder nehmen an Firmenmarathons und Fitnesskampagnen teil. Ebenso – wenn auch kaum beachtet – kann die Vereinbarkeit von Erwerbsarbeit und freiwilligen bzw. ehrenamtlichen Tätigkeiten als Frage einer Life Balance begriffen werden.[5] Bereits wenn die verschiedenen Maßnahmen einer Life Balance rein quantitativ aufgelistet werden, erstaunt es jedoch kaum, dass das Ganze schnell wie ein utopischer „Wunschkatalog" (KMU, PP, 1, S. 2040), ein realitätsfernes „wishful thinking" (ebd., S. 2076) klingt, hinsichtlich dessen angestrebter Umsetzung immer wieder davor gewarnt wird, „die Realität nicht aus den Augen [zu] verlieren" (KMU, PP, 2, S. 859). Mit Blick auf diese Vielfalt an möglichen Maßnahmen, werden Großunternehmen in der Regel klare Wettbewerbsvorteile zugeschrieben. Mit ihren nach außen weithin sichtbaren Vorsätzen und exemplarischen Interventionen werden sie nicht selten als „Trendsetter" und „fortschrittliche Exoten" (KMU, PP, 1, S. 2130) gehandelt. Gerade für kleine und mittlere Unternehmen macht sie das gerne zu „Spitzensportlern" (KMU, OP, 2, S. 294), an denen man sich orientieren kann bzw. muss. Entsprechend leicht fühlen sich gerade KMU aber auch überfordert – zu viele Aspekte scheinen schlichtweg nicht machbar: „[I]irgendwo hat es auch eine Grenze für mich. Weil, ein Unternehmen ist schon auch dafür da, um irgendwo Profit zu machen. Nicht um jeden Preis – sie hat eine soziale Aufgabe –, aber [...] irgendwo hat das dann auch seine Grenzen" (KMU, OP, 1, S. 436-439).

Ist Life Balance also „the name of the game", um ganz vorne dabei zu sein? Und was beziehungsweise wie viel muss ein Unternehmen dann eigentlich leisten, um bei diesem „Spiel" mitzuspielen? Oder bedeutet dies letztlich einen „Rattenschwanz" an weitaus weniger spektakulären – „soziale[n]" – Aufgaben, die ein

---

[4] *Schwager, T. / Udris, I.* (1996, 1998); *Ulich, E. / Wülser, M.* (2004).

[5] Unter dem Schlagwort des „Corporate Volunteering" (*Ammann, H.* (2000); *Bürgisser, M.* (2001b); *Ostendorp, A.* et al. (2001); *Ostendorp, A.* (2006); *Schubert, R.* et al. (2002); *Wehner, T.* et al. (2003)) unterstützen Unternehmen unter anderem die Vereinbarkeit von Erwerbstätigkeit und außerberuflichem freiwilligen bzw. ehrenamtlichem Engagement ihrer Mitarbeitenden.

Unternehmen in letzter Konsequenz am „Profit [...] machen" hindern? Wo also sind die Grenzen erreicht bzw. wo müssen diese erst noch überschritten werden? Bei aller Euphorie herrscht allgemein oft mehr Ratlosigkeit denn Gewissheit, wie ein Konzept von Life Balance im Unternehmen schlüssig umgesetzt werden kann. Auch dort, wo es zum (formalen) „name of the game" ernannt wurde, klingen bezüglich der Umsetzung eher kritische Töne an: „Sie haben das geschrieben und groß publiziert, jetzt geht es an die Umsetzung, [und das erweist sich als] eine ganz heikle Sache" (GU, PP, 16, S. 227-229).

Wohltönende Etiketten und wenig Inhalt? Mit Blick auf die konkrete Umsetzung von Life Balance entpuppt sich der Trendbegriff nicht selten als zeitgemäße **Antwort**, deren vorausgehende **Fragen** jedoch sich das Unternehmen nur mangelhaft oder gar nicht gestellt hat: Will man – so lässt sich bzw. fragen – ein entsprechendes Konzept schlichtweg deshalb, weil es gerade en vogue ist? Will man Mitarbeitende im Zentrum des Unternehmens umwerben und fördern, will man am Rande dessen „Bedürftigen" entgegenkommen oder aber unternehmenskulturell etwas bewegen? Sind solche grundlegenden Fragen nicht gestellt (und zumindest teilweise beantwortet), dann produziert die isolierte Implementierung zwangsläufig zahlreiche neue Fragen und Verunsicherungen: Braucht es einen firmeneigenen Kraftraum? Oder bildet doch eher eine Kinderkrippe den Kern der Vereinbarkeit? Ist ein Ehrenamt förderswerter als Hausarbeit, Erziehungsarbeit dringlicher als Altenpflege? Ist sportliche Betätigung wünschenswerter als koordinative Höchstleistung, Teilzeitarbeit vertretbarer als ein Time-Out, Jobsharing angemessener als Topsharing? Die Liste ließe sich beliebig fortsetzen, offen bleibt immer, zu welchem Zweck die verschiedenen Maßnahmen eingeführt werden (strategische Zielsetzung) und in welchem Verhältnis sie a) zueinander und b) zum organisationalen Geschehen stehen (organisationale Positionierung).

Hier setzt der vorliegende Artikel an. Basierend auf empirischem Material aus Schweizer KMU sowie Großunternehmen werden vier verschiedene Ansätze unterschieden, wie Konzepte zur Life Balance derzeit diskutiert und umgesetzt werden. Demnach kann Life Balance 1. als luxuriöse PR-Strategie in guten Zeiten verstanden werden (Normalisierung), 2. als gute Tat für Bedürftige (Marginalisierung), 3. als hoher Anspruch einer Interessensgemeinschaft (Lobbyisierung) und 4. als Element einer Kultur der Unterschiede (Alterisierung). Wenngleich die verschiedenen Ansätze nie in Reinform zu finden sind, können mittels einer solchen Systematisierung die einzelnen Maßnahmen zur Life Balance hinsichtlich ihrer Zielsetzung und ihres Umgangs mit Gleichheit und Unterschiedlichkeit analysiert sowie die Konsequenzen hinsichtlich ihrer Positionierung, Akzeptanz und Wirkweise im Unternehmen erörtert werden.

Anliegen, Fragestellung, methodisches Vorgehen

Der vorliegende Beitrag zielt darauf ab zu analysieren, mit welchen Inhalten die jeweiligen Konzepte zur Life Balance gefüllt und im organisationalen Alltag positioniert werden, welche (impliziten wie expliziten) Zielsetzungen dabei zugrunde liegen, und mit welchen Folgen dies auf konzeptueller wie organisationaler Ebene verbunden ist. Entsprechende Forschungsfragen lassen sich formulieren:

1. Zielsetzung: Unter welcher Perspektive nähert sich ein Unternehmen dem Thema Life Balance, und welche Ziele verfolgt es damit? Welche Zielgruppe(n) will es ansprechen, und welche Rolle wird den jeweiligen Maßnahmen im organisationalen Kontext zugedacht?

2. Konsequenzen: Welche Funktionen und Effekte sind mit dem jeweiligen Ansatz verknüpft? Wie steht es beispielsweise um die Akzeptanz der Angebote? Wie werden sie genutzt (oder nicht genutzt)? In welchen Fällen scheitern die Konzepte, auch wenn sie explizit gewünscht wurden? Welchen Beitrag leisten die Konzepte auf organisationaler Ebene?

3. Implikationen: Welche zentralen Chancen und Herausforderungen ergeben sich aus den jeweiligen Ansätzen, und wo liegen besondere Potenziale für KMU bzw. Großunternehmen? Wo beispielsweise liegen Stärken von kleinen und mittleren Unternehmen, und welche Rolle kommt spezifischen Beauftragten in größeren Unternehmen zu?

Mittels eines diskurspsychologischen Ansatzes[6] wird davon ausgegangen, dass die jeweilige Zielsetzung und Positionierung von Life Balance im Unternehmen mithilfe bestimmter Argumentationslogiken (interpretativer Repertoires) verhandelt bzw. konstruiert wird. Somit stellen die vier verschiedenen Ansätze sozusagen die aktuell verfügbaren Bausteine oder Repertoires einer Life Balance dar. Die vier Ansätze entstammen in erster Linie den Ergebnissen einer Studie[7] zu sozialen Interventionspraktiken (wie „Life Balance", „Managing Diversity", „Health Care" oder „Corporate Volunteering") in sechs Schweizer Großunternehmen.[8]

	Professionelle Perspektive	Organisationale Perspektive / öffentlicher Auftritt	Individuelle Perspektive	Auswertung
Projekt I: Soziale Interventionspraktiken in Großunternehmen	Neun circa eineinhalbstündige Interviews mit ExpertInnen (GU, PP)	Dokumentation öffentlich zugänglicher Dokumente (Internet, Broschüren) (DOK)	16 circa eineinhalbstündige Interviews mit betroffenen Mitarbeitenden (GU, IP)	Transkription; *ATLAS/ti*; Diskursanalyse nach *Potter* und *Wetherell*
Projekt II: „Familienfreundlichkeit" und Veränderungspotenziale in KMU	Drei circa zweistündige selbstläufige Gruppendiskussionen von ExpertInnen (KMU, PP)	Drei circa eineinhalbstündige Interviews mit Geschäftsleitungen (KMU, OP); 41 offene Fragebögen (KMU, FB)	–	Transkription; *ATLAS/ti*; Diskursanalyse nach *Potter* und *Wetherell*

Tabelle 1: Überblick über das empirische Datenmaterial

Dort wurden im Anschluss an eine umfassende Dokumentenanalyse je circa eineinhalbstündige problemzentrierte Interviews mit neun ausgewählten Expert-

---

[6] *Antaki, C.* (1994); *Antaki, C. / et al.* (2002); *Billig, M.* (1996); *Edley, N.* (2001); *Edwards, D. / Potter, J.* (1992); *Potter, J.* (1997); *Potter, J. / Wetherell, M.* (1987); *Wood, L. A. / Kroger, R. O.* (2000).

[7] *Ostendorp, A.* (2006); *Ostendorp, A. / Steyaert, C.* (2006); *Steyaert, C. / Ostendorp, A.* (2006).

[8] Die Großunternehmen lassen sich den Branchen Nahrung, Pharmazie, Industrie und Finanzen/Finanzdienstleistung zuordnen. Aus Anonymitätsgründen werden sie hier als BIG BIG, COLOSSAL C, GIANT, HUGE, MAJOR ME und MAMMOTH bezeichnet.

Innen sowie 16 betroffenen Arbeitnehmenden geführt. Das gesamte Material wurde komplett transkribiert, unter Hinzuziehung von *ATLAS/ti*[9] computergestützt verwaltet sowie mittels Diskursanalyse nach *Potter* und *Wetherell*[10] ausgewertet. Weiteres Material zur Perspektive von kleinen und mittleren Unternehmen stammt aus einer Studie zu Wettbewerben um „Familienfreundlichkeit" in Schweizer KMU.[11]

Vier Ansätze einer Life Balance

Life Balance als PR-Strategie: Normalisierung

Zielsetzung

Im Rahmen des ersten Ansatzes wird Life Balance als etwas verstanden, das strikt vom eigentlichen Geschehen in einem Unternehmen, dem „Kerngeschäft", getrennt ist. Somit wird in erster Linie auf Marketingebene eine gesteigerte Attraktivität des Arbeitgebers in der Öffentlichkeit angestrebt. In einigen Fällen werden aber auch intern indirekte Auswirkungen wie verbesserte Arbeitszufriedenheit, erhöhtes Commitment seitens des Mitarbeitenden sowie sinkende Fluktuationsraten erhofft. Die (implizite) Zielgruppendefinition unterliegt dabei dem Bild des „ideal worker"[12] im Zentrum der Organisation. Der „ideal worker" ist jung, gesund, männlich und erfolgreich und arbeitet in Vollzeit. Dabei hält er die Sphären der Erwerbstätigkeit (= Work) und des Privatlebens (= Life) strikt getrennt: „Das eine ist eben mein Job, und da bin ich 100, 150 Prozent da, und das andere ist eben meine Familie. Insofern hat das eine einfach nichts mit dem anderen zu tun" (GU, IP, 4, S. 125-127).

---

[9] *Kelle, U.* (2000); *Muhr, T.* (1991 und 1994).
[10] *Potter, J. / Wetherell, M.* (1987).
[11] *Ostendorp, A. / Nentwich, C.* (2005); *Ostendorp, A.* et al. (2003).
[12] *Benshop, Y. / Doorewaard, H.* (1998); *Collinson, D. / Hearn, J.* (1994); *Lewis, S.* (1997, 2001); *Ostendorp, A.* (2006); *Ostendorp, A. / Nentwich, J.* (2005); *Simon, R. W.* (1995); *Steyaert, C. / Janssens, M.* (2003, 2001); *Tienari, J.* et al. (2002); *Williams, J.* (2000).

Unter dieser Perspektive bilden allgemeine Wellness-Trends und Health Care Angebote im Sinne komfortabler Regenerationsangebote den inhaltlichen Schwerpunkt von Konzepten zur Life Balance. Life Balance heißt in diesem Fall nicht selten „Wellbeing". Ideal sind hierfür zeitlich überschaubare Angebote, mittels derer niemand Risiko läuft, sich „privat" (= Life) auf Kosten seiner Arbeitszeit (= Work) zu bereichern. So steht die angebotene Massage in der Mittagspause für eine luxuriöse Dreingabe eines modernen Arbeitgebers. Während eine Regenerationsphase in der privaten Mittagspause geschätzt wird, darf die Periode Life Balance die Zeiten, in denen Arbeit stattfindet, nicht überschneiden. Solange die Maßnahme im privaten Raum verortet werden kann, bleibt ihre Inanspruchnahme „legal" (GU, PP, 17, S. 218). Die Zeiten jedoch flexibel zu handhaben, wird hier als „illegal" (GU, PP, 17, S. 224) angesehen und widerspräche dem Grundprinzip dieses Ansatzes. Es wird als Selbstverständlichkeit erachtet, dass Life Balance zwar gefragt ist, jedoch nur völlig getrennt vom Kerngeschäft existieren kann.

So erweisen sich aktuelle Konzepte zur Life Balance in Unternehmen hier als Produkte eines allgemeinen Trends, den ein Unternehmen in erster Linie mit dem Ziel aufgreift, aktuell zu bleiben, Imagepflege zu betreiben und den „idealen Arbeitnehmenden" zu umwerben. In das Unternehmen selbst jedoch dringen die entsprechenden Angebote nicht weiter vor. Es geht **nicht** darum, dass sie auf unternehmenskultureller Ebene angenommen und kreativ umgesetzt werden, sondern darum, dass sie überhaupt existieren. Ziel ist es, die homogene Kultur des idealen Arbeitnehmenden mittels möglichst geringer Investitionen zu erhalten beziehungsweise zu optimieren. Wenngleich dieser Ansatz auf die Personen im Zentrum der Organisation abzielt, so befinden sich die einzelnen Maßnahmen doch immer am Rande, außerhalb des Kerngeschäfts. Für die strikt dichotom gedachte private Tätigkeit – sei dies nun Stressbewältigung, Sport oder gar ein Sabbatical – bleibt kein Raum im Unternehmen.

Konsequenzen

Im ersten Ansatz werden die jeweiligen Maßnahmen zu einem trendbewussten „nice to have", das ausschließlich die Privatsphäre der Mitarbeitenden betrifft.

So schnell derartige „Modesachen" (GU, PP, 16, S. 219) aufgetaucht sind, so schnell verschwinden sie oft wieder. Nicht selten werden sie gar nicht angenommen. Insofern es hier nicht beabsichtigt ist, die Inhalte von Life Balance anderweitig als über den Trendgedanken zu begründen. Es wird im Rahmen dieser Perspektive wenig Kontinuität angestrebt. Entsprechend kommt der Umsetzung lediglich eine geringfügige Bedeutung zu: Das Angebot „ist für den Kandidat oder die Kandidatin eine Bereicherung, aber nicht für die Firma" (GU, IP, 7, S. 601 f.). Zeitgemäße Maßnahmen werden dadurch zu einem „Luxusmodul, das man dann wirklich wahrscheinlich eher nutzt oder nutzen sollte in einer guten Zeit" (GU, PP, 20, S. 102-104). Der „ideale Mitarbeiter" macht in guten Zeiten Gebrauch davon, weiß jedoch gleichzeitig, wann er sich zurückzuhalten hat. Was hier im Ernstfall wegfällt, tangiert das Unternehmen in erster Linie als Schönheitsfehler (Minuspunkt in der Attraktivität). Allenfalls mögliche, jedoch ohnehin kaum erwartete innerbetriebliche Auswirkungen (sinkende Arbeitsmotivation und -zufriedenheit), so die Annahme hier, werden quasi-automatisch durch in der Krisensituation gesteigerte Motivation der Mitarbeitenden („Erhalt des eigenen Arbeitsplatzes" und „Zusammenhalten in schlechten Zeiten") kompensiert.

„Wir bieten Life Balance" heißt hier zunächst nicht mehr und nicht weniger als „wir sind up-to-date". Es signalisiert Offenheit (unter Gleichgesinnten) und verweist damit auf die Bereitschaft, sich wesentlichen gesellschaftlichen Trends nicht zu verschließen.[13] Auch wenn die Umsetzung in der Regel unklar bleibt, ist von großer Bedeutung, das zusätzliche Angebot nach außen hin gewinnbringend zu vermarkten, sich dadurch also „besser [zu] verkaufen und mehr Marketing [zu] machen" (GU, PP, 16, S. 225 f.). Bezüglich der Kapazitäten für derartige Marketingschachzüge wurde bereits eingangs auf die Nachteile für KMU hingewiesen. Aber auch Großunternehmen können wohl kaum vermeiden, dass zahlreiche potenzielle Möglichkeiten auf dem Gebiet der Life Balance im unauf-

---

[13] Dass dieses sog. „ideologische Dilemma" der „Offenheit unter Gleichgesinnten" als zentrale Strategie der Normalisierung fungiert, veranschaulichen *Ostendorp* und *Nentwich* im Rahmen einer Studie zum Umgang mit Gleichheit bzw. Unterschiedlichkeit im alltäglichen Zusammenleben (*Ostendorp, A. / Nentwich, J.* (2006)).

lösbaren Widerspruch zur Firmenkultur stehen und demnach kaum angenommen werden. Wo das Bild des „ideal worker" einschließlich der unterliegenden Annahmen zu Gleichheit, Präsenz, Vollzeit sowie Arbeits-, Raum- und Verantwortungsteilung unangetastet bleibt, erweist sich die gestalterische Möglichkeit von Life Balance als begrenzt. Es geht nicht um Veränderung, sondern um Maßnahmen der Stabilisierung des Status quo, um Normalisierung. Und so stellen Diversity-Verantwortliche in multinationalen Konzernen schließlich fest: „Da kommen wir mit Work-Life Balance und plötzlich sagen alle: ‚Hört doch auf, man kann es ja gar nicht leben'" (GU, PP, 16, S. 322 f.).

Die in Hochglanzbroschüren gepriesenen Angebote mögen auf dem Papier glänzen – im unternehmerischen Alltag erweisen sie sich als kaum lebbar. Hier aber wird der Grad zum Verlust von Glaubwürdigkeit schmal. Wenig fundierte Strategien und inkonsequente beziehungsweise ausbleibende Umsetzungen werden trotz aller PR-Chancen zur ernsthaften Gefahr einer Life Balance im Rahmen des ersten Ansatzes.

Life Balance als gute Tat: Marginalisierung

Zielsetzung

Im Rahmen des zweiten Ansatzes wird Life Balance assoziiert mit einzelnen Anboten und Hilfsprogrammen für bedürftige Minderheiten, die **nicht** in der Lage sind, das Bild des „ideal worker" zu erfüllen. Hier wird der Begriff selten mit trendigen Sportarten, „Wellness", Abenteuerreisen oder prestigeträchtigen Ehrenämtern in Verbindung gebracht. Zielsetzung ist vielmehr, die Bedürftigkeit „schwächerer" Mitarbeitender aufzugreifen. Entsprechend richten sich die Maßnahmen hier primär an Personen in spezifischen Lebenssituationen, wie nicht selten an Frauen mit Familienverpflichtungen beziehungsweise an ältere und/oder erkrankte Mitarbeitende. Für diese Personengruppen wird der ergonomische Arbeitsplatz oder die Möglichkeit zur Teilzeitarbeit zum „Muss". Damit wendet sich auch die zweite Perspektive an eine klar identifizierbare Zielgruppe: Life Balance ist nicht Belang aller, sondern richtet sich an Minderheiten, die am Rande der Organisation gedacht werden. So erfahren wir in einem Unternehmen, welches an einem Wettbewerb zur Familienfreundlichkeit teilgenommen hatte: „[F]amilienfreundlich, das heißt Rücksicht auf allein stehende Frauen oder auf Frauen, die müssen, die auf das Geld angewiesen sind" (KMU, OP, 3, S. 855-865). Im Rahmen dieses Ansatzes werden Maßnahmen zur Life Balance auch gerne als Pendant zu Ansatz 1 gedacht: Fitnessangebote und Volunteering-Tage für den unabhängigen „ideal worker", Teilzeitmodelle und ähnliches für bedürftige Randgruppen. Life Balance aus der Minderheitenperspektive bedeutet damit klassische Teilzeitarbeit für Mütter anstelle innovativer, vom Geschlecht entkoppelter Arbeitsmodelle wie beispielsweise Jobsharing in Führungspositionen: „Jobsharings haben wir funktionierende. Das ist aber alles auf sehr tiefer Ebene, im administrativen Bereich, [...] im Service [...], Sachbearbeitende haben wir. Aber ab höherem Kader bis Direktion haben wir im Moment kein Jobsharing" (GU, PP, 14, S. 236-239). Teilzeitarbeit wird hier grundsätzlich als zweite Wahl, als Notlösung erachtet. „Klassisch" ist die Notsituation einer weiblichen Mitarbeiterin ohne einen Partner, welcher getreu einer geschlechtsspezifischen Arbeits-, Verantwortungs- und Raumteilung die Position des Familienernährers übernehmen könnte. Wenn die Frau nicht arbeiten „muss", so der Grundgedanke, dann tritt das „Problem" überhaupt nicht auf – die Frau bleibt zuhause; falls doch, dann greift das pro-soziale Hilfsprogramm. Adressiert werden in jedem Fall vereinzelte Minderheiten, Ziel ist es, an den Rändern auszuhelfen und die dort auftretenden Mängel kompensieren zu können.

Konsequenzen

Life Balance wird hier ganz klar mit einem pro-sozialen Auftrag verknüpft. Dabei wird sie nicht – wie bei Ansatz 1 – als reines Privatvergnügen verstanden, jedoch ebenso wenig als unternehmenskultureller Belang. Das Private („Life") erhält an Bedeutung, kommt jedoch niemals aktiv, niemals freiwillig ins Unternehmen („Work") herein: Es wird immer reagiert, niemals agiert. Als karitative Not- und Sonderlösung haben Life Balance Maßnahmen keinen Platz im täglichen Geschäft des Unternehmens. Sie unterliegen einer „internen Zensur", die nach wie vor vom Ideal der Homogenität im Zentrum des Unternehmens geprägt ist: „[A]uch wenn das der HR-Chef möglich macht, ich muss [es] meinem Chef verkaufen [...]. Da weiss ich nicht, ob das so gut ankommt. Also das ist wieder die interne Zensur" (GU, PP, 21, S. 527-530).

Für das Gesamtunternehmen ist Life Balance hier nicht von Belang. Dies ist nicht weiter erstaunlich, denn für Nicht-Betroffene (im Sinne des „ideal worker") sind derartige „Vergünstigen" schlicht kein Thema. So stellt eine Mitarbeiterin, die einen Bandscheibenvorfall erlitten hatte, sehr bestimmt fest: „Ein gesunder Mensch will davon nichts hören [...]. Ich sage immer, solange man gesund ist, gibt es keine Krankheit [...]. Und wozu sollten sich das die Jungen auch anhören, es betrifft sie ja nicht" (GU, IP, 9, S. 40-44).

Life Balance aus dieser Perspektive ist kein Thema aller. Betroffene Personen werden so entgegen aller guten Absichten einmal mehr in ihrer Randposition als bedürftige Minderheiten festgeschrieben (Marginalisierung). Die marginalisierte Person hat dabei nichts zu geben, sie kann nur nehmen. In diesem Sinne erklärt die ältere Mitarbeiterin weiter, ihr sei durchaus bewusst, dass viele Leute auf ihren Job warteten, die „jung und gesund" seien und ihre Arbeit daher „besser machen" könnten. Wenn man alt werde, dann könne „man nicht mehr so viel leisten". Daher, so die Folgerung, „sollte man nicht mehr allzu lange einen Arbeitsplatz blockieren" (GU, IP, 9, S. 238 f.). Wer aber nur erhält und nichts zurückgeben kann, verharrt in einseitiger Bringschuld – ein klassisches Problem jeglicher paternalistischer Zuwendungsformen.[14] Life Balance dringt damit nicht ins homogene Zentrum vor, sondern wird still und dankbar am Rande aufgenommen. Dankbarkeit wird so zu einem zentralen Merkmal dieses Ansatzes. Betroffene sehen es als Glücksfall, „dass es Menschen gibt, die [...] einfach so ein großes Herz haben, dass sie sagen, wir dürfen es nicht vergessen, dass diese alten Leute oder diese Kranken auf unsere Hilfe angewiesen sind" (GU, IP 9, S. 211-214). Die „gute Tat" wird hier von jenen Einzelpersonen ermöglicht, die „einfach so ein großes Herz haben" – alle Anderen („ideal worker") sind davon nicht betroffen und „machen Business" (GU, PP, 19, S. 211). Dies wirkt stark

---

[14] Nicht zuletzt kann diese stigmatisierende Subjektpositionierung auf individueller Ebene mit erheblicher Selbstwertverletzung einhergehen und entsprechende psychische wie physische Folgen zeitigen.

polarisierend: „Pro-soziale" Annahmen zu „karitativen Vergünstigungen", „guten Taten" und „soft factors" stehen ökonomischen Ausgangsdefinitionen zum „Kerngeschäft" mit seinen „knallharten Prioritäten", „return on investment" und „hard facts" unversöhnt gegenüber. So wird hier nicht selten das Bild der humanistisch bzw. religiös gefestigten „Gutmenschen" auf der einen sowie der herzlosen „Profitgeier" auf der anderen Seite gezeichnet. Wenngleich unter umgekehrten Vorzeichen, so gelingt es auch hier nicht, die dichotom gedachten Welten zu überbrücken. Das einseitig konzipierte Hilfskonzept erweist sich damit als sehr störungsanfällig. Zuviel „Soziales" neben dem „eigentlichen" Geschäft – so auch hier die Argumentation – kann sich ein Unternehmen allerspätestens in Zeiten einer Rezession beim besten Willen nicht mehr leisten. Spätestens dann müssen entsprechende Bitten bedauernd abgelehnt sowie gut gemeinte Programme – oft zum großen Bedauern einzelner Schirmdamen und -herren – eingestampft werden.

Life Balance als Interessenskampf: Lobbyisierung

Zielsetzung

Im Rahmen des dritten Ansatzes von Life Balance liegt der Fokus weder auf dem „ideal worker", noch auf bedürftigen Minderheiten, die am Rande des Geschäfts wohltätige Vergünstigungen empfangen. Vielmehr wird sie hier zum Instrument teilweise sehr gut organisierter Interessensgruppen, welche ihre Anliegen (beispielsweise „Frauenförderung") nicht nur im Stillen gewähren, sondern oft auch ins Blickfeld der Gesamtorganisation gerückt wissen möchten. Während Großunternehmen hier auf spezielle Beauftragte zurückgreifen, um die jeweilige Interessensgruppe voranzubringen, lösen KMU aufgrund mangelnder Kapazität die Frage oft mit einem entsprechend exklusiven Leitbild. Hier werden einzelne Stränge herausgegriffen, andere zur gleichen Zeit (oft unausgesprochen) zurückgewiesen. So wird beispielsweise Stellung bezogen, dass man entweder das Gemeinwohl unterstützen wolle und daher Mitarbeitende exklusiv für freiwillige und ehrenamtliche Tätigkeiten freistelle, oder aber dass einem speziell an der Gleichstellung von Mann und Frau gelegen sei, oder aber dass einem die Förderung von Familien am Herzen läge und man deshalb ganz besonders viel Verständnis für entsprechende Vereinbarkeitsfragen habe. In diesem Sinne erfahren wir in einem der am Wettbewerb zur „Familienfreundlichkeit" teilnehmenden KMU auf die Frage, wie man denn zu verwandten Themen wie Freiwilligenarbeit oder Life Balance stünde:

> A: Das höre ich jetzt das erste Mal, das, das höre ich das erste Mal [...]. Da kann ich jetzt - - - also- - irgendwo hat es auch eine Grenze für mich [...]. Also, man kann auch nicht bis zum Exzess sagen, ja du kannst jetzt noch Freiwilligenarbeit machen auf Kosten von der Firma, also, das sehe ich persönlich jetzt nicht so.
>
> I: [...] Ist es Ihnen lieber, dass man von der Familienfreundlichkeit spricht oder würden Sie auch sagen: Uns ist Work-Life Balance ein Anliegen?
>
> A: Also, ich würde jetzt Familienfreundlichkeit wählen, weil das etwas ist, was jeder versteht [...].
>
> I: Angenommen, ein Mitarbeiter würde Teilzeit jetzt für ein privates Hobby wollen, wie würden Sie das sehen?
>
> A [kopfschüttelnd]: Nein (KMU, OP, 1, S. 428-465).

Hier zeigt sich, in welchem Ausmaß die jeweilige soziale Interventionspraktik interessensgebunden konzipiert sein kann. Es werden Argumente herangezogen, die gegen Life Balance im Sinne der Ausübung anderer Tätigkeiten wie Freiwilligenarbeit oder Hobbies sprechen: Das Unternehmen hat seine Grenze, es kann nicht immer nur geben. Die Grenze jedoch verläuft exakt dort, wo die Anliegen nicht an den Themenkomplex „Erziehung und Pflege der eigenen Kinder" geknüpft sind. Bereits die Pflege anderer Personen, einschließlich die der Eltern[15], spielt hier keine Rolle mehr. Adressiert wird eine klar definierte Interessensgruppe, Ziel ist eine exklusive Förderung dieser Gruppe, deren zentrale Positionierung angestrebt wird.

---

[15] So wird diese hier explizit unter „Freiwilligenarbeit" gefasst: „Freiwilligenarbeit kann auch sein, wenn ich jetzt [...] meine kranke Mutter zu mir hole, anstatt dass ich sie ins Altersheim tue" (FF, KMU, 1, S. 422f.).

Konsequenzen

Auch wenn im Rahmen des dritten Ansatzes explizit um Einschluss gekämpft wird, so sind hier doch gleichzeitig massive Mechanismen des Ausschlusses am Werk. Kennzeichnend für Ansatz 3 ist, dass hier das Engagement immer im Rahmen einer dichotomen Positionierung und Gegenpositionierung verläuft. Bezüglich der „Vereinbarkeit von Familie und Beruf" hieße das beispielsweise: „**wir** Eltern gegen **die** Singles", im Rahmen eines feministischen Ansatzes: „**wir** Frauen gegen **die** Männer" etc. Hier steht die jeweilige Interessensgruppe gegen den Rest des Unternehmens und kämpft um **ihre** Rechte, ohne diese jedoch auf gesamtorganisationaler Ebene zu verorten (Lobbyisierung). So berichtet eine allein erziehende Managerin vom Zusammenhalt unter Frauen und beruft sich dabei auf ihre „Mitstreiterinnen" im Unternehmen: „[H]ier weiss ich einfach, dass ich Mitstreiterinnen habe. Ich hab das ja erzählt von der Gleichstellungsbeauftragten hier, [...] die setzt sich eben total ein, da ist ein echtes Engagement dahinter, das kann man gut spüren [...]. Also, ich denke, da müssen wir Frauen schon auch noch mehr zusammenhalten. Gerade, wenn es um Diskriminierung geht, oder eben sexuelle Belästigung, Mobbing" (GU, IP, 2, S. 304-316).

Fragen, die der gesamten Organisation am Herzen liegen könnten, werden zum alleinigen Belang „der Frauen" gemacht. Diese, so die Argumentationsweise, sollten zusammenhalten, weil sie alle zur selben Interessensgruppe gehören und damit denselben Gegner („**die** Männer") haben, welche ja wiederum auch für **ihre** Belange kämpfen könnten. In diesem Sinne wird im Verlauf der Diskussionen zur Konzeption des Familienfreundlichkeitspreises in einer Expertinnenrunde festgestellt: „Aber ich würde dabei ganz klar sagen, das ist Sache von den Männern, das einzubringen, dass ihr politisches Engagement unter Freiwilligenarbeit fällt, also. Da denk ich müssen wir uns den Kopf jetzt nicht zerbrechen!" (KMU, PP, 2, S. 841-843). Eine solche Zielgruppendefinition beinhaltet grundsätzlich ein ausgesprochen hohes Konfliktpotenzial, denn Einschluss einer bestimmten Zielgruppe heißt immer auch Ausschluss einer anderen Gruppe. Interessenskonflikte sind damit die logische Folge einer solchen Sichtweise.

Die Polarisierung der Zielgruppen mündet in eine win-loose-Situation: Eine Zusage an die eine Interessensgruppe heißt in der Regel die Absage sowie den Ressourcenentzug für die andere Interessensgruppe bzw. für jene, welche das Einschlusskriterium nicht erfüllen. So wird in den Gruppendiskussionen auch wiederholt davor gewarnt, dass es bei all den „frauenspezifischen" (KMU, PP, 2, S. 834) Themen zur „Familienfreundlichkeit" wichtig sei, „dass wir immer aufpassen müssen, dass die Männer nicht diskriminiert werden" (ebd., S. 1898 f.). Wenn man „den Frauen" aus Rücksicht auf **ihre** familiären Verpflichtungen entgegen komme, so die Überlegungen, dann bräuchten „die Männer" ein Äquivalent, welches **ihren** Interessen gerecht werde. Auch **ihr** unbezahltes Engagement müsse Berücksichtigung finden. Den Frauen die Familie, den Männern der Sport, das Militär, das Ehrenamt. Wer wo mitmachen darf, definiert das Geschlecht. Einmal mehr erinnert diese Zuschreibung an die komplementäre Argumentationslogik der ersten beiden Ansätze: dem Vollzeit tätigen „ideal worker" die Fitness oder das private Ehrenamt, der bedürftigen Mutter den wenig ausbaufähigen Teilzeitjob. In der Tat greift der Interessenskampf hier ganz ungewollt in die Marginalisierungsmechanismen des zweiten Ansatzes über: Wer Life Balance entlang spezifischer Interessen oder (Geschlechts-)Merkmale definiert, entzieht ihr das Potenzial, zum gesamtorganisationalen Belang zu werden.

Bezüglich der Machbarkeit sind Großunternehmen im Rahmen des dritten Ansatzes zumindest vordergründig im Vorteil, denn dort wird dieses Dilemma weitaus weniger schnell sichtbar. Hier haben Zielgruppen jeweils ihre eigene, spezifisch auf sie zugeschnittene Anlaufstelle. Großunternehmen können die verschiedensten Ansprechpersonen vorweisen, sei es für „präventive Gesundheitsfragen" oder „psychophysische Akutfälle", für „Culture" oder „Gender", für „Life Balance" oder „Volunteering" etc.[16] Die Liste ließe sich theoretisch

---

[16] Gekoppelt sind derartige Interessenskämpfe somit gerade in größeren Unternehmen nicht zuletzt an einzelne Schlüsselfiguren beziehungsweise Vermittlungspersonen, welche zwischen die jeweilige Interessensgruppe und die „Gegenposition" geschaltet sind. Nicht selten steht und fällt die Umsetzung mit diesem personenfokussierten Engagement: Sobald sich die entsprechende Vermittlerfigur zurückzieht, erweist sich die jeweilige Interessensgruppe als existenziell geschwächt (*Ostendorp, A.* (2006); *Ostendorp, A. / Steyaert, C.*

beliebig ergänzen ohne jedoch eine unternehmenskulturell verbindliche Grundlegung zu erlangen. Ungeklärt bis unversöhnt bleibt die Position der Konzepte a) zueinander sowie b) zu weiteren wohltönenden Managementgebieten wie „Diversity", „Corporate Social Responsibility" oder „Change Management". Konzepte zur Life Balance mögen hier noch so hart erkämpft und von einzelnen Schlüsselfiguren protegiert sein, ihre Begründung ist in jedem Fall dem Verdacht der Willkür ausgeliefert. Die Frage „warum **die** und nicht **wir**?" bleibt bei allem politischen Potenzial eine zentrale Hürde des dritten Ansatzes.

Life Balance als Element einer Kultur der Unterschiede: Alterisierung

Zielsetzung

Hier rückt die Frage in den Vordergrund, wie allgemein mit unterschiedlichen Interessen, Bedürfnissen, Hintergründen bzw. Lebensentwürfen auf unternehmenskultureller Ebene umgegangen werden kann und soll. Inhalte der Life Balance werden damit nicht über spezifische Bedürfnisdefinitionen bzw. Interessenszugehörigkeiten, sondern über die Existenz von Unterschieden zu begründen versucht. Zentral für die Umsetzung von Life Balance ist nun für KMU ebenso wie für Großunternehmen weniger, dass ein spezifisches Programm definiert wird. Vielmehr wird nach Wegen gesucht, potenziell alle Akteurinnen und Akteure aus einem Unternehmen in die Grundkonzeption einer „Kultur der Unterschiede" einzubinden. Aus einer solchen Perspektive rücken weder das homogene Zentrum noch seine komplementär konzipierten, bedürftigen Randgruppen oder andere spezifische Interessensgruppen ins Zentrum der Überlegungen, sondern vielmehr die Frage nach Vielfalt und dem Umgang mit Unterschiedlichkeit im Unternehmen selbst. Unterschiedlichkeit wird hier (im Sinne von Alterität[17]) ganz nüchtern als Prämisse betrachtet. Als schlichtweg

---

(2006)).

[17] Der Begriff der Alterität greift den Alterity-Begriff nach *Nealon* auf. Dieser betont, dass Unterschiede nicht als Abweichungen von der Norm agieren, sondern – paradox formuliert – als die Norm selbst (siehe *Nealon, J. T.* (1999)). Identität beinhaltet damit immer auch das Andere, weshalb *Nealon* vorzieht, anstelle einer (zustandsbezogenen) „Identität" von einer (wandelbezogenen) „Alterität" zu sprechen.

existent, unabhängig davon, ob dies nun begrüßt wird oder nicht. Life Balance wird damit zu einem unter vielen Aspekten einer Kultur der Unterschiede, die einschließt anstatt auszuschließen. Ziel ist nicht, privaten Luxus zu ermöglichen, Hilfe am Rande zu gewähren bzw. einzelne Interessen durchzusetzen, sondern grundlegend andere Lösungen im Umgang mit Unterschieden zu finden. So wird in einem Großunternehmen bezüglich Arbeitsmodellen und der quasi-objektiven Definition dessen, was einen Hundert-Prozent-Job ausmacht, reflektiert: „Es geht [...] bei der ganzen Teilzeitdiskussion grundsätzlich [...] nicht immer nur um weniger arbeiten, sondern man muss ein bisschen kreativ und schlau werden. Es geht um anders arbeiten! [...] Häufig geht es in der ganzen Problematik wirklich darum, [...] den Leuten mal eine andere Optik aufzuzeigen" (GU, PP, 16, S. 193-1982). Hier steht im Vordergrund, bestehende Organisationsformen und ihre „Gewohnheitswirklichkeiten" kritisch zu hinterfragen, um daneben auch anderen kreativen Arbeitsformen einen Platz einzuräumen. Diese andere Optik stellt beispielsweise das normative Ideal einer (künstlich definierten) „Vollzeit" in Frage. So können Alternativen neben dem präsenzfokussierten Standard als möglicher Bestandteil einer kreativen Organisationslogik exploriert werden. Bei einer solchen Zielsetzung rücken die sozialen Prozesse im Unternehmen in den Vordergrund: Angesprochen werden sollen Individuen nicht nur als Einzel- und Privatpersonen, sondern als den Unternehmenskontext dialektisch mitgestaltende Akteurinnen und Akteure. Entsprechend wird insbesondere darauf Wert gelegt, dass die jeweiligen Änderungen nicht aufoktroyiert werden, sondern sich aus dem Unternehmen heraus prozesshaft und selbstläufig entwickeln können. So betont eine Expertin, dass es im Rahmen ihrer Rolle in einem Großunternehmen nicht darum gehen könne, dass sie dort „selber eine Welt kreiere" (GU, PP, 19, S. 227), sondern dass Initiativen zustande kämen: „Was mir besonders wichtig ist, ist, dass nicht der Eindruck entsteht, da gibt es eine Frau Schmidt[18] und die schmeißt das alles. Das ist nämlich völlig realitätsfremd. [W]ichtig ist zu schauen, dass vielleicht eine Initiative zustande kommt, dort zu unterstützen, und wenn sie aufhört zu schauen, was passiert

---

[18] Name geändert.

jetzt" (ebd., S. 962-972). Ziel des vierten Ansatzes von Life Balance wird somit der Beitrag zu einer im stetigen Wandel begriffenen Kultur der Unterschiede.

Konsequenzen

Betroffen von der Frage „wie wollen und können wir (miteinander) arbeiten?" sind im vierten Ansatz von Life Balance nicht länger einzelne, von der Norm abweichende Personen oder Interessensgruppen, sondern grundsätzlich das ganze Unternehmen: Hier soll das Bild des „ideal worker" explizit in Frage gestellt und Raum für Diversität geschaffen werden. Möglichkeiten einer gelebten Life Balance werden damit zum herausfordernden Diskussionsgegenstand, der immer auch einen Wandel auf unternehmenskultureller Ebene impliziert: „All diese Themen […], das sind ja wirklich ‚ongoing processes'. Und das sind für alle neue Lernschritte" (GU, PP, 14, S. 274 f.). Ein solcher Fokus auf „ongoing processes" verlangt ein hohes Maß an individueller wie organisationaler Kreativität und Unsicherheitstoleranz. Dies aber betrifft zentrale Fragen des Change Management: Aktive, kreative Veränderung findet dort statt, wo die „andere" Lösung den Raum betreten und Gehör finden kann. Im Rahmen eines solchen Verständnisses ändert sich schließlich auch das Profil entsprechender Sachverständiger und „Sonderbeauftragter" hin zum Profil des „Change Agent"[19]. Vormals isolierte Positionen werden zu unternehmenskulturell höchst bedeutsamen „Stabstellen, die mithelfen zu sensibilisieren" (GU, PP, 19, S. 969), zu „Impulsgeber[n], die eine Kultur beeinflussen wollen" (ebd., S. 975).

KMU, bei denen derartige Rollen weitaus weniger aufgeteilt sind, haben unter diesen Vorzeichen den Vorteil, unmittelbarer in den Dialog treten zu können. So wird die dortige Gesprächskultur des Öfteren als gewachsener Bestandteil der Firma genannt – und dies nicht selten im expliziten Gegensatz zu „internationale[n] Konzerne[n], […], die mit diesen Schlagwörtern [wie Diversity Management und Life Balance] operieren" (GU, IP 6, S. 483-486). Die oft beschworene „Vorreiterrolle", welche Großunternehmen zukommt, könnte aus einer sol-

---

[19] *Ostendorp, A. (2006).*

chen Perspektive aufgehoben, wenn nicht sogar umgekehrt werden.[20] Ohne diese Überlegungen hier zu vertiefen – der oft beschworene **quantitative** Wettbewerbsvorteil von Großunternehmen entfällt im Rahmen des vierten Ansatzes in jedem Falle: Vor dem Hintergrund einer Alterisierung geht es darum, das, was angeboten wird, im Rahmen des Umgangs mit Unterschiedlichkeit und Veränderung zu verorten und dort seinen unternehmenskulturellen Begründungszusammenhang zu finden. Während das imposante Sportangebot oder die Kinderbetreuung hier zum Nebenschauplatz wird, gewinnen Reflektions- und Handlungskompetenzen bezüglich des Umgangs mit Unterschieden einen zentralen Stellenwert. Mit Blick auf die hierfür notwendigen Aushandlungsprozesse betont ein Experte: „Darüber reden, das ist ein wichtiger Faktor. Denn das Drüber-Reden generiert wieder neue Realitäten" (GU, PP, 21, S. 155 f.).

Aus dieser Perspektive kann der Austausch über verschiedene Lebenssituationen im Sinne polyphonischer Dialoge anstelle disjunkter Monologe als Beitrag für ein sich wandelndes Unternehmen verstanden werden. Angestrebt wird die „andere Optik", das „kreativ[e]" Hinterfragen des Status quo. Doch was heißt: „Drüber-Reden"? Und was sind „neue Realitäten"? Stellen Offenheit und Toleranz positiv konnotierte Werte dar, so werden sie in der Regel bevorzugt unter Gleichgesinnten praktiziert. In seiner von ökonomischer Seite gerne als „naiv" gelesenen Zielsetzung und Terminologie läuft dieser Ansatz somit Gefahr, dem Verdacht einer grundsätzlich negativ konnotierten, da keineswegs als „Business kompatibel" verstandenen „Sozialromantik" anheim zu fallen. Der materiellen Investitionseinsparung stehen damit entsprechende Investitionen auf Ebene der sozialen Prozesse entgegen. Zentrale Aufgabe des vierten Ansatzes wird es, zwischen „ökonomischer" und „sozialer" Position zu vermitteln. Weder geht es darum, nur zu reden, noch geht es darum, nur „Business zu machen". Die Kunst aus Sicht einer Alterisierung liegt wohl darin, „Business zu machen", indem (kreativ) gedacht und (polyphonisch) geredet wird.

---

[20] Dagegen kann jedoch eingewandt werden, dass Großunternehmen aufgrund ihrer internationalen Ausrichtung in der Regel in weitaus höherem Maße Erfahrungen mit Hybridisierung machen als beispielsweise ein ländlicher Familienbetrieb. An dieser Stelle muss offen bleiben, inwieweit bzw. in welchen Fällen eine „offene" Gesprächskultur einen „offenen" Umgang mit Unterschiedlichkeit einschließt.

Zusammenfassung und Fazit

Der vorliegende Beitrag hatte zum Ziel, vier empirisch gefundene, derzeit aktuelle Ansätze einer Life Balance vorzustellen, ihre jeweiligen Konsequenzen für die Umsetzung im organisationalen Kontext zu erarbeiten, sowie zentrale Implikationen für KMU sowie Großunternehmen zu diskutieren. Die folgende Tabelle bietet einen Überblick über die vier verschiedenen Ansätze. Ansatz 1 („Life Balance als PR-Gag") beruft sich in erster Linie darauf, dass Life Balance nach wie vor „in" ist.

	Ansatz I: Normalisierung	Ansatz II: Marginalisierung	Ansatz III: Lobbyisierung	Ansatz IV: Alterisierung
Fokus auf	den „ideal worker" im Zentrum der Organisation	einzelne Notfälle am Rande der Organisation	(vergleichsweise populäre) Interessensgruppen	potenziell alle Beteiligten
Ziel	Imagepflege / Erhaltung des „ideal worker"	Hilfe für Bedürftige / „Feuerwehreinsätze"	mehr Rechte für die (eigene) Interessensgruppe	Beitrag zu einer Kultur der Unterschiede
Bezugnahme auf	aktuelle Trends im Sinne eines eher kurzlebigen Luxus	soziales Bewusstsein	Interessensgebundene Standpunkte	kreative Lösungen im Umgang mit Unterschieden
Kommunikation	als dominante Stimme im homogenen Zentrum	als stille, mit Dankbarkeit quittierte Arrangements	als disjunkte, teils kämpferische Monologe: Wir gegen die!	als polyphonische Dialoge
Unterschiede	werden nicht adressiert	werden mit Blick auf Bedürftigkeiten adressiert/ stigmatisiert	werden nur mit Blick auf die eigene Interessensgruppe adressiert	werden als „sine qua non" verstanden
Weitere Auswirkungen im Unternehmen	sind kaum intendiert	sind unbefriedigend / Zustand wird bedauert	sind unbefriedigend, werden jedoch teilweise eingeklagt	gelten als Prämisse

Tabelle 2: Überblick über vier verschiedene Ansätze einer Life Balance

Als Zeitgeistphänomen wird der Begriff hier gerne mit dem Wellnesstrend verknüpft. Entsprechende Angebote werden jedoch grundsätzlich als „Bonbons" und „Luxusmodule" für die homogene Zielgruppe der „ideal worker" verstanden (Normalisierung). Ihre Inanspruchnahme gilt als „Privatvergnügen" (= „Life"), welches nichts mit der eigentlichen Erwerbstätigkeit (= „Work") zu tun hat, und demnach nur in wirtschaftlich guten Zeiten möglich ist. Daneben kann Life Balance im Ansatz 2 („Life Balance als gute Tat") heißen, dass hier oft mit Mühe und Not eine hochkomplexe Vereinbarkeitsleistung von Erwerbstätigkeit und weiteren unumgänglichen Verpflichtungen ermöglicht wird bzw. das anderen, insbesondere krankheits- oder altersbedingten Bedürfnissen entgegengekommen wird. Entstehende Leistungen sind keinesfalls kompatibel mit dem Kerngeschäft, sondern finden als stille, mit Dankbarkeit quittierte Arrangements am Rande des Unternehmens statt (Marginalisierung). Im Ansatz 3 („Life Balance als Interessenskampf") sind derartige Arrangements mit einem klaren interessensgebundenen Anspruch unterlegt.

Ansatz 4 („Life Balance als Element einer Kultur der Unterschiede") macht den Gedanken der Unterschiedlichkeit zum Ausgangspunkt. So werden neue Konzepte der Life Balance, hier in erster Linie als Beitrag zu einer Kultur der Unterschiede, begriffen. Vor diesem Hintergrund können sie im Rahmen einer integrativen Diversitäts- bzw. Alteritätslogik angesiedelt werden (Alterisierung). Angestrebt wird der Wandel hin zu einer polyphonischen, kreativen und stets im Werden begriffenen Kultur der Unterschiede. Im Vordergrund steht hier nicht das kostspielige Vorzeigeobjekt, sondern vielmehr auf Nachhaltigkeit angelegte „Basics" einer Life Balance: In diesem Sinne müssen Unternehmen nicht alles mitmachen, was gerade „en vogue" ist. Zentral sind **nicht** die einzelnen Interventionen, die ein Unternehmen anbietet, sondern die Perspektive auf Gleichheit, Unterschiedlichkeit und Veränderung, die der jeweiligen Intervention unterliegt.

Werden Konzepte einer wie auch immer definierten Life Balance nicht nur als marketingträchtige Etikette verstanden, dann rücken „Work" und „Life" näher zusammen. Irreführend wäre es nun, den Ansatz einer Alterisierung als glücklichen Endpunkt und alleingültigen Idealzustand absolut zu setzen. So möchte dieser Beitrag auch nicht für den „one best way" einer bestimmten (organisationalen wie individuellen) Life Balance plädieren. Vielmehr sollten hier zentrale

Aspekte aufgezeigt werden, mittels derer mögliche Zielsetzungen und deren Konsequenzen systematisiert sowie weitere Verbindungen zu anderen aktuellen Managementkonzepten und sozialen Interventionspraktiken erarbeitet werden können. Zugrunde liegt dabei immer die Frage nach dem Umgang mit Gleichheit und Vielfalt, mit Bestand und Veränderung. Exakt dort setzen zentrale Fragen hinsichtlich der Umsetzung von Life Balance an: Was nützt die Hochglanzbroschüre über innovative Arbeitsmodelle, wenn sich im organisationalen Alltag niemand traut, solche Modelle anzunehmen? Was hilft der modernste Kraftraum, wenn er dauernd leer steht? Vielleicht ist die firmeneigene Kinderbetreuung für das Kleinunternehmen zu teuer, dafür aber kann ein Vater bei einer Sitzung sagen, dass er sein Kind abholen muss, ohne „unprofessionell" zu wirken? Vielleicht bietet ein Unternehmen keine Fitnessattraktionen, dafür aber den geeigneten Rahmen für Reflexionen über physische wie psychische Gesundheit, über Leistungsdruck, über Burnout, über Jungsein und Altwerden?

Life Balance – ein Trendbegriff unter vielen oder auch langfristig „the name of the game"? Wie viele Fragen auch offen bleiben, es lohnt sich sicherlich, sie zu stellen und weiterzubearbeiten. **Unterschied**(lich)**en** (Lebensformen) jedenfalls werden Unternehmen auch in Zukunft begegnen.

Literaturverzeichnis

Ammann, H. (2000): Von Freiwilligkeit sei die Rede. Ein Vorschlag zur Klärung der Begriffe, Zürich.
Antaki, C. (1994): Explaining and Arguing. The Social Organization of Accounts, London.
Antaki, C. / Billig, M. / Edwards, D. / Potter, J. (2002): Discourse Analysis Means Doing Analysis: A Critique of Six Analytic Shortcomings, http://www.shu.ac.uk/daol/articles/-v1/n1/a1/ antaki2002002-paper.htm.
Baillod, J. (2001): Teilzeitarbeit und Job-Sharing in Führungspositionen in: *Ulich, E.* (Hrsg.): Beschäftigungswirksame Arbeitszeitmodelle, Zürich, S. 287-330.
Baillod, J. (Hrsg.) (2002): Chance Teilzeitarbeit, Zürich.
Baillod, J. / Davatz, F. / Luchsinger, M. / Stamatiadis, E. / Ulich, E. (Hrsg.) (1997): Zeitenwende Arbeitszeit. Wie Unternehmen die Arbeitszeit flexibilisieren, Zürich.
Benshop, Y. / Doorewaard, H. (1998): Six of One and Half a Dozen of the Other: The Gender Subtext of Taylorism and Team-based Work. Gender, Work and Organisation, 5(1), S. 5-18.
Billig, M. (1996): Arguing and Thinking. A Rhetorical Approach to Social Psychology, 2. Auflage, Cambridge.

Bürgisser, M. (2001a): Familie und Beruf im Einklang – partnerschaftlich arbeiten. Alpha – Der Kadermarkt der Schweiz, 12. und 13. Mai 2001, S. 1-3.

Bürgisser, M. (2001b): Freiwilliges und ehrenamtliches Engagement – für die Zukunft neu bewertet! Bericht über die Veranstaltungswoche am GDI 14. bis 18. Mai 2001, Zürich.

Bürgisser, M. (1996): Modell Halbe-Halbe. Partnerschaftliche Arbeitsteilung in Familie und Beruf, Zürich.

Campbell Clark, S. (2000): Work/family Border Theory: A New Theory of Work/family Balance. Human Relations, 53(6), S. 747-770.

Collinson, D. / Hearn, J. (1994): Naming Men as Men: Implications for Work, Organization and Management. Gender, Work and Organization, 1, S. 2-22.

Edley, N. (2001): Analysing Masculinity: Interpretative Repertoires, Ideological Dilemmas and Subject Positions, in: *Wetherell, M.* (Hrsg.): Discourse as Data: a Guide for Analysis, London, S. 189-228.

Edwards, D. / Potter, J. (1992): Discursive Psychology, London.

Hasler, P. (2001): Zehn Massnahmen für eine bessere Situation. Familienpolitik aus Sicht der Wissenschaft. NZZ 16.05.2001, S. 15.

Kelle, U. (2000): Computergestützte Analyse qualitativer Daten, in: *Flick, U. / von Kardoff, E. / Steinke, I.* (Hrsg.): Qualitative Sozialfoschung. Ein Handbuch, S. 485-501.

Kuark, J. K. (2002): TopSharing: Jobsharing in *Führungspositionen. Wirtschaftspsychologie. Themenschwerpunkt: Management und Geschlecht*, 1(4), S. 70-78.

Lewis, S. (1997): 'Family friendly' Employment Policies: a Route to Changing Organizational Culture or Playing about the Margins?, in: *Gender, Work and Organisation*, 4(1), S. 13-23.

Lewis, S. (2001): Restructuring Workplace Cultures: the Ultimate Work-Family Challenge?, in: *Women in Management Review*, 16(1), S. 21-29.

Muhr, T. (1991): ATLAS/ti – Ein Werkzeug für die computerunterstützte Textinterpretation, in: *Glatzer, W.* (Hrsg.): Modernisierung moderner Gesellschaften, Opladen, S. 816-820.

Muhr, T. (1994): ATLAS/ti: Ein Werkzeug für die Textinterpretation, in: *Böhm, A. / Mengel, A. / Muhr, T.* (Hrsg.): Texte verstehen – Konzepte, Werkzeuge, Methoden. Schriften zur Informationswissenschaft, Vol. 14, Konstanz, S. 317-324.

Nealon, J. T. (1999): Alterity Politics. Ethics and Performative Subjectivity, Durham.

Ostendorp, A. (2006): Human Resource and Corporate Social Responsibility Concepts between Fashionable Luxury, Old Conflicts of Interests, and New Lines of Flight. Doctoral thesis, Zürich, http://www.zb.unizh.ch

Ostendorp, A./ Nentwich, J. (2005): Im Wettbewerb um 'Familienfreundlichkeit'. Konstruktionen familienfreundlicher Wirklichkeiten zwischen gleichstellerischen Idealen und pragmatischer Machbarkeit, Zeitschrift für Familienforschung, 17(3), S. 333-356.

Ostendorp, A./ Nentwich, J. (2006): Über "Zusammenleben" sprechen: Integration im Alltag. Referat an der Tagung der Eidgenössischen Ausländerkommission am 16. November, Biel. http://www.eka-cfe.ch.

Ostendorp, A./ Nentwich, J., Resch, D. Dachler, H.-P. (2003): "Family Friendliness" in Organisationen. Eine diskursanalytische Untersuchung verschiedener Verständnisse und Konsequenzen von "Familienfreundlichkeit", Working Paper Nr. 2, St. Gallen, http://www.opsy.unisg.ch.

Ostendorp, A./ Ostendorp, C/ Wehner, T. (2001): Was macht den Erfolg von Freiwilligen-initiativen aus? Teil I: Vier Beschreibungsdimensionen und ein Erfolgsfaktor. Teil II: 14 Organisationsporträts. Mit einem Nachwort des Geschäftsleiters der Schweizerischen Gemeinnützigen Gesellschaft Herbert Ammann, Zürich.

Ostendorp, A./ Steyaert, C. (2006): Diversity and Differences in Organizations between Normalization, Marginalization, and Alterization – a Discourse Psychological Approach. Paper presented at the Congress on Qualitative Diversity Research: Looking Ahead (September 19-20th), Leuven, Belgium.

Potter, J. (1997): Discourse Analysis as a Way of Analysing Naturally Occuring Talk, in: *Silberman, D.* (Hrsg.): Qualitative Research: Theory, Method and Practice, London, S. 144-160.

Potter, J. / Wetherell, M. (1987): Discourse and Social Psychology: Beyond Attitudes and Behaviour, London.

Resch, M. (2003): Work-Life Balance – neue Wege der Vereinbarkeit von Berufs- und Privatleben?, in: Tagungsband der GfA Herbstkonferenz Kooperation und Arbeit in vernetzten Welten, Stuttgart.

Resch, M. / Bamberg, E. (2005): Work-Life-Balance: Ein neuer Blick auf die Vereinbarkeit von Berufs- und Privatleben?, in: *Zeitschrift für Arbeits- und Organisationspsychologie*, 49(4), S. 171-175.

Sc*här-Moser, M.* (2001): Teilzeitarbeit für Männer, in: *Chance Teilzeitarbeit*, hrsg. von *Baillod, J.*, Zürich, S. 135-154.

Schubert, R. / Littmann-Wernli, S. / Tingler, P. (2002): Corporate Volunteering – Unternehmen entdecken die Freiwilligenarbeit, Bern.

Schwager, T. / Udris, I. (1996): Verhaltens- bzw. verhaltensorientierte Massnahmen in der betrieblichen Gesundheitsförderung – Eine Recherche in Schweizer Betrieben, in: *Amann G. / Wipplinger, R.* (Hrsg.): Gesundheitsförderung – ein multidimensionales Tätigkeitsfeld, Tübingen.

Schwager, T. / Udris, I. (1998): Gesundheitsförderung in Schweizer Betrieben, in: *Bamberg, E. / Ducki, A. / Metz, A.-M.* (Hrsg.): Handbuch betriebliche Gesundheitsförderung, Göttingen, S. 437-444.

Simon, R. W. (1995): Gender, Multiple Roles, Role Meaning, and Mental Health, in: *Journal of Health and Social Behavior*, 36, S. 82-194.

Steyaert, C. / Janssens, M. (2001): From Diversity Management to Alterity Politics: Qualifying Otherness. Paper presented at the Conference on Organizational Renewal: Challenging Human Resource Management (November 15th), Nijmegen.

Steyaert, C. / Janssens, M. (2003/2001): Multivoicedness: Organizing (with) Difference, (übersetzt von Meerstemmigheid: Organiseren met verschil, Leuven), Manuscript, St. Gallen.

Steyaert, C./ Ostendorp, A. (2006): Wie unterschiedlich können Unterschiede sein? Vom Umgang mit Differenz zwischen Normalisierung, Marginalisierung und Alterisierung, in Dokumentation der 14. SGAOP-Tagung: interkulturell / international arbeiten, führen + kooperieren (6. Oktober), Zürich.

Thisted, L. N. / Steyaert, C. (2006): Voicing Differences and Becoming other: Life-stories of Immigrants in an Organizational Context, in: *Hosking, D. M. / McNamee, S.* (Hrsg.): The Social Construction of Organization, Oslo.

Tienari, J. / Quack, S. / Theobald, H. (2002): Organizational Reforms, 'Ideal Workers' and Gendered Orders: a Cross-Societal Comparison. Organization Studies, 23(2), S. 249-279.

Ulich, E. (2000): Beschäftigungswirksame Arbeitszeitmodelle, in: *Wieland, R. / Scherrer, K.* (Hrsg.): Arbeitswelten von morgen. Neue Technologien und Organisationsformen, Gesundheit und Arbeitsgestaltung, flexible Arbeitszeit- und Beschäftigungsmodelle, Darmstadt, S. 64-76.

Ulich, E. (2005): Arbeitspsychologie (6. Auflage), Zürich.

Ulich, E. / Wülser, M. (2004): Gesundheitsmanagement in Unternehmen. Arbeitspsychologische Perspektiven, Wiesbaden.

Wehner, T. / Mieg, H. / Ostendorp, C. (2003): Corporate Volunteering: Concept and Empirical Results, in: *Strasser, K. K. H. / Rausch, H. / Bubb, H.* (Hrsg.): Quality of Work and Product in Enterprises of the Future – Qualität von Arbeit und Produkt in Unternehmen der Zukunft, Stuttgart, S. 858-861.

Weick, K. E. (1995): Sensemaking in Organizations, London.

Williams, J. (2000): Unbending Gender: Why Work and Family Conflict and what to do about it, Oxford.

Wood, L. A. / Kroger, R. O. (2000): Doing Discourse Analysis. Methods for Studying Action in Talk and Text, Thousand Oaks.

Zölch, M. / Wodtke, S. / Haselwander, E. (2002): Teilzeitarbeit im Management. Potentiale und Barrieren. Wirtschaftspsychologie. Themenschwerpunkt: Management und Geschlecht, 1(4), S. 78-84.

„Vernetzen will gelernt sein" – Praxisnetzwerke fördern Familienfreundlichkeit

Ursula Matschke / Sibylle Peters
Stadt Stuttgart / Otto-von-Guericke Universität Magdeburg

Familienfreundlichkeit als Herausforderung für die Wirtschaft

Familienfreundlichkeit entwickelt sich immer mehr zu einem gesellschaftspolitischen, öffentlichen und zwischenzeitlich auch wirtschaftlichen Thema. Organisationen, Verbände und Unternehmen werden aufgefordert, sich diesem Thema zu öffnen und angemessene Formen eines aktiven Umgangs damit zu entwickeln. Es gibt eine Reihe von politischen Appellen und Programmen einerseits und organisationspolitische Ansätze mit einer starken Binnensicht andererseits. Das heißt, personalwirtschaftliche Maßnahmen werden in Unternehmen getroffen, um dem Problem der Vereinbarkeit von Familie und Beruf zu begegnen, Auditierungen werden angeboten, um auch öffentliche Wahrnehmung, Interesse und Beteiligung an der Thematik zu wecken[1]. Bundesregierung, Landesregierungen und Kommunalpolitik unterstützen die Betroffenen dabei mittel- und unmittelbar über entsprechende Dienstleistungen und monetäre Leistungen.[2] Die öffentliche Wahrnehmung wächst, diese Thematik zwischen Organisationen, Verbänden, Kommunen etc. zu vernetzen, um Transparenz und Transformation zwischen möglichen Partnern zu erhöhen. Um der gesamtgesellschaftlichen „Herausforderung Familienfreundlichkeit" gerecht zu werden, bedarf es der

---

[1] Z. B. *BMFSFJ* (2004a) und (2004b); *Bertelsmann-Stiftung* (2002); *Barth, H.* (2006), S. 386 ff.; *Peters, S. / Matschke, U.* (2006), S. 166 ff.
[2] Vgl. dazu das familien- und unternehmenspolitische Programm der Bundesregierung „Erfolgsfaktor Familie" mit dem Aufbau einer Datenbank, Konzepte der Länder wie *Baden-Württemberg*.

Zusammenführung ökonomischer und gesellschaftlicher Parameter. Es geht zunehmend darum, die Entwicklung einer mehrdimensionalen Zusammenarbeit und umfassenden Vernetzung zu schaffen, um Familienfreundlichkeit tatsächlich und nachhaltig im Sinne einer win-win-Situation für alle Betroffenen zu erzielen. Auf Unternehmensseite wird dieses allgemein in Zusammenhang mit der Förderung von Humanressourcen als auch im Einzelnen durch Diversity-Politik gesehen. Vor dem Hintergrund des demographischen Wandels besteht eine grundsätzliche Ressourcenproblematik mit Wirkung auf den Wirtschafts-faktor Deutschland.[3] So genügen entsprechende Ansätze wie Auditierungen[4] und Preisverleihungen als Veränderungsimpetus und Anreizsysteme für Unter-nehmen, der Gesamtproblematik nicht.[5] Für ein effizientes Bearbeiten der Thematik „Familienfreundlichkeit" bedarf es vielmehr der strategischen und konzeptionellen Verknüpfung verschiedener Unternehmen innerhalb der entsprechenden dezentralen Organisationseinheiten. Darüber hinaus müssen in diese Vernetzung auch Institutionen mit politisch-gesellschaftlichem Engage-ment eingebunden werden und wichtige Vermittlerrollen einnehmen. Des Weiteren geht es um eine Integration von Institutionen mit öffentlichen Service-einrichtungen und ihren Organisationen, die auf den Ebenen von Kommune, Land und Bund als Multiplikatoren in die Thematik involviert sind. Folglich geht es um die horizontale und vertikale Vernetzung und Steuerung einer zunehmenden Komplexität von privaten und öffentlichen Akteuren, die wie eine mehrdimensionale „black box" erscheint und die unseres Erachtens professionell aufbereitet werden muss.

---

[3] *Barth, H.* (2006), S. 368 ff.
[4] Verschiedene Organisationen (z. B. *audit berufundfamilie*® der *Hertie-Stiftung, Total E-Quality*) nehmen Auditierungen vor; *Prognos* veröffentlicht Zahlen und Entwicklungen über auditierte Unternehmen im Internet; auch die Wirtschaftsministerien zeichnen Unter-nehmen aus.
[5] Neben den politischen, programmatischen Appellen und organisationsbezogenen Einzel-maßnahmen erhalten zunehmend virtuelle Vermittlungsinstrumente Wichtigkeit, beispiels-weise die Datenbank für Unternehmen unter *„Erfolgsfaktor Familie"* der *Bundesregierung* oder die der *Familienforschungsstelle des statistischen Landesamts Baden-Württemberg*.

Projektinitiativen als Beispiel gelungener Praxis?

Die Projektinitiative ist Ausgangsbasis für die Entwicklung möglicher erweiterter Vernetzungsaspekte. Ein Beispiel stellt das vom Wirtschaftsministerium Stuttgart bewilligte Projekt „Vernetzen will gelernt sein – ein landesweites Promotorennetzwerk zur familienfreundlichen Unternehmenspolitik" dar[6]. Der Titel signalisiert, dass es sich um ein Mehrebenenprojekt handelt. Dabei sollen sich unterschiedliche Akteure in Institutionen, Unternehmen, Initiativen etc. miteinander vernetzen, um sich gegenseitig wahrzunehmen und (gemeinsame) neue Wege innerhalb der Thematik zu finden. Als Basis muss ein wechselseitiger Informationsaustausch über das Engagement der einzelnen Organisationen möglich sein. Die Herausforderung liegt darin, dass die zuständigen Akteure der verschiedenen Einrichtungen sich organisatorisch so miteinander verbinden, dass eine über die Projektdauer hinaus tragfähige Kooperation zwischen Organisationen verschiedener gesellschaftspolitischer Interessen entsteht.

Integration von Familienfreundlichkeit in bewährte Arbeitsstrukturen versus Innovationskraft

Um gesellschaftspolitische Gestaltungsinnovationen zu entwickeln, und nach denkbaren Steuerungen zu suchen, sind gegenwärtig Organisationsmodelle und mögliche Gestaltungsinitiativen[7] von Entwicklungsprojekten gefragt, die eine Integration der Thematik in Organisationen und Unternehmen versprechen. Das heißt, es wird dort eine Integration der Thematik für möglich erachtet, wo eine organisationale Basis dafür geschaffen wird. Das erfordert horizontal den Austausch des relevanten Wissens in und zwischen den Organisationen. Nur so können veränderte Gestaltungsinitiativen greifen. Ansonsten findet der Informationsaustausch ohne nachhaltige Wirkung statt bzw. der Gewinn für die Organi-

---

[6] Dieses Projekt, das als Landespilot zur systematischen Entwicklung effizienter Vernetzungsstrukturen am Beispiel der Familienfreundlichkeit dient, wurde durch das *Wirtschaftsministerium Baden-Württemberg*, die *Landeshauptstadt Stuttgart* und aus Mitteln des *Europäischen Sozialfonds* vom 1.11. 2005 bis 31.12.2006 gefördert.

[7] *Kieser, A.* (2000); *Bea, F. X. / Göbel, E.* (2002); *Luhmann, N.* (2002); *Sanders, K. / Kianty, A.* (2006); *Preisendörfer, P.* (2005).

sation verbleibt auf der Imageebene. Organisationen schaffen sich durch Regel-werke in ihren Arbeitsstrukturen und Zielsystemen Handlungsspielräume, um Entscheidungen zu koordinieren. Diese gelten auch dann, wenn neue Fragestellungen und neue gesellschaftspolitische Herausforderungen von außen an die Organisation herangetragen werden.[8] Für diese Herausforderungen ist die formale Dimension der Koordination wohl die wichtigste. Folglich sind alle möglichen neuen Kooperationen abhängig von den bestehenden Koordinationsmechanismen mit entsprechenden Entscheidungswegen. Dies ist auch Ausdruck der Organisationskultur. Die neuen gesellschaftspolitischen Ansprüche an eine familienorientierte Organisations- sowie Unternehmenspolitik werden an die Einrichtungen mit der Aufforderung herangetragen, entsprechend emphatisch mit zukunftsträchtigen veränderten Anforderungen innerhalb von gegebenen Kooperationsstrukturen umzugehen. Tatsächlich müssen die neuen Anforderungen zunächst in den gegebenen und gelebten Kooperationsstrukturen und ihrer Ausdifferenzierung angepasst werden. Dies führt dazu, dass sich den dezentralen Organisationseinheiten die Intentionen und Sinnkontexte von Projektinitiativen nicht immer erschließen. Eine Bearbeitung und Koordination des von außen an die Organisation herangetragenen Projektes[9] erfährt die nötige Integration oftmals nicht. Damit bleibt die Chance auf Veränderung im Umgang mit der Thematik hinter ihren Möglichkeiten zurück. Aufgrund dieser beobachteten Erfahrungen erscheint es sinnvoll, neue Strukturen für die Bearbeitung gesellschaftspolitischer Initiativen, die von außen an die Organisationen, beziehungsweise Unternehmen herangetragen werden, zu suchen. Es bedarf einer innovativen und organisationsspezifischen Modellierung innerhalb der internen Arbeitsstrukturen, die wiederum mit anderen Organisationen einen Austausch ermöglicht.

Es ist erforderlich, neue transorganisatorische Strukturen zu entwickeln, die hier Verbindungen und Austauschprozesse zwischen Beteiligten möglich machen.

---

[8] *Barth, H.* (2006), S. 368 ff.
[9] Es ist hier nicht der Rahmen, um aufzulisten, wie z. B. gesellschaftspolitische Herausforderungen wie Gender Mainstreaming oder Förderung von Frauen in Führungspositionen an Kooperationsstrukturen angebunden werden, aber oftmals werden innerhalb von Organisationseinheiten keine echten Anstrengungen unternommen, solche Anliegen zu fördern.

Insofern muss nach weiteren Kooperationsformen mit neuen Steuerungsmodellen gesucht werden. Dazu bieten sich die in den letzten Jahren vielfach diskutierten und in diversen gesellschaftspolitischen Praxisfeldern erprobten Netzwerke und Netzwerkstrukturen an.[10] Der entscheidende Grundgedanke von Netzwerken ist nämlich der, dass diese relativ unabhängig von gegebenen festen Kooperationsstrukturen in den Organisationen arbeiten können. Letztlich geht es darum, dass öffentlich geförderte Programme, wie das Beispiel zur Förderung der Familienfreundlichkeit in der Wirtschaft, die Aufgabe bewältigen, die gegebenen Kooperationsstrukturen von Organisationen, Verbänden, Unternehmen etc. genauer zu beobachten. So werden für die Erfüllung des öffentlichen Auftrages solche Kooperationsstrukturen geschaffen, die aus der Außenperspektive Neues in virtuellen Arbeitsstrukturen entstehen lassen, welches in bewährte Arbeitsstrukturen der jeweils beteiligten Organisationen einfließen kann.

Projekte, die auf der Integration der Thematik in die bestehenden Koordinationsstrukturen der jeweils zuständigen Abteilungen fußen, können die Projektkoordination zwischen verschiedenen Unternehmen und Organisationen nicht selbstverständlich bewältigen und Innovationen im Sinne neuer Wege der Bearbeitung der Thematik erreichen. Vielmehr sind sie den Ablauf- und Entscheidungswegen ihrer Organisation verpflichtet und können keine themenspezifischen Verbindlichkeiten treffen. Die gegebenen institutionsspezifischen Kooperationsstrukturen verhindern neue themenspezifische Initiativen, auf die aber solchermaßen angelegte Projekte angewiesen sind. Entsprechende Projektaufträge dieser Art kommen somit nicht in das Zentrum von Organisationsentscheidungen. So müssen gemeinschaftliche und neue Kooperationsstrukturen und Steuerungskonzepte aus einer transorganisationalen Perspektive erarbeitet werden. Dadurch werden die einzelnen Kooperationspartner aktiv in neue Arbeitsstrukturen eingebunden, die vernetzt arbeiten und vielleicht eher virtuellen Organisationsstrukturen entsprechen. Das Ziel ist es, mit Hilfe eines transorganisatorischen Netzwerkes zwischen den einzelnen beteiligten Organisationen durch übergreifende Brückenkonstruktionen neue Handlungsoptionen für die jeweils zuständigen

---

[10] *Sydow, J.* (1999), S. 279 ff. und (2003), S. 327 ff.; *Adenholz, J.* (2005); *Jansen, D.* (2003).

Akteure zu schaffen. Dieser neue Möglichkeitsraum bringt Chancen mit sich, nahezu mit allen Beteiligten entsprechende horizontale, vertikale als auch diagonale Kontakte und Austausche zu schaffen[11]. Auf diese Weise können Anschlüsse zwischen verschiedenen Organisationen und Organisationsformen ermöglicht und neue, bisher nicht mögliche Effekte von Kommunikation und Koordination erreicht werden. Durch die Schaffung modularer Arbeitsforen als transorganisationale Netzwerkstrukturen, werden Freiheitsgrade für eine themenspezifische Zusammenarbeit ermöglicht und Wissen generiert[12]. Es geht um das Wissen, das einerseits organisationsimmanent gegeben, aber ohne Aufforderung nicht innerhalb von formalen Organisationsstrukturen wirksam ist, jedoch andererseits relevant ist für die Projektzielsetzung und die Entwicklung neuer innovativer Gesellschaftsaufgaben. So erscheint es evident, dass Projekte nicht einfach nur an die gegebenen innerorganisatorischen Kooperationssysteme angelehnt werden dürfen. Sie würden Gefahr laufen, in den bekannten und geregelten Kooperationsstrukturen der Organisationen ihre eigene spezifische gesellschaftspolitische Orientierung zu verlieren, weil ihr Anliegen sich dezentral in den unterschiedlichen Organisationen durch Integration in diese verflüchtigen.

Aus der benannten übergeordneten Projektstruktur ist es erforderlich, den Perspektivenwinkel durch eine Kopplung von neuen Systemebenen zu verändern. Das bedeutet: Projekte mit gesellschaftspolitischen Zielsetzungen, wie im vorliegenden Beispiel „Familienfreundlichkeit" von Unternehmen, Verbänden, Kommunen und anderen Organisationen, müssen den Beteiligten neue Strukturmodule projektzielspezifisch in Netzwerk-Foren mit den Partnern generieren und anbieten, um selbst Teil dieser Netzwerkforen zu werden. Dadurch soll allen die besondere Bearbeitung der Aufgabenstellung bewusst bleiben, diese Herausforderung nicht in ihren internen Kooperationssystemen mit anderen Aufgaben gleichzusetzen oder in betriebsinterne Entscheidungsstrukturen zu nivel-

---

[11] *Adenholz, J.* (2004), S. 15.
[12] Innerhalb von Wissensmanagementstrukturen ist die Differenz zwischen formalem und informellem Wissen substantiell, denn die Organisationsstrukturen verhandeln innerhalb gegebener Kooperations- und Koordinationsstrukturen zunächst immer nur das exakte, formelle Wissen, das innerhalb von Organigrammen transparent für Funktionen und Entscheidungsstrukturen bekannt ist (*Willke, H.* (1998)).

218

lieren. Nur durch dieses bewusste Differenzieren und Herausfiltern des Neuen im Alten kann eine Nachhaltigkeit gesellschaftspolitischer Herausforderungen möglich werden.

Mehrdimensionales Strukturmodell für regionale Kooperationsformen familienfreundlicher Politik

Vernetzung von internen Organisationseinheiten und zwischen Organisationen

Die internen Strukturen in beteiligten Organisationen und ihre für die Aufgabe zuständigen Kooperationssysteme mit jeweiligen Entscheidungsoptionen müssen gewonnen werden. Hierbei sind innerhalb von Organisationen die Projektanforderungen in die dezentralen Abteilungen an die Peripherie zu verlagern. Somit werden die entscheidenden Akteure[13] erreicht, die innerhalb von modularen Arbeitsformen einen Zugang zu der Thematik haben. Darüber hinaus ist es Aufgabe des Projektes, allen beteiligten Organisationen, die aus gesellschaftspolitischer Betrachtung für die Bearbeitung des ausgewählten Projektzieles in Betracht kommen oder sich der Herausforderung stellen wollen, arbeitsfähige Anschlussstrukturen anzubieten. Als Einzelorganisation können sie gänzlich unterschiedlichen organisationsspezifischen sowie gesellschaftspolitischen Aufgaben und Funktionen nachgehen (z. B. Unternehmen, Kommunen, Verbände). Zwischen ihnen ist eine lose Kopplung durch Vernetzung hinsichtlich des jeweiligen Projektziels von Nöten. Bei dieser transorganisationalen Kooperationsstruktur, also der Verbindung von Mikro- und Makrostrukturen wird die gegebene regionale und lokale Vernetzung aller am Gegenstand beteiligten Organisationen zielorientiert, beziehungsweise gegenstandsbezogen genutzt.

---

[13] Die zu suchenden Akteure in der Peripherie der Organisationseinheiten werden in diesem Projekt als Promotoren bezeichnet, weil im Kontext der Generierung und Entwicklung von neuen Wissensstrukturen diejenigen Akteure sind, die die Entwicklung informellen, bisher den Organisationen nicht bekannten Wissens vorantreiben können (*Schüppel, J.* (1996); *Witte, E.* (1999); *Peters, S. / Dengler, S.* (2004), S. 72 ff.).

Entwicklung von neuen Netzwerkagenturen / Foren

Folglich gilt es, die Entwicklung von so genannten Foren und/oder Agenturen als übergeordnete Organisationsform im Sinne virtueller Organisationen zu initiieren. In diesen können sich alle Organisationen, die sich der Entwicklung und der Wahrnehmung der öffentlichen Aufgabe verpflichtet fühlen, über eine organisatorische Anbindung zusammenschließen. Dazu kann eine Plattform geschaffen werden, die die Institutionalisierung und Steuerung des öffentlichen Auftrags ermöglicht. Diese Basis entwickelt weiterreichende Programme sowie Umsetzungsoptionen in und für die beteiligten Organisationen. Diese und ihre peripheren Bereiche können den ökonomischen Nutzen zu Beginn der Initiative nicht einschätzen und greifen deshalb auf indizienbezogene bewährte Strategien zurück.[14] Durch Einbettung in das Netzwerk erkennen sie aber mittelfristig auch den Nutzen dieser forenspezifischen Organisationsstrukturen und können als Ansprechpartner aller an der Wahrnehmung und Entwicklung real beteiligten Organisationen sowie für die Öffentlichkeit und den öffentlichen Service partizipieren. Sie transformieren somit gegebene Organisationsstrukturen in veränderte Formen von Zeit, Raum und Ort durch die Schaffung neuer vernetzter und virtueller Arbeitsstrukturen. So können sie auf eine andere Weise die Thematik in die Peripherie ihrer Organisationen, wo der Gegenstand zu verankern ist, durch neue Formen von Kopplungen anschließen. Dafür müssen aus den beteiligten Organisationen entsprechende Promotoren und Moderatoren generiert werden. Diese sind in neu zu entwickelnden Dienstleistungsagenturen zu institutionalisieren, und durch die rechtlich selbstständigen Personen in den Agenturen / Foren im Rahmen konkreter Kundenaufträge zu erfüllen. Da die anstehende Aufgabe keiner Organisationseinheit zu- und damit untergeordnet wird, verhindert man, dass die Aufgabe selbst diskriminiert wird. Für den hier zu entwickelnden Bereich der Familienförderung soll ein „Promotorennetzwerk"[15] ausgewiesen werden,

---

[14] *Adenholz, J.* (2005), S. 58.

[15] Seit den 1990er Jahren gibt es eine Entwicklung von Promotoren in Wissensnetzwerken, die Aufgaben wie die Überwindung von Fach-Barrieren und Funktions-Barrieren in Organisationen bei Umstrukturierungen bewältigen sollen (*Schüppel, J.* (1996); *Peters, S. / Dengler, S.* (2004), S. 72 ff.).

um durch Dynamik soziale Innovationen[16] zu schaffen. Es soll ein neuer Zusammenhang zwischen Marktentwicklung und Innovationsverhalten der Unternehmen und beteiligten Institutionen entwickelt werden.

Strukturanalyse der Projektinitiative am Beispiel Familienfreundlichkeit

Im Rahmen eines Pilotprojekts wird eine Struktur für bestmöglichen Wissenstransfer zum Thema familienfreundlicher Unternehmenspolitik entwickelt. Dabei gilt es, an potenziellen, eher informellen Bedarfen anzuknüpfen, über die weder Kommunikation und Koordination in den peripheren Organisationseinheiten gegeben ist, noch verfügt die Geschäftsführung als das Zentrum der Organisation über Wege und Kommunikationsformen, diese Bedarfe zu sehen, zu identifizieren und in ihre Personal- und Organisationspolitik aufzunehmen. Um diese diversen Wissenstransferaktionen zu gewährleisten, werden verschiedene Handlungsansätze verfolgt. [17]

---

[16] Unter dem Begriff „soziale Innovationen" können „neue Wege, Ziele in der Region zu erreichen, die organisationsübergreifend sind", neue Organisationsformen, neue Regulierungen in Selbstorganisationen mit unterschiedlicher Beteiligung von Organisationen sowie neue Lebensstile, welche die Richtung des sozialen Wandels verändern, und Probleme besser lösen können als bisherige Lösungen, subsumiert werden (*Zapf, W.* (1994), S. 33; *Aderhold, J.* (2004), S. 56 f.; *Sydow, J.* (2003), S. 327 ff.; *Baitsch, Ch.* (1997), S. 59 ff.; *Berger, H.* (2006), S. 73 ff.).

[17] Von 1998 bis 2001 wurde unter Federführung der Landeshauptstadt *Stuttgart* das EU-Projekt „Equality, Life and Work" durchgeführt. In Kooperation mit Partnern aus Schweden, Finnland und Österreich wurden chancengleichheitsrelevante Strategien und Maßnahmen von Wirtschaftsunternehmen und Kommunen international vergleichend analysiert (*Murawski, / Matschke* (2001)). Die Resultate des Projekts sowie die entstandenen Kontakte und Kooperationen bildeten die Grundlage für das regionale Netzwerk für Führungskräfte und Personalverantwortliche. aus Wirtschaft, Verbänden, Kommunen und Wissenschaft, das sich seit 2001 vierteljährlich trifft. Ein Ergebnis der Arbeit im regionalen Netzwerk war die Erkenntnis, dass ein bestmöglicher Wissenstransfer familienfreundlicher Unternehmenspolitik nicht mit herkömmlichen Mitteln gewährleistet werden kann. Diese Erkenntnis mündete in einen Projektantrag beim *Wirtschaftsministerium Baden-Württemberg*, welches das Projekt „Landesweites Promotorennetzwerk zur familienfreundlichen Unternehmenspolitik" aus Mitteln des *Europäischen Sozialfonds* (ESF) zum November 2005 genehmigte und hier Gegenstand ist.

Maßnahmendiversität zur Gewinnung von Organisationen an einer nachhaltigen Mitarbeit zum Thema Familienfreundlichkeit

Eine unabdingbare Voraussetzung für die Entwicklung eines mehrere Strukturebenen umfassenden Wissensnetzwerkes ist es, zu wissen, ob das Thema in die Zielsetzung des Unternehmens aufgenommen ist. Wenn das Problemfeld wahrgenommen wird, gilt die zentrale Frage, inwieweit eine prozesshafte und strategische Umsetzung erfolgt. Dazu wird eine Unternehmensclusterung durchgeführt. Mögliche Faktoren sind u. a. die Unternehmensgröße, die regionale Verortung des Unternehmens, die Branche und die Personalstruktur sowie die Unternehmenskultur und Reformprozesse. Es werden zwei bis drei Workshops mit jeweils fünf Unternehmen aus einem Cluster durchgeführt, um eruieren zu können, ob die postulierten Einflussfaktoren anhand der tatsächlichen Problemlagen der Unternehmen bestätigt werden können. Dabei werden bestehende, organisationsspezifisch notwendige Netzwerke (Personalleitertreffen, Vorstandssitzungen etc.) genutzt. Zielgruppe des Pilotprojekts sind insbesondere kleine und mittlere Unternehmen, die für das Thema sensibilisiert oder bei der Umsetzung familienfreundlicher Maßnahmen unterstützt werden sollen. Das Projekt konzentriert sich innerhalb der Ausrichtung der empirischen Studie auf Unternehmen aus dem produzierenden Gewerbe.[18] Aus kleineren Unternehmen mit Dienstleistungscharakter liegen mehrere Untersuchungen vor.[19]

Schnittstellen für Steuerungsinitiativen des Promotorennetzwerkes Familienfreundlichkeit

Um den genannten Zielsetzungen gerecht werden zu können, bedarf es einer grundsätzlichen Analyse der bereits formalen sowie informalen Kooperationen,

---

[18] Zu einer umfassenden empirischen Erhebung verschiedener Branchen des produzierenden Gewerbes liegt inzwischen ein Zwischenresultat vor. Es zeigt, dass die Wahrnehmung des öffentlichen Themas in den KMU' schwierig bis nicht erreicht ist. Wenn eine Wahrnehmung existiert, wissen die Organisationsmitglieder im Zentrum weder mit den Anforderungen umzugehen noch wie sie die Aufgabe in die peripheren Organisationseinheiten delegieren sollten. Eine Aufbereitung der Ergebnisse erfolgt an anderer Stelle.

[19] *Peters, S. / Matschke, U.* (2006), S. 166 ff.; *Matschke, U. / Hellferich* (2006), unveröffentlichtes Manuskript.

ihrer jeweiligen Zielsetzungen, ihres methodischen Vorgehens und der angewandten Instrumente. Da Gesamtanalysen im Sinne von vollständigen Erhebungen zeitaufreibend wären, konzentriert man sich in Netzwerkprojekten grundsätzlich auf Fragen von Beobachtung und Analyse von Schnittstellen, die die verschiedenen Aktivitäten und Akteure miteinander verbinden. Somit kommt den jeweiligen Schnittstellen der Projekte und Partnerschaften weiterhin eine besondere Bedeutung zu. Es wird derzeit auf verschiedenen Ebenen (Kommune, Region, Land, Bund) mit diversen Instrumenten (z. B. virtuellen Datenbanken und Plattformen, persönlichen Kontaktaufnahmen und Betreuung) an einem gemeinsamen Ziel gearbeitet: Eine wachsende und effektive Umsetzung familienfreundlicher Unternehmenspolitik zu erreichen, um Wirtschafts- und Standortfaktoren zu verbessern. Es ist sinnvoll und notwendig, die einzelnen Vorhaben, ausgehend von der regionalen Ebene, abzustimmen und in Kooperation zu bringen, um bestmögliche Einzelergebnisse und Synergieeffekte zu erzielen.[20] Dabei kommt folgenden Aspekten besondere Bedeutung zu:

- **Akzeptanzaufbau**: z. B. durch ein Modell einer vernünftigen Kosten-Nutzen-Relation der beteiligten Organisationen.

- **Akzeptanzerhalt**: z. B. durch Modelle verstärkter win-win-Situationen von Organisationen auf den angeschlossenen Organisationen der Mikro-Ebene wie der Makro-Ebene gleichermaßen.

- **Akzeptanznetzwerk**, das nachhaltig voneinander lernen kann und Modelle entwickelt, um eine synergetische Ressourcenvernetzung zu ermöglichen.

Mit dem Pilotprojekt bzw. dem Aufbau eines Promotorennetzwerks wird ein umfassendes Steuerungsmodell entwickelt, das folgende Strukturen abbildet:

- interne Strukturen der Organisationen mit Binnensicht,

- Anschlussstrukturen, die eine koordinierte Kooperation über die Mikro- und Makro-Ebene unterschiedlicher Organisationen beinhalten als transorganisatorisches Netzwerk und

---

[20] Unter Initiativen zur Wahrnehmung der öffentlichen Aufgabe „Familienfreundlichkeit" sind Forschungsentwicklungsinstitute zu verstehen. Die strukturelle Anbindung erfolgt an das *BMFSFJ*, auf die Eingangs hingewiesen wurde.

- als supraorganisationale Strukturen, die in Netzwerkagenturen und -foren ein Netzwerkmanagement betreffen, darstellen lassen.

Aus der Binnensicht der beteiligten Organisationen ergeben sich strategische Handlungsschwerpunkte, die die jeweiligen Verantwortlichen als Experten ihres Organisationstyps (Unternehmen, Verband, Kommunalverwaltung, Politik) in die Schnittstellendiskussion steuernd einbringen. Durch den Aufbau eines supraorganisationalen strategischen Controllings werden nachhaltig organisationsspezifische Konzepte und Maßnahmen zur eigenen Personal- und Organisationsentwicklung überprüft, Themen weiterentwickelt und implementiert.

Interne Strukturen mit Konzentration auf die Innenstruktur der Organisation und ihr Verhältnis von Zentrum und Peripherie

Um die umfassendere Strukturebene koordinieren zu können, müssen die internen, organisationsspezifischen Strukturen auf ihre Einflussfaktoren, Problemlagen und Handlungsfelder hin analysiert und geclustert werden. Wirtschaftsunternehmen, Kommunalverwaltungen, Verbände, Stiftungen und Dienstleister haben beispielsweise unterschiedliche Kommunikations- und Entscheidungsabläufe, die entsprechend unterschiedlich in Prozessen organisiert sind. Unternehmen sind dabei bestimmten Rahmenbedingungen ausgesetzt wie u. a. Größe, Kultur, Personalstruktur und regionaler Verortung. Somit werden auch die Problemlagen und Bedarfe der Unternehmen von standortbezogenen Rahmenbedingungen und Personen beeinflusst. Vor diesem Hintergrund ist eine Ist-Analyse von Rahmenbedingungen unverzichtbar, denn diese ist wiederum die Basis für eine Institutionalisierung von Netzwerken und Wissenstransfer.

Anschlussstrukturen einer transorganisationalen Struktur von Netzwerkkooperationen

In den etablierten Organisationen finden formelle und informelle Zusammenkünfte, in unterschiedlich gefestigten Kommunikations- und Kooperationsstrukturen, statt. Die Effizienz des transorganisationalen Wissenstransfers hängt von der Koordinationsstruktur und auch von der jeweiligen Zielsetzung (betriebsinterne oder übergreifende Wissens- und Handlungsbedarfe) ab. Es werden sich beispielsweise Personalleiter einer Branche mit der jeweiligen Binnensicht und Fragestellung nur bedingt branchenübergreifend zu gesellschaftspolitischen Fragestellungen und Veränderungskonzepten treffen. Dies wird delegiert an entsprechende Akteure mit themenspezifischem Hintergrund, die als Promotoren bezeichnet werden können. Die Regel ist, dass das Thema meist nicht innerhalb der Organisationsstruktur koordiniert und bearbeitet wird.[21]

Es werden Ergebnisse hinsichtlich der Faktoren und ihres Einflusses auf die Umsetzung familienfreundlicher Unternehmenspolitik erwartet. Antworten auf Fragen wie: Was sind die Auslöser für Unternehmen, Verbände und andere Organisationen, sich diesem Thema zuzuwenden? Wo stehen die Unternehmen wirtschaftlich, personell, gesellschaftlich? Wie kann problemzentriertes Wissen am besten transferiert werden? Wie können die Ergebnisse bezüglich der Operationalisierung auf der Grundlage von Expertentum am besten gesteuert werden?

Intermediäre Strukturen eines regionalen Promotorennetzwerks durch Netzwerkagenturen für die Wahrnehmung von Familienfreundlichkeit in der Wirtschaft

Hier geht es um die interdisziplinäre Abstimmung und Operationalisierung von jeweiliger Zielsetzung, Maßnahmen, Instrumenten und deren Weiterentwicklung. Eine wesentliche Aufgabe liegt in der Entwicklung eines strategischen und operativen Controlling, da es in der nachhaltigen Effizienz um eine besondere Steuerung der Schnittstellen geht und auch der Benennung und Implementierung neuer Themen bei den unterschiedlichen Partnerorganisationen. Gegenseitige Impulse dürfen nicht als organisationsirrelevant abgetan werden. Der Aufbau einer gleichberechtigten Beratungs- und Entscheidungsstruktur, im Sinne einer Serviceagentur als eine neue Art von „Aufsichtsrat", erscheint unabdingbar.

---

[21] Entsprechende Auswertungen von Personalleitertreffen, Vorstandtreffen, Kommunale Städtetagen etc. sind im Rahmen des Projekts noch unveröffentlicht. Weitere empirische exemplarische Studien wären auch hier geboten, um das heterogene Feld von Institutionen und Organisationen sichtbar zu machen.

Wirkung von Netzwerkforen

Die aufzubauenden übergeordneten Netzwerkforen dürften analog von Arbeits-strukturen in virtuellen Organisationen gesehen werden[22]. In ihnen laufen die verschiedenen Aktivitäten von Akteuren und verantwortlichen Promotoren zu-sammen, mit dem Ziel, Innovationsregionen auch unter dem gesellschaftspoliti-schen Ziel wie Familienfreundlichkeit nachhaltig aufzubauen. Sie zeichnen sich durch Offenheit und Vertrauen aus. In diesen Foren kann Zusammenarbeit nur modular geschehen, also alle Beteiligten arbeiten lediglich in der spezifischen Thematik partiell zusammen. In dieser Form können jedoch themenspezifische Entscheidungen und Programme entschieden werden, die über die Promotoren in Form von Delegation der einzelnen organisatorischen Akteure in Zugang zum Forum und Rückgang in die eigene Organisation einen Wechsel ermöglicht. Netzwerkworkshops scheinen Optionen zu bieten, über neue Programme Einig-keit zu erzielen, durch die eine Akzeptanz der Thematik entsteht, der sich die beteiligten Organisationen schwer entziehen können. D. h. der win-win-Effekt von einer angestrebten Prozess- und Kundenorientierung durch erarbeitete neue Lösungen in den Netzwerkforen bleibt nicht ohne Wirkung auf die Beteiligten als Betroffene, denn die in den Netzwerkforen Arbeitenden sind der ständigen Beobachtung ausgesetzt. Es dürfte die Selbstorganisation solcher virtuellen Strukturen in Netzwerken sein, die Freiheitsgrade mit der Bearbeitung der The-matik erlaubt, sodass alle Akteure von Organisationen nicht nur bloße Informa-tionen untereinander austauschen, sondern in ihren Rollen als Promotoren und Experten Neues entstehen lassen können. Gemeinsame Ziel- und Arbeitsstruktu-ren lassen themenspezifische Communities entstehen, sodass neue virtuelle Rollen mit einem gemeinsamen Wertesystem entstehen, von dem aus in wesent-lich intensiverer Weise Erfolge in der Thematik angestrebt werden können. Es kann in diesen Arbeits- und Netzwerkforen eine verbindliche Ergebnisorientie-rung verfolgt werden, die sich über Wissensmanagementmethoden implementie-

---

[22] Innerhalb von Wissensmanagement werden virtuelle Arbeitsstrukturen, Hypertextorgani-sationen etc. diskutiert, deren entscheidendes Merkmal darin besteht, dass wesentliche Entscheidungen in ihnen getroffen werden, die innerhalb von klassischen Organisations-modellen wenig zu steuern sind.

ren lässt. Darüber hinaus kann eine eigene Personalentwicklung über die Netzwerkforen initiiert werden, über die dann als wichtige Netzwerk-Promotoren
weitere Entwicklungen angestoßen werden, weil sie Scharnierfunktionen zwischen allen beteiligten Akteuren und ihren Organisationen haben. Wird dieses
durch Personalmanagement in Netzwerkforen implementiert, bleibt das nicht
ohne Wirkung auf die Akteure, weil sie die Chance bekommen, sich eine Expertise in der entsprechenden Thematik anzueignen. Mit Wirkung auf ein Change
Management in ihrer eigenen Organisationen lässt sich das verbinden, weil sie
die neu erarbeitete Thematik als Expertise hineintragen. Ist ein solcher Aufbau
möglich, können von dieser Art Personalmanagement auch Veränderungen von
Personal zu Promotoren mit Expertisecharakter denkbar und möglich werden.

Dass diese Entwicklungen „vernünftige" Strategien sein können, zeigen einzelne
Beispiele, wo über selbstorganisierte Netzwerkforen neue Gestaltungsfelder von
Akteursgruppen besetzt werden können, wofür es zuvor keine Optionen gab[23].
Der globale Wettbewerb[24] findet nicht nur zwischen unterschiedlich entwickelten Nationen, sondern zwischen verschiedenen Regionen statt und deshalb haben in Regionen übergeordnete Netzwerkforen hier ihre Aufgaben. Sie können
durch ihr Wirken Präsenz erreichen, indem sie die Voraussetzungen sowie Bedingungen und Zielstellungen aller beteiligter Organisationen und Institutionen
wechselseitig in Anspruch nehmen und damit neue Formen institutioneller virtueller Arbeits- und Infrastrukturen schaffen können.

Zusammenfassung

Aufgrund der Schaffung neuer Strukturen werden Komplementärkompetenzen
über die Peripherie in die Unternehmen hineingetragen, die auf innerbetriebliche
Kompetenzen Einfluss nehmen.[25] Erreicht werden kann damit zukunftsweisend:

---

[23] Z. B. Forum Mentoring in Netzwerkforen im Hochschulbereich durch Personalmanagement (*Kurmeyer, Ch.* (2006), S. 201 ff.). Dieses und andere Beispiele orientieren sich an
regionale Netzwerkinitiativen zur Stärkung wirtschaftlicher Regionen.
[24] *Empter, S. / Vehrkamp, R. B.* (2006); *Peters, S.* et al. (2006).
[25] *Picot, A.* et al. (2001), S. 292.

- Familienfreundlichkeit als gesellschaftspolitisches Anliegen anerkennen,

- Betriebsfreundlichkeit im Sinne der Entwicklung eines zukünftigen Personalbedarfs,

- Diversityfreundlichkeit im Sinne interkultureller Kommunikation annehmen,

- Wirtschaftsfreundlichkeit als regionaler Standortfaktor und damit Indikator für Wettbewerbsfähigkeit,

- Kinderfreundlichkeit und Entwicklung von Zukunftsperspektiven für deren Lebensplanentwicklung sowie

- Generationenfreundlichkeit und damit ein Beitrag zur Bewältigung der demographischen Entwicklung.

Mit zunehmender Dauer der Einbindung von Komplementärkompetenzen nimmt die Bindung an die Organisation zu, sodass sich dieses mit Sicherheit ausdifferenzieren ließe, hier soll das Motto die Entwicklungsrichtung festlegen: „Erfahrung, die verbindet, Kompetenz, die wächst".

Literatur

Adenholz, Jens (2005): Form und Funktion sozialer Netzwerke in Wirtschaft und Gesellschaft, Diss., Wiesbaden.

Baitsch, Christof (1997): Innovation und Kompetenz – Zur Verknüpfung zweier Chimären, in: *Heideloff, F. / Radel, T.* (Hrsg.): Organisation und Innovation: Strukturen, Prozesse, Innovationen, München, S. 59-74.

Barth, Hans J. (2006): Familienpolitik als Standortfaktor im internationalen Vergleich, in: *Empter, Stefan / Vehrkamp, Robert B.* (Hrsg.): Wirtschaftsfaktor Deutschland, Wiesbaden, S. 387-408.

Bea, Franz Xaver / Göbel, Elisabeth (2002): Organisation, Stuttgart.

Berger, Peter A. (2006): Soziale Milieus und die Ambivalenzen der Informations- und Wissensgesellschaft, in: *Bremer, H. / Lange-Vester, A.* (Hrsg.): Soziale Milieus und Wandel der Sozialstruktur, Wiesbaden, S. 73-100.

BMFSFJ (2004a): Erwartungen an einen familienfreundlichen Betrieb, Berlin.

BMFSFJ (2004b): Bevölkerungsorientierte Familienpolitik – ein Wachstumsfaktor, Berlin.

Empter, Stefan / Vehrkamp, Robert B. (Hrsg.) (2006): Wirtschaftsfaktor Deutschland, Wiesbaden, S. 387-408.

Jansen, Dorothea (2003): Einführung in die Netzwerkanalyse, Opladen.

Kieser, Alfred (2000): Organisationstheorien, Stuttgart.

Kurmeyer, Christine (2006): Forum Mentoring – erste Schritte zur Einführung eines neuen Instruments der Personalentwicklung im Hochschulbereich, in: *Peters, S. / Genge, F./ Willenius, Y.* (Hrsg): Flankierende Personalentwicklung durch Mentoring II, München/ Mehring, S. 201-211.

Luhmann, Niklas (2002): Organisation und Entscheidung, Frankfurt.

Murawski, Klaus-Peter / Matschke, Ursula (2001): Dokumentation zu "Equality, Life & Work" – Vereinbarkeit von Leben, Familie und Beruf, Stadt Stuttgart.

Peters, Sibylle / Dengler, Sandra (2004): Wissenspromotoren in der Hypertext- Organisation, in: *Schnauffer, H. G. / Stieler- Lorenz, B./ Peters, S.* (Hrsg.): Wissen vernetzen – Wissensmanagement in der Produktentwicklung, Berlin, Heidelberg, New York, S. 72-92.

Peters, Sibylle / Dengler, Sandra (2006): Kommunikation und Vernetzung durch Wissenspromotion in Organisationen, in: *Pohlmann, M. / Zillmann, Th.* (Hrsg.): Beratung und Weiterbildung, München / Wien, S. 51-62.

Peters, Sibylle / Matschke, Ursula (2006): Work-life-balance – Ein Thema für Führungsnachwuchskräfte im Kontext von Diversity und Diversity-Management, in: *Becker, M. / Seidel, A.* (Hrsg.): Diversity-Management, Stuttgart, S. 166-190.

Picot, Arnold / Reichwald, Ralf / Wigand, Rolf (2001): Die grenzenlose Unternehmung, Wiesbaden.

Preisendörfer, Peter (2005): Organisationssoziologie, Wiesbaden.

Sanders, Karin / Kianty, Andrea (2006): Organisationstheorien, Wiesbaden.

Schindler, Delia (2006): Qualitative Netzwerkanalyse, in: *Behnke, J. / Gschwend, T. / Schindler, D. / Schnapp, K. U.* (Hrsg.): Methoden der Politikwissenschaft, Baden-Baden, S. 287-296.

Schüppel, Jürgen (1996): Wissensmanagement – Organisatorisches Lernen im Spannungsfeld von Wissens- und Lernbarrieren, Wiesbaden.

Sydow, Jörg (1999): Management von Netzwerkorganisationen – Zum Stand der Forschung, in: *Sydow, Jörg* (Hrsg.): Management von Netzwerkorganisationen, Wiesbaden, S. 279-314.

Sydow, Jörg (2003): Dynamik von Netzwerkorganisationen – Entwicklung, Evolution, Strukturation, in: *Hoffmann, W. H.* (Hrsg.): Die Gestaltung der Organisationsdynamik Konfiguration und Evolution, Ulm, S. 327-355.

Witte, Eberhard (1999): Das Gespann der Promotoren, in: *Hauschildt, J. / Gemünden, H.G.* (Hrsg.): Promotoren – Champions der Innovation, Wiesbaden.

Zapf, Wolfgang (1994): Über soziale Innovationen, in: *Zapf, Wolfgang* (Hrsg.): Modernisierung, Wohlfahrtsentwicklung und Transformation, Berlin, S. 23-40.

Kennzahlen und Kosten-Nutzen-Relationen zur Bewertung familienfreundlicher Maßnahmen in Unternehmen

Elena de Graat

work & life, Bonn

Die Bedeutung der Vereinbarkeit von Beruf und Privatleben für Betriebe

Die Gründe für den Wunsch von Beschäftigten nach betrieblichen Maßnahmen zur Unterstützung der Vereinbarkeit von Beruf und Privatleben sind vielfältig und in der Regel sehr persönlich. Mit dem Begriff „Privatleben" werden alle Beschäftigten angesprochen. Denn bei privaten Verpflichtungen handelt es sich nicht nur um solche, bei denen (kleine) Kinder zu betreuen sind, sondern es betrifft auch diejenigen, die sich um ihre älteren Angehörigen kümmern – ein Aspekt, der zunehmend Beachtung findet. Unternehmen haben hingegen ein Hauptmotiv: Erhaltung und wenn möglich Steigerung der Konkurrenzfähigkeit von Dienstleistungen und Produkten und damit Erreichung des bestmöglichen betriebswirtschaftlichen Gesamtergebnisses. Auf den ersten Blick scheinen diese Ziele nicht kompatibel; sie haben jedoch einen direkten Zusammenhang: Die betriebliche Unterstützung der Vereinbarkeit von Beruf und Privatleben hat einen inzwischen auch nachweisbaren positiven Einfluss auf das Betriebsergebnis. Die Nichtberücksichtigung von privaten Verpflichtungen im Berufsleben verursacht Kosten. Kosten z. B. der Art, dass Produkte und Dienstleistungen nicht im erforderlichen Umfang oder nur von minderer Qualität zur Verfügung gestellt werden können. Die gezielte und passende Unterstützung der Vereinbarkeit führt jedoch nicht nur zu einer Sicherung, sondern oft auch zu einer Steigerung von Qualität und Quantität der betrieblichen Leistung. Welche Maßnahme

231

hat aber nun welche betriebswirtschaftlichen Auswirkungen? Welche Maßnahme lohnt sich, wie viel kostet sie und welche Einsparungen können damit in
welchen Bereichen erzielt werden?

Betriebswirtschaftliche und nicht betriebswirtschaftliche Argumente wie auch
Erläuterungen zu einem Berechnungstool für Bedarfsabschätzung und Kosten-
Nutzen-Relationen einiger mitarbeiterorientierter Maßnahmen sind im Folgen-
den zusammengefasst dargestellt.

Kosten-Nutzen-Aspekte der Vereinbarkeit von Beruf und Privatleben aus Sicht von Betrieben

Negative Folgen einer nicht vorhandenen Balance von Beruf und Privatleben
sind z. B.

- geringere Arbeitsleistung,
- mehr Fehler und Fehlentscheidungen,
- mehr Fehlzeiten,
- schlechteres Klima am Arbeitsplatz,
- innerer Ausstieg und – je nach Arbeitsmarktlage – höhere Bereitschaft zur Kündigung und
- Verzicht auf Imagevorteile am Markt.

Während sich die ersten drei Themenbereiche recht gut in betriebswirtschaftlichen Dimensionen darstellen lassen, sind Aspekte der Unternehmenskultur,
Kündigungsbereitschaft und Marktvorteile als Folge einer praktizierten oder
vernachlässigten Koordination von Berufs- und Privatleben bisher nur selten
und indirekt ermittelt worden. Allerdings zeigen die Befunde der jährlich von
der *Gallup Organization* weltweit durchgeführten repräsentativen Befragung
von Beschäftigten in ihren Ergebnissen für die Bundesrepublik seit 2001[1], dass
eine Nichtbeachtung der „weichen" Faktoren wie Zufriedenheit mit dem Arbeitgeber, Freude und Spaß bei der Arbeit mit Kolleginnen und Kollegen kostspielig

---

[1] http://www.gallup.de/Mitarbeiterzufriedenheit.htm.

ist. Nach den aktuellen Befunden aus dem Jahr 2005[2] haben in Deutschland nur noch 13 % der Beschäftigten eine hohe Bindung an ihren Arbeitgeber, 69 % machen Dienst nach Vorschrift und 18 % haben keine besondere Bindung an ihren Arbeitgeber. Der gesamtwirtschaftliche Schaden der geringen Verbundenheit von Beschäftigten mit ihrem Arbeitgeber beläuft sich nach den Berechnungen von *Gallup* auf 250 bis 260 Milliarden Euro jährlich. Umgerechnet auf alle Erwerbspersonen macht dies circa 6.250 Euro pro Person im Jahr aus.[3] Nach diesen Erhebungen fehlen Beschäftigte mit wenig Verbundenheit zu ihrem Arbeitgeber rund fünf Tage mehr im Jahr. Bei durchschnittlich 244 Euro Bruttopersonalkosten pro Tag (inkl. aller Personalneben- und Arbeitsplatzkosten) sind das jährlich 1.222 Euro für jede dem Betrieb nicht verbundene Kraft. Nur 18 % der Beschäftigten ohne Bindung, vergleichsweise aber 74 % der Beschäftigten mit Bindung an ihren Betrieb, empfehlen dessen Dienstleistungen und Produkte an Freunde und Bekannte. Die Autoren der *Gallup*-Studie ziehen den Schluss, „dass gutes, mitarbeiterfokussiertes Management der Schlüssel zum Anheben des Engagementlevels darstellt."[4] Das hat Konsequenzen für das Betriebsergebnis.

Dienstleister, z. B. ein Pflegedienst, ein Seniorenheim oder ein Krankenhaus, deren Beschäftigte nicht „hinter ihrem Betrieb stehen", haben ein schlechtes Image und damit ein doppeltes Problem. Sie sind wenig(er) attraktiv für potenzielle Beschäftigte und Kunden. Davon wäre durch mehr Mitarbeiterorientierung vieles zu vermeiden, und zwar mit klaren Erwartungen seitens der Vorgesetzten, mit Interesse für den Beschäftigten als „Mensch" und mit gezielter Weiterbildung auch bei längerer Betriebszugehörigkeit.

---

[2] Eine ausführliche PowerPoint-Präsentation der Ergebnisse aus dem Jahr 2005 von *Gallup* findet sich unter http://www.inqa.de/Inqa/Redaktion/Veranstaltungen/Fachveranstaltungen/Anlagen/A_2BA-Gallup-pdf,property=pdf,bereich=inqa,sprache=de,rwb=true.pdf.

[3] Es handelt sich um eine jeweils repräsentative Erhebung und darauf beruhende Berechnungen. Im betrieblichen Einzelfall schwanken die Werte erheblich und es ist zur Bewertung einer spezifischen Unternehmenssituation erforderlich, die betriebswirtschaftlichen Kennzahlen des spezifischen Unternehmens zugrunde zu legen.

[4] http://www.gallup.de/Mitarbeiterzufriedenheit.htm.

Kennzahlen und ihr Bezug zur Vereinbarkeit von Beruf und Privatleben

Um das zu einem Betrieb passende und betriebswirtschaftlich sinnvolle Konzept einer mitarbeiterorientierten Personalpolitik zu entwickeln, bedarf es einer Reihe von Kennzahlen und Informationen. Als absolute Basisinformation sind die Daten über die Anzahl der Mitarbeiterkinder und deren Alter zu betrachten. Wünschenswert ist zudem eine Orientierung über die Anzahl der Angehörigen von Beschäftigten, die der unterschiedlich zeitintensiven Unterstützung oder Betreuung bedürfen. Erst mit diesen Angaben kann abgeschätzt werden, ob und wenn ja welche betrieblichen Angebote für die Beschäftigten sinnvoll sind. Um im Vorfeld die Effekte erwogener Maßnahmen abzuschätzen und sie im Nachhinein überprüfen zu können, ist es erforderlich, auf der Basis bereits vorhandener Beobachtungen und Untersuchungen die Daten zusammenzustellen, die im Betrieb mit einer Maßnahme positiv verändert werden sollen. Erst mit einer solchen Bestandsaufnahme im Vorfeld lassen sich im Vergleich mit der erneuten Erhebung nach einer Phase der Einführung und Etablierung Wirksamkeit und Ausmaß der Effekte von gezielten Angeboten ermessen. Familienunterstützende Maßnahmen können unter anderem auf folgende Daten einen positiven Einfluss haben:

- durchschnittliche und individuelle Dauer der Elternzeit von Beschäftigten des Unternehmens,

- damit verbunden sind Kosten der Überbrückung von unterschiedlich langen Freistellungszeiten,

- ebenso wie Kosten des Wiedereinstiegs nach einer Freistellungsphase und

- Kosten der Personalgewinnung in Fällen, in denen z. B. Freigestellte nicht wieder in das Unternehmen zurückkehren.

Erst wenn ein Unternehmen sich mit den Kosten auseinandersetzt, die entstehen, weil die Balance von Beruf und Privatleben unberücksichtigt bleibt, wird erkennbar, was eine Maßnahme oder ein Maßnahmenportfolio kosten darf, damit alle Beteiligten davon profitieren.

234

Neben diesen eher auf Beschäftigte mit Kindern bezogenen Betrachtungen ist es hilfreich, sich weitere Aspekte genauer anzusehen, was aber nicht immer machbar oder gewünscht ist. Allerdings gibt es zunehmend Unternehmen, die z. B. mit einer Umfrage bei ihren Beschäftigten die Zufriedenheit mit der Arbeit, dem Arbeitsplatz, dem Arbeitgeber und den Vorgesetzten ermitteln und auch gegebenenfalls einen Bezug zu Fehlzeiten herstellen. Unternehmensspezifische Ergebnisse solcher Vergleiche werden nicht veröffentlicht. Dahingegen belegen aber unternehmensübergreifende Ergebnisse einen solchen direkten Zusammenhang.[5] Für den positiven Zusammenhang zwischen mitarbeiterorientierten Maßnahmen und Leistungssteigerung wie auch Kundenzufriedenheit stehen betriebsinterne Untersuchungen z. B. bezüglich der Telearbeit in Versicherungen[6] und der Arbeitszeitorganisation in Pflegeeinrichtungen.

Umsetzung von Maßnahmen zur Vereinbarkeit von Beruf und Privatleben – Schritt für Schritt

Bedarfsermittlung

Zur Ermittlung von Anhaltspunkten darüber, welche Bedarfsschwerpunkte die Beschäftigten haben, gibt es mehrere Möglichkeiten. Es gibt z. B. den direkten Weg der themenbezogenen Befragung. Sofern bereits die Tendenz in eine bestimmte Handlungsrichtung besteht, kann es Klarheit über konkrete Belange und Handlungsoptionen herbeiführen. Eingesetzt werden Befragungen unter anderem hinsichtlich des Kinderbetreuungsbedarfs der Beschäftigten. Hierzu gibt es erprobte Dimensionen, die das für eine sich anschließende Konzeption des passenden und finanzierbaren Angebotes Sinnvolle erfassen. Gefragt werden sollte unter anderem nach der Bereitschaft, sich beispielsweise beim Aufbau eines betrieblich unterstützten Angebotes zu beteiligen. Dies stellt sicher, dass es ein Angebot wird, das die Beschäftigten als das „ihre" wahrnehmen. Gefragt werden sollte darüber hinaus unbedingt, ob und wie viel die einzelnen für eine Betreu-

---

[5] *Frey, D. / Wendt, M.* (2001).

[6] *Bundesministerium für Soziale Sicherheit, Generationen und Konsumentenschutz* (A) (2003).

ungsleistung zu bezahlen bereit sind. Allerdings ist festzuhalten, dass diese Ergebnisse immer eine Momentaufnahme darstellen. Das darauf basierende betriebliche Angebot sollte erfahrungsgemäß davon ausgehen, dass der nach einer Umsetzung tatsächlich vorhandene Bedarf geringer ausfällt. Empfehlenswert ist daher, das betrieblich unterstützte Kinderbetreuungsangebot eher so auszugestalten, dass es bei Bedarf gesteigert werden kann. So wird vermieden, dass nach umfänglichen Investitionen gegebenenfalls zurückgefahren werden muss.

Manche Unternehmen lehnen Befragungen jedoch eher ab, da sie als Verpflichtung zu einem Angebot wahrgenommen werden. Verfügbar sind auch andere Instrumente, die eine Orientierung darüber geben, in welchem Umfang bei den Beschäftigten ein Bedarf an Kinderbetreuungsunterstützung oder Vermittlungshilfe bei der Suche nach Betreuungsplätzen für ältere Angehörige bestehen könnte. Zum Beispiel können Unternehmen aller Größen und Branchen in ein kostenloses und online verfügbares Berechnungsinstrument[7] ihre spezifischen Belegschaftsdaten eintragen. Sie erhalten in diesem Instrument auf Basis des Mikrozensus beziehungsweise der bundesdeutschen Pflegestatistik annähernde Werte zur Anzahl der Beschäftigten mit Kindern unter 15 Jahren, der Anzahl der Kinder, für die diese beschäftigten Eltern eine zeitlich intensivere Sorge zu tragen haben, und der Anzahl an Beschäftigten mit versorgungsbedürftigen älteren Angehörigen.

Es ist nicht für jedes Unternehmen sinnvoll oder notwendig, sich mit Fragen der Unterstützung von Betreuungsarrangements auseinander zu setzen. Die flexible(re) Gestaltung der Arbeitszeit oder des Arbeitsortes sind ebenfalls probate Wege, zur besseren Vereinbarkeit von Beruf und Privatleben beizutragen. Oft werden zudem die bereits vorhandenen Maßnahmen hierzu nicht in ihrem Potenzial bezüglich der Vereinbarkeitserleichterung wahrgenommen.[8] Einen guten Überblick über die Vielzahl der möglichen Maßnahmen gibt die Homepage der

---

[7] Das Instrument wurde im Rahmen eines *EU*-geförderten Projektes entwickelt und steht unter http://www.work-and-life.de/aktuelles/download.php zur Verfügung.

[8] *Bundesministerium für Familie, Senioren, Frauen und Jugend* (2001).

berufundfamilie gGmbH[9], auf der in bundesdeutschen Unternehmen realisierte Einzelmaßnahmen aufgeführt, beschrieben und kommentiert sind. Mit Hilfe des inzwischen bundesweit anerkannten *audit berufundfamilie*® kann ein Unternehmen oder eine Institution ganz gezielt überprüfen, ob bereits existierende betriebliche Aktivitäten zu Betrieb und Beschäftigten passen. Es kann damit abgeschätzt werden, inwieweit sie überhaupt in Anspruch genommen werden, und ein praxisorientierter sowie realistischer „Fahrplan" für die nächsten drei Jahre erarbeitet werden. Das Instrument hilft zu systematisieren und gibt weitergehende Anregungen. Es bietet die Möglichkeit, unter Einbeziehung aller relevanten Personenkreise, das Thema im Betrieb wirksam und nachhaltig zu platzieren.

Abschätzung des möglichen Nutzens beziehungsweise der Einsparungen

Unternehmen entstehen Kosten, wenn die Unvereinbarkeit von Beruf und Privatleben zu Minderleistungen oder Verlust einer Arbeitskraft führt. Dass gerade diese Kosten von Unternehmen oft zu wenig oder gar nicht in eine Kalkulation einbezogen werden, wurde bereits oben unter Bezug auf unternehmensübergreifende Ergebnisse der *Gallup-* und der *CC-Studie* dargestellt.[10] Die *prognos-Studie*[11], die 2003 im Auftrag des *Bundesfamilienministeriums* die „Betriebswirtschaftlichen Effekte familienfreundlicher Maßnahmen" untersuchte, beschreibt die mit Unternehmen gemeinsam beleuchteten Kostenfaktoren einer Nichtbeachtung von Fragen der Vereinbarkeit ebenso wie die Kosten von betrieblichen Aktionsmöglichkeiten. Der Verlust einer im Unternehmen beschäftigten Person schlägt hiernach mit mindestens 9.500 bis zu 43.200 Euro zu Buche. Diese Größenordnung ist allerdings als eher vorsichtige Annäherung zu betrachten. Diesbezüglich gab der Geschäftsführer eines Unternehmens im Rahmen des Bundeswettbewerbs „*Der Familienfreundliche Betrieb 2000: Neue*

---

[9] Darstellung von *audit berufundfamilie*® und Überblick über die Palette familienorientierter Maßnahmen auf http://www.beruf-und-familie.de.

[10] Eine ausführliche Präsentation der Ergebnisse von *Gallup* (2005) findet sich unter http://www.inqa.de/Inqa/Redaktion/Veranstaltungen/Fachveranstaltungen/ Anlagen/A_2BA-Gallup-pdf,property=pdf,bereich=inqa,sprache=de,rwb=true.pdf.

[11] *Bundesministerium für Familie, Senioren, Frauen und Jugend* (2002).

Chancen für Frauen und Männer" an, dass sich die Kosten der Wiederbesetzung einer Stelle, seinen Berechnungen nach, auf 75 bis 150 % des jeweiligen Jahresgehaltes beläuft.[12] Dies wird von anderen Unternehmen – nur selten offiziell – bestätigt. Das heißt, dass der Weggang aufgrund von familiären Verpflichtungen mit eben so hohen Kosten verbunden ist. Unbedingt in eine Kosten-Nutzen-Analyse einzubeziehen ist des Weiteren der mit einer längeren beruflichen „Auszeit" verbundene Know-how-Verlust. In der *prognos-Studie* finden sich Angaben dazu, wie dieser bei unterschiedlich langen „Auszeiten" finanziell zu bewerten ist beziehungsweise mit welchem Qualifizierungsaufwand dann zu rechnen ist (Wiedereingliederungskosten). Nicht zu vergessen sind darüber hinaus die Überbrückungskosten.[13]

Aus der Zusammenstellung der in einem Unternehmen zu einem Zeitpunkt A gegebenen Konstellation lassen sich so die unternehmensspezifischen Kosten ermitteln, die dem Unternehmen entstehen. Es kann des Weiteren ermessen werden, welche Kosten verbleiben würden, wenn z. B. mit Hilfe gezielter Maßnahmen Freistellungszeiträume verkürzt werden oder kurzfristige Ausfallzeiten reduziert werden können. Eine detaillierte Abschätzung von vermeidbaren Kosten sowie eine Gegenüberstellung mit wünschenswerten Investitionen in entsprechende Maßnahmen liefern Argumente, die zunehmend auch Vorstände überzeugen, in familienorientierte Maßnahmen zu investieren.

Manch ein Nutzen lässt sich bislang im Vorfeld allerdings nur schwer oder gar nicht unternehmensbezogen einschätzen. Die Zufriedenheit der Beschäftigten, ihre Arbeitsmotivation und Leistungsbereitschaft ebenso wie Aspekte des Arbeitsklimas sind bislang kaum mit betrieblichem Datenmaterial untermauerte Größen. Für einen „echten" Vorher-Nachher-Vergleich wäre es allerdings durchaus von Vorteil, wenn sich mehr Unternehmen mit diesen Fragen konkret auseinandersetzen würden.[14] Ein Ansatz ist darüber hinaus die Aufnahme ergänzender Fragen in Befragungen zur Kundenzufriedenheit und die vergleichende

---

[12] *Bundesministerium für Familie, Senioren, Frauen und Jugend* (2001).
[13] *Bundesministerium für Familie, Senioren, Frauen und Jugend* (2001), S. 13 f.
[14] Dass diese Fragen generell von betriebswirtschaftlicher Relevanz sind, zeigt die oben erwähnte *Gallup*-Studie.

Betrachtung von Kosten und Wirkung von praktizierter (Produkt)Werbung gegenüber einer imageförderlichen Berichterstattung über das Unternehmen als Ganzes. Diese erweiterte Betrachtung befindet sich gegenwärtig in nur wenigen Unternehmen in einem Anfangsstadium.

Ermittlung von Maßnahmekosten

Zur Abschätzung erwartbarer Kosten, die mit einer Maßnahme verbunden sein können, stehen ebenfalls Daten aus der *prognos-Studie* als Vergleichsgrößen zur Verfügung.

- Die Abstimmung und Einführung eines individuellen Teilzeitmodells[15] kostet circa 1.200 Euro (als Basis können auch die Kosten für zwei Arbeitstage mit den für diese Person anfallenden Bruttopersonalkosten kalkuliert werden).

- Für 40 Beschäftigte in Elternzeit oder 100 Eltern mit Betreuungsaufgaben ist eine Kraft in Vollzeit für Aufgaben der Beratung erforderlich[16] (in Abhängigkeit vom Bruttojahresgehalt der Person, die diese Aufgaben wahrnimmt, durchschnittlich circa 60.000 Euro pro Jahr).

- Bei 1.100 Beschäftigten insgesamt und einem Anteil von circa 50 % Frauen in der Belegschaft bedarf es einer Vollzeitkraft für Kontakthalteaufgaben (Kalkulation wie oben).

- Die Kosten für einen Telearbeitsplatz liegen bei circa 5.000 bis 7.000 Euro pro Jahr, sofern der Betrieb die vollständigen Installations- und Kommunikationskosten trägt[17] – gelegentliches Bearbeiten von Dokumenten auf dem heimischen PC oder auf Papier kosten demgegenüber „fast nichts".

- Kinderbetreuungsunterstützung kostet zwischen einmalig 750 Euro, wenn der Betrieb die Kosten der Vermittlung einer qualifizierten und zuverlässigen Tagesmutter trägt, und rund 15.000 Euro pro Jahr, wenn der Betrieb die Kosten für den Vollzeit-Betreuungsplatz eines Kindes unter drei Jahren vollständig übernimmt.

Zudem gibt es aus unterschiedlichen Unternehmen einige konkrete Anhaltspunkte zu weiteren Kostenstrukturen:

---

[15] *Bundesministerium für Familie, Senioren, Frauen und Jugend* (2002).
[16] *Bundesministerium für Familie, Senioren, Frauen und Jugend* (2002), S. 19.
[17] *Bundesministerium für Familie, Senioren, Frauen und Jugend* (2002), S. 22.

- Die Aufwendungen für Einrichtung und Betrieb eines Eltern-Kind-Arbeitszimmers belaufen sich je nach Ausstattung auf rund 1.500 bis 3.500 Euro pro Jahr.

- Die Kosten einer Ferienbetreuung für Schulkinder hängt ganz entscheidend von Konzeption und Anzahl der Wochen ab, für die sie gemacht wird: Der Computerkurs mit dem pensionierten Fachmann aus dem Betrieb für einige Kinder ist eher für eine finanzielle Anerkennung zu bewerkstelligen, als das 3-wöchige Sportprogramm für 80 Kinder in Kooperation mit einem örtlichen Verein, das mit mind. 3.500 bis 4.500 Euro betrieblichen Kosten im Rahmen eines Sponsorings anzusetzen ist.

Kosten-Nutzen-Relationen

Bei der Betrachtung von Kosten-Nutzen-Relationen gehen viele Betriebe unmittelbar von einem Kinderbetreuungsangebot in der „de luxe-Variante" aus, die dann mit beachtlichen Kosten verbunden ist. Bewährt hat sich demgegenüber der Weg, bei dem zunächst die Ausgaben ermittelt werden, die einen Bezug zu Fragen der Vereinbarkeit haben, und die im konkreten Betrieb vermieden werden können und sollen. Die vollständige und betriebsbezogene Ermittlung dieser Beträge ist der erste Schritt. Damit wird ersichtlich, ob der Betrieb überhaupt einen kostenrelevanten Handlungsbedarf hat. Die Berechnung wird Unternehmen erleichtert mit einem Instrument, das im Rahmen eines *EU*-geförderten Projektes „Kosten und Nutzen einer familienbewussten Personalpolitik" entwickelt wurde und auf verschiedenen Homepages kostenfrei zur Verfügung steht.[18] In einem nächsten Schritt kann dann erwogen werden, was eine familienunterstützende Einzelmaßnahme oder auch ein Maßnahmenpaket den Betrieb kosten muss, um einen vereinbarkeitserleichternden Effekt zu haben, und kosten darf, um in der Bilanz attraktiv zu sein. Je genauer die Daten für ein Unternehmen eingegebenen werden, desto präziser können die Kosten ermittelt werden, die vermeidbar sind. Das Instrument bietet an, sowohl für außertariflich Beschäftigte als auch tariflich Beschäftigte Daten einzugeben, und ermittelt

---

[18] http://www.work-and-life.de/aktuelles/download.php;
http://www.mittelstand-und-familie.de/xi-490-0-1000-31-0-de.html.;
http://www.bmsg.gv.at/cms/site/liste.html?channel=CH0183.

zusätzlich die durchschnittlichen Kosten der Wiederbesetzung einer Stelle. Es ist zudem auch möglich, das Instrument so zu nutzen, dass Daten für eine konkrete Stelle ausgefüllt werden und so zu ermitteln, was es den Betrieb kostet, wenn auf dieser Position eine Neubesetzung erfolgen müsste.

Die Gegenüberstellung von Ausgaben und Einsparungen z. B. im Falle des Engagements eines Vermittlungsservices für die Suche nach einem geeigneten Betreuungsarrangement ist hiermit einfach möglich. Die Kosten einer Vermittlung liegen in den meisten Unternehmen bei maximal 1,5 Arbeitstagen eines Beschäftigten (die Betreuungskosten tragen die Beschäftigten selbst). Diese betriebliche Investition in ein verlässliches Betreuungsarrangement rechnet sich allein durch die seitens der Beschäftigten nicht aufgewendete Zeit für eine eigene Suche – zuzüglich der in der Folge vermiedenen Fehltage und Unterbrechungen, die unweigerlich stattfinden, wenn das Arrangement nicht passt.

Den Einsparungseffekt einer vollständig eigenfinanzierten Betreuungseinrichtung für Ausnahmefälle haben zwei der im Projekt beteiligten Unternehmen für sich ebenfalls ermittelt. So bietet die *Commerzbank* in Frankfurt seit mehreren Jahren in Kooperation mit dem *pme Familienservice* eine Notfallbetreuung für Kinder ihrer Beschäftigten an, und *Ford* betreibt seit einigen Jahren eine ebensolche Einrichtung vollkommen in „Eigenregie". Beide Unternehmen haben diese Angebote evaluieren und auch die nutzenden Eltern befragen lassen. Obwohl nicht in allen Betreuungsfällen ein „echter" Notfall vorlag, hätten Eltern in 30 bis 50% der Fälle ohne ein solches Angebot ihre terminlich wichtigen Arbeiten im Unternehmen nicht erledigen können. Trotz der relativ hohen Kosten, die den beiden Unternehmen mit diesem Angebot entstehen, können sie nach den angestellten Berechnungen jährlich zwischen 90.000 und 140.000 Euro Personalausgaben einsparen. Die *MVV* in Mannheim hat als eines der wenigen Unternehmen zuerst die möglichen Einsparungen beziffert und dann in einem zweijährigen Projekt ihr Maßnahmenportfolio mit den Beschäftigten gemeinsam entwickelt und konsequent umgesetzt. Die letztlich zwei Jahre nach Bewilligung des Projektbudgets durch den Vorstand vorgenommene sehr differenzierte Evaluation ergab, dass für jeden in das Programm investierten Euro gut zwei Euro „return-on-investment" erzielt worden sind.

Literaturverzeichnis

Bundesministerium für Familie, Senioren, Frauen und Jugend (2001): Der familienfreundliche Betrieb 2000: Neue Chancen für Frauen und Männer.

Bundesministerium für Familie, Senioren, Frauen und Jugend (2002): Betriebswirtschaftliche Effekte familienfreundlicher Maßnahmen, *prognos AG*, Köln.

Bundesministerium für Soziale Sicherheit, Generationen und Konsumentenschutz (A) (2003): Projekttitel: „Vereinbarkeitsmaßnahmen von Familie und Beruf anhand des Modellprojekts einer nationalen Koordinierungsstelle", Bericht (1) Analyse der Daten der europäischen *NEXT* Studie, Arbeit und Familie – Konflikt bei europäischem Pflegepersonal, Bericht (2) Kosten-Nutzen-Analyse einer familienbewussten Personalpolitik, verfügbar nur unter http://www.bmsg.gv.at/cms/site/liste.html?channel=CH0183.

Frey, Dieter / Wendt, Markus (2001): Fehlzeiten und Fluktuation durch Missmanagement. *DIE WELT* 27.11.2001, S. 12., *16th annual CCH Unscheduled Absence Survey* (2006), Kurzfassung der Ergebnisse, http://hr.cch.com/news/hrm/102506a.asp.

Gallup Organization (2001): Pressemitteilung zur Mitarbeiterbefragung in Deutschland, http://www.gallup.de/Mitarbeiterzufriedenheit.htm.

Gallup Organization (2005): PowerPoint-Präsentation der Umfrageergebnisse für das Jahr 2005, http://www.inqa.de/Inqa/Redaktion/Veranstaltungen/Fachveranstaltungen/Anlagen/A_2BA-Gallup-pdf,property=pdf,bereich=inqa,sprache=de,rwb=true.pdf.

Teil III: Best Practices

Arbeitszeitflexibilisierung – Das Fundament jeglicher Work-Life Balance Maßnahmen

Katrin Peplinski
Victoria Versicherung AG, Düsseldorf

Einführung

Die *VICTORIA* hat es sich zur Aufgabe gemacht, ein familienfreundliches Unternehmen zu werden. Die *VICTORIA* ist ein altes Unternehmen und traditionell seinen Mitarbeitern sehr verbunden. Sie wurde vor mehr als 150 Jahren gegründet, als am 26. September 1853 der preußische *König Friedrich Wilhelm IV.* der *Allgemeinen Eisenbahn Versicherungs-Gesellschaft zu Berlin* die Konzession zur Aufnahme des Geschäftsbetriebes erteilte. Um die erfolgreiche Entwicklung der Gesellschaft zu dokumentieren und den Vertrieb weiterer Sparten zu fördern, firmierte die Gesellschaft ab 1875 als *VICTORIA* zu Berlin. Heute ist sie Teil der *ERGO Versicherungsgruppe* mit Sitz in Düsseldorf. *Die ERGO Versicherungsgruppe AG* vereint unter ihrem Dach die bekannten Versicherer *VICTORIA*, *Hamburg-Mannheimer*, *DKV Deutsche Krankenversicherung* und *D.A.S.* sowie direkt und indirekt zahlreiche Auslandsgesellschaften. In Deutschland ist die *ERGO* die zweitgrößte Erstversicherungsgruppe.

Mit der Teilnahme am *audit berufundfamilie®* der gemeinnützigen *Hertie-Stiftung* im Jahr 2002 hat sich die *VICTORIA* zum Ziel gesetzt, Maßnahmen zu entwickeln, die die Vereinbarkeit von Beruf und Familie eines jeden Mitarbeiters ermöglichen. Für ein Versicherungsunternehmen gilt dies in besonderem Maße, da Mitarbeiter die wichtigste Ressource eines Dienstleistungsunternehmens sind. Und durch eine familienfreundliche Unternehmenspolitik bleiben die qualifizierten und motivierten Mitarbeiter in der Organisation eingebunden. Nach dem Erhalt des Grundzertifikates hat die *VICTORIA* mit Hilfe dieses anerkannten Managementinstruments gezielt Maßnahmen in Richtung der Vereinbarkeit von Beruf und Familie wie der Chancengleichheit entwickelt. Sie versprach sich davon einen erheblichen Imagegewinn in der Branche und einen Gewinn für die Mitarbeiter/Innen in der Planung ihrer beruflichen und persönlichen Entwicklung. Mit dem Erhalt des Zertifikates des *audit berufundfamilie®* im November 2005 als erstes deutsches Versicherungsunternehmen befindet sich die *VICTORIA* auf einem zukunftsweisenden Weg.

Wie verhält sich ein Unternehmen in der derzeitigen wirtschaftlichen Gesamtsituation, wenn es Personal frei stellen muss, diesen Personalabbau vorrangig sozialverträglich gestalten möchte und somit auf eine natürliche Fluktuation angewiesen ist? Und folglich auch auf eine geringe Zahl der aus der Elternzeit rückkehrenden Mitarbeiter sowie auf die Nutzung der Altersteilzeit aller in Frage kommenden Mitarbeiter hofft? Gleichzeitig aber auch ein Interesse hat, seine guten Mitarbeiter im Unternehmen zu halten? Oder gerade im Hinblick auf die demographische Entwicklung an einer späteren Rückkehr aus der Elternzeit beziehungsweise längeren Betriebszugehörigkeit dieser Mitarbeiter interessiert ist?

Der folgende Beitrag schildert, wie sich die *VICTORIA* diesen Problemen und auch Herausforderungen stellen wird. Bei der Priorisierung des Maßnahmenkatalogs familienfreundlicher Personalpolitik stand für die *VICTORIA* das Thema Arbeitszeitflexibilisierung an erster Stelle.

Zum einen befindet sich die *VICTORIA* in wirtschaftlichen Synergieprozessen innerhalb der *ERGO Versicherungsgruppe* und beschäftigt sich daher mit Überlegungen der Personalkostenersparnis. Zum anderen ist die *VICTORIA* nicht nur am Standort Düsseldorf, sondern bundesweit derzeit an sieben weiteren Standorten vertreten und müsste somit für alle Mitarbeiter geeignete familienfreundliche Maßnahmen finden. Wobei unter dem Begriff „familienfreundlich" nicht nur Maßnahmen in Richtung Kinderbetreuung im Vordergrund standen, sondern die Mitarbeiter aller Altersklassen in den Genuss bestimmter Work-Life-Balance-Überlegungen einbezogen werden sollten. Somit begrenzte die *VICTORIA* ihr Engagement für institutionalisierte Kinderbetreuung am Standort

Düsseldorf auf Kooperationen mit bestehenden Kindertageseinrichtungen in unterschiedlicher Trägerschaft und auf Kooperationsverträge zur Ferienbetreuung mit bestehenden Einrichtungen. Sicherlich ist die Frage der Kinderbetreuung gerade für die Altersgruppe der unter 3-Jährigen auch für ein Wirtschaftsunternehmen wichtig, um die qualifizierten Mitarbeiter relativ schnell wieder ins Unternehmen einzugliedern. Doch würde eine geringe Anzahl von Betreuungsplätzen – auch bei einem betriebseigenen Kindergarten – nicht die unterschiedlichen Bedürfnisse nach einer Work-Life Balance bei den circa 2.500 Mitarbeitern am Standort Düsseldorf und den bundesweit circa 5.000 Mitarbeitern im Innendienst erfüllen. Gleichzeitig galt es ja auch zu versuchen, durch geeignete familienfreundliche Maßnahmen wirtschaftlich eine Personalkostenersparnis herbeizuführen.

Gestaltung familienfreundlicher Personalpolitik durch Arbeitszeitflexibilisierung

Strategisches Vorgehen

Die *VICTORIA* setzt den Schwerpunkt der familienfreundlichen Personalpolitik auf die Arbeitszeitflexibilisierung. Vor dem Hintergrund des Strategieprozesses haben Geschäftsleitung und Gesamtbetriebsrat sich darüber verständigt, die anstehenden Veränderungsprozesse, die auch nachweislich eine Kostenreduzierung der Verwaltungs- und Personalkosten mit sich bringen sollten, sozialverträglich zu gestalten. Parallel wurde die Entscheidung gefällt, am *audit berufundfamilie®* teilzunehmen, um sich als ein familienfreundliches Unternehmen aufzustellen. Eine Form der Familienfreundlichkeit ist in jedem Fall die flexible und variable Arbeitszeit, die jedem Mitarbeiter die Möglichkeit gibt, sein eigenes Zeitmanagement mit Rücksprache seines Vorgesetzten zu gestalten. Die *VICTORIA* hat schon 1997 eine variable Arbeitszeit ohne Kernarbeitszeit eingeführt, in der jeder Mitarbeiter die Möglichkeit hat, sich in einem Zeitkorridor zwischen -60 Stunden und +60 Stunden zu bewegen. Der Teilzeitgedanke spielte zu dem Zeitpunkt noch keine wesentliche Rolle. Im Jahr 2002 lag die Teilzeitquote noch unter 10 Prozent. Doch auch dies sollte sich durch die Überlegungen maßgeblich ändern. Durch die gute und kommunikative Zusammenarbeit der Personalabteilung mit dem *VICTORIA*-Gesamtbetriebsrat entstand eine Arbeitsgruppe, die sich speziell mit dem Thema „Beschäftigungssicherung" auseinandersetze. Es flossen Überlegungen zur Work-Life Balance mit in die Gestaltung eines umfassenden Paketes ein. So entstand ein Angebot an vielfältigen Maßnahmen zur Planung der individuellen Arbeitszeit mit dem Titel *„ProJob – Gestalten Sie Ihre Arbeitszeit".* Dieses Modell der Beschäftigungssicherung hatte zunächst das Ziel, die Arbeitsplätze aller „Victorianer" zu sichern. Es hat sich dahingehend entwickelt, den Mitarbeitern neue Möglichkeiten für ihre persönliche Arbeitszeit und Lebensplanung anzubieten. Das Angebot hat sich definitiv als Gewinn für das Unternehmen entwickelt, was abschließend dargestellt wird.

Spezifische Maßnahmen und Modelle

Im Folgenden wird Einblick in die flexiblen Beschäftigungs- und Arbeitszeitmodelle gegeben. „*ProJob*" setzt sich zusammen aus gängigen Arbeitszeitmodellen, die aus dem Wirtschaftsleben bekannt sind, und aus neu entwickelten Konzepten, die alle darauf zielen,

- jedem Mitarbeiter Raum zu geben für seine persönliche Entfaltung und Weiterentwicklung,
- die Vereinbarkeit von Beruf und Familie zu erleichtern und
- die flexible Handhabung des vorhandenen Personalbudgets zu gewährleisten.

Alle Maßnahmen wurden in einer Betriebsvereinbarung zwischen der Geschäftsleitung und dem Gesamtbetriebsrat der *VICTORIA* zum 1. Januar 2004 verabschiedet.

Altersteilzeit

Altersteilzeit bedeutet die Reduzierung der tarifvertraglichen Wochenarbeitszeit um die Hälfte. Dabei finden Überstunden und Zeiten, die die tarifvertraglichen Arbeitszeiten überschreiten, keine Berücksichtigung. Die Altersteilzeit muss mindestens bis zu dem Zeitpunkt vereinbart werden, zu dem frühestmöglich eine

248

Rente nach der Altersteilzeit in Anspruch genommen werden könnte. Um die Attraktivität der bestehenden gesetzlichen und tariflichen Regelungen zur Altersteilzeit spürbar zu erhöhen, sind von der *VICTORIA* zusätzliche Leistungen vorgesehen:

- eine finanzielle (betriebliche) Aufstockung während der Laufzeit, so dass der Mitarbeiter eine garantierte Nettolohnleistung von circa 80 % zu seinem vorherigen Nettogehalt erhält,

- eine Reduzierung der Rentenabschläge bei der betrieblichen Altersversorgung ist vorgesehen, die je nach Betriebszugehörigkeit individuell geregelt wird,

- eine vorzeitige Freistellung, wenn keine dringenden betrieblichen Gründe gegen die Freistellung vorliegen, d. h. der Mitarbeiter bekommt die Möglichkeit, einen doppelten Freizeitblock zu nehmen und behält dabei die oben genannten Bezüge.

Die Altersteilzeit wird bei der *VICTORIA* in Form des so genannten Blockmodells vereinbart. Beim Blockmodell wird die zu erbringende Arbeitsleistung vollständig in der ersten Hälfte des Altersteilzeit-Arbeitsverhältnisses (aktive Phase) geleistet, während in der zweiten Hälfte der Altersteilzeit (passive Phase) keine Arbeitsleistung zu erbringen ist. Die Mitarbeiter können frühestens mit 55 Jahren die Altersteilzeit beantragen und müssen mindestens eine Betriebszugehörigkeit von sieben Jahren haben. In der Praxis würde dies wie folgt aussehen: Ein Mitarbeiter mit einem Bruttolohn von 4.000 Euro beantragt nun die Altersteilzeit ab dem 55. Lebensjahr. Er erhält acht Jahre lang einen Bruttolohn von 2.000 Euro, der versteuert wird, hinzukommen 20 % netto, die er per Gesetz erhält, wenn der Arbeitgeber einen neuen Mitarbeiter für ihn wieder einstellt und weitere 10 % netto geregelt durch die Tarifverträge, die ihre Gültigkeit noch bis Ende 2009 haben. Die *VICTORIA* zahlt ihm weitere 150 Euro netto dazu, so dass der Mitarbeiter ein Nettogehalt von circa 1.750 Euro erhält. Bei Steuerklasse I ist dies eine Differenz zum ehemaligen Bruttolohn von 4.000 Euro von circa 250 Euro. Nun erhält er dieses Gehalt für acht Jahre, wobei er vier Jahre davon in den passiven Freizeitblock geht.

Verlängerung der Elternzeit

Die gesetzliche Elternzeit sieht drei Jahre vor, die jedes Elternteil in Anspruch nehmen kann. Nach dem Bundeserziehungsgeldgesetz besteht in dieser Zeit die Möglichkeit, eine Teilzeittätigkeit von 15 bis 30 Stunden pro Woche auszuüben. Ein Arbeitgeber mit mehr als 15 Mitarbeitern ist verpflichtet, eine gewünschte Teilzeittätigkeit in diesem Umfang zu genehmigen. Nur bei dringenden betrieblichen Gründen kann dies abgelehnt werden. Gleichzeitig befinden sich die Mitarbeiter, die eine Elternzeit beantragen, in einem unkündbaren Arbeitsverhältnis. Der Tarifvertrag der *VICTORIA* sieht außerdem ein weiteres halbes Jahr der Elternzeit vor, wenn dies im Anschluss an die gesetzliche Elternzeit beantragt wird.

Seit 2004 gibt es in der *VICTORIA* weitere drei Jahre der betrieblichen Elternzeit. Somit haben jede Mutter und jeder Vater die Möglichkeit, bis zu sechseinhalb Jahre Elternzeit zu nehmen, in der sie ihr Kind, entweder arbeitsruhend oder auch während einer Teilzeittätigkeit von 15 bis 30 Stunden pro Woche, zuhause betreuen können. Damit besteht über einen längeren Zeitraum die Möglichkeit, die Vereinbarkeit von Beruf und Familie zu gewährleisten. Dies schafft nicht nur Zufriedenheit innerhalb der Familie, sondern gewährleistet auch Zufriedenheit und Sicherheit bei den Mitarbeitern, da diese sich weiterhin in einem unkündbaren Arbeitsverhältnis befinden und nach Ende dieser gesamten Elternzeit auch wieder Anspruch auf eine Vollzeitstelle haben. Vorteile dabei sind:

- ein verlängerter Kündigungsschutz,
- ein Recht auf Rückkehr zur Vollzeit zu einem späteren Zeitpunkt,
- eine Garantie der Teilzeittätigkeit von 15 bis 30 Stunden.

Der Anspruch dieser Verlängerung wird von vielen Müttern wahrgenommen, die während der Elternzeit in Teilzeit arbeiten möchten. In den seltensten Fällen werden die gesamten sechseinhalb Jahre arbeitsfrei gestaltet.

Sabbatical – Ein Ausstieg auf Zeit

Sabbatical könnte man frei übersetzen mit „Auszeit mit Job-zurück Garantie". Jeder Mitarbeiter hat bei diesem Modell die Möglichkeit, seine Arbeitszeit in eine Arbeitsphase und eine Freizeitphase aufzuteilen. Der Zeitraum dauert bis zu 24 Monate an. Dabei bezieht der Mitarbeiter über die gesamte Zeit ein errechnetes Teilzeitgehalt. Beispielsweise bei einem bisherigen Bruttolohn von 4.000 Euro erhält der Mitarbeiter über die beantragte Laufzeit nur noch 2.000 Euro brutto. Die betriebliche Altersversorgung und die vermögenswirksamen Leistungen halbieren sich ebenso. Die ersten zwölf Monate arbeitet der Mitarbeiter die volle Zeit von 38 Stunden pro Woche und vom 13. bis zum 24. Monat befindet er sich in der Freizeit.

Bisher haben bei der *VICTORIA* zwölf Mitarbeiter diese Möglichkeit in Anspruch genommen, allerdings nur über eine Gesamtdauer von bis zu zwölf Monaten, so dass die Abwesenheit am Arbeitsplatz auf sechs Monate begrenzt blieb. Gründe für ein Sabbatical sind überwiegend in längeren Auslandsaufenthalten zu sehen. Allerdings sind in zwei Fällen auch die Betreuung von Familienangehörigen als Grund angegeben worden. Bei einer Entscheidung für ein Sabbatical sollte der Mitarbeiter sich genau über die wirtschaftlichen Konsequenzen Klarheit verschaffen.

Teilzeit auf Probe

Dieses Modell ist eine neu konzipierte Maßnahme, die jedem Mitarbeiter anbietet, bis zu vier Jahre lang eine Teilzeitbeschäftigung auf Probe zu beantragen. Dies unterscheidet sich insofern von der Möglichkeit, nach dem Teilzeitbefristungsgesetz einen Teilzeitantrag einzureichen, als dass die Rückkehr in die Vollzeit garantiert ist, und weniger finanzielle Verluste zu erwarten sind. Die *VICTORIA* erhöht die Attraktivität, Teilzeit einzureichen, durch folgende finanzielle Anreize:

• Die tariflichen und betrieblichen Sonderzahlungen (Weihnachts- und Urlaubsgeld) werden im ersten Jahr zu 100 % gezahlt. Im zweiten Jahr bekommt der Mitarbeiter die Sonderzahlungen anteilig plus die Differenz zu dem letzten Anspruch auf Sonderzahlung und dem reduzierten Anteil zu 75 %. Im dritten und vierten Jahr werden die Sonderzahlungen anteilig vom tatsächlichen Brutto-Monatsgehalt gezahlt.

• Der Anspruch auf vermögenswirksame Leistung für den gesamten Zeitraum von vier Jahren bleibt in der Höhe des Vollzeit-Vertrages bestehen.

- Die Versorgungszusage der betrieblichen Altersversorgung bleibt bei einer Mindest-Teilzeitquote von 50 % im ersten Jahr bei 100 %, im zweiten Jahr bei 60 %, im dritten bei 20 % und im vierten Jahr entsprechend der Beschäftigungsquote bestehen.

Die Rückkehr zum alten Beschäftigungsgrad nach diesen vier Jahren „Teilzeit auf Probe" muss der Mitarbeiter mit einer Frist von drei Monaten vor Ablauf schriftlich der Personalabteilung mitteilen, wobei er sich auch für eine weitere Teilzeitbeschäftigung entscheiden kann. Der Vorteil besteht neben den finanziellen Anreizen in dem Ausprobieren, ob eine Teilzeittätigkeit für den Mitarbeiter in Frage kommt. Er kann testen, ob sowohl wirtschaftlich wie arbeitstechnisch eine reduzierte Arbeitszeit für ihn machbar ist. Ein weiterer Vorteil ergibt sich für die Mitarbeiter, die sich für Elternzeit entschieden haben. Nach Ablauf dieser Elternzeit, im Fall der *VICTORIA* von möglichen sechseinhalb Jahren, kann der Mitarbeiter noch weitere vier Jahre in Teilzeit gehen und hat somit danach wieder ein Anrecht auf Vollzeit.

Umwandlung der Sonderzahlungen

Freizeit statt Geld. Dies steckt hinter diesem Modell und bietet den Mitarbeitern der *VICTORIA* die Möglichkeit, Teile oder die gesamte Summe der tariflichen und betrieblichen Sonderzahlungen in freie Zeit umzuwandeln. Der Vorteil für den Mitarbeiter ist dabei, dass er seinen Vollzeit-Status behalten und somit alle finanziellen Leistungen wie die betriebliche Altersversorgung, die vermögenswirksamen Leistungen und den Fahrgeldzuschuss zu 100 % beibehält. Wer diese Maßnahme in Anspruch nehmen möchte, muss mindestens 25 % seiner Sonderzahlungen umwandeln. Dies macht bei einem Vollzeitgehalt fünfeinhalb Freizeittage aus. Die Umwandlung der gesamten tariflichen und betrieblichen Sonderzahlungen führt bei einem Vollzeitgehalt zu weiteren 41 Urlaubstagen im Jahr. Gleichzeitig kann der Mitarbeiter zwischen einer täglichen Reduzierung der Arbeitszeit, zusätzlichen Urlaubstagen an einzelnen oder zusammenhängenden Tagen oder einer temporären Vier-Tage Woche wählen. Diese Flexibilität lässt viel Spielraum für die Vereinbarkeit von Privat- und Berufsleben zu und gewährt jedem Mitarbeiter die Möglichkeit seiner individuellen bedürfnisorientierten Zeitplanung.

252

Ein Beispiel zeigt dies: Herr Mustermann, der seinen Wohnsitz im Münsterland hat, und Familienvater von zwei Kindern ist, wandelt seine gesamte Sonderzahlung um. Ihm stehen nun weitere 41 Urlaubstage zur Verfügung. Er bittet seinen Vorgesetzten, diese jeweils am Freitag einer jeden Arbeitswoche in Anspruch nehmen zu können. Nach Überprüfung der Arbeitssituation in der Gruppe und entsprechender Abstimmung mit den anderen Kollegen, erhält Herr Mustermann die Zustimmung. Nun bekommt der Familienvater die Möglichkeit, an vier Tagen der Woche zu arbeiten und sein Wochenende für die Familie um einen Tag zu verlängern. Er behält dabei den Status eines Vollzeit Mitarbeiters mit voller Sozialleistung auch mit dem Anspruch auf weitere 30 Tage Jahresurlaub.

Erfahrungen bei der Umsetzung

Für die praktische Umsetzung dieser Maßnahmen müssen alle Beteiligten gewonnen werden. Neben der Zustimmung der Personalabteilung und dem Betriebsrat bedarf es der des Vorgesetzten – in der Regel des Gruppenleiters –, der das Arbeitsvolumen und die Arbeitsabläufe mit dem dann vorhandenen Personal gewährleisten muss. Die individuellen Bedürfnisse aller Antragsteller müssen innerhalb einer Arbeitsgruppe gerecht abgestimmt werden. Die erhöhte Führungsaufgabe des Vorgesetzten besteht in der Koordination des Zeitmanagements jedes einzelnen Mitarbeiters, wenn davon auszugehen ist, dass jeder gestellte Antrag genehmigt werden soll.

Die Problematiken, die entstehen können, sind die Verteilung der Arbeit auf die Anwesenden und die Vertretungsregelungen bei längeren Abwesenheiten Einzelner sowie die erhöhte notwendige Akzeptanz aller Beteiligten. Die Abstimmung des persönlichen Zeitmanagements mit den beruflichen Bedürfnissen bedarf einer hohen Flexibilität und eines hohen Grades an sozialer Kompetenz bei allen Beteiligten. Durch die Beratung und Begleitung der Personalabteilung und des Betriebsrates werden sich abzeichnende Probleme besprochen und einvernehmlich gelöst. Für die Umsetzung dieser Maßnahmen werden den Abteilungen Lösungsansätze angeboten, um die entsprechende Arbeitsmenge bearbeiten zu können und zwar unabhängig davon, dass der Mitarbeiter durch die erhöhte

Motivation bemüht ist, seinen Arbeitsumfang auch bei reduzierter Stundenzahl zu schaffen. Ein Lösungsansatz ist der Einsatz von Auszubildenden, Aushilfen und Vertretungen durch Mitarbeiter, die sich in Elternzeit befinden. Gleichzeitig wurde ein so genannter Personal-Service-Pool (PSP-Pool) eingerichtet. Ziel dieses Pools ist, den Mitarbeitern die Möglichkeit zu einer beruflichen Neuorientierung in der *VICTORIA* zu geben. Bei Versetzungswünschen von Mitarbeitern und bei Rückkehrern aus der Elternzeit steht der Personalpool als Einsatzzentrale zur Verfügung. Die Fachkräfte werden übergangsweise anderen Abteilungen bei Bedarf zur Verfügung gestellt oder im Idealfall für eine dauerhafte Tätigkeit vermittelt. Somit kann der Einsatz der Mitarbeiter im Unternehmen dort erfolgen, wo es das Arbeitsvolumen erfordert. Nach sechs Monaten erhält der Mitarbeiter eine dauerhafte Versetzung in den Einsatzbereich. Neben den Abstimmungen mit den Mitbestimmungsgremien, haben die Mitarbeiter, die sich im Personal-Pool befinden, – bei gleicher fachlicher Qualifikation und Eignung – bei internen Stellenbesetzungen auch Vorrang vor anderen Mitarbeitern.

Erfolge und Akzeptanz der Modelle

Das Modell „*ProJob*" ist der Versuch, neben der Beschäftigungssicherung und dem notwendigen sozialverträglichen Abbau von Personal den Mitarbeitern Möglichkeiten zu offerieren, ihre persönliche und berufliche Lebenssituation besser planen und umsetzen zu können. Der Erfolg dieses Programms spricht für sich. Im Jahr 2004 haben an den genannten Maßnahmen 700 Personen teilgenommen, im Jahr 2005 waren es weitere 700 Personen. Für das Jahr 2006 liegen 673 Anträge in verschiedenster Form der individuellen Teilzeitgestaltung vor. Von insgesamt 1.110 Mitarbeitern, die somit seit 2004 ihre Arbeitszeit reduziert haben, sind 193 Mitarbeiter männlich. Die Teilzeitquote insgesamt ist im Jahr 2005 auf 12,8 % gestiegen. Die gewünschten Anträge werden bei der Personalabteilung und zeitgleich beim Betriebsrat eingereicht. Sollte seitens eines Vorgesetzten eine Ablehnung eines Antrages erfolgen, muss diese Ablehnung arbeitstechnisch begründet werden. In Abstimmung mit allen Beteiligten wird dann eine verträgliche Lösung zur Zufriedenheit aller gefunden. Bisher gibt es keine Information darüber, dass die Umsetzung eines Antrages nicht stattgefunden hat.

	2004		2005		2006	
	Anzahl	MAK[1]	Anzahl	MAK	Anzahl	MAK
Altersteilzeit	166	154,48	104	101,43	86	82,03
Verlängerung betr. EZ	25	12,50	20	10,00	19	9,50
Teilzeit auf Probe	46	13,07	41	13,62	25	7,72
Sabbatical	4	2	6	2,14	2	0,70
Umwandlung SZ in Freizeit	459	39,65	529	45,59	541	44,51
Insgesamt	**700**	**221,70**	**700**	**172,78**	**673**	**144,46**

Tabelle 1: Einzelne Maßnahmen von „ProJob" und ihre Nachfrage

Die Zahlen zeigen einen relativen Anstieg der Maßnahme „Umwandlung der Sonderzahlungen" und einen Rückgang bei den anderen Maßnahmen. Dies liegt daran, dass die Zahl der Menschen, die in Altersteilzeit und auch in Elternzeit gehen könnten, rückläufig ist. Ebenso zeigen sie uns, dass der Wunsch nach reduzierter Arbeitszeit – siehe die große Beteiligung an der Umwandlung der Sonderzahlung – Trend ist.

Neben der Genehmigung der individuellen Arbeitszeitgestaltung der Mitarbeiter erfährt das Unternehmen eine Reduzierung der Personalkosten, die einer Mitarbeiterkapazität von derzeit circa 539 Mitarbeitern entspricht. Dieser Kosten-Nutzen-Effekt führt zu einer win-win-Situation für das Unternehmen und den Arbeitnehmern gleichermaßen. Die Zufriedenheit der Mitarbeiter, die *ProJob* nutzen, spiegelt sich in diesen Aussagen:

- „Ich habe mich für die Teilzeit auf Probe entschieden, damit ich meinem Sohn, der sich in einer wichtigen Phase der Schulausbildung befindet, besser mit Rat und Tat zur Seite stehen kann."
- „Die lange und anstrengende Fahrt zur Arbeit geht auf Dauer doch an die Substanz. Ich nutze durch die Umwandlung der Sonderzahlung nun einen Tag in der Woche, um meine leeren Batterien wieder aufzuladen."
- „Nun muss ich mir um die Betreuung meiner 7-jährigen Tochter während der Schulferien keine Gedanken mehr machen, da ich genug freie Tage zur Verfügung habe."

---

[1] MAK = Mitarbeiterkapazität.

Fazit

Familienfreundliche Personalpolitik rechnet sich. Dies zeigt das Beispiel Arbeitszeitflexibilisierung, das den Schwerpunkt auf die lebensphasenbezogenen Bedürfnisse der Mitarbeiter setzt. Ebenso führt die Reduzierung der Arbeitszeit zum sozialverträglichen Personalkostenabbau. Die Mitarbeiter erfahren zudem die Möglichkeit einer familienfreundlichen Arbeitszeitgestaltung. Die Reduzierung der Arbeitszeit kann phasenweise vollzogen werden entsprechend der persönlichen Lebensphasen. Neben den wirtschaftlichen Ergebnissen sind daher Motivation, Zufriedenheit, Sicherheit und Loyalität bei den Mitarbeitern ein wichtiger Gewinn für die *VICTORIA*. Für ein Unternehmen, das zukunftsweisend denken muss, ist dies ein wichtiger Faktor, da durch die demographische Entwicklung jeder Mitarbeiter eine wertvolle Ressource und damit ein unbedingt zu haltendes Potenzial für den Arbeitgeber sein wird. So rechnet sich jede Maßnahme, die den Mitarbeitern eine Work-Life Balance bietet. Die Zufriedenheit, die Motivation und die Loyalität der Mitarbeiter sind dann mehr denn je das Fundament der Unternehmenskultur und die Garantie für den Erfolg des Unternehmens.

Literaturverzeichnis

Biedenkopf, Kurt / Bertram, Hans / Käßmann, Margot / Kirchhof, Paul / Niejahr, Elisabeth / Sinn, Hans-Werner / Willekens, Frans (2005): Starke Familie. Bericht der Kommission »Familie und demographischer Wandel«, hrsg. Von der Robert Bosch Stiftung, Stuttgart.

Bundesministerium für Familie, Senioren, Frauen und Jugend (BMFSFJ) (2004) (Hrsg.): Erwartungen an einen familienfreundlichen Betrieb, Berlin.

Robert Bosch Stiftung (Hrsg.): Familie und demographischer Wandel.

Seitz, Cornelia (2004): Generationenbeziehungen in der Arbeitswelt: zur Gestaltung intergenerativer Lern- und Arbeitsstrukturen in Organisationen, Diss., Gießen.

VICTORIA (Hrsg.) (2004): Im Zuge der Zeiten – 150 Jahre *VICTORIA* Mitarbeiterinformation, *proJob* – Gestalten Sie Ihre Arbeitszeit, Druckstück 50037414.

VICTORIA (Hrsg.) (2006): *VICTORIA* Personal- und Sozialbericht 2005, Druckstück 50019874.

Belange der Familie mitdenken – Zufriedenheit steigern, Kosten senken: Familienkultur bei der *promeos GmbH*[1]

Nicola A. Mögel

promeos GmbH, Erlangen

Ein familienfreundliches Unternehmen: Die *promeos GmbH*

Das Thema „Familienfreundliche Unternehmenspolitik" hat Konjunktur. Neben dem Familiengipfel der Bundeskanzlerin *Angela Merkel* im Oktober 2006 mit Wirtschaftsverbänden, Gewerkschaften und Wissenschaftlern, auf dem sich die Teilnehmer auf Leitlinien familienfreundlicher Personalpolitik einigten, sind Tagungen, Seminare, Wettbewerbe und Netzwerke, letztere speziell im Internet[2], weit verbreitet. Zur Bewertung und den Erhalt der Qualität familienfreundlicher Maßnahmen in Betrieben stehen bereits Zertifikate zur Verfügung.[3]

In Ratgebern und Informationsbroschüren für beide Seiten – Unternehmer[4] und Beschäftigte[5] – werden die Vorteile für alle Beteiligten ausführlich beschrieben. Bereits 2003 berechnete die *Prognos AG* positive wirtschaftliche Effekte familienfreundlicher Maßnahmen auf die Rendite eines Unternehmens.[6]

---

[1] Dieser Beitrag basiert auf einem Vortrag anlässlich der Fachtagung „So gewinnen auch kleine und mittlere Unternehmen. Vereinbarkeit von Beruf und Familie" in Kloster Banz (Bad Staffelstein) am 11. Oktober 2006.

[2] Zum Beispiel das Unternehmensnetzwerk des *Bundesfamilienministeriums* (http://www.erfolgsfaktor-familie.de) oder die *Initiative familienbewusste Personalpolitik* in der Metropolregion Nürnberg (http://www.Familienbewusste-Personalpolitik.de).

[3] Zum Beispiel das *audit berufundfamilie*® der *Hertie-Stiftung.*

[4] *DIHK* (2004), die *Bertelsmann*-Initiative (http://www.mittelstand-und-familie.de) beziehungsweise Forschungs- und Beratungsinstitute wie *work&life* in Bonn (http://www.work-and-life.de).

[5] *Bohn, S.* (2006).

[6] *Bundesministerium für Familie, Senioren, Frauen und Jugend* (2003).

Durch die passenden familienorientierten Maßnahmen ergibt sich eine win-win-Situation für Unternehmer und Beschäftigte. Es liegt auf der Hand, dass diese Maßnahmen bei großen Unternehmen mit vielen Beschäftigten andere sind als bei kleineren und mittleren Unternehmen. Großbetriebe können fixkostenintensive, institutionelle Maßnahmen umsetzen, wie z. B. den Betrieb eines Kindergartens. Kleinere Unternehmen mit grundsätzlich familienfreundlichem Betriebsklima punkten mit individuellen, flexiblen Lösungen. Letztlich verhelfen alle richtig eingesetzten familienfreundlichen Maßnahmen dazu, Mitarbeiter zu finden, zu motivieren und zu halten, hohe Rekrutierungs- und Ausfallkosten zu vermeiden und eine positive Außenwirkung des Unternehmens zu erzielen.

Start-up-Unternehmen und Familienfreundlichkeit – zwei, die gut zusammenpassen

Die *promeos GmbH* ist ein Hochtechnologie-Start-up im Bereich des Maschinen- und Anlagenbaus. Derzeit beschäftigt das Unternehmen mit Sitz in Erlangen-Tennenlohe 21 Mitarbeiter mit insgesamt 16 Firmenkindern. Mit sechs Mitarbeiterinnen ist der Frauenanteil für die Branche überdurchschnittlich hoch.

Entgegen der landläufigen Meinung vom selbstgefälligen, singledominierten Auftreten junger Hochschulausgründungen engagiert sich *promeos* bereits seit der Gründung im Jahr 2003 in verschiedenen sozialen Bereichen wie der Vereinbarkeit von Familie und Beruf, der Frauenförderung, der Unterstützung des akademischen Nachwuchses, der Einbindung älterer, erfahrener Beschäftigter und der Integration von Ausländern. Die Geschäftsleitung von *promeos* besteht aus zwei Familienvätern mit je drei Kindern und berufstätigen Partnerinnen. Sie sind damit Führungskräfte, die selbst die Balance von Familie und Beruf vorleben. Ihre innerbetriebliche Familienfreundlichkeitsoffensive startete die *promeos GmbH* im Juli 2005 mit dem Konzept „*promeos* wird noch familienfreundlicher". Wesentliche Merkmale der Familienfreundlichkeit von *promeos* sind neben einer flexiblen Arbeitszeitgestaltung die bevorzugte Einstellung von Familienmenschen bei gleichwertiger Qualifikation, die Einrichtung der Position einer Beauftragten für Familienfragen, eine Spielecke fürs spontane Überbrücken von Betreuungsengpässen, ein Windelgeld für Neugeborene, der

Eintrag der Kindergeburtstage und -ereignisse im Kalender der Geschäftsführung, um diese bei der Terminplanung zu berücksichtigen, und die Veranstaltung von Kindernachmittagen für die Mitarbeiterkinder.

Abbildung 1: Ein Teil der mittlerweile 16 wilden Kerle – Mädchen eingeschlossen – der promeos GmbH.[7]

Die herrschende Kultur der Familienfreundlichkeit ist ein wichtiges Argument bei Einstellungsgesprächen. Stellenausschreibungen erfolgen mit besonderer Berücksichtigung von Familienmenschen. Das Thema hat eine prominente Stelle auf der Unternehmenshomepage.[8] „Familienfreundlich" heißt bei *promeos* auch die Förderung von Frauen in technischen Berufen, unter anderem Teilnahme am „girls' day 2006" und an der „Langen Nacht der Wissenschaften" von Instituten und der *Universität Erlangen-Nürnberg*. Außerdem bedeutet es, gezielt ältere Arbeitnehmer und Langzeitarbeitslose einzustellen, nicht zuletzt um es Hochschulabsolventen zu ermöglichen, vom Wissen erfahrener Mitarbeiter zu profitieren.

Das Engagement in Sachen Familienfreundlichkeit der *promeos GmbH* wurde im Dezember 2006 beim „Wettbewerb Trendunternehmen" des Erlanger Fami-

---

[7] Foto: *Mögel, N. A.* (2006).
[8] http://www.promeos.com.

lienbündnisses prämiert. Seit Anfang 2006 wird *promeos* vom *Bundesministerium für Familie, Senioren, Frauen und Jugend* als ein Best Practice Beispiel für Familienfreundlichkeit auf der Website des Ministeriums[9] vorgestellt. Im *Unternehmensnetzwerk des Bundesfamilienministeriums* sind bereits gut 300 Unternehmen und Institutionen als Mitglieder eingetragen. Davon sind etwa 40 % – wie *promeos* – kleinere Betriebe mit höchstens 50 Beschäftigten. Die *promeos GmbH* wird zu den fünf Kleinbetrieben gerechnet, die dem produzierenden Gewerbe angehören. Die übrigen Kleinbetriebe sind dem Dienstleistungs- oder Verwaltungssektor zuzuordnen. Im Oktober 2006 ist *promeos* auf der Informationsplattform *Genderdax*[10], einer Initiative der *Helmut-Schmidt-Universität* in Hamburg, als Top-Unternehmen für hochqualifizierte Frauen aufgenommen worden.

Für die Entwicklung des Porenbrenners und für ihr überzeugendes Auftreten wurde die *promeos GmbH* 2004 mit dem Deutschen Gründerpreis und 2006 mit dem Bayerischen Energiepreis ausgezeichnet.

Der Porenbrenner – das Produkt der *promeos GmbH*

Der Porenbrenner der *promeos GmbH*, der in enger Kooperation mit der *Friedrich-Alexander-Universität Erlangen-Nürnberg (FAU)* entwickelt wurde, verbrennt ein Brennstoff-Luft-Gemisch nicht als offene Flamme, sondern innerhalb einer porösen Hochtemperaturkeramik oder in anderen hochtemperaturbeständigen Strukturen. Das Resultat ist die flammenlose, gut regulierbare Verbrennung. Der Porenbrenner liefert in kompakter Form eine spezifisch angepasste, flächig homogene und stufenlos regelbare Wärmemenge. Da er die Temperatur stabiler hält als bisherige Brenner, ist der Porenbrenner sparsamer im Brennstoffverbrauch und verringert im industriellen Einsatz die Produktion von Ausschuss, was wiederum Ressourcen schont. Außerdem ist er emissionsärmer als übliche Brennertechnologien. Der Porenbrenner erlaubt beschleunigte Prozesse, eine verbesserte Produktqualität und einen geringeren Energieverbrauch.

---

[9] http://www.erfolgsfaktor-familie.de.
[10] http://www.genderdax.de

In nächster Zukunft wird er mit nachwachsenden Rohstoffen wie Pflanzenölen und Biomasse betrieben. Der Porenbrenner bedeutet daher einen ökonomischen und besonders ökologischen Fortschritt in der Brennertechnologie.

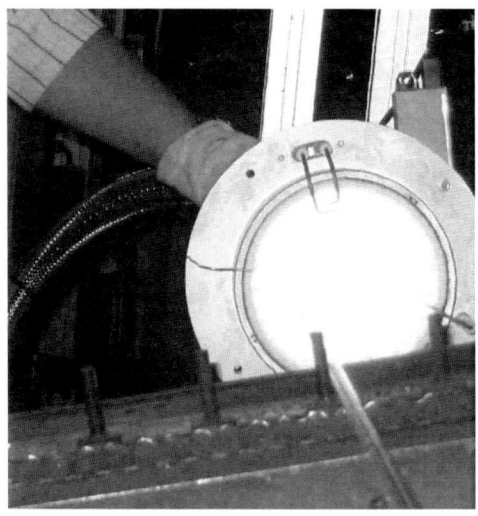

Abbildung 2: Der Porenbrenner der promeos GmbH.[11]

Familienfreundlich managen heißt flexibel, individuell und entwicklungsorientiert handeln

Der Grundsatz: Familie muss gelebt werden

Das Management von *promeos* setzt bewusst auf Familienfreundlichkeit. Die Geschäftsführer sind selbst aktive Familienmenschen und kennen die alltäglichen Anforderungen, die Kinder und Betreuungsbedürftige an Familienmitglieder stellen. „Familie" erstreckt sich dabei auch auf die ältere Generation. Die *promeos* Manager verfolgen den Grundsatz, dass Familienkultur gelebt werden muss, und sie wollen selbst diese Vorbildfunktion erfüllen.

---

[11] Foto: *promeos* (2005).

Als Geschäftsführer vertreten sie die Meinung, dass Familienmenschen wertvolle Fähigkeiten wie Teamfähigkeit, effizientes Zeitmanagement und Organisationstalent in den Beruf einbringen, die auch dem Unternehmen zu gute kommen. Zu diesem Verständnis gehört es auch, den Menschen am Arbeitsplatz als mitdenkenden, kreativen Mitarbeiter zu fördern, ihn in seiner Identität als ganzen Menschen anzusprechen, kommunikativ, politisch, moralisch und als Wesen mit natürlichen eigenen Interessen und Interessen am sozialen Zusammenhalt wahrzunehmen, wie es der Gesellschaftsethiker *Prof. Friedhelm Hengsbach* im Sinne der Humanisierung der Arbeitswelt versteht.[12]

Ansätze der familienfreundlichen Unternehmenskultur

„Zufriedene und ausgeglichene Mitarbeiter beziehungsweise Mitarbeiterinnen und Chefs sind die Voraussetzung für eine erfolgreiche Zusammenarbeit. Deshalb ist es uns ein Anliegen, beides optimal unter einen Hut zu bringen. Was liegt also näher als, wenn nötig, sich auch mal um die Kids von Kolleginnen und Kollegen zu kümmern – das kann nicht die Regel sein, bringt aber zwischendurch Abwechslung und Spaß ins Unternehmen. Und Leistung definiert sich nicht durch pure Anwesenheit – Notebook und UMTS geben uns große Flexibilität – wer's nicht nutzt ist selbst schuld!" So beschreibt *Dr. Jochen Volkert* die Unternehmenskultur der von ihm geführten *promeos GmbH*.

Wo setzt Familienfreundlichkeit bei *promeos* an? Die familienfreundlichen Ansätze sind individuell und ganzheitlich zugleich und es wird versucht, sowohl auf die spezifischen Bedürfnisse der Familie, als auch auf die Belange der Nicht-Familienmenschen im Unternehmen Rücksicht zu nehmen. Der Schwerpunkt familienfreundlicher Maßnahmen liegt bei *promeos* auf nicht-monetären Leistungen. Diese werden flexibel und am individuellen Bedarf orientiert eingesetzt. **Flexibilität** ist der Schlüssel zur familienfreundlichen Personalpolitik, wie sie bei *promeos* verstanden wird. Familien entwickeln sich, im Familienleben ergeben sich ständig Neuerungen, daher ist eine sinnvolle familienfreundliche

---

[12] *Kleinau-Metzler, D.* (2006), S. 4.

Personalpolitik **entwicklungsorientiert**.

Wie das oben angeführte Zitat belegt, wird bei *promeos* familienfreundliche Personalpolitik **zeitlich und räumlich sensibel** verstanden, so dass die Familienmenschen im Unternehmen größtmögliche Verantwortung für das eigene Zeitmanagement und die eigene Wahl des Arbeitsorts übernehmen können. Durch den Zugang zum Intranet und regelmäßige gemeinsame Aktivitäten der Firmenmitarbeiter auch z. B. in Elternzeit ist die familienfreundliche Personalpolitik **informationsorientiert** und basiert auf regelmäßigem Austausch.

Vereinbarkeit von Familie und Beruf – umgesetzte Maßnahmen bei *promeos*

Familienfreundliche Personalpolitik ist nicht „l'art pour l'art", sondern muss einen erkennbaren Mehrwert bringen, einen Nutzen aufweisen, sowie die Bedürfnisse der Familienmenschen erkennen und befriedigen. Die nachstehenden konkreten Maßnahmen zur Vereinbarkeit von Familie und Beruf, die alle umgesetzt wurden, sind daher immer auch ökonomisch begründbar.

Arbeitsorganisation

Im Rahmen einer flexiblen Arbeitszeitregelung können die Mitarbeiter zwischen Vollzeit- und Teilzeittätigkeiten mit festen und flexiblen Anwesenheitszeiten wählen. Die Arbeitszeiten werden situationsbezogen durch die Mitarbeiterteams geregelt. Alle Führungskräfte arbeiten mit Vertrauensarbeitszeit ohne Zeiterfassung. Für familienbezogene Ereignisse wie den Geburtstagen der Kinder, Geburt, Einschulung etc. kann die Arbeitszeit individuell festgelegt werden.

Die Arbeit bei *promeos* ist familienbewusst organisiert. Es wird Telearbeit angeboten, Notebooks und UMTS stehen zur Verfügung und Teamtreffen werden bevorzugt vormittags nach 9:00 Uhr und immer vor 16.00 Uhr angesetzt, um die institutionelle Kinderbetreuung nutzen zu können. Dieses ist von besonderem Belang, da eine der beiden in Teilzeit arbeitenden Mitarbeiterinnen eine Führungsposition einnimmt. Die Teams werden aus Familienmenschen und Singles gebildet, um flexibler zu sein und um ein gegenseitiges Verständnis aufzubauen. Damit Eltern in Elternzeit in Kontakt bleiben können, haben sie Zugang zum Intranet und werden per E-Mail auf dem Laufenden gehalten.

Die *promeos GmbH* hat als familienfreundliche Arbeitsstätte eine Kinderspielecke eingerichtet, in der die Mitarbeiterkinder bei kurzfristigem Ausfall der Kinderbetreuung spielen können und betreut werden. Aber auch sonst können die Kinder gerne einmal ein paar Stunden zum Spielen und Kennenlernen in die Firma kommen. Das Unternehmen veranstaltet zwei Familien- und Kindernachmittage im Jahr mit „unseren wilden Kerlen" z. B. zum WM-Gucken, Fußballspielen, „Labor-unsicher-machen", etc. Die Kindergeburtstage und -ereignisse stehen im Kalender der Geschäftsführung und werden bei der Terminplanung berücksichtigt. Im Personalraum können auch die Kinder der Mitarbeiter zu Mittag essen.

Mitarbeiterentwicklung

Bei der Auswahl von Bewerbern werden Familienkompetenz und -belange besonders berücksichtigt. Biographische Lücken stoßen auf ein breites Verständnis. Stellenausschreibungen erfolgen unter besonderer Berücksichtigung von Familienmenschen. Diese werden dann bei gleichwertiger Qualifikation bevorzugt eingestellt.

Ein besonderes Anliegen der Personalentwicklung von *promeos* ist die Förderung von Frauen durch die gezielte Ansprache von Ingenieurinnen und Technikerinnen, z. B. durch den „*Genderdax*", den „girls' day 2006" und bei der „Langen Nacht der Wissenschaften" der *Universität Erlangen-Nürnberg*. Bewusst stellt *promeos* ältere, erfahrene Mitarbeiter und Langzeitarbeitslose ein, um den Austausch von Wissen und Erfahrung zu garantieren.

Ein besonderer Service für Familien mit Neugeborenen ist das monatliche Windelgeld. Dabei handelt es sich um einen Zuschuss von 50 Euro monatlich, der über den Zeitraum von einem Jahr bezahlt wird.

Außerdem hat die *promeos GmbH* eine Beauftragte für Familienfragen. Diese unterstützt die Mitarbeiter bei der Suche nach Betreuungsangeboten, kooperiert mit der Tagespflegebörse, ist die Anlaufstelle für bestimmte familienbezogene Fragen, hilft bei der Wohnungssuche besonders bei Mitarbeitern mit Migrationshintergrund oder aus dem Ausland. Für die Betreuung von älteren Verwandten und Fürsorgebedürftigten kümmert sich die Beauftragte für Familienfragen um Unterstützung im Rahmen der so genannten Eldercare. Sie ist auch Ansprechpartnerin für andere Unternehmen und Veranstalter. Für die kommenden Sommerferien plant sie für *promeos* ein Betreuungsprogramm für Mitarbeiterkinder. Gedacht ist an eine Gemeinschaftsinitiative mit weiteren jungen Technologieunternehmen in Erlangen-Tennenlohe.

Marketing und PR

Die herrschende Kultur der Familienfreundlichkeit ist ein wichtiges Argument bei Einstellungsgesprächen und nimmt auch eine hervorgehobene Stelle auf der Homepage ein. Die *promeos GmbH* engagiert sich im *Erlanger Bündnis für Familie* in verschiedenen Arbeitskreisen zu den Themen „Vereinbarkeit von Familie und Beruf" und „Beschäftigung älterer Mitarbeiter – 50up".

Promeos ist Mitglied der *„Initiative familienbewusste Personalpolitik"* in der Metropolregion Nürnberg. Diese Initiative hat es sich zum Ziel gesetzt, einen Beitrag dazu zu leisten, die *Europäische Metropolregion Nürnberg* zur ersten Adresse für Familienfreundlichkeit in Deutschland zu machen. Die etwa 120 Mitgliedsunternehmen beteiligen sich an der Initiative durch gegenseitige Unterstützung und den Austausch von Erfahrungen. Diese werden so aufbereitet, dass sie für alle von Nutzen sind. Regelmäßig laden die Mitglieder zu Betriebsbesuchen ein, bei denen sich die Teilnehmer über die umgesetzten Maßnahmen familienbewusster Personalpolitik im Unternehmen direkt informieren können.

Vertreter von *promeos* referieren auf fachbezogenen Tagungen und publizieren darüber. Außerdem sind sie aktiv an weiteren Initiativen und Netzwerken zum Thema „Familienfreundlichkeit" beteiligt, die auch dem Austausch von Erfahrungen und dem gegenseitigen Vorstellen konkreter Maßnahmen dienen.

Effekte der Familienfreundlichkeit

Die Effekte der gelebten familienfreundlichen Unternehmenskultur und des verständnisvollen, die Belange von Familienmenschen berücksichtigenden Führungsstils bei *promeos* sind vielfältig. Sowohl unternehmensintern als auch in der Außenwirkung des Unternehmens weist die familienfreundliche Personalpolitik positive Effekte auf.

Mitarbeiter honorieren Familienfreundlichkeit

Bei *promeos* ist deutlich zu erkennen, dass die familienbewusste Personalpolitik Vorteile für den Kleinbetrieb in Bezug auf die Mitarbeiterbindung und Suche neuer Beschäftigter bringt. So zeigte sich bezüglich der Mitarbeiterbindung eine stärkere Identifikation und größere Loyalität der Mitarbeiter mit dem Unternehmen, hohe Mitarbeiterzufriedenheit, hohe Motivation, geringe Kranken- und Fehlzeiten und gesteigerte Produktivität sowie ein großes Mitarbeiterinteresse und -engagement für individuelle Lösungen. So sucht z. B. ein leitender Ingenieur nach Möglichkeiten, die zweimonatige Väterzeit als reduzierte Wochenarbeitszeit über mehrere Monate hinweg anerkennen zu lassen, da er seinen Arbeitsplatz nicht en bloc für zwei Monate verlassen kann.

Bei der Personalbeschaffung wird Familienfreundlichkeit von den Bewerbern als ein Plus wahrgenommen. Hier lauten die Stichwörter Vermarktung des Engagements beim Recruiting, höhere Attraktivität für hochqualifizierte Fachkräfte, zusätzliches Argument für neue Mitarbeiter, die den Wohnort wechseln. *Promeos* hat europaweite Stellenausschreibungen und internationale Bewerber und Bewerberinnen. Durch die Betonung der Familienfreundlichkeit von *promeos* werden auch verstärkt Frauen auf ein Unternehmen in einer von Männern dominierten Branche aufmerksam. *Promeos* gewinnt auch durch die gelebte Familienfreundlichkeit an innerer Stärke und Attraktivität für kreative, eigenständige Mitarbeiter.

Vermarktung von Familienfreundlichkeit

Die Außenwirkung einer familienfreundlichen Unternehmenskultur hat durchaus werbenden Charakter. Durch gezielte Public Relations wird das Unternehmensimage positiv besetzt. Ein Unternehmen mit gutem Image muss weniger Geld für Personalmarketing und Eigenwerbung ausgeben. Die von *promeos* regelmäßig verfolgten Wettbewerbsteilnahmen, Einträge in Datenbanken, Teilnahmen und Vorträge bei Fachveranstaltungen verhelfen dazu, das Unternehmensimage zu pflegen. *Promeos* erfährt stets eine positive Resonanz bei seinen Kunden aufgrund seiner familienfreundlichen Politik. Über die Familienfreundlichkeit gelang eine enge regionale Einbindung von *promeos*, wie z. B. Kooperation mit dem *Erlanger Bündnis für Familie* und der *Stadt Erlangen*. Familienfreundlichkeit verdeutlicht das breit angelegte soziale Verantwortungsbewusstsein von *promeos*.

Wie die Mäzenatenweisheit „tue Gutes und rede darüber" andeutet, ist es durchaus legitim, mit einem familienfreundlichen Unternehmensklima auch nach außen werbend aufzutreten. Besonders wenn, wie bei einem jungen Hochtechnologieunternehmen, die oft vorgefasste Meinung über das typische Start-up und das wirkliche Auftreten des Unternehmens konträr sind, bleibt durch die Vermarktung der Familienfreundlichkeit mehr als nur ein kurzfristiger Werbeeffekt.

Fazit und Ausblick

Wie das vorgestellte Beispiel gezeigt hat, ist ein familienorientiertes Unternehmenskonzept auch für klein- und mittelständische Betriebe wirtschaftlich sinnvoll. Mit Fantasie und Vertrauen in die eigenen Mitarbeiter lassen sich flexible und individuelle Lösungen finden, die zum Vorteil aller Beteiligten sind.

Auch für *promeos* ist die Investition an Ideen und Organisationsleistung in die Vereinbarkeit von Familie und Beruf rentabel. Mit vergleichsweise geringem Finanzaufwand ist es gelungen, die Mitarbeiterbindung zu verbessern und zugleich die Kosten für Stellenneubesetzungen und Imagemaßnahmen zu senken.

Ein familienfreundliches Betriebsklima lässt viele Möglichkeiten zu. Auch *promeos* wird entsprechend der Situation der Familienmenschen im Unternehmen seine familienbewusste Personalpolitik ständig weiterentwickeln und den Bedürfnissen anpassen. Konkret wird für die kommenden Sommerferien möglichst gemeinsam mit Unternehmen in der Nachbarschaft eine Kinderbetreuung organisiert. Denn gut betreute Kinder halten den Mitarbeitern den Rücken für ihr betriebliches Engagement frei.

Literaturverzeichnis

Bohn, Susanne (2006): Karrierekick Kind. So erfüllt sich Ihr Wunsch nach Familie und Erfolg im Beruf, Nürnberg.

Bundesministerium für Familie, Senioren, Frauen und Jugend (Hrsg.) (2003): Betriebswirtschaftliche Effekte familienfreundlicher Maßnahmen. Kosten-Nutzen-Analyse. Gutachten der *Prognos AG*, Berlin.

DIHK (Hrsg.) (2004): Familienorientierte Personalpolitik. Checkheft für kleine und mittlere Unternehmen, Berlin.

Kleinau-Metzler, Doris (2006): Zukunft der Arbeit IV. Neue Nachfrage schafft neue Arbeit. Gespräch mit *Friedhelm Hengsbach*, in: *a tempo*, Heft 4, S. 4-7.

Herausforderung Employability: Zukunftsfähiges Gesundheitsmanagement am Beispiel der *E.ON Ruhrgas AG*

Ulrich Spie / Nico Widdecke
E.ON Ruhrgas AG, Essen

Einleitung

Im Zuge des demographischen Wandels, der strukturellen Veränderungen des Arbeitsmarktes, des technologischen Fortschritts und des gesellschaftlichen und kulturellen Wertewandels erhält die Schaffung von Konzepten zum Erhalt der Employability für Unternehmen und Mitarbeiter eine strategische Bedeutung. Im Folgenden wird das Gesundheitsmanagement als eine Säule eines ganzheitlichen Employabilty-Konzeptes der *E.ON Ruhrgas AG* vorgestellt, um Anhaltspunkte für eine Lösung der genannten wirtschaftlichen und sozialen Herausforderungen auf betrieblicher Ebene zu geben.

Veränderte Rahmenbedingungen – Employability

Immer schneller ablaufende Veränderungsprozesse und stetig wechselnde Bedingungen haben in den letzten Jahren vielfältige Änderungen in den Anforderungen der Arbeitswelt und den Fähigkeiten der Beschäftigten verursacht. In diesem Zusammenhang mehrfach genannte Themen sind die Globalisierung, die Entwicklung zur Wissensgesellschaft sowie demographische Veränderungen. Unternehmen werden in diesem Kontext zunehmend mit einer hohen Veränderungsgeschwindigkeit, einer steigenden Komplexität und folglich auch mit höheren Anforderungen an die eigenen Mitarbeiter konfrontiert. Die Verände-

269

rungsfähigkeit des Unternehmens und der Mitarbeiter wird immer mehr zum entscheidenden Wettbewerbsfaktor.[1] Ziel muss hierbei die Know-how- und Motivations-Risikominimierung sowie die Erreichung der Kostenführerschaft sein. *Fischer* spricht in diesem Zusammenhang von einem Paradigmenwechsel in der Arbeitswelt, der unter anderem durch die Auflösung der Einheit von Arbeit, Arbeitsort und Arbeitszeit, einer zunehmenden Verlagerung des Arbeitens in eine Wissens- und Dienstleistungsgesellschaft sowie den damit verbundenen höheren Anforderungen an die Arbeitnehmer gekennzeichnet ist.[2] Im Zuge der aufgeführten Veränderungen hat sich in jüngster Zeit hinsichtlich der betrieblichen Reaktion auf die neuen Herausforderungen der Begriff der „Employability" herausgebildet. Employability wird grundsätzlich definiert als die „Fähigkeit, fachliche, soziale und methodische Kompetenzen unter sich wandelnden Rahmenbedingungen zielgerichtet und eigenverantwortlich anzupassen und einzusetzen, um eine Beschäftigung zu erlangen oder zu erhalten."[3]

Aus der Differenziertheit der Definition folgt, dass Employability auf mehreren Ebenen von Bedeutung ist. **Unternehmen** erhoffen sich durch eine Erhöhung der Employability ihrer Mitarbeiter in erster Linie eine schnellere Reaktionsgeschwindigkeit und eine höhere Flexibilität. Die Interessen der **Mitarbeiter** zielen hingegen auf der individuellen Ebene vor allem auf eine Steigerung des beruflichen Erfolges sowie eine bessere Beschäftigungssicherheit. Auf **gesellschaftlicher Ebene** ist die allgemeine Berufsbefähigung und Arbeitsmarktfitness im Sinne der sinnvollen Eingliederung der Individuen in eine funktionierende Volkswirtschaft bzw. Gesellschaft von Bedeutung. In der Literatur[4] werden diese verschiedenen Sichtweisen durch die Nutzung von drei unterschiedliche Begriffen abgegrenzt: Während der Begriff „Employability" auf der betrieblichen Ebene verwendet wird, findet auf der individuellen Ebene der Begriff „Jobility" Anwendung. Auf gesellschaftlicher Ebene werden hingegen

---

[1] *Bundesministerium für Familie, Senioren, Frauen und Jugend* (2005), S. 5; *Stalitza, U. / Tscheulin, J.* (2002), S. 26.
[2] *Fischer, H. / Day, H.* (1999), S. 27.
[3] *Rump, J. / Eilers, S.* (2005), S. 4.
[4] Vgl. im Folgenden vor allem *Rump, J. / Schmidt, S.* (2005), S. 4 f.

die Begriffe der „Arbeitsmarktfitness bzw. Arbeitsmarktfähigkeit" genutzt. Im Folgenden wird der Terminus der Employability verwendet, da er die Veränderungsanforderungen unseres Ermessens nach am weitesten umschreibt.

Für die *E.ON Ruhrgas AG* ergibt sich als Konsequenz aus diesen Rahmenbedingungen – verknüpft mit dem langfristigen Geburtenrückgang und der zunehmenden Überalterung der Belegschaft im Zuge des demographischen Wandels – die Herausforderung, dass sich das Pensionsalter mittelfristig nach hinten verschiebt und ein Mangel an Fach- und Führungskräften bevorsteht. Die Ära der Frühpensionierung und die Orientierung der Belegschaften auf eine Freizeitgesellschaft spätestens mit 55 Lebensjahren darf in diesem Zusammenhang nicht das „Lebensmodell Deutschland" bleiben. Das Unternehmen hat sich den eingangs beschriebenen Entwicklungen und Herausforderungen im Hinblick auf die Sicherstellung einer nachhaltigen Employability der gesamten Belegschaft gestellt, entsprechende Handlungsfelder entwickelt und erste Maßnahmen umgesetzt. In den folgenden Abschnitten soll dieser Prozess unter schwerpunktmäßiger Betrachtung des Handlungsfeldes Gesundheitsmanagement genauer vorgestellt werden.

Studie zur Untersuchung des demographischen Wandels bei der *E.ON Ruhrgas AG*

Um auf die beschriebenen veränderten Rahmenbedingungen adäquat reagieren zu können, und die Steuerungsgrößen im Rahmen der Personalstrategie zu analysieren, wurde bei der *E.ON Ruhrgas AG* eine organisationsethnologische Studie zur Untersuchung der Chancen und Risiken des demographischen Wandels – insbesondere vor dem Hintergrund von älter werdenden Belegschaften – durchgeführt. *E.ON Ruhrgas* hat sich hierzu im Dezember 2005 die Frage gestellt: „Wie beschäftigungsfähig sind eigentlich unsere Mitarbeiter, und sind wir auf die Konsequenzen des demographischen Wandels eingehend vorbereitet?" Um zu dieser Fragestellung wissenschaftlich fundierte Erkenntnisse zu erhalten, wurden die Agentur *Blickwechsel*, die *Universität Köln* (*Ethnologisches Institut*), die *Bundesanstalt für Arbeitsschutz und Arbeitsmedizin* sowie das *Fraunhofer Institut für Arbeitsmarktforschung und Organisation* in das Projekt einer eingehenden Unternehmensanalyse (Projektname: „Umgang mit wieder älter werdenden Belegschaften") mit einbezogen. Ausgangsüberlegung war in diesem Zusammenhang, dass die demographische Entwicklung zu einer Verlängerung der Lebensarbeitszeiten der Mitarbeiter führt, und Unternehmen demzufolge zukünftig mit älter werdenden Belegschaften planen müssen. Die **demographischen (quantitativen) Daten** hinsichtlich einer älteren Belegschaft sind hierbei bekannt. Eine Erhöhung des Altersscheitelpunktes, rückläufige Geburtenzahlen („Kindermüdigkeit") und eine steigende Lebenserwartung werden bei einem Großteil der Unternehmen zukünftig zu einem steigenden Anteil Älterer am Erwerbspersonenpotenzial führen.[5] Auch bei der *E.ON Ruhrgas AG* wurde in diesem Kontext ermittelt, dass sich die Altersstruktur zukünftig verschieben wird, wie die folgende Abbildung verdeutlicht:

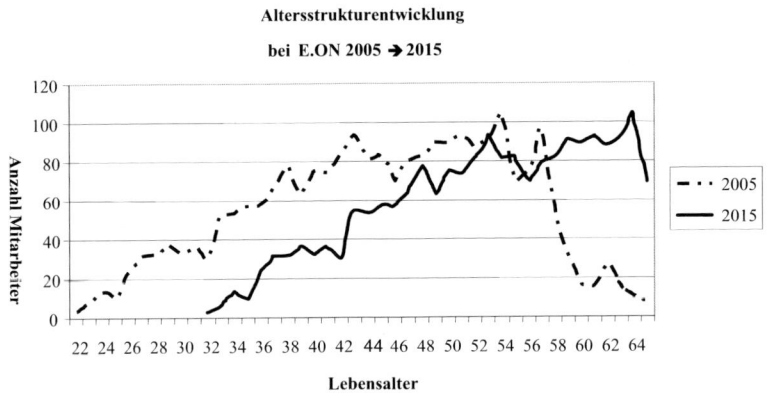

Abbildung 1: Altersstruktur der E.ON Ruhrgas AG 2005 bis 2015.[6]

---

[5] *Perlebach, E.* (2006), S. 220 f.; insbesondere im Hinblick auf aktuelle Zahlen hinsichtlich des Älterwerdens der Belegschaft in Unternehmen (*Esche, A. / Genz, M. / Rothen, H.-J.* (2006), S. 13 ff. sowie „Wegweiser Demographischer Wandel" der *Bertelsmann Stiftung* (http://www.wegweiserdemographie.de)).
[6] Quelle: eigene Darstellung.

Die Untersuchung sollte sich hingegen auf **qualitative Daten** (im Sinne von sich ergebenden Handlungsfeldern aus der Sicht der Belegschaft) beziehen, die vor Projektbeginn noch nicht vorlagen. In diesem Kontext sollten auf Basis der Veränderungen in der Bildungslandschaft in den letzten Jahren (unter anderem negativen Ergebnisse der **Pisa-Studie**, neue Anforderungen in der Qualifikationsstruktur[7]) Maßnahmen zum unternehmerischen Umgang mit derartigen Herausforderungen entwickelt werden.

Hinsichtlich Konzept und Vorgehensweise der Untersuchung ist hervorzuheben, dass es bei der Betrachtung nicht nur um „ältere" Mitarbeiter im kalendarischen Sinne ging, sondern um die heute 30-Jährigen und deren dauerhafte Leistungs- und Beschäftigungsfähigkeit auch im hohen Alter. Diese Erkenntnis führte dazu, dass in der ersten Phase das Thema im Rahmen eines offenen Ansatzes betrachtet und demzufolge folgendes Projektziel definiert wurde: „Systematische Entwicklung von Handlungsoptionen für die Unternehmensleitung unter Berücksichtigung der Sichtweisen aller Mitarbeiter (altersunabhängige Betrachtung)". Das Gesamtprojekt wurde im Hinblick auf diese Zielsetzung in drei Phasen aufgeteilt: Im Rahmen des Projektdesigns sollten in der **ersten Phase** in einer Vorstudie (Nov.-Dez. 2005) Erkenntnisse durch eintägige teilnehmende Beobachtungen und strukturierte Interviews mit Mitarbeitern gewonnen werden. Durch diese Datenbasis sollten Grundlagen für das Design von Workshops und für die Konzeption von Veränderungsmaßnahmen geschaffen werden. Hierbei wurden die Themenfelder Normen und Werte der Unternehmenskultur, Karriereentwicklung und Alter, Innovationsbereitschaft, Bewertung („Wertschätzung") von Alter sowie Leistungsfähigkeit und Alter im Hinblick auf die Stressbelastung herausgestellt. Das Kernergebnis war, dass die vorhandenen Potenziale in der Belegschaft zu einer hohen Zukunftsfähigkeit im Hinblick auf

- eine hohe karriereunabhängige Motivation,
- eine hohe Innovationsbereitschaft und
- eine hohe Wertschätzung älterer Mitarbeiter

---

[7] Zu neuen Qualifikationsanforderungen an die Belegschaft – vor allem hinsichtlich der älteren Belegschaft – im Zuge des demographischen Wandels (*Schleiter, A.* (2006), S. 29).

führen. Es gilt, diese Ressourcen der Unternehmenskultur in ihrem Wert für demographischen Wandel und Zukunftsfähigkeit zu bewahren und zu fördern. Auf der anderen Seite schränkt ein hohes Maß an Stressbelastung die Lebensarbeitszeitfähigkeit ein. Hier gilt es, langfristig Strategien und Bedingungen so zu verändern, dass die subjektiv empfundene Belastung durch destruktiven Stress (z. B. Zeitdruck) verringert wird. Hinsichtlich der Validierung der beschriebenen Daten ist die Tatsache interessant, dass die in dieser Vorstudie erhobenen Erkenntnisse mit den Ergebnissen der zeitgleich durchgeführten *E.ON* Mitarbeiterbefragung 2005[8] größtenteils übereinstimmten.

Die Erkenntnisse aus der ersten Phase führten zum Design der **zweiten Phase** (Januar bis März 2006) in der fünf zweitägige Workshops mit je 15 Teilnehmern durchgeführt wurden. Im Rahmen dieser Workshops sollten Handlungsoptionen für das Unternehmen zur Reaktion auf die Auswirkungen des demographischen Wandels herausgearbeitet werden. Die Teilnehmer hatten in diesem Kontext die Möglichkeit, Antworten auf folgende sechs Arbeitsfragen zu entwickeln:

- Bitte erarbeiten Sie die Themen und Fragestellungen, die aus Ihrer Sicht für das Thema „Älter werdende Belegschaften" wichtig sind.

- Was sind die Gefahren, um die Werte der *E.ON Ruhrgas AG*, die uns derzeit noch verbinden und tragen, nachhaltig negativ zu verändern?

- Welche Ursachen für Stress erleben Sie?

- Welche erfolgreichen Stressbewältigungsstrategien nutzen oder beobachten Sie?

- Was kann das Unternehmen tun, um destruktive und krankmachende Stressbelastung zu verringern?

Die Fülle der hier aus Mitarbeiterperspektive erhobenen Daten haben wir zusammengeführt und folgende **13 Handlungsfelder** vor dem Hintergrund unserer Unternehmenskultur identifiziert: Als Kernfelder im Hinblick auf erste operative

---

[8] Bei der Mitarbeiterbefragung werden auf einer konzernweiten Basis in zweijährigen Abständen Zustände und Veränderungen in Einstellungen und Meinungen der Mitarbeiter erfasst. Die Mitarbeiterbefragung wurde 2005 bereits zum zweiten Mal konzernweit bei über 52.000 Mitarbeitern durchgeführt. Die hier aufgeführten Ergebnisse beziehen sich auf die Market Unit *E.ON Ruhrgas*.

Maßnahmen wurden im Folgeprozess insbesondere die Bereiche identifiziert, in denen ein besonders großes Delta zwischen vorhandenen und zu entwickelnden Kompetenzen zu verzeichnen war. Wie in Abbildung 2 dargestellt sind dies insbesondere Führungskultur (Delegation, Verantwortungsübernahme und Feedback), psychische Gesundheit, körperliche Gesundheit- und Leistungsfähigkeit sowie Eigeninitiative. Bestimmte Themenfelder – wie beispielsweise der Prozess der Änderung der Führungskultur im Zuge des demographischen Wandels – wurden bereits in der *E.ON* Mitarbeiterbefragung 2005 identifiziert und im Rahmen von Folgeprozessen dort auch bearbeitet. Die Themen wurden im Hinblick auf die hier beschriebene Untersuchung aber nicht ausgeblendet, sondern sinnvoll in die in der dritten Phase beschriebenen Umsetzungsfelder integriert (beispielsweise Gesundheitsmanagement als Führungsaufgabe).

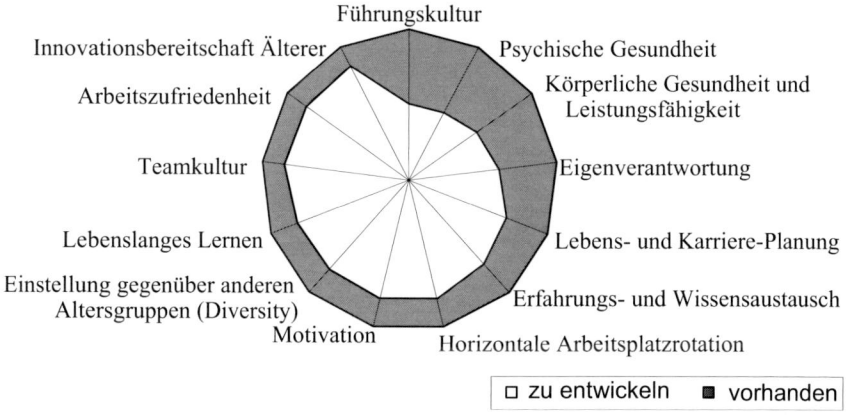

Abbildung 2: Handlungsfelder vor dem Hintergrund der Unternehmenskultur der E.ON Ruhrgas.[9]

In der **dritten Phase** (Umsetzungskonzept) haben wir uns hinsichtlich der 13 identifizierten Handlungsfelder sowie der abgeleiteten Kernfelder in einem ersten Schritt auf folgende Maßnahmen fokussiert:

---

[9] Quelle: eigene Darstellung.

- Weiterer Ausbau des betrieblichen Gesundheitsmanagements (insbesondere im Bereich der Primärprävention) zum Erhalt der körperlichen Leistungsfähigkeit,
- Schaffung von Optionen zum lebenslangen Lernen im Bereich der Weiterbildung,
- Veränderte Arbeits- und Zusammenarbeitsstrukturen im Bereich der Arbeitsorganisation zur Nutzung des Leistungswandels im Alter.

In der Folgezeit wurden bestehende Programme und Maßnahmen in diesen drei Kernbereichen untersucht und auf Basis der Untersuchungsergebnisse weiterentwickelt, um als Unternehmen im Hinblick auf die eingangs beschriebenen Herausforderungen der veränderten Arbeitswelt optimal aufgestellt zu sein. Der folgende Abschnitt beschreibt bisher durchgeführte Maßnahmen in den genannten Feldern, wobei ein Fokus auf den Bereich des betrieblichen Gesundheitsmanagements gelegt wird, in dem die *E.ON Ruhrgas AG* die bereits seit Jahren erfolgreichen und prämierten Maßnahmen ausbauen und auf Basis der Untersuchungsergebnisse in die langfristige Personalstrategie integrieren konnte.

Entwicklung eines Konzeptes zum Erhalt der Employability bei der *E.ON Ruhrgas AG* (Kernbereich: Gesundheitsmanagement)

Aufgrund der Komplexität der zu Beginn beschriebenen neuen Rahmenbedingungen für Unternehmen sind Maßnahmen zum Erhalt der Beschäftigungsfähigkeit nicht isoliert, sondern im Gesamtzusammenhang zu betrachten, um ein ganzheitliches Employability-Konzept entwickeln zu können. In diesem Kontext wurden bei der *E.ON Ruhrgas AG* zunächst einmal auf Basis der Untersuchungsergebnisse in den drei beschriebenen Handlungsfeldern Aktionen eingeleitet, um auf **kurzfristiger Basis** auf vorhandene Verbesserungspotenziale aufmerksam zu machen sowie die Mitarbeiter in diesem Kontext zu sensibilisieren. Im Bereich **Umgang mit Stress** wurde beispielsweise zum Gesundheitsgespräch „Stressbewältigung am Arbeitsplatz" eingeladen, und in das Seminarprogramm „Der effektive Umgang mit der eigenen Arbeitszeit" wurde das autogene Training als Methode der Stressbewältigung mit aufgenommen. Zusätzlich werden im Bereich der **veränderten Zusammenarbeitsstrukturen** altersgemischte Seminare mit Möglichkeiten zum Wissensaustausch zwischen der jüngeren und älteren Generation angeboten, um den Wissenstransfer im Zuge alternder Belegschaften zu gewährleisten.

Neben diesen Maßnahmen – die nur einen Ausschnitt der Folgeaktivitäten zur Untersuchung darstellen – werden bestehende Instrumente zum Erhalt der Employability der Belegschaft auch auf **langfristiger Basis** ständig überprüft und weiterentwickelt. Hier ist unter anderem die Arbeitszeitflexibilisierung der Mitarbeiter zu nennen, welcher die *E.ON Ruhrgas* schon seit vielen Jahren besondere Aufmerksamkeit widmet. Unser Ziel ist es dabei, allen Mitarbeitern Rahmenbedingungen und Unterstützungsangebote zu bieten, die es ihnen ermöglichen, sich für die Arbeit zu engagieren, dafür aber auch persönliche Erfordernisse zuzulassen. In diesem Themenbereich sind vor allem folgende Maßnahmen erwähnenswert:[10]

- Die seit dem 01.01.2004 bestehende Betriebsvereinbarung „Flexible Arbeitszeit": Neues Arbeitszeitmodell mit Fokussierung auf die Vertrauensarbeitszeit, welches die Flexibilität für die Mitarbeiter erhöht. Zusätzlich bieten Jahres- und Lebensarbeitszeitkonten, umfangreiche Teilzeitmodelle sowie Sabbaticals Möglichkeiten der Zeitsouveränität.

- Betriebsvereinbarung „Elternzeit": Um die Vereinbarkeit von Familie und Beruf zu verbessern, wurde bereits vor einigen Jahren eine Betriebsvereinbarung beschlossen, die Eltern mehr Freiraum und Flexibilität – die gesetzliche Elternzeit von drei Jahren wird zusätzlich um zwei Jahre erweitert – bietet.

- Telearbeit: Im Frühjahr dieses Jahres haben wir zudem ein Pilotprojekt „Telearbeit" gestartet. Mitarbeiter haben in diesem Kontext die Möglichkeit, erste Erfahrungen im Bereich der Telearbeit zu sammeln.

- Betreuungsangebot für Kindergartenkinder im Rahmen der Kooperation mit einer Kindertagesstätte: Für Kinder unserer Mitarbeiter sind – unabhängig von Konfession und Wohnort – im Rahmen eines Kooperationsvertrages Belegplätze vorreserviert.

---

[10] Sämtliche der im Folgenden genannten Maßnahmen zur Vereinbarkeit von Familie und Beruf sind im Personalbericht der *E.ON Ruhrgas AG* detailliert aufgeführt, vgl. *E.ON Ruhrgas* (2006), S. 32-36.

- Kooperation im Bereich Kinderbetreuung: Hier übernimmt *E.ON Ruhrgas* die anfallenden Beratungs- und Vermittlungskosten von Mitarbeitern für eine individuelle Beratung und Vermittlung von privaten und institutionellen Betreuungsplätzen – z. B. Tagespflege – durch einen Kooperationspartner.[11]

- Eltern-Kind-Zimmer: In der Hauptverwaltung in Essen wurde ein Eltern-Kind-Zimmer eingerichtet, welches ein flexibles Arbeiten im Notfall ermöglicht, wenn unerwartet die Kinderbetreuung ausfallen sollte.

- Freistellungsmöglichkeiten zur Betreuung von Angehörigen: Betriebsvereinbarung über die Freistellung zur häuslichen Krankenpflege.

Im Zuge dieser familienorientierten Ausrichtung unserer Unternehmenspolitik arbeiten wir mit externen Partnern zusammen und nutzen die Zertifizierung als Qualitätsentwicklungsinstrument (unter anderem Verleihung eines Grundzertifikats der gemeinnützigen *Hertie-Stiftung* im Rahmen des 2004 durchgeführten *audits berufundfamilie*®). Im Hinblick auf die Steigerung der Employability unserer Mitarbeiter wirken sowohl die kurz- wie auch die langfristigen Maßnahmen mit den oben beschriebenen Handlungsfeldern zusammen.

Strategische Verankerung des betrieblichen Gesundheitsmanagements

Gesundheitsförderung und betriebliches Gesundheitsmanagement sind integrativer Teil der Personalpolitik und Führungsphilosophie. Sie leisten einen wertorientierten Beitrag zur langfristigen Qualitätsverbesserung der Arbeit und der Effizienzsteigerung. Ein hauptsächliches Ziel aller mitarbeiterorientierten unternehmerischen Handlungsfelder sollte dementsprechend sein, die Belegschaft langfristig gesund, leistungsbereit und leistungsbefähigt zu halten – denn das zeichnet das Erfolgspotenzial eines Unternehmens aus! Betriebliches Gesundheitsmanagement ist folglich auch eine unternehmensstrategische Führungsaufgabe. Diesbezüglich müssen interne Akteure (beispielsweise die Betriebskrankenkasse, Führungskräfte und das Personalwesen) mit externen Akteuren (z. B. Ärzte oder Zertifizierungseinrichtungen) interagieren und vernetzt arbeiten, um dieses Verständnis auch in der unternehmerischen Praxis umsetzen zu können.

---

[11] Z. B. *pme Familienservice.*

278

Das Personalwesen hat in diesem Rahmen schwerpunktmäßig vier Handlungs-felder im Bereich des betrieblichen Gesundheitsmanagements definiert:

- Aktivität der Mitarbeiter fördern,
- Früherkennungsmaßnahmen anbieten,
- gezielt gesundheitsbezogene Informationen zur Verfügung stellen und
- Controlling- bzw. Erfolgsmessungsmaßnahmen durchführen.

Ansatzpunkte bei allen Einzelmaßnahmen im Rahmen dieser Handlungsfelder sind dabei Krankheiten, die statistisch gesehen zu den häufigsten Arbeitsausfäl-len führen bzw. zu den häufigsten Krankheiten zählen. Unter Berücksichtigung dieser Punkte weist das betriebliche Gesundheitsmanagement der *E.ON Ruhrgas AG* als Teil der Unternehmensstrategie folgende Charakteristika auf:

Es ist als fester Bestandteil des unternehmerischen Managements in die Unter-nehmensstrategie **integriert**. Weiterhin ist es als feste **Gemeinschaftsaufgabe** aller Führungskräfte, Mitarbeiter sowie inner- und überbetrieblicher Experten langfristig angelegt. Zusätzlich ist es **systematisch** aufgebaut, da aufeinander abgestimmte Diagnose-, Präventions- und Evaluationsmaßnahmen zielgerichtet eingesetzt werden. Abschließend sind alle Maßnahmen, die im Bereich Gesund-heitsmanagement sowie im oben genannten Bereich „Beruf und Familie" aufge-führt worden sind, **dauerhaft angelegt**. Wir legen darauf Wert, dass einzelne Aktionstage (z. B. Hautkrebsvorsorge) in regelmäßigen Abständen wiederholt werden. Das Ziel ist nicht kurzfristiger Aktionismus, sondern Nachhaltigkeit mit Bewusstseinsveränderung im Hinblick auf ein gesünderes Mitarbeiterverhalten.

Die *E.ON Ruhrgas* hat zudem im Herbst 2005 die „*Luxemburger Deklaration zur betrieblichen Gesundheitsförderung in der Europäischen Union*" unter-zeichnet. Damit verpflichtet sich die *E.ON Ruhrgas* den Grundsätzen der be-trieblichen Gesundheitsförderung und führt ihren Arbeits- und Gesundheits-schutz im Sinne der Deklaration fort. Die betriebliche Gesundheitsförderung ist in diesem Kontext als moderne Unternehmensstrategie zu verstehen mit dem Ziel, Krankheiten am Arbeitsplatz vorzubeugen, Gesundheitspotenziale zu stär-ken und das Wohlbefinden am Arbeitsplatz zu verbessern. Eine eigene Betriebs-krankenkasse unterstreicht und fördert diese Maßnahmen proaktiv.

Instrumente des Gesundheitsmanagements

Im Folgenden werden die einzelnen Instrumente des Gesundheitsmanagements[12] der vier Oberkategorien näher erläutert:

Im Bereich der **Informationsfunktion** wurde 2005 in Kooperation mit der betriebseigenen *E.ON BKK* die Informationsreihe „Gesundheitsgespräche" ins Leben gerufen. Bei diesen quartalsmäßig stattfindenden kostenlosen 90-minütigen Vorträgen und Diskussionsrunden referieren ausgewählte Experten über gesundheitsspezifische Themen und stehen im Anschluss den interessierten Mitarbeitern für weitere Fragen und Diskussionen zur Verfügung. Themen der Gesundheitsgespräche sind beispielsweise „Diabetes", „Haut / Hauterkrankungen" sowie „Herzerkrankungen". Weitere Veranstaltungen folgen zu den Themen „Krebsrisiko", „Grippe" sowie „Stressbewältigung am Arbeitsplatz". Zudem gibt es ein umfangreiches Sport- und Gesundheitsportal im Intranet, welches quartalsmäßig mit aktuellen Informationen zu Themen wie Prävention, Gesundheit und Fitness angereichert wird.

Ein jährlich durchgeführter Gesundheitstag soll das Thema Gesundheit hingegen praxisorientiert näher bringen. Neben Informationsständen werden an diesem Tag verschiedene Aktivitäten angeboten: Die Mitarbeiter haben z. B. die Möglichkeit, an Kursen zur Entspannung (Aktive Pause / Aktives Sitzen) oder an einem Fitness-, Rücken- oder Ernährungs-Check-up kostenlos teilzunehmen. Einmal jährlich bieten wir zudem den leitenden Angestellten im Rahmen eines so genannten „Health Breakfast" die Gelegenheit, sich bei gesunder Ernährung über medizinische Fragestellungen näher zu informieren. Des Weiteren bieten das Personalwesen sowie die *E.ON BKK* in Kooperation mit *BodyGuard!*[13], *Zentrum für Präventionsmedizin* in Essen, einen „Gesundheits-Check-Up" für alle *E.ON BKK*-versicherten Mitarbeiter ab dem 40. Lebensjahr an. Der Gesundheits-Check-Up dient zur Früherkennung von Krankheiten wie insbesondere

---

[12] Sämtliche Instrumente des betrieblichen Gesundheitsmanagements sowie ihr Zusammenwirken sind detailliert im aktuellen *E.ON Ruhrgas* Personalbericht sowie partiell im Rahmen des *E.ON* CSR-Report 2005 aufgeführt; *E.ON Ruhrgas* (2006), S. 28 f.; vgl. *E.ON* (2006), S. 41.

[13] Das *BodyGuard!* Team gehört zur Mannschaft des *Elisabeth-Krankenhauses,* Essen.

Herz-Kreislauferkrankungen, Erkrankungen des Magen- und Darmtraktes sowie orthopädischen Beschwerden und dauert circa einen halben Tag. Neben einem ausführlichen Einführungsgespräch mit dem behandelnden Arzt besteht diese Präventionsmaßnahme aus folgenden Modulen:

Körperliche Untersuchung unter Berücksichtigung der im Anamnesegespräch definierten Risikofelder, spezifische chirugisch / orthopädische Untersuchung der Wirbelsäule, Laboruntersuchung (Blutserumanalyse) und funktionsdiagnostische Untersuchung (Blutdruckmessung, Belastungs-EKG).

Die Kosten für diese Basisuntersuchungen werden für alle *E.ON BKK*-versicherten Mitarbeiter vollständig von *E.ON Ruhrgas* übernommen. Wird bei diesen Basisuntersuchungen ein entsprechender Krankheitsverdacht diagnostiziert, werden weitere Zusatzuntersuchungen durchgeführt, bei denen modernste Untersuchungstechniken zum Einsatz kommen (z. B. Magnetresonanztherapie, Magen-Darmspiegelung, Echokardiographie oder Ultraschalluntersuchungen). Die Kosten für diese Zusatzmodule, werden dann über die *E.ON BKK* abgerechnet.

Im Zuge der Ergebnisse der Employabilty-Untersuchung werden diese Vorsorgeleistungen zukünftig auch der gesamten Belegschaft der *E.ON Ruhrgas* offen stehen. Die folgende Aufzählung verdeutlicht noch einmal den Baustein „Information" im Kontext des betrieblichen Gesundheitsmanagements:

- Gesundheitsportal im Internet

- Informationsveranstaltungen, wie z. B. Gesundheitstage, Gesundheitsgespräche (zu Themen wie Diabetes, Hautkrebs, Herzkrankheiten, Stress, etc.), „Health Breakfast / Evening" für leitende Angestellte

- Vorsorgeuntersuchung für Führungskräfte ab dem 40. Lebensjahr (*BodyGuard!*, *Preventicum*, freie Arztwahl)

Im Bereich der Früherkennungsmaßnahmen werden – neben kostenlosen Seminaren zur Brustkrebsvorsorge (seit 2005 jährlich) für alle Mitarbeiterinnen beziehungsweise Lebenspartnerinnen von Mitarbeitern – seit 2004 alle Mitarbeiter sowie deren Lebenspartner jährlich unter dem Motto „Gesund durch Früherkennung – Darmkrebs-Prävention" zur kostenlosen Darmkrebsvorsorge aufgerufen. 2005 haben sich über 2.700 Personen beteiligt. Bei knapp 3,6 % davon wurde ein positiver Befund (okkultes Blut) festgestellt, der zu einer weiteren

Diagnostik führte. Bei sechs Teilnehmern, die bei der betriebseigenen Kranken-
kasse versichert sind, konnte rechtzeitig ein Darmtumor entdeckt werden. Für
das beschriebene Engagement in der Darmkrebsvorsorge hat die *E.ON Ruhrgas
AG* 2005 den *Felix Burda Award* für die beste Corporate Citizenship-Aktion
erhalten. Im Jahr 2006 schaffte sie den Sprung unter die TOP 3.

Die 2006 implementierte und inhouse durchgeführte Hautkrebsvorsorge (in Kooperation mit der *Dermatologischen Klinik der Ruhr-Universität-Bochum*) kom-
plettiert das Krebspräventionsprogramm. In 2006 fanden an jeweils vier Unter-
suchungstagen pro Quartal so genannte „Hautscreenings" statt. Die Teilnahmequote ist in diesem Zusammenhang außerordentlich hoch.

Die folgende Abbildung stellt zusammenfassend die präventive Ausrichtung des
betrieblichen Gesundheitsmanagements bei der E.ON Ruhrgas AG im Hinblick
auf Gesundheitsrisiken dar:

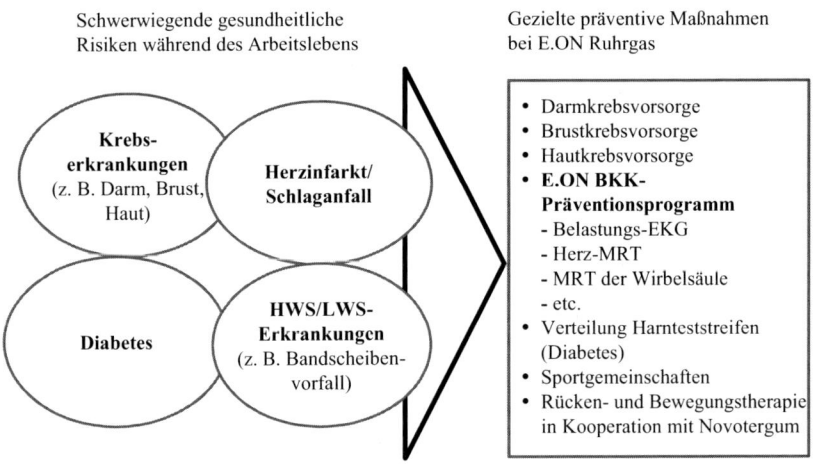

Abbildung 3: Gesundheitsmanagement: Früherkennungsmaßnahmen.[14]

---

[14] Quelle: eigene Darstellung.

Hinsichtlich des dritten Bausteins, der *Förderung von Aktivität,* wurde ergänzend zu den 26 einzelnen Sportsparten im Rahmen der *E.ON Ruhrgas* Sportgemeinschaft (inklusive eigenes Fitness-Studio) ein individuelles Trainings- und Therapiekonzept zur Behandlung von Halswirbelsäulen- / Lendenwirbelsäulen-Beschwerden in Kooperation mit der *Novotergum AG* entwickelt. Das Programm „FitKids" stellt ein zusammenhängendes Ernährungs- und Bewegungsprogramm der *ESG-Ernährungsberatung*15 für die Kinder aller Mitarbeiter im Alter von sechs bis 17 Jahren dar. Bei regelmäßiger Teilnahme erstattet die *E.ON BKK* ihren Mitgliedern hierbei 80 % der anfallenden Kursgebühren.

Die folgende Übersicht verdeutlicht abschließend das Zusammenwirken aller Maßnahmen im Bereich des Handlungsfeldes des betrieblichen Gesundheitsmanagements, basierend auf einer Planung aller Aktivitäten für das Jahr 2006.

Jan.	Feb.	März	April	Mai	Juni	Juli	August	Sep.	Okt.	Nov.	Dez.
GG*: Health Haut Breakfast			**GG:** Herz					**GG:** Stress	Health Evening		**GG:** Grippe
Haut-screening			Haut-screening					Haut-screening			Haut-screening (bei Bedarf)
		Darmkrebsvorsorge 2006 (Testeinreichung bis Ende April möglich danach Auswertungsphase)							Brust krebs-vorsorge		
									Diabetes – Test (Planung)		
									Gesunde Küche Auditierung der Küche		
* GG= Gesundheitsgespräch									Kurs: Autogenes Training		

Abbildung 4: *Zusammenwirken der Maßnahmen des Gesundheitsmanagements.*[16]

---

[15] Die Buchstaben E - S - G stehen dabei für Ernährung, Sport und Gesundheit.
[16] Quelle: eigene Darstellung.

Controlling und Erfolgsmessung des betrieblichen Gesundheitsmanagements

Betriebliches Gesundheitsmanagement ist selbstverständlich kein Selbstzweck. Mittelfristig soll der geringe Krankenstand nicht verschlechtert und Langzeiterkrankungen – insbesondere bei der zunehmend älteren Belegschaft – vorgebeugt werden. Übergeordnetes Ziel aller Maßnahmen im Bereich des betrieblichen Gesundheitsmanagements ist folglich die Sicherstellung einer nachhaltigen Employability. Diesbezüglich werden hinsichtlich der bestehenden Instrumente auf einer langfristigen Basis Controllingmaßnahmen durchgeführt, um Wirkungsgrade und Wirtschaftlichkeitsbetrachtungen detailliert aufzeigen zu können. Die hierdurch generierten Zahlen belegen, dass diese strategische Vorgehensweise zielführend ist: Beispielsweise verringerte sich die Krankheitsquote der *E.ON Ruhrgas AG* in den letzten zehn Jahren von 4,2 % auf 3,3 % (inklusive Langzeiterkrankungen außerhalb der Lohnfortzahlung) im Jahre 2005 (Gesamtentwicklung -21,4 %) und ist damit auf einem historischen Tiefstand. Dies ist insbesondere auf ein aktives Gesundheitsmanagement zurückzuführen.

Weiterhin ergab eine bei der *E.ON Ruhrgas AG* durchgeführte Untersuchung des Zusammenhangs zwischen Alter und Ausfallzeiten wegen Krankheit, dass sich die Ausfallzeiten bis zum Lebensalter von 25 Jahren fast ausschließlich auf häufige Kurzzeiterkrankungen beziehungsweise Sportunfälle beschränkten. Im Alter ab 50 Jahre war die Krankheitsquote nicht höher als bei den jüngeren Mitarbeitern, allerdings handelte es sich hier überwiegend um – für das Unternehmen schwerwiegendere – Langzeiterkrankungen. Unter diesem Aspekt sind insbesondere **Gesundheitspräventionsmaßnahmen** notwendig, da diese vorrangig auf die Ursachen von Langzeiterkrankungen abzielen. Gesundheit ist ein hoher Wert für jeden einzelnen Mitarbeiter, für die das Unternehmen wegen ihrer sozialen Verantwortung im besonderen Maße verpflichtet ist. Auf der anderen Seite sind natürlich auch unternehmerische Ziele von Bedeutung. Ein strategisches, langfristig ausgerichtetes Gesundheitsmanagement beugt Krankheiten – insbesondere Langzeiterkrankungen – vor, reduziert die Fehlzeiten, erzeugt ein positives Image in der Belegschaft und bringt damit nicht zuletzt Kostenvorteile im Wettbewerb. Fehlzeiten sind damit ein erheblicher Kostenfaktor im

Unternehmen. Im Jahre 2005 betrug in diesem Kontext die Zahl der Ausfalltage aufgrund von Krankheit bei der *E.ON Ruhrgas AG* pro Mitarbeiter 8,8 Tage. Im Vergleich zum Jahre 1996 reduzierten sich die Krankheitstage damit im Durchschnitt um 2,3 Tage. Bezogen auf die Durchschnittspersonalkosten eines Mitarbeiters beträgt die rechnerische Kostenersparnis hierdurch circa 2,35 Millionen Euro im Jahr.

Aber nicht nur diese eher quantitativ ausgerichtete Wirtschaftlichkeitsbetrachtung, sondern auch die Ergebnisse der einzelnen Aktionen im Rahmen der drei Kernbereiche des Gesundheitsmanagements sprechen für sich: Bei der letzten „Hautscreening"-Aktion, welche im Februar und Mai 2006 in Kooperation mit der *Dermatologischen Klinik der Ruhr-Universität-Bochum* durchgeführt worden ist (Teilnehmer insgesamt 355 Personen), wurde beispielsweise bei knapp 4,5 % der Beteiligten ein behandlungsnotwendiger Befund festgestellt. Eine adjuvante Therapie[17] bei fortgeschrittenem Hautkrebs kostet bis zu 50.000 Euro. Wenn alleine nur bei 1 % der Teilnehmer und Teilnehmerinnen im Rahmen dieser Vorsorgemaßnahme ein bösartiger Verlauf der Krankheit verhindert werden konnte, ist dies mit hohen potentiellen Kosteneinsparungen und einem ROI von 335 % verbunden, wie Abbildung 5 verdeutlicht.[18]

Es gibt jährlich mehr als 100.000 Neuerkankungen an Hautkrebs, die durch ein einfaches „Hautscreening" diagnostiziert werden können. Grundlage für diesen ROI-Wert bildet hierbei die Annahme, dass bei 1 % der Mitarbeiter tatsächlich Hautkrebs vorläge. Durch die frühe Entdeckung (malignes melanom $\leq$ 1 mm groß) im Rahmen des Hautscreenings muss in diesem Fall keine Interferon-

---

[17] Behandlungen bei Patienten, deren Melanom entfernt wurde und die aktuell tumorfrei sind. Eine adjuvante Behandlung soll die Überlebenschance verbessern, und ist damit vor allem bei Risikopatienten angebracht.

[18] Hinsichtlich der in der Abbildung verwendeten medizinischen Fachbegriffe stellt ein malignes Melanom vereinfacht einen der bösartigsten Tumore der Haut dar, während die Termini low- und high-dose in Art und Umfang verschiedene Interferon-Therapien bezeichnen. Ein Interferon ist ein Protein oder Glykoprotein, das eine immunstimulierende, vor allem antivirale und antitumorale Wirkung entfaltet. Es wird als körpereigenes Gewebehormon in menschlichen und tierischen Zellen, vor allem von Leukozyten (weiße Blutkörperchen), Fibroblasten und T-Lymphozyten gebildet. Hinsichtlich der verwendeten Fachbegriffe vgl. unter anderem *Gschneit, F.* (2006), S. 1.

Therapie angewandt werden, sondern lediglich eine Exzision. Die eingesparten Kosten ergeben sich dann aus der Multiplikation der angenommenen 3,55 Mitarbeitern (1 % von 355 teilnehmenden Personen) mit 8.380 Euro Aufwand für eine so genannte low-dose-Interferontherapie. Diese Berechnung würde insgesamt zu einem Einsparvolumen von 29.749 Euro führen. Wenn man dann im Rahmen der ROI-Betrachtung die eingesparten Kosten (29.749 Euro) durch die eingesetzten Kosten (8.875 Euro) teilt und mit 100 multipliziert entsteht letztendlich der für das Unternehmen positive wirtschaftliche Effekt im Hinblick auf die Kapitalrendite. Die eingesparten Kosten werden darüber hinaus auch bilanziell relevant, da 80 % der *E.ON Ruhrgas* Mitarbeiter bei der betriebseigenen *BKK* versichert sind.

Hautkrebs:

- Mehr als 100.000 Neuerkrankungen jährlich
- Einfache Diagnoseform „Hautscreening"

25 € / 10 €
Eigenbeteiligung

E.ON Ruhrgas 2006	Teilnehmer gesamt	Ohne Befund	Empfehlung Nachkontrolle	Verdacht Malignes Melanom
Summe	355	226	114	15
Prozent	100	63,66	32,11	4,23

Selbst bei voller Kostenübernahme durch AG rechnet sich Aktion!
355 x 25 € = 8.875 € vs. 1 % von 355 Pers. tatsächlich MM < **1,0 mm** = 29.749 €
→ ROI: 335 % *(definiert: eingesparte Kosten (Erfolg): eingesetzte Kosten x 100)*

Kosten Hautscreening	Adjuvante Therapie: Kosten Interferon-Therapie (Hautkrebs) (A: MM > 1,5 mm oder B: MM > 4,0 mm)	
25 € / 10€* (* E.ON BKK versichert)	**A**: low dose (18 Monate): 8.380 € **B**: high dose (12 Monate): 50.971 €	zzgl. Exzision, histologische Untersuchung, Laborkosten etc.

Abbildung 5: Wirtschaftlichkeitsrechnung: Hautkrebsvorsorge bei E.ON Ruhrgas 2006.[19]

Sowohl die Untersuchungsergebnisse wie auch die Ergebnisse der Wirtschaftlichkeitsrechnungen machen sehr deutlich, wie wichtig derartige Gesundheitsprogramme zur Gewährleistung einer langfristigen altersübergreifenden Em-

---

[19] MM = malignes Melanom, Quelle: eigene Darstellung.

ployability für ein Unternehmen und die Mitarbeiter sind. Zudem hat die *E.ON* Mitarbeiterbefragung gezeigt, dass 93 % aller Mitarbeiter der *E.ON Ruhrgas* mit dem Gesundheitsschutz in ihrem Arbeitsumfeld zufrieden sind. Dieses Ergebnis korreliert positiv mit der Identifikation: 93 % der Befragten identifizieren sich voll mit dem Unternehmen, in dem sie arbeiten. Die Identifikation geht wieder einher mit einer positiven Einstellung zur Leistungsbereitschaft und Motivation. Alleine diese kurze Kette positiver Abhängigkeiten verdeutlicht, dass Maßnahmen des betrieblichen Gesundheitsmanagements einen weitaus größeren Radius in der Wirkung haben als auf die rein körperliche Gesundheit.

Zusammenfassung und Ausblick

Stetig wechselnde Rahmenbedingungen der unternehmerischen Tätigkeit führen zu der Erfordernis der Schaffung von Konzepten zum Erhalt einer langfristigen Employability der Belegschaft. Die *E.ON Ruhrgas AG* hat vor diesem Hintergrund eine wissenschaftlich begleitete Studie durchgeführt, um Chancen und Risiken des demographischen Wandels – insbesondere vor dem Hintergrund von älter werdenden Belegschaften – genauer beleuchten zu können. Im Rahmen der qualitativen Untersuchung wurden schließlich drei Handlungsfelder für das Unternehmen identifiziert (Ausbau des betrieblichen Gesundheitsmanagements, Schaffung von Optionen zum lebenslangen Lernen sowie veränderte Arbeits- und Zusammenarbeitsstrukturen im Bereich der Arbeitsorganisation). In der Folgezeit wurden bestehende Instrumente in diesen drei Handlungsfeldern überprüft und weiterentwickelt. Die so erhaltene Gesamtstruktur der Maßnahmen des Unternehmens zum Erhalt der langfristigen Beschäftigungsfähigkeit der Mitarbeiter bildet – gemeinsam mit bereits existenten Bausteinen der Work-Life Balance – eine Basis zur Entwicklung eines ganzheitlichen Employability-Konzeptes. Der Terminus „Entwicklung" wird verwendet, da zwar von Unternehmensseite aus bereits Ergebnisse und Handlungsfelder aus der wissenschaftlichen Untersuchung generiert worden sind, der Prozess einer Employability-Schaffung jedoch aufgrund der Komplexität der Rahmenbedingungen niemals abgeschlossen sein kann. Vielmehr müssen bestehende Bausteine stetig überprüft und erweitert werden.

Das betriebliche Gesundheitsmanagement kann in diesem Zusammenhang als Best-Practice-Handlungsfeld verstanden werden. Hier wurden ausgehend von bereits bestehenden Instrumentarien (Schwerpunkte: Informationen zur Verfügung stellen, Früherkerkennungsmaßnahmen anbieten und Aktivität fördern) auf Basis der Untersuchungsergebnisse weitere Bausteine im Jahr 2006 entwickelt. Um in der fortlaufenden Entwicklung in diesem Feld nicht stehen zu bleiben, sondern die Entwicklung proaktiv vorantreiben zu können, bestehen in diesem Bereich umfangreiche Controllingmaßnahmen. Durch diese können die Effekte des betrieblichen Gesundheitsmanagements offengelegt und somit auch eine quantitative Basis für eine zukünftige Weiterentwicklung gebildet werden.

Abschließend gilt es zu bedenken, dass die Schaffung einer ganzheitlichen Employability der Belegschaft jedoch nicht als unternehmensseitiges „One-Way-Verfahren" zu verstehen ist. Maßnahmen zur dauerhaften Beschäftigungsfähigkeit von Mitarbeitern betreffen alle Altersgruppen und hängen von einer Fülle von Faktoren ab, die gleichzeitig zentrale Werte der Unternehmenskultur und somit auch vom Unternehmen beeinflussbar sind. Gleichzeitig muss aber auch vom Mitarbeiter die Eigenverantwortung für den Erhalt der langfristigen Arbeitsfähigkeit verlangt werden.[20] Zusammenfassend kann folglich festgestellt werden, dass nur im Zusammenspiel der organisatorischen Möglichkeiten des Unternehmens und der Übernahme von Eigenverantwortung der Mitarbeiter das Gesamtziel der Schaffung einer langfristigen Employability ihrer Belegschaft für Unternehmen erreichbar sein wird.

Literaturverzeichnis

Bundesministerium für Familie, Senioren, Frauen und Jugend – BMFSFJ (2005): Work-Life Balance – Motor für wirtschaftliches Wachstum und gesellschaftliche Stabilität, Berlin.
E.ON AG (2006): Gesellschaftliche Verantwortung 2005 – Erfolgreich wirtschaften, verantwortlich handeln, Düsseldorf.

---

[20] *Laschet* stellt zusätzlich dar, dass nicht nur Arbeitgeber und Individuen, sondern auch andere Akteure – wie beispielsweise Meinungsbilder auf allen gesellschaftlichen Ebenen oder nicht zuletzt auch der Staat – sich durch Bereitstellung entsprechender Konzepte und Maßnahmen in das Themenfeld Employability mit einbringen müssen, vgl. *Laschet, A.* (2006), S. 13.

E.ON Ruhrgas AG (2006): Personalbericht, Essen.

Esche, A. / Genz, M. / Rothen, H.-J. (2006): Altenrepublik Deutschland? – Ausmaß und Entwicklung der demographischen Alterung, in: *Bertelsmann Stiftung* (Hrsg.): Älter werden – aktiv bleiben – Herausforderungen, Lösungswege, Reaktionen, S. 13-16.

Fischer, H. / Day, H. (1999): Die Initiative „Selbst-GmbH" (Interview durch *Rainer Steppan*), in: *PersonalführungPlus*, Jahrgang. 1999, S. 26-30.

Gschnait, F. (2005): Einheitliche Melanomtherapie für Wiens Tumorpatienten, in: *Hautnah*, 4(1), 2005, S. 1-2.

Laschet, A. (2006): Den demographischen Wandel gestalten – ein neues Ministerium und seine Bedeutung für Wirtschaft und Gesellschaft (Vortrag), Düsseldorf.

Perlebach, E. (2006): Demographie – eine Gesellschaft im Wandel, in: „Die BG. Unfallversicherung in Wirtschaft, Wissenschaft und Politik", Ausgabe 05/2006, S. 220-225.

Rump, J. / Eilers, S. (2005): Employability in der betrieblichen Praxis – Ergebnisse einer empirischen Untersuchung, Ludwigshafen.

Rump, J. / Schmidt, S. (2005): Employability im Fokus: Beschäftigungsfähigkeit im Spannungsfeld von Notwendigkeit und Zurückhaltung, Ludwigshafen.

Schleiter, A. (2006): Erfolgreich, gerade mit älteren Arbeitnehmern – Demographiebewusstes Personalmanagement, in: *Bertelsmann Stiftung* (Hrsg.): Älter werden – aktiv bleiben – Herausforderungen, Lösungswege, Reaktionen, S. 29-32.

Spie, U. (1983): Personalwesen als Managementaufgabe – Handbuch für die Personalpraxis, Stuttgart.

Spie, U. (1988): Personalwesen als Organisationsaufgabe: ein Leitfaden zur organisatorischen Gestaltung betrieblicher Personalarbeit, Heidelberg.

Stalitza, U. / Tscheulin, J. (2002): Employability und Flexibilität gemeinsam erreichen, in: *Personalwirtschaft*, 2/2002, S. 26-31.

Alters-Diversität – Entwicklung eines ganzheitlichen personalpolitischen Konzepts am Beispiel der Pharmabranche

David Rygl / Jonas F. Puck
Friedrich-Alexander-Universität Erlangen-Nürnberg

Relevanz und Zielsetzung

Alters-Diversität entwickelt sich seit einigen Jahren für deutsche Unternehmungen zu einer managementrelevanten Thematik. Als Hauptgrund für die wachsende Bedeutung von Alters-Diversität gilt der demographische Wandel in der Bevölkerung. Dieser wurde bisher von vielen Unternehmungen eher als Fachkräftemangel wahrgenommen und weniger als das, was er eigentlich ist – nämlich ein Älterwerden und eine Verknappung des Arbeitsangebotes insgesamt.[1] Die schrumpfende und alternde Gesamtbevölkerung verändert aber nicht nur das zahlenmäßige Verhältnis der Erwerbsbevölkerung zwischen Jung und Alt, sondern wird nach Schätzungen der Nürnberger *Bundesagentur für Arbeit* ab dem Jahr 2010 zudem insgesamt zu einem drastischen Rückgang des Erwerbspersonenpotenzials auf dem Arbeitsmarkt führen.[2] Auch die *OECD*[3] rechnet gerade für Deutschland, Japan und Italien mit „lower growth or absolute falls in the size of the labour force". Als Folge der demographischen Entwicklung werden schon heute längere Lebensarbeitszeiten vorhergesagt. „Wir alle werden in Zukunft wieder länger arbeiten müssen".[4] Diese Entwicklung stellt die Unternehmungen mittelfristig vor große Herausforderungen.

---

[1] *Buck, H.* (2004), S. 11.
[2] *Hummel, M. / Reinberg, A.* (2003), S. 40.
[3] *OECD* (2005), S. 2.
[4] *Spies, R.* (2005), S. 18.

Obwohl der demographische Wandel, die Überalterung von Belegschaften und die Rekrutierung der knappen Nachwuchskräfte als zentrale personalpolitische Themen in vielen Branchen angesehen werden,[5] wird der praktischen Umsetzung immer noch eine geringe Bedeutung eingeräumt. „Die Manager in den Unternehmen haben endlich die Demographiekurve akzeptiert",[6] gezielte Strategien zur Erreichung einer personalpolitisch wünschenswerten ausgewogenen, heterogenen Altersstruktur[7] oder ein ganzheitliches Managementkonzept sind allerdings noch nicht entstanden. „Dies erscheint umso erstaunlicher, als dass praktisch kein anderer Diversity-Themenbereich derart tief greifende Konsequenzen mit sich bringen wird".[8]

Ältere Mitarbeiter[9] werden durch Frühruhestand wegrationalisiert, erhalten Schon- oder Altenarbeitsplätze anstatt frühzeitiger Weiterbildungsmaßnahmen und verlieren so zunehmend an Wettbewerbsfähigkeit gegenüber ihren jüngeren Kollegen.[10] Die Unternehmungen konzentrieren sich auf die jungen Nachwuchskräfte mit der Argumentation, ältere Mitarbeiter seien teurer und weniger leistungsfähig.[11] In einer Art „Jugendwahn"[12] versuchen die Unternehmungen entgegen der sich abzeichnenden demographischen Entwicklung möglichst jung zu bleiben, anstatt die Herausforderung, mit einer alternden Belegschaft produktiv umzugehen, anzunehmen.

Das Fehlen eines ganzheitlichen Managementkonzepts für Alters-Diversität wirkt sich vielfältig negativ auf die betroffenen Unternehmungen aus:

---

[5] *DGFP* (2005).
[6] *Lemmer, R.* (2005), S. 24.
[7] *Buck, H. / Kistler, E. / Mendius, H. G.* (2002), S. 54.
[8] *Stuber, M.* (2004), S. 45.
[9] Hier werden, analog zur Definition der *Bundesanstalt für Arbeit*, über 45-Jährige als „ältere Arbeitnehmer" verstanden (vgl. *Regnet, E.* (2005), S. 42).
[10] *Hacker, W. / Looks, P. / Jahn, F.* (2005), S. 16.
[11] Bis in die 1990er Jahre herrschte eine einseitig negative Betrachtungsweise des Alterns und Alters im Hinblick auf den Abbau und Verfall von Qualifikationen und Leistung vor (Defizitmodell). Erst seit wenigen Jahren setzt ein Perspektivenwechsel ein. Im Mittelpunkt steht jetzt der Wandel von Fähigkeiten im Alter, die zum Teil abnehmend, stabil bleibend und zunehmend sind (Kompensationsmodell) (*Adenauer* (2002)).
[12] *Lemmer, R.* (2005), S. 24.

- Fehlende Motivation der älteren Belegschaft: Ältere Mitarbeiter sind demotiviert und fühlen sich abgeschoben, weil sie spüren, dass ihnen aufgrund ihres Alters automatisch Defizite unterstellt werden.[13]

- Steigende Unproduktivität der älteren Belegschaft: Unternehmungen leisten sich so den Luxus, bei abnehmendem Arbeitskräfteangebot den immer größer werdenden Teil des Arbeitspotenzials älterer Arbeitnehmer ungenutzt zu lassen.[14]

- Wissensverlust durch Ausscheiden der älteren Belegschaft: Durch Personalabbau in Form von Frühruhestand und Einstellungsstopp erhält die ohnehin stark vertretene mittlere Altersgruppe einen noch höheren Anteil an den Belegschaften. Diese großen Jahrgänge altern nun „en bloc".[15] Scheiden die starken Jahrgänge aus, kommt es zu einem schlagartigen und kaum kompensierbaren Verlust an Erfahrungswissen und massiven Einstellungswellen meist junger Erwerbspersonen.[16]

Vor diesem Hintergrund verfolgt der vorliegende Beitrag das Ziel, am Beispiel der Pharmabranche zentrale Merkmale eines ganzheitlichen Alters-Diversitäts-Konzepts zu entwickeln. Mit rund 122.000 Beschäftigten trägt die Pharmabranche etwa neun Milliarden Euro zur Wertschöpfung der deutschen Wirtschaft bei.[17] Dies entspricht einer Netto-Wertschöpfung von rund 74.000 Euro pro Beschäftigten und macht die Pharmabranche zu einer der „leistungsfähigsten und produktivsten Wirtschaftszweige in Deutschland".[18] Neben dieser wirtschaftlichen Relevanz erscheint vor allem vor dem Hintergrund der Beschäftigtenstrukturen dieser Branche eine Untersuchung sehr sinnvoll. So gaben im Rahmen einer Befragung der US-amerikanischen Organisation *CATALYST* im Jahre 2003 50 % der befragten Pharmaunternehmungen an, bereits Strategien, Programme und Aktivitäten zum Thema Alters-Diversität zu entwickeln und betonen somit die Relevanz der Thematik für die untersuchte Branche.[19]

---

[13] *Drewniak, U.* (2003), S. 6.
[14] *BDA*, o. J., S. 2.
[15] *Buck, H.* (2004), S. 12.
[16] *Buck, H. / Kistler, E. / Mendius, H. G.* (2002), S. 55.
[17] *Weiß, J.-P. / Raab, S. / Schintke, J.* (2004), S. 4.
[18] *VFA* (2005), S. 10.
[19] *CATALYST* (2004).

Anhand einer Umfrage unter den deutschen Tochtergesellschaften[20] der 30 größten Pharmakonzerne weltweit wurde für diesen Beitrag die Bedeutung und Umsetzung von Alters-Diversität in der Pharmabranche empirisch untersucht. Die Unternehmungen wurden in schriftlicher Form (online) befragt. Die Unternehmungen erhielten ein kurzes Anschreiben mit einem angehängten Link zur Umfrage. Das Anschreiben war an die Verantwortlichen für die Personal- und Organisationsentwicklung adressiert. Insgesamt nahmen 15 der 30 angeschriebenen Unternehmungen an der Untersuchung teil, darunter alle Unternehmungen mit deutschem Hauptsitz. Aus den Antworten der Unternehmungen wurde dann, unterstützt durch zahlreiche Interviews, ein integratives personalpolitisches Konzept abgeleitet, das im Folgenden näher erläutert wird.

Im nächsten Abschnitt werden hierfür die personalpolitischen Grundlagen des Diversity-Management vertieft, worauf im dann folgenden Hauptteil der Arbeit Instrumente der Personalentwicklung zum Management der Alters-Diversität abgeleitet werden.

Grundlagen eines ganzheitlichen Alters-Diversitäts-Konzepts

Ein ganzheitliches Alters-Diversitäts-Konzept fußt insbesondere auf Elementen des Personalmanagements und der Personalentwicklung. Das Personalmanagement wurde in den letzten Jahrzehnten zunehmend zu einem strategischen Erfolgsfaktor für Unternehmen. Ziel des Personalmanagements ist die Steigerung der Zufriedenheit der Mitarbeiter, was deren Arbeitsproduktivität verbessert und letztendlich zu einer höheren Wirtschaftlichkeit und Wettbewerbsfähigkeit des Unternehmens führt.[21] Unter Personalentwicklung sind dabei alle Maßnahmen der Bildung, der Förderung und der organisatorischen Entwicklung zu verstehen, die von einer Person oder Organisation zur Erreichung spezieller Zwecke zielgerichtet, systematisch und methodisch geplant, realisiert und evaluiert wer-

---

[20] Beziehungsweise der Muttergesellschaft, falls es sich um einen deutschen Pharmakonzern handelt.

[21] *Holtbrügge, D.* (2004), S. 2 f.

den.[22] Durch Zusammenfassung und thematische Strukturierung der quantitativen und qualitativen Auswertungen der verschiedenen empirischen Erhebungen können im Wesentlichen für den Bereich des Personalmanagements und der Personalentwicklung drei Handlungsfelder identifiziert werden, die für die Gestaltung eines ganzheitlichen Alters-Diversitäts-Konzepts notwendig sind: die Entwicklung neuer Karrierewege, die Neuorganisation des Wissensmanagements und die Entwicklung eines Lebensphasenmodells.

Die **Entwicklung neuer Karrierewege** wird von den Managern der befragten Unternehmungen häufig genannt. Allerdings beschränken sich die Überlegungen der Befragten meist auf eine Seit- oder Rückwärtsbewegung der alternden Belegschaft in den letzten Berufsjahren. Nach vorliegender Auffassung von Alters-Diversität greift diese Beschränkung zu kurz. Das zu entwickelnde Modell soll für das gesamte Altersspektrum vielfältige Möglichkeiten bereitstellen. Wichtige Aspekte werden daher die Einführung von Fachkarrieren, der Umgang mit dem so genannten Karriereplateau und die Gestaltung des beruflichen Aufstiegs sein. Das Portfolio der möglichen Rollen bzw. Stellen soll insgesamt stark ausgeweitet werden.

Die **Neuorganisation des Wissensmanagements** ist das wohl umfangreichste und in Zusammenhang mit Alters-Diversität wichtigste Handlungsfeld für die befragten Manager. Die effektive Weitergabe von Wissen zwischen Generationen wird von allen Beteiligten als sehr wichtig angesehen. Als Voraussetzung für die Nutzbarmachung des „grauen Goldes" der älteren Mitarbeiter gilt die Wertschätzung von Erfahrung. Die Ausführungen zum Wissensmanagement sollen neben dem Transfer von Wissen auf Möglichkeiten und Probleme in den Bereichen Wissenserwerb, Wissensentwicklung, Wissensnutzung und Wissensbewahrung hinweisen.[23] Ganz allgemein sollen die Zusammenarbeit der Generationen und die Bildung altersdiverser Strukturen unterstützt werden.

Die **Entwicklung eines Lebensphasenmodells** soll in erster Linie dazu beitragen, dass alle Altersgruppen mit ihren jeweiligen Bedürfnissen in das Alters-

---

[22] *Becker, M.* (2005), S. 3.
[23] *Rump, J.* (2001), S. 25.

Diversitäts-Konzept integriert werden. Mitarbeiter und Unternehmen müssen verstehen, dass es unterschiedliche Lebensphasen gibt, die sich in unterschiedlichen Motivationen, Bedürfnissen und Perspektiven auswirken können. Besonderheiten ergeben sich dabei nicht nur bei den älteren Mitarbeitern. Ohne die Individualität zu vernachlässigen, kann hier die Heranziehung der Generationsprägungen hilfreich sein. Das zu entwickelnde Lebensphasenmodell soll zudem dazu beitragen, Grundvoraussetzungen für das längere Arbeiten im Alter als Folge des demographischen Wandels zu schaffen, z. B. im Bereich der Gesundheitsvorsorge oder der Arbeitsgestaltung schon für jüngere Mitarbeiter. Außerdem geht es um die Bedeutung des lebenslangen Lernens.

Die drei Handlungsfelder sind nicht isoliert zu betrachten, sondern es bedarf einer parallelen Entwicklung und Umsetzung, um die gestellten Ziele zu erreichen. In Verbindung mit der Anpassung der Unternehmenskultur und -struktur durch Alters-Diversität und der Ausgestaltung der Rahmenbedingungen des Personalmanagements ergibt sich ein ganzheitliches Bild. Insbesondere die Interviews und die offenen Fragen der Online-Erhebung haben durch immer wiederkehrende Aussagen gezeigt, dass bei den ausgestalteten Systemen und Prozessen vier Grundbedingungen erfüllt sein sollten:

- **Altersneutralität**: Das Alter selbst darf kein Differenzierungskriterium darstellen. Alle Angebote sollten – auch wenn sie unter Umständen auf eine Altersgruppe zugeschnitten sind – grundsätzlich für alle Mitarbeiter zur Verfügung stehen. Ein bestimmtes Alter darf niemals für Programme oder Karriereschritte disqualifizieren.

- **Flexibilität**: Sowohl Unternehmung als auch Mitarbeiter müssen ein hohes Maß an Flexibilität aufweisen. Für die Unternehmung gilt es, flexible Angebote offiziell anzubieten und den Zugang zu garantieren. Die Mitarbeiter sollen sich auf die flexiblen Angebote einlassen und sich von dem Bild der typischen Röhrenkarriere – gerade im höheren Alter – verabschieden.

- **Leistungsorientierung**: Die Leistungserbringung muss bei allen Handlungen im Vordergrund stehen. Angebote zur Mitarbeiterförderung sind nur dann sinnvoll, wenn der jeweilige Mitarbeiter förderungswillig und -wert ist, und sollen nicht dazu dienen, eventuelle Quoten für bestimmte Altersgruppen zu erfüllen.

296

• **Individualität**: Auch innerhalb einer Altersgruppe sind Unterschiede vorhanden. Das Alter selbst ist nur eine Zahl, und unabhängig von ihr sollen die Angebote unter Beachtung der individuellen Situation eines Mitarbeiters Chancengleichheit herstellen.

Die Beachtung dieser vier Grundbedingungen in Verbindung mit der offenen Wertschätzung der Generationen sichert die möglichen Vorteile von Alters-Diversität.

Instrumente eines ganzheitlichen Alters-Diversitäts-Konzepts

Entwicklung neuer Karrierewege

Die befragten Manager befürchten unter den Mitarbeitern häufig eine fehlende Akzeptanz für alternative Karriereverläufe. Mit zunehmendem Alter werden eine höhere Position und mehr Gehalt erwartet. Als Grund für die fehlende Akzeptanz neuer Karrierewege hat das Management in den meisten Unternehmen eine individuelle Assoziation dieser Karriereschritte mit Seit- oder Rückschritt und somit individuellem Misserfolg ausgemacht. Stagnation wird mit Rückschritt und dem so genannten „Peter-Prinzip" gleichgesetzt: „Jeder wird bis zur Stufe seiner Unfähigkeit befördert".[24] Das Unternehmen muss neue Angebote somit nicht nur ermöglichen, sondern zusätzlich ein positives Bewusstsein für die neuen Karrierewege schaffen. Abbildung 1 zeigt eine Reihe möglicher Karrierewege. Variante 1 stellt ein traditionelles Modell der beruflichen Entwicklung dar. Nach mehreren beruflichen Aufstiegen ist zwischen 40 und 50 Jahren eine Situation erreicht, in der keine weiteren Aufstiege zu erwarten sind.[25] Für die restlichen etwa 20 Jahre seiner Berufstätigkeit verbleibt der Mitarbeiter oft auf seiner Position und „wartet" auf die Rente. Ein erster Schritt hierzu ist die Umgestaltung der traditionellen Variante 1. Dies könnte z. B. durch die Übertragung von mehr Freiraum und Verantwortung sowie die Möglichkeit zur Wissensweitergabe geschehen. Mit zunehmendem Alter können die Mitarbeiter ver-

---

[24] *Regnet* (2004), S. 64.
[25] *Regnet* (2004), S. 64.

stärkt herausfordernde und ihre Erfahrung nutzende Aufgaben übernehmen, anstatt Positionen zu beziehen. Denkbar wäre ein Wechsel ins Ausland oder in eine andere Tochtergesellschaft, der Wechsel in ein anderes Funktionsgebiet, die Übernahme einer Mentorenposition oder die Leitung eines Projektteams.

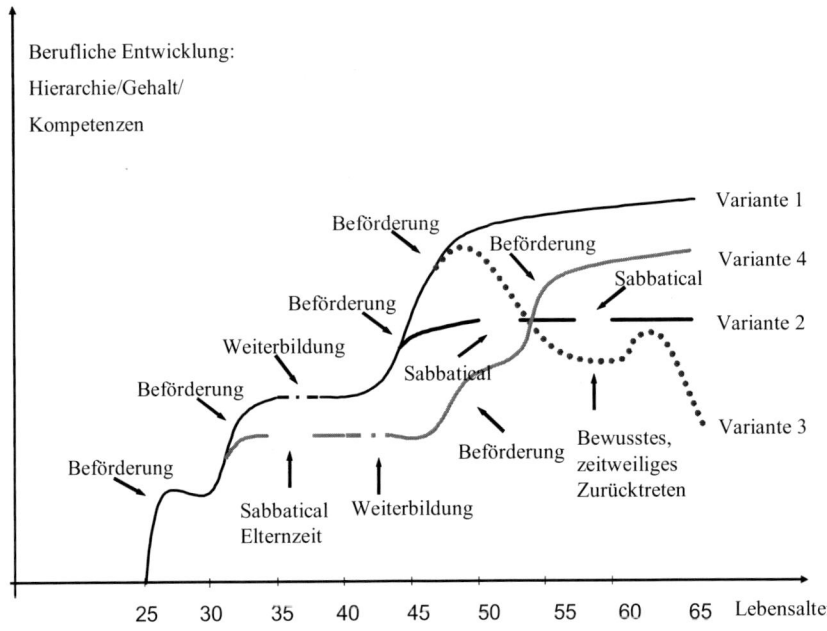

Abbildung 1: Entwicklung neuer Karrierewege.[26]

Während Variante 1 eher für Leistungsträger und Mitarbeiter mit der Bereitschaft zur weiteren Entwicklung gedacht ist, zeigt Variante 2 ein so genanntes Karriereplateau für solide Mitarbeiter, die ihre Aufgabe gut erledigen. In einem Karriereplateau fehlen die vertikale und horizontale Mobilität in Form von Aufstieg oder Job-Rotation.[27] Die Motivation dieser Mitarbeitergruppe bedarf daher besonderer Anstrengungen. Es sind Aufgaben notwendig, die das bisher Ge-

---

[26] *Regnet, E.* (2004), S. 65.
[27] *Regnet, E.* (2004), S. 62.

298

leistete und die gesammelte Erfahrung anerkennen, z. B. durch weitere Formen der Wissensweitergabe oder die Einarbeitung eines Nachfolgers (vgl. hierzu den Punkt Wissensmanagement). Durch Sabbaticals etwa können eine bessere Work-/Private-Life Balance erreicht und Möglichkeiten für die eigene Persönlichkeitsentwicklung gegeben werden.[28]

Variante 3 dreht das traditionelle Modell, in dem es immer „aufwärts" geht, um. Der Betreffende entscheidet sich für eine gewisse Zeit oder permanent, eine weniger anspruchsvolle und stressige Tätigkeit anzunehmen. Dies kann beispielsweise der Rückzug aus einer Führungsverantwortung oder der Wechsel in einen Bereich mit weniger Budget- und Umsatzverantwortung sein.[29] Das Management glaubt, dass diese Karriereentwicklung von vielen Mitarbeitern aus den unterschiedlichsten Gründen (z. B. Krankheit, zu pflegende Familienangehörige, erhöhtes Freizeitbedürfnis) durchaus gewollt wird, wenn der Schritt innerhalb der Leistungsgesellschaft eines Unternehmens akzeptiert wäre.

Die Mitarbeiter lehnen, dies lässt sich aus unserer Befragung ableiten, Karrierewege wie in den Varianten 2 oder 3 dargestellt nicht grundlegend ab, verweisen aber auf notwendige Grundvoraussetzungen. Eine ehrliche und rechtzeitige Information über derartige Schritte zur besseren Lebensplanung, die Erleichterung eines höheren Einkommens im mittleren Teil der Karriere, im Gegenzug eine Art Beschäftigungsgarantie, die Vermeidung des Eindrucks des Abstellgleises durch weitere anspruchsvolle und herausfordernde Tätigkeiten und entsprechend flexible Arbeitszeit- und Gehaltskonzepte werden als mögliche Gestaltungsmöglichkeiten erkannt.

Diese neue Flexibilität der Varianten 1 bis 3 sollte allerdings nicht auf die älteren Mitarbeiter beschränkt bleiben, sondern auch auf die jüngeren Kollegen übertragen werden. Die selbst entwickelte Variante 4 zeigt hierfür nur eine von vielen Möglichkeiten. Nach nur wenigen Berufsjahren geht der Mitarbeiter hier zunächst in Elternzeit oder nimmt sich eine bewusste Auszeit, z. B. um persönlichen Interessen nachzugehen. Ein Sabbatical bietet Möglichkeiten, in jungen

---

[28] *Regnet, E.* (2004), S. 66.
[29] *Regnet, E.* (2004), S. 66.

Jahren für längere Zeit fremde Länder zu bereisen und Kulturen kennen zu lernen oder beim Hausbau selbst tatkräftig Hand anzulegen. Nach der Rückkehr leitet eine Weiterbildung die zweite Hälfte des Berufslebens ein, die von mehreren beruflichen Aufstiegen geprägt ist. Bei entsprechender Leistungsfähigkeit und -bereitschaft entstehen dem Mitarbeiter keine Nachteile aufgrund seiner „ruhigen" ersten Berufsjahre.

Über den gesamten Karriereweg und für die Mitarbeiter aller Altersgruppen sollte es möglich sein, das Arbeitspensum zurückschrauben oder eventuell aussetzen zu können. Im Mittelpunkt steht die individuelle Situation. Ein Mitarbeiter, der z. B. mit 40 Jahren Vater oder Mutter wird, könnte zwischen 40 und 52 Jahren etwas zurücktreten und danach wieder voll einsteigen. Andere fühlen sich mit 50 Jahren hingegen sehr alt und streben Altersteilzeit an. Zudem ist es wichtig, die Art des beruflichen Aufstiegs umzugestalten. Es darf nicht sein, dass es als negativ angesehen wird, wenn man sich nicht innerhalb weniger Jahre auf die nächst höhere Position entwickelt. Eine langsamere, aber dafür breiter angelegte Karriereentwicklung wäre wünschenswert.

Neugestaltung des Wissensmanagements

Im Hinblick auf die Entwicklung eines ganzheitlichen Alters-Diversitäts-Konzepts weist der Bereich des Wissensmanagements als ersten Schwerpunkt die Einführung intergenerativer Lernpartnerschaften zur Stärkung der Zusammenarbeit zwischen den Generationen auf. Die Wertschätzung von Erfahrung im Unternehmen ist dabei die Basis eines funktionierenden Wissensmanagements. Ältere Mitarbeiter bringen langjährige Berufserfahrung in ein Unternehmen ein, junge Mitarbeiter versorgen es mit aktuellen und speziellen Kenntnissen und Wissen. Beides wird benötigt und muss zu einem Zusammenspiel der Generationen verbunden werden. In der Pharmabranche herrscht infolge der Konzentration auf junge Mitarbeiter in den letzten Jahren allerdings der breite Eindruck, die Erfahrungen älterer Mitarbeiter würden nicht ausreichend honoriert, und sie hätten keine Chancengleichheit innerhalb des Unternehmens.

In einem solchen Umfeld geben (ältere) Mitarbeiter ihr Wissen nicht weiter. Sie haben Angst, sich durch die Wissensweitergabe selbst überflüssig zu machen. Die Bereitschaft zur Wissensweitergabe steigt, „wenn dadurch Kollegen in die Lage versetzt werden, sie bei ihrer eigenen Arbeit entlasten zu können, oder wenn das Unternehmen sie überzeugt, dass die Weitergabe ihres Wissens für das Funktionieren betrieblicher Abläufe von besonderer Bedeutung ist".[30] Das Unternehmen muss demnach versuchen, die Wissensweitergabe selbst als aktuellen und wichtigen Beitrag eines Mitarbeiters für den Unternehmenserfolg herauszustellen und das interne Konkurrenzdenken zu beenden.

Gelingt es zu verdeutlichen, dass durch den Wissenstransfer alle profitieren, ist ein großer Schritt zu einer funktionierenden Wissenskultur unternommen. Es geht also nicht nur um die Wertschätzung, sondern auch um die Wertschöpfung der älteren Mitarbeiter. Abbildung 2 zeigt die win-win-Situation am Beispiel eines Regionalleiters und eines Pharmaberaters im Pharma-Außendienst.

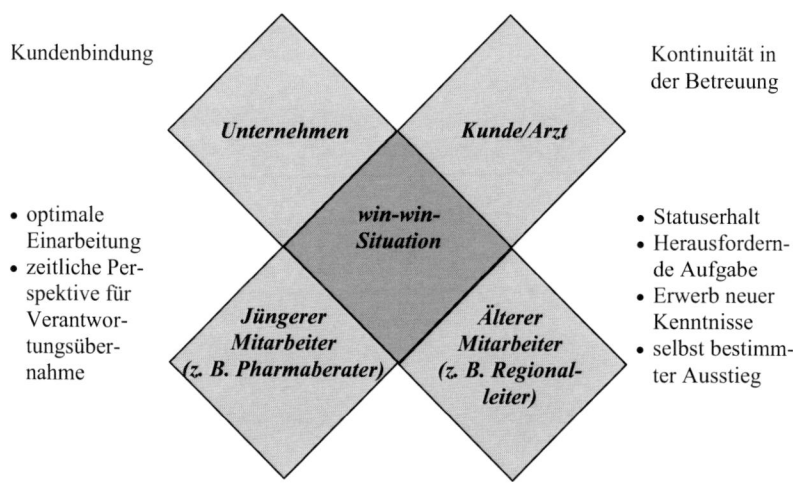

Abbildung 2: Erfolgreiche Tandembildung im Pharma-Außendienst.[31]

[30] *Buck, H. / Kistler, E. / Mendius, H. G.* (2002).
[31] *Buck, H. / Kistler, E. / Mendius, H. G.* (2002), S. 61.

Im Folgenden werden einige Möglichkeiten für intergenerative Lernpartner-schaften kurz vorgestellt, die im Rahmen der verschiedenen empirischen Unter-suchungen eine wichtige Rolle gespielt haben. Als Grundlage für das Funktio-nieren der verschiedenen Instrumente gilt neben der Bereitschaft auch die Fähig-keit zur Wissensweitergabe. Mitarbeiter müssen in einem effektiven Wissens-management lernen, ihr Wissen in geeigneter Weise weiterzugeben.

Mentoring

„A mentor is simply someone who helps someone else learn something the learner would otherwise have learned less well, more slowly, or not at all."[32] Der Mentor übernimmt für den Mentee dabei eine Vorbildfunktion, eine psycho-soziale Unterstützungsfunktion und eine Karrierefunktion.[33] Warum das Mento-ring gerade im Hinblick auf Alters-Diversität und Wissensmanagement von gro-ßer Bedeutung ist, zeigen allgemeine Voraussetzungen für ein Mentoringpro-gramm:[34]

- Mentor und Mentee gehören der gleichen Organisation an.
- Mentor ist ein älterer, erfahrener Mitarbeiter in einer gehobenen Position.
- Mentee ist ein Berufsanfänger oder ein neu im Unternehmen tätiger Mitar-beiter.
- Ein intensiver gegenseitiger Austausch ist möglich und gewollt.
- Es gibt Altersunterschiede zwischen Mentor und Mentee.

Die Mitarbeiter in unseren Untersuchungen erkennen oft die allgemein hohe Be-deutung des Wissens- und Erfahrungsaustausches zwischen den Generationen. Obwohl Mentoring – so unsere Ergebnisse – in der Pharmabranche nicht als das am besten geeignete Instrument zur Umsetzung von Alters-Diversität angesehen wird, stößt es aufgrund seines Bekanntheitsgrades doch auf breite Akzeptanz. Mentoring wurde bereits häufiger zur gezielten Förderung bisher benachteiligter

---

[32] *Bell, C. R.* (1996), S. 6.
[33] *Blickle, G.* (2001), S. 4.
[34] *Freller, C. / Klein, G. / Schlehaider, J.* (2004), S. 95.

Personengruppen, z. B. von Frauen im Management, eingesetzt.[35] Auch als Reaktion auf die häufig geäußerte Anregung in den offenen Fragen unserer Mitarbeiterbefragung haben einige Unternehmungen bereits Mentoringprogramme ins Leben gerufen. Die Befragung zeigte aber auch, dass zwar der allgemeine Wunsch, das eigene Wissen weiterzugeben, sehr ausgeprägt ist, die Übernahme einer Mentorenfunktion hingegen deutlich weniger Zustimmung erhält. Es sollten daher in Zukunft auch andere Optionen als das Mentoring angeboten werden. Eng verbunden mit dem Mentoring sind die Begriffe Coaching und Patenschaft. Während das Mentoring eine allgemeine Betreuung mit emotionalem Engagement der Beteiligten in einer offenen und vertrauensvollen Atmosphäre darstellt, zielt das Coaching auf die Befähigung zur Übernahme einzelner Aufgaben ab und soll direkt dem Wohl der Organisation dienen.

Wissens- und Erfahrungstandems

Während Mentoring, Coaching und Patenschaften den Wissens- und Erfahrungsaustausch zwischen Hierarchiestufen beschreiben, soll unter Wissens- und Erfahrungstandems die Zusammenarbeit von Mitarbeitern verschiedener Altersgruppen auf gleicher oder ähnlicher Hierarchiestufe verstanden werden. Für diese Art des Wissens- und Erfahrungsaustausches wurden in der vorliegenden Literatur keine weiterführenden Quellen gefunden, die Wirksamkeit erscheint jedoch deutlich. Denn während Mentoring, Coaching und Patenschaften sich meist auf Führungskräfte auf der einen und so genannte High-Potentials auf der anderen Seite beschränken, kann durch eine Tandembildung der große Teil der Angestellten einbezogen werden. Schließlich kann und möchte nicht jeder eine Führungskraft werden.

Die in der Regel informellen Wissens- und Erfahrungstandems ermöglichen einen positiven Austausch zwischen jungen beziehungsweise unerfahrenen Mitarbeitern und älteren erfahrenen Kollegen. Der ältere Mitarbeiter profitiert z. B. von den PC-Kenntnissen der Jugend, während der unerfahrene Mitarbeiter in bewährte betriebliche Ablaufprozesse eingeführt wird. Das Unternehmen sollte

---

[35] *Freller, C. / Klein, G. / Schlehaider, J.* (2004), S. 95.

für das Funktionieren allerdings Anreize für eine derartige Lernpartnerschaft schaffen (z. B. über Zielvereinbarungen), die individuellen Fähigkeiten der Wissensvermittlung schulen und nicht zuletzt die jeweiligen Arbeitsrollen der Mitarbeiter ausweiten.[36] Als Spezialfall eines Wissens- und Erfahrungstandems kann die Einarbeitung eines Nachfolgers betrachtet werden und zu einem festen Bestandteil der Aufgaben in einer Position werden. Bei dieser modernen Form des Job-Sharing wächst der jüngere Tandempartner kontinuierlich in eine neue Aufgabe hinein, während die Berufserfahrung und Professionalität des älteren Partners aufgewertet werden.[37] Werden Nachfolgeregelungen unter diesem Blickwinkel betrachtet, unterstreicht dies auch die Wichtigkeit der in der Unternehmenspraxis oft schwer zu rechtfertigenden Doppelbesetzungen.

Lebenslanges Lernen

Neben der Organisation des Wissens- und Erfahrungsaustauschs ist die Verankerung einer Kultur des lebenslangen Lernens ein zweiter wichtiger Bestandteil des Wissensmanagements im Rahmen eines Alters-Diversität-Konzepts. Lebenslanges Lernen kann als ständige Weiterentwicklung der Kenntnisse und Fähigkeiten während des gesamten Berufslebens verstanden werden.[38] Ein Weg, lebenslanges Lernen umzusetzen, ist der so genannte X-%-Job. Dabei verbringt der Mitarbeiter – egal welchen Alters – einen zuvor definierten Teil der Arbeitszeit in einem Bereich außerhalb des eigenen Tätigkeitsbereichs, um aufgabenrelevante Erfahrungen zu sammeln und neues Wissen aufzubauen.[39] Zudem können Lernzeitkonten die Weiterbildungsbeteiligung der Mitarbeiter erhöhen. Zumindest in zeitorganisatorischer Hinsicht würden sie die Zugangsvoraussetzungen zu beruflicher Weiterbildung für sämtliche Beschäftigte erweitern.[40] Zwar sollen sich alle Altersgruppen gleichermaßen an dem Prozess des lebenslangen Lernens beteiligen, die Lernmethoden und -inhalte sind im Zeitablauf aber

---

[36] *Buck, H. / Kistler, E. / Mendius, H. G.* (2002), S. 60.
[37] *Drewniak, U.* (2003), S. 12.
[38] *Drewniak, U.* (2003), S. 8.
[39] *Drewniak, U.* (2003), S. 10.
[40] *Seifert, H.* (2002), S. 42.

durchaus veränderbar. So ist es für die bisher vernachlässigte Gruppe der älteren Mitarbeiter besonders wichtig, dass die Weiterbildungen und Qualifikationen ihr Selbstwertgefühl steigern, und sie nicht überfordern, was zu gegenteiligen Ergebnissen führen könnte. Kontinuität in Wissenszufuhr und Wissensaustausch sowie die Berücksichtigung eines verstärkten Interesses an erfahrungsbezogenem Lernen gelten daher als Grundvoraussetzung für die gelungene Weiterbildung älterer Mitarbeiter.[41] Wichtige Hinweise für die Ausgestaltung eines Konzepts für lebenslanges Lernen kann durch die Entwicklung eines Lebensphasenmodells erreicht werden.

Entwicklung eines Lebensphasenmodells

Das Ziel von Alters-Diversität ist die individuelle Berücksichtigung der Bedürfnisse aller Mitarbeiter. Die Mitarbeiter halten das Alter folgerichtig auch für kein geeignetes Differenzierungskriterium. Die Interviews haben ähnliche Ergebnisse geliefert. Ein Pharmaunternehmen spricht sogar davon, dass spezielle Programme für einzelne Altersgruppen kontraproduktiv wären. Trotzdem bietet es sich unter Berücksichtigung aller gesammelten Aspekte an, auf dem Weg zur Individualität in einem ersten Schritt eine Unterteilung in verschiedene Altersgruppen vorzunehmen.

Ein Lebensphasenmodell sollte **ganzheitlich** und **lückenlos** gestaltet werden. Ganzheitlich bedeutet, dass durchaus Aspekte integriert werden, die eher den übrigen Feldern des Personalmanagements zugeordnet werden. Das Lebensphasenmodell kann außerdem zugleich Ursprung als auch Zielpunkt aller Überlegungen rund um Alters-Diversität darstellen. Das heißt über die Befragungen, Diskussionsforen und Workshops können einerseits neue Themen identifiziert werden, andererseits bestehende Probleme gezielt und auf die Zielgruppe zugeschnitten behandelt werden. Lückenlos bedeutet, dass ein Lebensphasenmodell den einzelnen Mitarbeiter durch das gesamte Berufsleben begleiten sollte. Ein auf eigenen Überlegungen beruhendes Lebensphasenmodell für das Berufsleben

---

[41] *Schmidt, V.* (2004), S. 88 f.

besteht aus drei Phasen: Junior, Midlife und Senior. Über alle drei Phasen hinweg soll letztendlich nichts anderes als die Employability, also die Beschäftigungs- und Leistungsfähigkeit der Mitarbeiter, nachhaltig gesichert werden.[42] Es können Aspekte aller vier Handlungsfelder zur Anpassung der Systeme und Prozesse einfließen: Gesundheit, Weiterbildung und Qualifikation, Arbeitsgestaltung und Arbeitsorganisation sowie Führung und Personalmanagement. Zudem soll das Lebensphasenmodell das Bewusstsein der Mitarbeiter für die einzelnen Lebens- und Berufsphasen stärken. Der Rückblick auf den bisherigen Lebensweg, das Erkennen aktueller Stärken, Schwächen und Hindernisse sowie der realistische Blick auf zukünftige Ziele und Chancen können dazu beitragen, die eigene Verantwortung und Flexibilität im Hinblick auf die Karriereentwicklung zu erhöhen.

Bereits im Vorfeld weiterer notwendiger Befragungen, Diskussionsforen oder Workshops lässt sich leicht erkennen, dass die Mitarbeiter der einzelnen Phasen mit sehr unterschiedlichen Herausforderungen konfrontiert und entsprechend differenzierte Bedürfnisse an einen Arbeitgeber herantragen:

Junior (Zielgruppe: 20- bis 35-Jährige)
- Berufseinsteiger müssen sich im Berufsleben neu orientieren (z. B. Unterstützung durch Mentoring, Coaching oder Patenschaften).
- Berufseinsteiger müssen sich oft in eine neue Umgebung integrieren (z. B. After-Work-Veranstaltungen, Freizeitangebote, Sport).
- Nach den ersten Berufsjahren erfahren Mitarbeiter häufig einen starken beruflichen Aufstieg (z. B. Herstellung einer Work-Life Balance, Nachwuchsprogramme für Führungskräfte).
- Nach den ersten Berufsjahren hegen Mitarbeiter häufig erste Zweifel über die eingeschlagene Karriere (z. B. Karrierewege aufzeigen, Möglichkeiten zur Weiterbildung bieten).

Midlife (Zielgruppe: 35- bis 50-Jährige)
- Mitarbeiter erreichen in dieser Phase oft den Höhepunkt ihrer Karriere (z. B. Stressbewältigung, Vorbereitung auf das zu erwartende Karriereplateau).

---

[42] *Drewniak, U.* (2003), S. 6.

- Gesundheitsthemen werden interessant (z. B. Gesundheitsvorsorge, Ernährungsprogramme, vielseitige Gestaltung des Arbeitsinhaltes, um einseitige Belastungen zu verhindern).

- Mitarbeiter gründen in dieser Phase häufig eine Familie (z. B. Vereinbarkeit von Familie und Beruf, Kleinkinderbetreuung, Ferienprogramme).

- Mitarbeiter in der mittleren Karrierephase dürfen in der Personalentwicklung zwischen Alt und Jung nicht vergessen werden (z. B. lebenslanges Lernen, um das Lernen nicht zu verlernen; Einbindung in das Wissensmanagement, Weiterbildung zur Vorbereitung auf die dritte Phase bieten).

Senior (Zielgruppe: 50- bis 65-Jährige)

- Mitarbeiter dieser Gruppe wurden bislang häufig vernachlässigt (z. B. Wertschätzung von Erfahrung, Einbindung in die betrieblichen Abläufe und Prozesse, herausfordernde Karrierewege eröffnen).

- Mitarbeiter haben oft die Angst, den Anschluss zu verlieren und nicht mehr gebraucht zu werden (z. B. rechtzeitig mit gezielten Weiterbildungen vorbeugen, die umfangreichen Möglichkeiten des Wissens- und Erfahrungsaustauschs nutzen).

- Mitarbeiter werden häufig mit privaten Problemen konfrontiert (z. B. Hilfe bei eigenen gesundheitlichen Problemen, Pflege eines Familienmitglieds).

- Präferenzen verlagern sich häufig in das Privatleben (z. B. flexible Arbeitszeitoptionen bieten, eine produktive Seit- oder Rückwärtsbewegung ermöglichen, Abbau von Stress und Verantwortung).

Die Anpassung der Unternehmenskultur und -struktur, die Entwicklung neuer Karrierewege, die Neuorganisation des Wissensmanagements und die Entwicklung eines Lebensphasenmodells liefern eine breite Basis für die effektive Einbindung aller Generationen unter Berücksichtigung ihrer jeweiligen Bedürfnisse. Das Personalmanagement gestaltet in einem letzten Schritt die Rahmenbedingungen für die Umsetzung von Alters-Diversität.

Fazit

Fasst man die Diskussion und die Erkenntnisse aus den Untersuchungen zusammen, so wird zunächst deutlich, dass das Management der Alters-Diversität in der Pharmabranche erheblich relevant ist. Die Interviews zeigen, dass alle befragten Unternehmungen der internationalen Pharmabranche dem Thema Alters-Diversität eine hohe Bedeutung beimessen. Trotz vorhandenem Bewusstsein bezüglich Ansätzen, Gründen oder Vorteilen des Managementkonzeptes ist die Implementierung entsprechender Maßnahmen in der Pharmabranche jedoch noch nicht weit fortgeschritten. Allenfalls sind es Unternehmungen aus Großbritannien und den USA, die Unternehmenskultur und -struktur sowie Systeme und Prozesse an Kriterien der (Alters-)Diversität auslegen. Von umfassendem Alters-Diversitäts-Management kann aber auch hier nicht gesprochen werden.

Die hier aufgeführten Methoden zeigen dennoch, dass zahlreiche Möglichkeiten zur Verbesserung des Managements der Alters-Diversität existieren. In der Pharmabranche sind, so die Erkenntnisse dieser Untersuchung, vor allem die Entwicklung neuer Karrierewege, die Neuorganisation des Wissensmanagement und die Entwicklung eines Lebensphasenmodells relevant. Für alle drei Instrumente wurden hier konkrete Möglichkeiten zur Ausgestaltung vorgestellt. Erste praktische Erfahrungen zeigen, dass diese eine breite Akzeptanz in der Belegschaft erfahren und als effektiv eingeschätzt werden. Zukünftige Studien müssen jedoch zeigen, wie die hier diskutierten Maßnahmen langfristig auf die Zufriedenheit und Produktivität der Belegschaft in den verschiedenen Altersgruppen wirken.

Literaturverzeichnis

Adenauer, Sibylle (2002): Die Potenziale älterer Mitarbeiter im Betrieb erkennen und nutzen, in: *Angewandte Arbeitswissenschaft* Nr. 172.

BDA (o. J.), Ältere Arbeitnehmer – ein Asset für die Wirtschaft. Empfehlungen für Politik Tarifpartner und Unternehmen. http://www.aktion2050.de/cps/rde/xbcr/SID-0A000F0A-9BBF2332/aktion/AeltereArbeitnehmer-einAssetfuerdieWirtschaft_internet.pdf, [Zugriff 02.08.2005].

Becker, M. (2005): Personalentwicklung, Stuttgart, 4. Auflage.

Bell, C. R. (1996): Managers as Mentors. Building Partnership for Learning, San Francisco, CA.

Blickle, G. (2001): Mentoring, in: Handbuch Personalentwicklung Nr. Oktober/2001, Abschnitt 5.22.

Buck, H. (2004): Alternde Belegschaften und betriebliche Handlungsoptionen, in: *DGFP* e.V. (Hrsg.): Personalentwicklung für ältere Mitarbeiter, Bielefeld, S. 11-18.

Buck, H. / Kistler, E. / Mendius, H. G. (2002): Demografischer Wandel in der Arbeitswelt. Chancen für eine innovative Arbeitsgestaltung, Stuttgart.

Catalyst (2004): 2003 *Catalyst* Member Benchmarking Survey, New York, NY u. a.

DGFP (2005): Nützliche Vorurteile und Wegweiser in die Zukunft. Über die Möglichkeiten und Grenzen der Trendforschung angesichts einer prinzipiell offenen Zukunft, http://www1.dgfp.com/dgfp/data/pages/DGFP_e.V/Produkte_-_Dienstleistungen/Zeitschrift_Personalfuehrung/Jahrgang_2005/Ausgabe_6_05/index.php [Zugriff 22.08.2005].

Drewniak, U. (2003): Age Diversity und Beschäftigungsfähigkeit. Bausteine eines generationenübergreifenden Personalmanagements, Tagung „Kompetenzentwicklung bei älteren Mitarbeitern", 29.09.2003, http://www.11d.de/mit-offenen-augen/pdf/bp1_db.pdf, [Zugriff 11.11.2005].

Freller, C. / Klein, G. / Schlehaider, J. (2004): 60 Jahre und ein bisschen weise…oder aktiv vor dem Ruhestand statt Vorruhestand, in: *DGFP e.V.* (Hrsg.): Personalentwicklung für ältere Mitarbeiter, Bielefeld, S. 87-96.

Hacker, W. / Looks, P. / Jahn, F. (2005): Leistungsfähig bis zur Rente, in: *Personalwirtschaft,* Nr. 6/2005, S. 16-18.

Hilb, M. (1997): Management by Mentoring, Neuwied, Kriftel, Berlin.

Holtbrügge, D. (2004): Personalmanagement, Berlin, Heidelberg.

Hummel, M. / Reinberg, A. (2003): Steuert Deutschland auf einen massiven Fachkräftemangel zu? Entwicklungen des Angebots und Bedarfs an Arbeitskräften nach Qualifikationsebenen bis 2010/2015, in: *Personalführung,* Nr. 6/2003, S. 38-50.

Lemmer, R. (2005): Demografiekurve akzeptiert, in: *Personal,* Nr. 2/2005, S. 24-25.

OECD (2005): Ageing Populations: High Time for Action, Tagung "G8 Employment and Labour Ministers", 10.03.2005, London.

Regnet, E. (2004): Mit 40 – war das schon alles? Fach- und Führungskräfte im mittleren Lebensalter, in: *DGFP e.V.* (Hrsg.): Personalentwicklung für ältere Mitarbeiter, Bielefeld, S. 55-66.

Rump, J. (2001): Intergeneratives Wissensmanagement, in: *Trojaner,* Forum für Lernen, Nr. 1/2001, S. 24-27.

Schmidt V. (2004): Diversity Dimension Alter. Der demografische Wandel als Erfolgsfaktor für das Personalmanagement, Düsseldorf.

Seifert, H. (2002): Lernzeitkonten für lebenslanges Lernen, Bonn.

Seitz, C. (2001): Ein blinder Fleck wirft Schatten, in: *Trojaner.* Forum für Lernen, Nr. 1/2002, S. 4-9.

Spies, R. (2005): Im Alter wieder länger arbeiten? Der Trend der Verlängerung der Lebensarbeitszeit und die Folgen für das HR-Management, in: *Personalführung,* Nr. 3/2005, S. 18-30.

Stuber, M. (2004): Diversity. Das Potenzial von Vielfalt nutzen – den Erfolg durch Offenheit steigern, München/Unterschleißheim.

VFA (2005): Statistics 2005. Die Arzneimittelindustrie in Deutschland, Berlin, http://www.vfa.de/download/SHOW/de/presse/publikationen/statistics2005/statistics2005.pdf, [Zugriff 25.09.2005].

Weiß, J.-P. / Raab, S. / Schintke, J. (2004): Die pharmazeutische Industrie im gesamtwirtschaftlichen Kontext, Deutsches Institut für Wirtschaftsforschung, Berlin.

Das Serviceangebot der Sozialen Dienste der Firma Henkel KGaA

Regina Neumann

Henkel KGaA, Düsseldorf

Einführung

Henkel[1] hat sich in seiner 130-jährigen Unternehmensgeschichte vom Wasch- und Reinigungsmittelhersteller zu einem weltweit operierenden Konsumgüterhersteller mit den Kerngeschäften Wasch- und Reinigungsmittel, Kosmetik- und Körperpflegeartikel sowie zum Spezialisten für Klebstoffe, Dichtstoffe und Produkten der Oberflächentechnik weiterentwickelt.

Am Stammsitz in Düsseldorf und an acht weiteren Produktionsstandorten in Deutschland sind 10.800 Mitarbeiter beschäftigt, weltweit arbeiten 52.560 Männer und Frauen im Unternehmen. *Henkel* verfügt über eine gewachsene personal- und sozialpolitische Unternehmenskultur, die den jeweiligen Zeiterfordernissen entsprechend angepasst und weiterentwickelt wird. Dabei stehen folgende gelebten Unternehmenswerte im Fokus, die einen unmittelbaren Bezug zum Erfolgsfaktor Familie darstellen:

- Wir sind erfolgreich durch unsere Mitarbeiter.
- Wir wirtschaften nachhaltig und gesellschaftlich verantwortlich.
- Wir verfolgen eine transparente Informationspolitik.
- Wir wahren die Tradition einer offenen Familiengesellschaft.

---

[1] Der Konsumgüterhersteller *Henkel KGaA* wurde als „familienfreundlichstes Unternehmen 2005" in der Kategorie große Unternehmen beim Unternehmenswettbewerb *Erfolgsfaktor Familie 2005* des *Bundesministeriums für Familie, Senioren, Frauen und Jugend* ausgezeichnet.

Durch flexible Arbeitszeitmodelle, wie die Ausweitung der Teilzeitarbeit und Telearbeit, die Einführung von Gleitzeit bzw. Funktionszeit und Sabbaticals, sowie Urlaubs- und Beurlaubungsregelungen nach der Elternzeit hat sich *Henkel* auf die Bedürfnisse der Mitarbeiter eingestellt. Weiterbildungsangebote während der Elternzeit, Hilfen für den Wiedereinstieg nach der Elternzeit, der Ausbau der Betreuungsangebote für unter 3-jährige Kinder und der Service für Familien durch die Vermittlung von Betreuungsplätzen für Kinder und pflegebedürftige Angehörige sind nur ein Teil der Angebotspalette, die Mitarbeiter dabei unterstützen sollen, Familie und Beruf zu einer gelungenen Balance zu führen.

Die Bedürfnisse und Anforderungen von Mitarbeitern zur besseren Vereinbarkeit von Familie und Beruf an das Unternehmen beeinflussen auch eine Neuorientierung der innerbetrieblichen Einrichtungen wie die *Sozialen Dienste*, die sich von der Betriebsfürsorge der Nachkriegszeit zu einer internen Serviceorganisation weiterentwickelt haben. Neben der klassischen psychosozialen Einzelfallberatung und der personenbezogenen Interventionen werden zunehmend organisatorische und präventive Aufgaben wahrgenommen, die dazu beitragen, die Mitarbeiter im Unternehmen auf dem Weg zu begleiten, Familienleben und Berufstätigkeit erfolgreich zu meistern.

Soziale Dienste der Henkel KGaA

Die *Sozialen Dienste* mit ihrer Mitarbeiterberatung am Standort in Düsseldorf ist integrativer Bestandteil der verantwortlichen und nachhaltigen Personal- und Sozialpolitik von *Henkel* und hat eine über 90-jährige Tradition. Neben der professionell besetzten Einrichtung in Düsseldorf besteht in den Unternehmensstandorten in Deutschland ein Netzwerk von sozialen Ansprechpartnern, die Kontakte zu regionalen Beratungsdiensten aufbauen und halten, und die eng mit dem *Sozialen Dienst* kooperieren.

Die Vielfalt der Arrangements und die Belastungen im Spannungsfeld zwischen Arbeit und Familie nehmen im privaten und beruflichen Bereich in den letzten Jahren signifikant zu. Dadurch steigt die Nachfrage an Serviceleistungen, Informationen und Beratungsangeboten.

312

Mit ihren Beratungsangeboten fördern und erhalten die *Sozialen Dienste* die Leistungsfähigkeit und die Gesundheit der Mitarbeiter. Das Beratungsangebot unterstützt die Mitarbeiter bei familiären Schwierigkeiten, seelischen Belastungen, Spannungen am Arbeitsplatz sowie bei finanziellen Sorgen und Problemen mit Suchtmitteln. Als Serviceleistungen werden z. B. Betreuungsmöglichkeiten für Kinder und pflegebedürftige Angehörige angeboten und Informationen bereitgestellt. Das Serviceangebot der *Sozialen Dienste* ist somit ein Beitrag des Unternehmens zur Work-Life Balance. Häufig thematisierte Beratungsschwerpunkte sind interne und externe Sozialleistungen neben Fragestellungen zur Wiedereingliederung an den Arbeitsplatz nach längerer Erkrankung. Die sozialarbeiterischen Interventionen umfassen die private und berufliche Lebenssituation der Beschäftigten und ihrer Angehörigen. Die Mitarbeiter der *Sozialen Dienste* bewegen sich im Spannungsfeld zwischen ertragsorientierten Notwendigkeiten im Arbeitsalltag einerseits und den individuellen menschlichen Bedürfnissen der Beschäftigten andererseits.

Drei Leistungsfelder charakterisieren die Arbeitsschwerpunkte:

* Mitarbeiterberatung
* Prävention
* Organisation

Die *Sozialen Dienste* unterstützen und entlasten alle Mitarbeiter von Arbeitern über Angestellte bis zu Führungskräften bei besonderen Herausforderungen und Belastungen durch Beratungsleistungen und Präventionsprogramme. Von den circa 6.000 Mitarbeitern am Standort Düsseldorf in der Produktion sowie in der Verwaltung nutzen rund 6 % im Jahr den Service der *Sozialen Dienste*.

Mitarbeiterberatung

Finanzielle Belastungen, psychische und physische Erkrankungen sowie familiäre Fragestellungen sind am häufigsten ein Anlass, den Service der *Sozialen Dienste* aufzusuchen. Sucht, Konflikte am Arbeitsplatz und Informationsbedarf zu Sozialleistungen sind weitere Anlässe für die Aufnahme von Beratung. Eine

313

weitere entscheidende Funktion der *Sozialen Dienste* liegt in der zunehmenden Begleitung und Integration von Mitarbeitern nach längeren Erkrankungen, die Moderation von sozialen Gruppen bei der Lösung von Konflikten und damit in der Entlastung von Personal- und Führungsverantwortlichen sowie in der Entwicklung sozialer Kompetenzen der Beschäftigten. Ziel ist es, Mitarbeiter in Problem-, Konflikt- und Krisensituationen durch fachliche Beratung und Interventionen in die Lage zu versetzen, ihre Lebens- und Arbeitssituation zu verbessern und deren Leistungsfähigkeit, Wohlbefinden und Zufriedenheit zu steigern.

Am Beispiel einer Beratung zu Fragen zum Komplex Eldercare lässt sich anschaulich darstellen, wie Beratung, Prävention und Organisation korrelieren, und den Mitarbeiter in seinem Bemühen, Familie und Beruf zu vereinbaren, unterstützen. In der Beratungstätigkeit der *Sozialen Dienste* ist die häufig auftretende Frage nach Serviceleistungen für eine bedürfnis- und bedarfsgerechte Versorgung für hilfe- und pflegebedürftige Angehörige eine sichtbare Konsequenz der demographischen Entwicklung. Grundsätzlich haben Mitarbeiter auf der Grundlage einer Betriebsvereinbarung die Möglichkeit, sich bis zu sechs Wochen im Jahr unbezahlt freistellen zu lassen, um die Pflege für Angehörige zu realisieren. Im Einzelfall kann diese Option im Dialog mit Vorgesetzten und Kollegen individuell angepasst und erweitert werden.

Im Rahmen der persönlichen Beratung erhält der Mitarbeiter bei Bedarf Informationen zu ambulanten und stationären Pflegemöglichkeiten für hilfebedürftige Angehörige. Ein Netzwerk von Kontakten zu sozialen Einrichtungen und Ansprechpartnern in der ambulanten Pflege ermöglicht es den Mitarbeitern der *Sozialen Dienste*, auf die persönliche Lebenssituation des Klienten zugeschnittene Problemlösungsstrategien zu kreieren. Aufgrund des in der individuellen Beratung festgestellten großen Informationsbedarfs organisierten die *Sozialen Dienste* darüber hinausgehend eine Präsentation der regionalen Versorgungsangebote mit dem Titel „Wenn Eltern älter werden …" und rückten damit das Thema Eldercare in den Fokus der firmeninternen Öffentlichkeit. Die über 80 Mitarbeiter, die diese Informationsveranstaltung besuchten, konnten sich umfassend über Serviceleistungen für pflegebedürftige Angehörige informieren.

Ergänzend zur Thematik Eldercare sollte erwähnt werden, dass der *Henkel*-Konzern bereits ein außergewöhnlich und wohl einmaliges umfangreiches Serviceangebot für *Henkel*-Pensionäre bereithält. Dazu gehören:

- Das Seniorenwohnprojekt „Begleitetes Wohnen, *Dr. Konrad Henkel* Wohnanlage": Ein seniorengerechtes Wohnprojekt mit flankierenden Serviceangeboten für *Henkel*-Pensionäre ab dem 55. Lebensjahr (insgesamt 66 seniorengerechte Wohneinheiten)

- Die Gemeinschaft der *Henkel*-Pensionäre e.V.[2]: Derzeit sind circa 6.000 *Henkel*-Pensionäre in dem Verein organisiert. Sie werden in einem dreistufigen Betreuungssystem begleitet: aus Gruppen früherer Arbeitskollegen, Hobbygruppen und im Rahmen der individuellen Beratung und Betreuung durch eine Diplom-Sozialarbeiterin sowie durch ehrenamtlich tätige Pensionäre im Rahmen des „Helferkreises".

Die beschriebene Ausgestaltung der Serviceangebote für pflegebedürftige Angehörige und *Henkel*-Pensionäre veranschaulicht, wie familienfreundliche Maßnahmen es der Belegschaft erleichtern können, die Balance zwischen Familie und Beruf zu realisieren. Beschäftigte, deren Angehörige gut versorgt und betreut werden, sind befreit von belastenden Zwängen und können sich engagierter ihren beruflichen und familiären Aufgaben zuwenden.

Organisation

Beruflich tätig zu sein und gleichzeitig Verantwortung für eine Familie zu tragen, erfordert gute Organisation. Die *Sozialen Dienste* der Firma verfügen z. B. über ein ausgebautes Netzwerk zu öffentlichen und privaten Kindereinrichtungen und vermitteln individuell zugeschnittene Kinderbetreuungsangebote.

Am Standort Düsseldorf besteht ein Kooperationsvertrag mit dem Kreisverband der Arbeiterwohlfahrt Düsseldorf, dem Betreiber der *Gerda Henkel-Kindertagesstätte*. Neunzig Plätze stehen den Kindern der *Henkel*-Mitarbeiter zur Ver-

---

[2] Umfassende Informationen zu den Serviceleistungen der Gemeinschaft der *Henkel*-Pensionäre bietet das Internet-Portal http://www.henkel-pensionaere.de. Abgebildet sind dort Informationen zu der Struktur und den Aktivitäten des Vereins z. B. Kultur und Reisen und Hobbygruppen.

fügung, davon elf Plätze für Kinder unter drei Jahren in familienähnlichen Wohngruppen. Zusätzlich hat das Unternehmen fünfzehn Plätze für Mitarbeiterkinder unter drei Jahren in einer privaten Kindertagesstätte in der Nähe des Werkes reserviert.

Ein weiterer Kooperationspartner der *Sozialen Dienste* ist der *Familienservice*, der an allen Standorten in Deutschland Vermittlungsleistungen für die Kinderbetreuung anbietet. Dieser private Dienstleister ist spezialisiert auf die Vermittlung von Tagesmüttern, Kinderfrauen und Au-pairs. Darüber hinaus bietet der *Familienservice* Plätze für Kinderbetreuung in Notfallkindergärten an, wenn z. B. Betreuungspersonen durch Erkrankung nicht zur Verfügung stehen.

Die internen und externen Serviceleistungen rund um die „Familienorganisation" wurden im Jahr 2005 in der Mitarbeiterzeitung „*Henkel life*" im Intranet und in einer Informationsveranstaltung mit dem Titel „Pädagogische Purzelbäume"[3] ausführlich dargestellt.

Neben Organisationsleistungen im Kinderbetreuungsbereich bieten die *Sozialen Dienste* Hilfe bei sozialrechtlichen Fragestellungen und kooperieren mit internen und externen Fachdiensten zum Beispiel bei Hilfestellungen zur Rückkehr ins Berufsleben nach längerer Erkrankung.

Prävention

Die individuelle Beratung und Unterstützung der Mitarbeiter führt nicht unbedingt zu langfristigen Reduzierungen von immer wieder auftretenden Problemstellungen. Maßgeschneiderte Seminarkonzepte sind hier hilfreicher, betriebliche und persönliche Probleme zu erkennen und Kenntnisse über Lösungsstrategien zu erwerben.

Ein anschauliches Beispiel für eine gelungene Umsetzung ist der *Workshop*

---

[3] Die Infoveranstaltung „Pädagogische Purzelbäume" wurde im Jahr 2005 veranstaltet um Tipps und Anregungen zu vermitteln, wie ein „Familienbetrieb" erfolgreich durch den Alltag geführt werden kann. Neben allgemeinen Fragestellungen zu Betreuungsumfang und Betreuungsmöglichkeiten für Kinder stellten die eingeladenen Experten diverse Hilfsangebote für Familien vor.

„*Leitfaden Sucht*", der in Kooperation mit dem *Werksärztlichen Dienst* durchgeführt wird. Diese Schulung für Vorgesetzte sensibilisiert dafür, auftretende Suchmittelauffälligkeiten wahrzunehmen und ihnen angemessen zu begegnen. Diese zielgerichtete Weiterbildung ist ein wichtiger Beitrag zum Erwerb von Führungskompetenzen in der betrieblichen Praxis.

Das Seminar „Erst Einsatz, dann Gewinn ...", das speziell für Auszubildende entwickelt wurde, ist ein weiteres Präventivprogramm der *Sozialen Dienste*, um der frühen Verschuldung von jungen Menschen aktiv entgegen zu wirken. Neben der Förderung der Eigenverantwortung in der Handhabung mit finanziellen Ressourcen erweitern die jungen Erwachsenen ihre Kenntnisse und die vorhandenen Handlungskompetenzen im Umgang mit Geld.

Gesundheitsvorsorge wird aktiv gefördert und unterstützt, mit dem im Jahr 2005 gestarteten „Aktivprogramm für Schichtarbeiter". Schichtmitarbeiter haben hier die Möglichkeit, während ihres Urlaubes an einem einwöchigen Aktivprogramm in ausgewählten Kurorten teilzunehmen. Ziel ist es, die eigenen Bemühungen der Mitarbeiter zur Gesundheitsfürsorge zu fördern und zu unterstützen. Erste Erfahrungen mit diesem Präventionskonzept zeigen bereits positive Effekte und deutliche Impulse für eine Minimierung gesundheitlicher Risikofaktoren durch die Beteiligung der Mitarbeiter an Sportprogrammen, die Veränderungen der Ernährung und den Umgang mit Stressbelastungen. Die Effekte des Aktivprogramms werden regelmäßig in einer explorativen Studie ausgewertet.

Ein weiteres Beispiel für innerbetriebliche Prävention ist der Arbeitskreis „Disability Management". Die Zusammensetzung des Arbeitskreises ist interdisziplinär (Personalmanagement, Betriebsrat, *Soziale Dienste*, Arbeitsschutz und *Werksärztlicher Dienst*). Der Arbeitskreis verfolgt das Ziel, die Wiedereingliederung erkrankter und behinderter Mitarbeiter zu optimieren. Strukturierte Wiedereingliederungsprozesse sollen helfen, Abwesenheitszeiten des Mitarbeiters vom Arbeitsplatz zu verkürzen und finanzielle sowie soziale Nachteile von ihm abzuwenden.

Ähnliche Zielvorstellungen verfolgen die Arbeitskreise „AK Gesundheit" und „AK Demographie". Neben der Planung, Abstimmung und Steuerung von Maßnahmen der betrieblichen Gesundheitsförderung begegnet man hier den Bedürfnissen älter werdender Belegschaften mit geeigneten Projekten. So können z. B. *Henkel*-Mitarbeiter im letzten Viertel ihres Berufslebens das Seminar „*55 plus*" nutzen. Neben Anregungen zur Motivation für die verbleibenden Berufsjahre bietet dieses Angebot der *Sozialen Dienste* Hilfen, den eigenen Standort zu bestimmen, Ressourcen zu erkennen, und den individuellen „roten Faden" im Leben zu finden, um auch die nachberufliche Lebensphase positiv zu meistern.

Die beschriebenen Beispiele für Prävention führen weg von Handlungsorientierungen, die defizitäre Notlagen des Klienten in den Vordergrund stellen. Stattdessen führen sie hin zu Konzepten, die das eigenverantwortliche Handeln der Mitarbeiter stärken und durch gezielte Information und Aufklärung zementieren.

Zusammenfassung

Die demographische Entwicklung fordert von Unternehmen innovative Konzepte, um das Arbeits- und Kreativitätspotenzial gut ausgebildeter Frauen und Männer zu erhalten. Die Serviceangebote der *Sozialen Dienste* der Firma *Henkel KGaA* leisten dazu einen wichtigen Beitrag, indem sie die Mitarbeiter unterstützen, die Herausforderung Familienleben und berufliche Tätigkeit, erfolgreich zu meistern. Teamentwicklung, Kommunikationstraining und Konfliktmoderationen fördern die persönliche Entwicklung der Mitarbeiter und tragen zu gelebter Kooperation im Unternehmen bei.

Die Hilfen bei der Organisation der Kinderbetreuung, die Unterstützung bei der Versorgung der pflegebedürftigen Angehörigen sowie die bedarfsorientierten Informationsveranstaltungen zu aktuellen Fragestellungen und Einzelberatungen sind Leistungen des Unternehmens, die sich, wie Studien belegen, auszahlen.

Durch zunehmende Kooperationen mit externen sozialen Dienstleistern übernimmt innerbetriebliche Sozialarbeit in diesem Kontext neben der intensiven fallorientierten Einzelberatung eine Case-Management-Aufgabe und konzentriert ihre Schwerpunkte stärker auf gruppen-, system- und organisationsbezogene Maßnahmen.

Die Ressourcen, die es dem Menschen ermöglichen, die Balance zwischen Familie und Beruf herzustellen, und die Herausforderungen, die sich dieser Aufgabe entgegenstellen, benötigen aber weiterhin häufig Bekräftigung durch individuelle Beratung, Coaching und Teamentwicklungsangebote. Im Rahmen einer sich sehr schnell wandelnden Berufs- und Arbeitswelt hilft die Erweiterung des eigenen Repertoires an Lösungsstrategien, neue Denkmuster und Verhaltensweisen für ein Leben in Balance zu adaptieren.

Eine Chance für Arbeitgeber und Arbeitnehmer: Die Mitarbeiter-Interessengruppe Arbeiten & Pflegen der Ford-Werke GmbH in Köln

Elisabeth Pohl / Christel Dittebrandt / Kai Neborg
Ford Werke GmbH, Köln

Arbeiten & Pflegen

Abbildung 1: Logo der Ford Mitarbeitergruppe Arbeiten & Pflegen.

Einführung

Seit der Gründung der *Ford-Werke AG* im Jahr 1925 in Berlin hat *Ford* über 33 Millionen Pkw in Deutschland produziert. Köln ist seit 1931 der Stammsitz des Unternehmens und seit 1998 auch der Sitz von *Ford of Europe*, der von hier aus 42 Länder betreut. Heute beschäftigen die *Ford-Werke GmbH* in Köln (18.000), Saarlouis (6.400) und Genk / Belgien (4.700) sowie im ebenfalls in Belgien gelegenen Testgelände Lommel (300) insgesamt 29.000 Mitarbeiter aus 57 Nationen. In Deutschland sind es 24.000 Beschäftigte.

Die meisten Menschen kommen im Laufe ihres Lebens in die Situation, sich mit den Themen Krankheit, Hilflosigkeit und Tod auseinander setzen zu müssen. In vielen Fällen spätestens dann, wenn ihre Eltern an gesundheitlichen Beschwerden leiden und sich dementsprechend das Alltagsleben ändert. Ähnlich verhielt es sich bei den Gründungsmitgliedern der Mitarbeiter-Interessengruppe *Arbeiten & Pflegen* bei *Ford*, die im Alter zwischen 35 und Anfang 50 Jahren sich mit

321

den zusätzlichen Herausforderungen ihrer erkrankten Angehörigen befassen mussten.

Die *Ford*-Managerin *Elisabeth Pohl*, Leiterin Interne Kommunikation, *Ford Deutschland*, hatte auf Basis persönlicher Erfahrungen die Initiative ergriffen, Mitarbeiter in vergleichbaren Problemsituationen zu suchen. *Hans Jablonski*, Diversity-Manager in Deutschland zu dieser Zeit, hatte diese Idee sehr unterstützt und ermutigte zur Sondierung der Meinungslage bei anderen Mitarbeitern. Mittels eines E-Mail-Verteilers, der an bereits bestehende *Ford*-Mitarbeitergruppen versendet wurde, arrangierte *Elisabeth Pohl* eine Gesprächsrunde von Interessierten zwecks Erfahrungs- und Meinungsaustausch sowie der Gründung einer Interessenvertretung. *Christel Dittebrandt*, Konzernbeauftragte für Umweltschutz, *Kai Neborg*, Supervisor Vehicle Recycling und *Johanna Schmitz* (†), Supervisor Homologation, waren hoch motiviert, sich weiterhin zu treffen und sich der Belange Betroffener im Arbeitsalltag bei *Ford* anzunehmen

Neben dem Wunsch zur „Selbsthilfe" durch gegenseitigen Austausch wurden weitere Ansatzpunkte definiert. Bereits in ersten Gesprächen zwischen den genannten Kollegen war klar geworden, dass Pflege nicht zwingend „nur" die Pflege älterer Menschen bedeutet, sondern eine Pflegeproblematik auch in früheren Lebensaltern auftreten kann – z. B. die Pflege schwer erkrankter oder behinderter Kinder sowie die Pflege von Schlaganfallpatienten im mittleren Lebensalter. Solche Aufgaben bedeuten für den Pflegenden eine Doppelbelastung neben dem Beruf, die sowohl psychisch als auch physisch verarbeitet werden muss. Darüber hinaus strahlt die Situation auch ins Berufsleben aus, zum Beispiel durch zusätzlich notwendige Termine für die Begleitung bei Arztbesuchen, Geldinstituten, Ämtern, Behörden. Die Doppelbelastung führt häufig zu einer sich verschlechternden Konstitution des Arbeitnehmers am Arbeitsplatz. Oftmals besteht aber weder bei den Kollegen noch den Vorgesetzten ein Problembewusstsein für die Situation eines Menschen, der zusätzlich zu seinem Beruf die Pflege eines Angehörigen übernimmt.

Pflege ist nach den Erfahrungen der Mitglieder von *Arbeiten & Pflegen* eine sehr schwerwiegende Aufgabe, welche in den meisten Fällen von den nicht berufstätigen Lebenspartnern, in der Regel den Frauen, übernommen wird. Durch gesellschaftliche Veränderungen und die abnehmende Zahl der klassischen Familienverbände sind aber auch zunehmend Männer betroffen. Manche von ihnen haben sogar den Wunsch, sich proaktiv an der Pflege zu beteiligen.

Anfänge: Gruppenorganisation und Zielsetzung

Am 20. November 2003 um 16.30 Uhr fiel der Startschuss zur Gründungsversammlung der Mitarbeiter-Interessengruppe *Arbeiten & Pflegen* am *Ford*-Unternehmensstandort Köln-Niehl mit fünf Gründungsmitgliedern: *Elisabeth Pohl, Christel Dittebrandt, Kai Neborg, Johanna Schmitz* und *Dunja Potzmann* (letztere in ihrer Funktion als Teamleiterin Pflegekasse der *Ford Betriebskrankenkasse BKK*). Die Mitglieder definierten die Verantwortung für folgende Themen auf Basis ihrer persönlichen Erfahrungen:

* *Christel Dittebrandt*: Pflege von Schlaganfallpatienten,

* *Kai Neborg*: Pflege von Kindern,

* *Elisabeth Pohl* und *Johanna Schmitz*: Pflege älterer Menschen und

* *Dunja Potzmann*: Vertreterin der *Ford Betriebskrankenkasse* / Pflegekasse.

Neben der Absicht, „pflegenden *Ford*-Kollegen" mit Erfahrungswerten Hilfe in ihrer Situation zu leisten, war ein weiteres Ziel, Problembewusstsein im Unternehmen zu schaffen. Darüber hinaus waren sich alle Beteiligten einig, dass ein fachkundiger Vertreter der *Ford Betriebskrankenkasse* (*Ford BKK*) mit Zugriff auf gesetzliche Regelungen und Informationen der Pflegekassen eine große Hilfe darstellen könnte.

Um die Unterstützung künftiger Aktivitäten durch das europäische Management zu erlangen, wurde *Dr. Wolfgang Schneider*, Vice President, Legal, Governmental & Environmental Affairs, *Ford of Europe*, erfolgreich darum gebeten, die Schirmherrschaft zu übernehmen: „Als Unternehmen haben wir die soziale Verantwortung dafür, dass sich Arbeit und Privates miteinander verbinden lassen. Auch ist Pflege keine karitative Freundlichkeit, sondern Kernverantwortung eines engagierten, globalen Unternehmens. [...] Auch am Arbeitsplatz Hilfe zu geben und Hilfe anzunehmen, trägt wesentlich dazu bei, dass sich Arbeit und Pflege vereinbaren lassen."[1]

Eineinhalb Jahre und diverse Veranstaltungen später erhielt die Gruppe im Juni 2005 ihre firmeninterne Anerkennung als offizielle Ford „Employee Ressource Group" (*Ford*-Mitarbeiter-Interessengruppe) durch das europäische Management. Dies ermöglichte die Zuteilung eines Budgets von *Ford of Europe*, von dem auch aufwändigere Maßnahmen (siehe Kapitel 4) in Angriff genommen werden konnten.

Gruppenziele

Als Ziele wurden von der Gruppe definiert:

• Hilfe und Unterstützung für betroffene *Ford*-Mitarbeiter: Firmeninterne Bekanntmachung der Kontaktdetails der Gruppenmitglieder als Gesprächspartner mit „Erfahrung im Pflegefall",

• „Interne Public Relations": Sensibilisierung des Managements und aller Mitarbeiter für die Thematik *Arbeiten & Pflegen*,

• Sensibilisierung des internationalen Managements: Information und Aufklärung internationaler in Köln eingesetzter Mitarbeiter (mit anderen Familienmodellen und anderer familiärer Situation) und

• Vermittlung von Ansprechpartnern und Informationen der *Ford Betriebskrankenkasse BKK* und sozialer Einrichtungen.

Die Mitglieder vereinbarten, sich zunächst wöchentlich und später alle zwei Wochen zu einer circa zweistündigen Gesprächsrunde zu treffen. Diese Treffen finden bis auf Ausnahmen außerhalb der Arbeitszeit statt. Dabei werden sowohl persönliche Erfahrungen besprochen, als auch – in überwiegendem Maß – neue Projekte und Aktivitäten geplant und vorbereitet. Wichtig für die Gruppe ist auch die systematische Aufarbeitung von Erfahrungen aus Gesprächen und Veranstaltungen mit Betroffenen, um das eigene Verständnis für die Situation der Kollegen zu verbessern, und zukünftige Veranstaltungen noch besser an deren Bedürfnissen ausrichten zu können.

---

[1] *Ford* (2004).

Wirtschaftsfaktor „Mitarbeiter-Unterstützung"

Für Unternehmen wie die *Ford-Werke GmbH* stellt sich die legitime Frage, warum – abgesehen von humanen Aspekten – die Unterstützung von Arbeitnehmern in (Pflege-)Krisensituationen wünschenswert ist: Dem Unternehmen ist daran gelegen, die Zahl der pflegebedingten Fehl- und Abwesenheiten zu reduzieren, und dadurch die Kosten regulärer Betriebsabläufe im finanziell vertretbaren Rahmen zu halten. Legt man die demoskopischen Werte zugrunde, betreuen rund 2.900 Mitarbeiter der *Ford-Werke GmbH* in Köln und Saarlouis pflegebedürftige Angehörige (= 12,15 %)[2]. Darüber hinaus verstärken ein humaner Umgang und ein personalfreundliches Eingehen auf Mitarbeiter in „Pflege-Notlagen" die wünschenswerte Bindung der Mitarbeiter ans Unternehmen, ihre berufliche Loyalität, Moral, Einsatzfreude und Motivation – und damit den Unternehmenserfolg. Dazu ein Zitat von *Rainer Ludwig,* Arbeitsdirektor *Ford Deutschland*: „Privates Engagement grenzt nicht aus, sondern bereichert. Denn die persönlichen Erfahrungen Einzelner kommen langfristig als Potenzial und Kompetenz unserem Unternehmen zu Gute." Auch *Dr. Erich Knülle,* Leiter Gesundheitsdienst, *Ford Deutschland* konstatiert: „Motivation und Einsatzbereitschaft steigen, wenn die Situation der einzelnen Kollegen beziehungsweise der einzelnen Kolleginnen gesehen wird und versucht wird, diese zu berücksichtigen. Anderes Verhalten macht krank."[3]

Kooperation mit der Ford Betriebskrankenkasse

Bereits bei der Gruppengründung war eine Mitarbeiterin der *Ford BKK – Dunja Potzmann,* Teamleiterin Pflegekasse – dabei und unterstützte eine Informationsveranstaltung von *Arbeiten & Pflegen* als erste Aktion des Teams. Zu dieser Veranstaltung erschienen rund 90 *Ford*-Mitarbeiter aus unterschiedlichsten Bereichen, um sich über das Thema „Was ist zu tun, wenn ein Angehöriger hilfebeziehungsweise pflegebedürftig ist?" zu informieren. Nach der Vorstellung der Gruppenmitglieder und einer Begrüßung durch den Schirmherrn *Dr. Wolfgang*

---

[2]   *Ford* (2003).
[3]   *Ford* (2004).

Schneider gab eine *BKK*-Vertreterin anhand einer PowerPoint-Präsentation einen Überblick über Informationen im Pflegefall.

Sowohl für *Arbeiten & Pflegen* als auch für die *Ford BKK* hat sich die kontinuierliche Zusammenarbeit als vorteilhaft erwiesen. So *Lutz Kaiser*, Vorstandsvorsitzender der *BKK*: „Die *Ford BKK* betreut rund 123.000 Versicherte in ganz Deutschland. Als traditionell ausgerichtete Betriebskrankenkasse kümmern wir uns insbesondere um unsere Satzungsunternehmen und die damit verbundenen Unternehmen. So unterstützen wir diese zum Beispiel mit individuellen Programmen und engagieren uns unter anderem auch im Projekt *Arbeiten & Pflegen* der *Ford Werke GmbH* seit dessen Gründung. Schwerwiegende Krankheiten wie zum Beispiel Demenz zählen zu den Krankheitsbildern, die das Leben erheblich verändern. Vieles, was früher selbstverständlich war, ist es plötzlich nicht mehr oder nur noch mit viel Mühe und Hilfe möglich. Auch für die Angehörigen bedeutet der Umgang mit dieser neuen Situation eine große Herausforderung. Wie geht es zum Beispiel nach einem Krankenhausaufenthalt weiter? Wie werde ich oder mein Angehöriger zu Hause versorgt? Fragen wie diese erfordern Entscheidungen, die sich erheblich auf den Alltag auswirken können und oft alleine kaum lösbar sind. Die Mitarbeiter der Pflegekasse in der *Ford BKK* verfügen über ein umfassendes rechtliches und fachliches Spezialwissen, um den Betroffenen schnell und effizient zu helfen. Die persönliche Beratung und Hilfestellung durch unsere Spezialisten bringen wir gerne in dieses wichtige Projekt ein und unterstützen dieses ausdrücklich."

Seit 2004 ist *Natalie Esser*, Kundenberaterin der *Ford BKK* und Spezialistin auf dem Gebiet Pflegekasse, Mitglied bei *Arbeiten & Pflegen* und Ansprechpartnerin für alle kassenbezogenen Fragestellungen. Die Beratung steht allen *Ford*-Mitarbeitern über *Arbeiten & Pflegen* zur Verfügung, unabhängig davon, in welcher Kasse sie versichert sind.

Projekte und Aktivitäten

Notfallplan und Internet-Link-Sammlung

Nach der Gruppengründung diskutierten die Mitglieder erste Arbeitsziele, um schnellstmöglich *Ford*-Mitarbeitern in Pflege-Krisensituationen Hilfestellung leisten zu können. Als erstes Projekt wurde ein so genannter „Notfallplan" erstellt. Hintergrund: Vor allem spontan und unerwartet eintretende Pflegesituationen stellen eine schwere Belastung für die Angehörigen dar, weil das entsprechende Wissen über die einzuleitenden Schritte nicht vorhanden ist. Der Notfallplan listet schlicht auf, was konkret innerhalb der ersten Tage und Wochen zu tun ist. In Kooperation mit einer anderen „Ford Employee Resource Group" – der „Turkish Resource Group" – wurde dieser Plan ins Türkische übersetzt, um auch der großen Zahl von *Ford*-Mitarbeitern dieser Nationalität und Sprache effizienten Rat geben zu können. Neben dem Notfall-Plan erstellten die Mitglieder eine umfassende Sammlung nützlicher Internet-Links mit Hinweisen zu Selbsthilfegruppen, Institutionen, Verbänden und Organisationen in Bezug auf bestimmte Erkrankungen, als auch Infos zu häuslichen (Pflege-) Diensten in Köln und anderen praktisch nutzbaren Anlaufstellen.

Informationsvermittlung

Die *Ford BKK* stellt der Gruppe *Arbeiten & Pflegen* aktuelle Informationen zum Thema Pflegeversicherung und Pflegeeinrichtungen zur Verfügung. Neben Infos zu Hilfen / Zuschüssen entsprechend der bundesdeutschen Einordnung von pflegebedürftigen Menschen nach so genannten „Pflegestufen" stellt die umfassende Datenbank der *BKK* ein wichtiges Hilfsinstrument dar. Dieses ermöglicht den schnellen Zugriff auf verfügbare Pflege-Heimplätze und Einrichtungen.

Die Gruppe *Arbeiten & Pflegen* hat einen individuellen Eintrag auf der unternehmensweiten „*Ford* Diversity Website" mit Infos zu Gruppenzielen, Ansprechpartnern und nützlichen Hinweisen zu Dokumenten, auf der sich Ratsuchende orientieren können. Wichtigstes Hilfsangebot ist die Möglichkeit zum persönlichen Gespräch mit den Gruppenmitgliedern, das alle Werksangehörigen in Anspruch nehmen können. Ratsuchende melden sich per Telefon und E-Mail oder sprechen persönlich vor. Dieses streng vertrauliche Beratungsangebot „von Kollegen für Kollegen" kann von Betroffenen während der Arbeitszeit wahrgenommen werden. Durch behutsame Gespräche, bei denen manchmal auch Tränen über das persönliche Leid und die Belastung bei den Betroffenen fließen, versuchen die Gruppenmitglieder herauszufinden, ob und wie sie weiterhelfen können. Manchmal helfen bereits aktives Zuhören, Zuspruch, Trost und Ermutigung, „sich nicht unterkriegen zu lassen" und der Erfahrungsaustausch zwischen Betroffenen. Darüber hinaus werden praktische Tipps und Ratschläge gegeben oder der Kontakt mit der *BKK* und mit der Personalabteilung vorgeschlagen. In Einzelfällen nimmt *Arbeiten & Pflegen* eine Mittlerfunktion zwischen zuständigem Personalverantwortlichen und betroffenen Mitarbeiter wahr. Durch Gespräche zwischen allen Beteiligten kann nach Möglichkeiten gesucht werden, die Situation des Mitarbeiters zum Beispiel durch eine (auch temporäre) Änderung der Aufgaben, andere Arbeitszeiten oder andere konstruktive Hilfen zu verbessern.

Veranstaltungen

Seit der Gründung von *Arbeiten & Pflegen* hat die Gruppe bis September 2006 zehn Veranstaltungen konzipiert, organisiert und durchgeführt. Das Format der genannten Informationsveranstaltung mit Unterstützung der *Ford BKK* wurde noch zweimal erfolgreich angeboten. Unter anderem auch bei der Firma *GETRAG-Ford-Transmission* (*GFT*), einem Joint Venture Unternehmen des Getriebeherstellers *GETRAG* mit *Ford*. Darüber hinaus werden Repräsentanten der Gruppe häufig zu größeren Mitarbeiterversammlungen verschiedener *Ford*-Bereiche, wie dem Finanzwesen, der IT- oder Personalabteilung mit bis zu 100 Teilnehmern eingeladen, um zum Thema „Diversity" die Gruppe *Arbeiten & Pflegen* und deren Aufgabengebiet und Zielsetzung vorzustellen.

Eine wichtige Rolle spielen die „Workshops für pflegebedürftige Angehörige", welche die Gruppe dank des Budgets der europäischen Diversity-Abteilung in den letzten zwei Jahren während der so genannten *Ford* „WorkLife & Diversity

Woche" anbieten konnte. Im Laufe dieser Woche im Herbst stellen sich bei der *Ford-Werke GmbH* verschiedene, betriebsinterne Gruppierungen wie die „Turkish Resource Group / TRG", das „Women's Engineering Panel" oder die „Gay, Lesbian and Bisexual Employees / GLOBE" den Mitarbeitern vor und laden zu diversen Veranstaltungen während der Arbeitszeit ein. Bei den ganztägigen *Arbeiten & Pflegen*-Workshops arbeitet eine fachlich spezialisierte Dozentin, die Bergisch-Gladbacher Gestalttherapeutin *Daniela Hirzel*, mit einer bis zu maximal 15 Personen umfassenden Gruppe von Mitarbeitern mit pflegebedürftigen Angehörigen: „Ziel des Workshops ist es, Möglichkeiten zu vermitteln, mit der Doppelbelastung von Beruf und Pflege umzugehen: Wie regenerieren Betroffene die eigene Kraft und kommen dem Bedürfnis nach Rückzug und Zeit für sich nach? Mit Hilfe von entsprechenden Kommunikationsübungen werden die eigenen Belastungs-Schwerpunkte, aber auch bereits vorhandene Ressourcen erarbeitet. Vor diesem Hintergrund werden verschiedene Entspannungstechniken vorgestellt und eingeübt (Atementspannung, Minimeditation, Muskelentspannung nach *Jacobson*, Tai Chi etc.), mit dem Ziel, ohne Aufwand auch im Alltag kleine Inseln der Erholung zu schaffen. Eine ganz besonders wichtige Erfahrung ist für die Teilnehmer, dass sie wegen der Pflegearbeit ihre eigenen Bedürfnisse nicht vollständig zurückstellen dürfen. Außerdem wird die Möglichkeit zum Austausch mit Menschen in vergleichbaren Situationen gegeben, um neue Blickwinkel und Lösungsstrategien zu erschließen."[4]

Das Feedback der Teilnehmer lässt schließen, dass die Workshops eine wertvolle Hilfestellung geben. Das zeigen folgende anonymisierte Teilnehmer-Zitate beispielhaft:

*   „Vieles hat mich an diesem Tag nachdenklich gemacht, vieles erfreut und beruhigt. Obwohl ich derzeit erst am Rande mit der Betreuung meiner 80-jährigen Mutter konfrontiert bin, so hat mir dieser Tag gezeigt, wie wichtig der Austausch und die Erfahrung anderer betroffener Personen, die pflegerische Betreuung leisten müssen, doch ist. Des Weiteren war es hilf- und erkenntnisreich zu erfahren, welche Möglichkeiten in solchen, teilweise Grenzsituationen, für den Einzelnen bestehen. Die Bildung der *Ford* internen

---

[4] Zitat aus Einladungstext (September 2006).

Hilfsgruppe zeigt, wie groß der Bedarf hier noch ist, und ich finde es großartig, in einer solchen Unternehmenskultur eingebunden zu sein."

- „Der Austausch mit den 'Leidensgenossen' war sehr, sehr wichtig für mich [...] Wichtig war für mich auch die Vermittlung von Entspannungstechniken, die im Alltag kleine 'Fluchten' ermöglichen."

- Positiv bewertet wurde auch: „[...] die Dozentin, die bei diesem schwierigen und emotional belasteten Thema die richtige Mischung von Zurückhaltung, Anteilnahme und Lenkung / Impulsen fand. Dies ermöglichte, dass viele Themen frei angesprochen werden konnten".

Als Projekt im Frühjahr 2007 plant *Arbeiten & Pflegen* eine weitere Informationsveranstaltung zusammen mit Vertretern eines internationalen Hilfswerks für humanitäre Hilfe zu dem sensiblen Thema „Sterbebegleitung".

Resonanzen und Reaktionen

Eine erfreuliche Konsequenz der *Arbeiten & Pflegen*-Aktivitäten war die Gründung der britischen Tochterorganisation *Ford Carers Network Dunton* im Frühjahr 2006 auf Anregung der deutschen Mitarbeitergruppe. Firmenintern gewürdigt wurde die Arbeit der Gruppe durch die Verleihung von zwei Diversity-Awards. Im September 2006 erhielt *Arbeiten & Pflegen* den Chairman's Leadership Award for Diversity, *Ford of Europe* von *John Fleming*, President und CEO, *Ford of Europe*. Außerdem wurde den Mitgliedern der 2006 Global Diversity and Worklife Summit Award aus den *USA* verliehen. Einen wesentlichen Beitrag leisteten die Gruppenmitglieder zum Erhalt des „Grundzertifikates zum *audit berufundfamilie®*" für die *Ford-Werke GmbH* im Jahr 2005. Besondere Aufmerksamkeit fand die Gruppe durch eine Sonderbeilage der deutschen Mitarbeiterzeitschrift „*fordreport*", in der Aufgaben, Ziele und Problemstellung ausführlich anhand von Management-Statements und Aussagen Betroffener vorgestellt wurden. Wie bereits ausgeführt, hat die Gruppe *Arbeiten & Pflegen* bei diversen Informationsveranstaltungen bis zu hundert Mitarbeiter pro Präsentation erreicht. Darüber hinaus beraten die Gruppenangehörigen im Bedarfsfall betroffene *Ford*-Mitarbeiter in intensiven Einzelgesprächen am Telefon oder persönlich.

Abbildung 2: Deckblatt der zwölfseitigen Sonderbeilage „Arbeiten und Pflegen" zur deutschen Ford Mitarbeiterinformation „fordreport".[5]

Auch in der europäischen „Diversity@ford"-Beilage der Mitarbeiterzeitschrift wurde die Arbeit im Rahmen eines Artikels vorgestellt.

Herausforderungen

Arbeitsumfeld

Die Tätigkeit von *Arbeiten & Pflegen* findet naturgemäß im Spannungsfeld der betrieblich vorgegebenen Rahmenbedingungen statt. Die *Ford-Werke GmbH* bietet zurzeit keine Gleitzeitmodelle, was unter Umständen den Bedürfnissen pflegender Angehöriger zuwider läuft (z. B. als Begleitung bei Arztbesuchen). Es bedeutet eine Herausforderung, nach individuellen Lösungsmöglichkeiten für

---

[5] *Ford* (2004).

Mitarbeiter in Notsituationen zu suchen. Unverzichtbar ist die gute Zusammenarbeit zwischen allen beteiligten Bereichen – vor allem der Personalabteilung, dem Betriebsrat und den Vorgesetzten. Als problematisch hat sich die Ansprache der Mitarbeiter im Schichtbetrieb herausgestellt, die aufgrund ihrer Arbeitszeiten andere Beratungsbedürfnisse haben als Büroangestellte. Auch ist die Resonanz bei Mitarbeitern aus anderen Kulturkreisen, wie z. B. der Türkei eher gering. Eine türkische Kollegin beschrieb ihre Situation folgendermaßen: Jahrelang hat ihre Familie den schwer zuckerkranken Vater gepflegt, ohne dass sie jemals auch nur auf die Idee gekommen war, Hilfe in irgendeiner Form in Anspruch zu nehmen. „Das ist bei uns nicht üblich sondern Sache der Familie." Die Werbung aktiver Mitglieder gestaltet sich schwierig, weil Pflegende wenig oder gar keine Zeit haben, sich neben den Anforderungen von Arbeit und Alltag zusätzlich zu engagieren.

Firma, Vorgesetzte und Kollegen

Eine kontinuierliche Aufgabe bedeutet das Schaffen von Problembewusstsein innerhalb der gesamten Mitarbeiterschaft. Das Thema „Pflege" wird von mitten im Leben stehenden und (noch) nicht betroffenen Menschen verständlicherweise häufig verdrängt. Darüber hinaus ist es für die Betroffenen erfahrungsgemäß anfangs schwierig, offen über die schweren seelischen und physischen Belastungen zu sprechen und ihre Situation zu kommunizieren. Aus diesem Grund nutzt *Arbeiten & Pflegen* jede Möglichkeit, über das Thema sachlich und einfühlsam zu sprechen, und die Probleme Betroffener vorzustellen. Ziel ist es dabei, Vorgesetzte zu motivieren, für betroffene Mitarbeiter im Rahmen der betrieblichen Möglichkeiten flexible und individuelle Lösungen zu finden.

Weiter zu untersuchende Themen sind zum Beispiel eine mögliche, bevorzugte Kreditvergabe durch die *Ford Bank*, wenn zum Beispiel Umbauten für Behinderte und Hilfsmittel für betroffene Mitarbeiter-Familien nötig werden.

Ausblick

Für die Gruppenmitglieder hat die Tätigkeit für *Arbeiten & Pflegen* ein hohes Maß an persönlicher Weiterentwicklung – im Privatleben als Pflegende, aber auch in ihren Rollen als *Ford*-Führungskräfte – bedeutet. Aus einer persönlich schwierigen, belastenden Situation heraus gemeinsam im Team einen positiven Beitrag im Berufsleben für Kollegen zu entwickeln, ist in jeder Beziehung befriedigend.

Als wirtschaftlicher Trend zeigt sich in Großunternehmen, dass für eine zunehmende Zahl an Aufgaben weniger Mitarbeiter zur Verfügung stehen, die unter Umständen mit einer höheren Arbeitsbelastung umgehen müssen. Um dieses Ziel erreichen zu können, setzt die Firma auf den Willen zum persönlichen Engagement des Einzelnen. Dies ist nur in einer Unternehmenskultur möglich, in die sich die Mitarbeiter gerne einbringen. Ein Element dieser Unternehmenskultur bei der *Ford-Werke GmbH* ist es, dass trotz der gegenwärtig wirtschaftlich angespannten Lage die Firma ihren Mitarbeitern den Freiraum ermöglicht, sich während der Arbeitszeit Diversity-Aktivitäten zu widmen. Sie fördert mit Zielvereinbarungen für die Management-Angehörigen, Aktions-Budgets und Auszeichnungen diesen Einsatz für firmeninterne Selbsthilfe-Initiativen wie *Arbeiten & Pflegen*. Diese Haltung macht das Unternehmen zu einem begehrten Arbeitgeber und trägt somit zum Unternehmenserfolg bei.

In Memoriam *Johanna Schmitz* (†).

Literaturverzeichnis

BKK Bundesverband (2006): BKK Gesundheitsreport 2006 – Demographischer und wirtschaftlicher Wandel – gesundheitliche Folgen, hrsg. vom *BKK Bundesverband* Essen (September 2006), 30. Ausgabe, S. 67.

Ford (2003): *Mikrozensus, Ford-Werke*: Personalabteilung, Diversity Büro.

Ford (2004): *Ford-Werke AG*: Arbeiten und Pflegen – Vereinbarung von beruflichem und privatem Engagement, Sonderbeilage zur *Ford* Mitarbeiterzeitschrift *„fordreport"*, hrsg. von der *Ford-Werke AG* (Oktober 2004).

Kurzbiographie der Autorinnen und Autoren

Nadine Braun
studierte von 2001 bis 2006 an der *Friedrich-Alexander-Universität Erlangen-Nürnberg* Diplom-Psychologie. In ihrer Diplomarbeit beschäftigte sie sich primär mit der Stellung älterer Arbeitnehmer in einer alternden Gesellschaft und einer sich wandelnden Arbeitswelt. Zu diesem Themenbereich ist momentan auch eine Promotion in Arbeit. Aktuell macht sie eine psychotherapeutische Weiterbildung und ist in der psychiatrischen Abteilung eines Krankenhauses tätig.

Christel Dittebrandt
hat in Tübingen Chemie studiert. Nach fünf Jahren Kinderbetreuung hat sie 1987 zunächst in der Produktentwicklung der *Ford-Werke*, später im Betrieblichen Umweltschutz gearbeitet. Sie ist Konzernbeauftragte der *Ford-Werke GmbH*. Ihr Ehemann erlitt vor 13 Jahren im Alter von 47 Jahren einen schweren Schlaganfall und ist seitdem arbeitsunfähig.

Dr. rer. pol. Adelheid Susanne Esslinger
ist wissenschaftliche und geschäftsführende Assistentin des Betriebswirtschaftlichen Instituts (BWI) der *Friedrich-Alexander-Universität Erlangen-Nürnberg* (FAU). Nach ihrem Studium der Betriebswirtschaftslehre an der *FAU* sowie der *Glasgow Business School*, absolvierte sie erfolgreich den Aufbaustudiengang der Diplom-Psychogerontologie an der FAU. Im Rahmen ihrer Forschung befasst sie sich primär mit gesundheitsbezogenen und altersrelevanten Fragestellungen.

Christiane Flüter-Hoffmann
arbeitet seit 1994 als Bildungsforscherin und Projektleiterin im *Institut der deutschen Wirtschaft Köln*, Wissenschaftsbereich „Bildungspolitik und Arbeitsmarktpolitik". Sie hat zahlreiche Projekte im Bereich betriebliche Personalpolitik zu den Themenfeldern: Weiterbildung, Reorganisation, Arbeitszeitflexibilisierung, Telearbeit, Wissensmanagement, Vereinbarkeit von Familie und Beruf, demographischer Wandel und lebenszyklusorientierte Personalpolitik durchgeführt. Aktuelle Projekte sind der „Unternehmensmonitor Familienfreundlichkeit 2006" und „ALBA – Alternde Belegschaften". Frau *Flüter-Hoffmann* ist darüber hinaus Mitglied des Ausschusses „Betriebliche Personalpolitik" der *Bundesvereinigung der Deutschen Arbeitgeberverbände (BDA)*.

Elena de Graat
ist Gründerin und Inhaberin von *work & life*, Bonn, mit rund 20-jähriger Forschungs- und Beratungserfahrung rund um das Thema Vereinbarkeit von Beruf und Privatleben. Schwerpunktthemen sind generelle und spezifische Kosten-Nutzen-Kalkulationen familienorientierter Maßnahmen in Betrieben und die Auditierung nach dem *audit berufundfamilie* ®.

Jürgen Griesbeck
ist Altenpfleger mit über zwanzigjähriger Berufspraxis, parallel dazu absolvierte er ein Fachhochschulstudium der Sozialpädagogik mit dem Schwerpunkt Erwachsenenbildung und ein Magister-Studium an der *LMU* in Germanistik, Religionswissenschaft und Pädagogik. Berufsbegleitende Weiterbildungen in der Waldorfpädagogik und zum IHK-Jobcoach. Seit 1995 ist er Produktentwickler und Berater für die *pme Familienservice GmbH* München, zudem seit 1999 als Vermittlungscoach und Dozent in Kursen für Arbeitssuchende in München tätig. Seit 10 Jahren ist er deutschlandweit unterwegs mit Vorträgen zu altersrelevanten Themen in Unternehmen und Firmen (u. a. *Datev, Allianz, SwissRe* und *Thyssen Krupp*). Er ist 1960 geboren, verheiratet und hat eine Tochter.

Prof. Dr. Heinz Jürgen Kaiser
ist außerplanmäßiger Professor für Psychologie an der *Universität Erlangen-Nürnberg*. Seine Forschungsschwerpunkte umfassen: Subjektive Aspekte des Alterns, Handlungstheorie, Verkehrspsychologie (mit Schwerpunkt alte Menschen im Straßenverkehr). Weitere Informationen unter http://www.geronto.uni-erlangen.de

Dr. Ursula Matschke
Jahrgang 1956, Ausbildung zur Diplomverwaltungswirtin, Studium der Politik und Geschichtswissenschaften, 1997 Promotion. Anschließend leitende Forschungstätigkeiten für die *EU*, *Hans-Böckler Stiftung*, das *Wirtschaftsministerium* sowie der *VW-Stiftung*. Seit 2001 Leiterin der Stabsstelle für Chancengleichheit des Oberbürgermeisters der *Stadt Stuttgart*. Arbeitsschwerpunkte: Interkommunale Vergleichsstudien zu Modernisierungsprozessen im öffentlichen Sektor, internationale Vergleichsstudien zur strategischen Unternehmensführung, Diversity und Gender Mainstreaming im öffentlichen Sektor.

Dr. rer. pol. Nicola A. Mögel
betreut als Beauftragte für Familienfragen der *promeos GmbH* in Erlangen die familienrelevanten Themen und Projektideen des Unternehmens. Sie war verantwortlich für die Entwicklung und Umsetzung des Konzepts „Für noch mehr Familienfreundlichkeit bei *promeos*". Nach dem Studium der Politikwissenschaft und der Volkswirtschaftslehre in Marburg, Hamburg und St. Petersburg (Russland) war *Nicola Mögel* am *Bundesinstitut für ostwissenschaftliche Studien* in Köln als Wissenschaftliche Mitarbeiterin tätig. Seit 1996 arbeitet sie freiberuflich bevorzugt für klein- und mittelständische Unternehmen in den Bereichen Recherche & Analyse, Kommunikation und Strategie.

Kai Neborg
hat Maschinenbau / Fahrzeugtechnik in Aachen und München studiert. Seit 1994 ist er bei den *Ford-Werken* in Köln beschäftigt und ist dort heute als Supervisor im Bereich Fahrzeug-Recycling tätig. *Kai Neborg* ist verheiratet und hat einen Sohn und eine Tochter. Der Sohn ist an Duchenne Muskeldystrophie, einer seltenen Form von Muskelschwund, erkrankt.

Regina Neumann

geboren 1961, wohnhaft in Wuppertal, Diplom-Pädagogin und Diplom-Sozialarbeiterin. 23 Jahre Berufserfahrung in diversen Bereichen der Sozialen Arbeit,
seit 1992 bei der Firma *Henkel KGaA* im Personalmanagement / *Soziale Dienste*
beschäftigt. Neben der Beratung und Unterstützung von Mitarbeitern und Vorgesetzten, entwirft sie Konzepte und leitet Seminarveranstaltungen für Auszubildende und Vorruheständler. Weitere Schwerpunkte ihrer Arbeit sind Projekte
zu den Themen „Familie und Beruf", „Gesundheitsförderung", „Demographische Entwicklung" und „Schuldenprävention".

Dr. Anja Ostendorp

geb. 1972, forschte zunächst am Zentrum für Organisations- und Arbeitswissen-
schaften der *ETH* Zürich, seit 2002 arbeitet sie als wissenschaftliche Mitarbeiterin und Research Fellow am Lehrstuhl für Organisationspsychologie der *Universität St. Gallen*. Schwerpunkt ihrer Forschung bildet die Frage nach Argumentationslogiken zu Unterschiedlichkeit und Wandel. Im Rahmen ihrer Promotion (2003-2006) untersuchte sie aktuelle Personalmanagementkonzepte wie
„(Work-)Life Balance", „betriebliches Gesundheitsmanagement", „Diversity
Management" oder „Corporate Volunteering" mit Blick auf den diskursiven
Umgang mit Unterschiedlichkeit und organisationale Veränderungspotenziale.
1998 wurde ihr Sohn Mauriz, 2001 ihre Tochter Timea geboren.

Katrin Peplinski

ist in Wuppertal geboren. Nach ihrem Studium zur Diplom-Pädagogin arbeitete
sie bei der *Deutschen Bank*. Seit 1991 ist sie für die *VICTORIA Versicherung*
(Düsseldorf) im Ressort Betriebsorganisation für den Aufbau Ost (Berlin,
Potsdam und Leipzig) und im Bereich Raumplanung tätig. Zum Juli 2002 wech-
selte sie als Gleichstellungsbeauftragte in das Ressort Personal für die Vereinbarkeit Beruf & Familie und Chancengleichheit. Frau *Peplinski* ist Mutter einer
Tochter.

Prof. Dr. Sybille Peters

Lehrstuhl für beruflich-betriebliche Weiterbildung und Personalentwicklung an der *Otto-von-Guericke-Universität Magdeburg*. Studium der Soziologie und Erziehungswissenschaft. Forschungsschwerpunkte: Führungsnachwuchskräfteentwicklung, Mentoring, Projekt- und Wissensmanagement, Wissensvernetzung, Kompetenzentwicklung und -management.

Elisabeth Pohl

hat Kunstgeschichte in Bonn studiert. Nach einem Studienjahr in den USA, einer Ausbildung zur PR-Beraterin und Agentur-Tätigkeit für die Automobilindustrie kam sie 1999 zu *Ford*. Nach verschiedenen Management-Positionen in der Abteilung für Öffentlichkeitsarbeit bei *Ford* Europa ist sie heute als Leiterin Interne Kommunikation der *Ford-Werke GmbH* tätig. Ihr Vater erkrankte an Demenz und war bis zu seinem Tod schwer pflegebedürftig, die Mutter ist Diabetikerin.

Dr. rer. pol. Jonas Puck

ist 1974 geboren und wissenschaftlicher Mitarbeiter am Lehrstuhl für Internationales Management an der *Friedrich-Alexander-Universität Erlangen-Nürnberg*. Zudem war er als Gastdozent an der *University of New South Wales* (Sydney, Australien) und der *UIBE* (Peking, China) tätig. Seine Hauptarbeitsgebiete liegen in den Bereichen Internationales Management, Strategie, Personal sowie Management in Emerging Markets. Er ist Verfasser von vier Monografien und zahlreichen Artikeln in Sammelbänden und internationalen Fachzeitschriften, darunter etwa Long Range Planning, Journal of International Management, European Management Journal oder International Business Review.

Harald Rost

hat sein Studium der Soziologie an der *Otto-Friedrich-Universität Bamberg* absolviert. Von 1985 bis 1988 war er wissenschaftlicher Mitarbeiter am Institut für Freie Berufe und am Institut für empirische Soziologie an der *Friedrich-Alexander-Universität Erlangen-Nürnberg*. 1988 bis 1994 arbeitete er als wissenschaftlicher Mitarbeiter an der Sozialwissenschaftlichen Forschungsstelle der *Otto-Friedrich-Universität Bamberg*. Seit Juli 1994 ist er wissenschaftlicher

Mitarbeiter und Referent am *Staatsinstitut für Familienforschung an der Universität Bamberg* (ifb). Seine Arbeitsschwerpunkte sind Sozialberichterstattung, Väterforschung, Übergang zur Elternschaft und Work-Life Balance.

David Rygl
ist 1972 geboren und wissenschaftlicher Mitarbeiter am Lehrstuhl für Internationales Management an der *Friedrich-Alexander-Universität Erlangen-Nürnberg*. Seine Forschungsschwerpunkte liegen in den Bereichen Internationales Management, Innovations- und Wissensmanagement, pharmazeutische F&E-Netzwerke, soziale Netzwerkanalyse.

Dr. oec. Gudrun Sander
ist mit Non-Profit-Organisationen ebenso vertraut wie mit der Sichtweise von gewinnorientierten Unternehmen. Bevor sie ihre Dissertation in Betriebswirtschaft an der *Universität St. Gallen* abschloss, arbeitete sie in der Privatwirtschaft und später in verschiedenen HSG-Projekten mit. Seit 1996 ist sie selbständige Organisationsberaterin. Ihre Arbeitsschwerpunkte sind Strategisches Management in Non-Profit-Organisationen, Gleichstellung und Management, Gleichstellungs-Controlling, Controlling, Führung und Organisation. Sie lehrt Betriebswirtschaftslehre und Gendermanagement an der *Universität St. Gallen* und an verschiedenen Fachhochschulen.

Renate Schmidt
wurde am 12.12.1943 in Hanau/Main geboren. Seit 1984 ist sie verwitwet, seit Mai 1998 wieder verheiratet mit Hasso von Henninges. Sie hat drei erwachsene Kinder, vier Enkelkinder. Die gelernte Programmiererin, Systemanalytikerin und Betriebsrätin in einem führenden Versandunternehmen war von 1980 bis 1994 Mitglied des Bundestages, von 1987 bis 1990 stellvertretende Vorsitzende der *SPD*-Bundestagsfraktion und Vorsitzende des Arbeitskreises „Gleichstellung von Frau und Mann" der *SPD*-Bundestagsfraktion. Von Dezember 1990 bis Oktober 1994 war Renate Schmidt Vizepräsidentin des Deutschen Bundestages. Als Spitzenkandidatin der *BayernSPD* wurde sie 1994 in den Bayerischen Landtag als direkt gewählte Abgeordnete des Stimmkreises Nürnberg-Nord gewählt. Von 1994 bis 2000 war sie Vorsitzende der SPD-Fraktion im Bayerischen

Landtag. Von Oktober 2002 bis November 2005 war *Renate Schmidt Bundesministerin für Familie, Senioren, Frauen und Jugend.* Seit Oktober 2005 ist sie erneut Mitglied des *Deutschen Bundestages.*

Deniz B. Schobert
studierte Betriebswirtschaftslehre an den *Universitäten in Aachen* (*RWTH*), Maastricht (*UM*), Niederlande und Liège (*ULg*), Belgien. Gegenwärtig ist sie wissenschaftliche Mitarbeiterin und Doktorandin am Lehrstuhl für Wirtschaftspädagogik und Personalentwicklung an der *Friedrich-Alexander-Universität Erlangen-Nürnberg.* Ihre Forschungsarbeiten fokussieren Organizational Behavior und Personalmanagement unter besonderer Berücksichtigung von Work-Life Balance sowie Diversity Management.

Dr. Ulrich Spie
geboren am 21. März 1953 in Essen, ist seit 1980 bei der *E.ON Ruhrgas AG* beschäftigt. Nach verschiedenen Tätigkeiten im Personalwesen wurde *Dr. Spie* 2000 zum Direktor und Leiter des Hauptbereiches Personalwesen und Führungskräfte bei der *E.ON Ruhrgas AG* ernannt. Seit 2003 – dem Zusammenschluss *mit E.ON* – ist *Dr. Spie* zudem Senior Vice President der *E.ON Ruhrgas* (Market Unit Pan European Gas). Nebenberuflich engagiert sich *Dr. Spie* ehrenamtlich z. B. als Bundesrichter beim *BAG* Erfurt und im Rahmen seiner Vorstandstätigkeit im Deutschen Kinderschutzbund Landesverband *NRW.* Bekannt ist *Dr. Ulrich Spie* für zahlreiche personalbezogene Veröffentlichungen zu den Themen Personalmanagement und Organisation.

Ursula M. Staudinger
studierte Psychologie an der *Universität Erlangen* und der *Clark University Massassuchetts,* USA (Fulbright-Stipendium). 1988 erlangte Sie Ihre Doktorwürde (Dr. phil.) an der *Freien Universität Berlin* (FUB) und dem *Max-Planck-Institut für Bildungsforschung* (VW-Doktorandenstipendium). 1997 erfolgte die Habilitation an der FUB. Von 1999-2003 bekleidete sie die Professur für Entwicklungspsychologie der Lebensspanne an der *TU Dresden.* Seit 10/2003 ist sie Vice President der *Jacobs University Bremen* und Academic Dean des *Jacobs Centers for Lifelong Learning and Institutional Development.* Ihre For-

341

schungsinteressen beziehen sich u. a. auf die Erforschung von Reserven und Potenzialen lebenslanger Entwicklung (Resilienz, Plastizität), Altern und Produktivität, intergenerationelle Beziehungen, die Entwicklung von Lebenseinsicht, Lebensgestaltung und Weisheit über die Lebensspanne.

Nico Widdecke

geboren am 18.04.1978 in Wolfsburg, ist seit Anfang 2006 bei der *E.ON Ruhrgas AG* beschäftigt. Als Teilnehmer des Management-Entwicklungsprogramms Personalwesen ist er aktuell als Assistent des Hauptbereichsleiters Personalwesen und Führungskräfte tätig. Vorher hat Herr *Widdecke* u. a. in den Personalbereichen von *PricewaterhouseCoopers, Lufthansa Technik* sowie der *Wolfsburg AG* gearbeitet.

Index

Deutscher Universitäts-Verlag

Ihr Weg in die Wissenschaft

Der Deutsche Universitäts-Verlag ist ein Unternehmen der GWV Fachverlage, zu denen auch der Gabler Verlag und der Vieweg Verlag gehören. Wir publizieren ein umfangreiches wirtschaftswissenschaftliches Monografien-Programm aus den Fachgebieten

✓ Betriebswirtschaftslehre
✓ Volkswirtschaftslehre
✓ Wirtschaftsrecht
✓ Wirtschaftspädagogik und
✓ Wirtschaftsinformatik

In enger Kooperation mit unseren Schwesterverlagen wird das Programm kontinuierlich ausgebaut und um aktuelle Forschungsarbeiten erweitert. Dabei wollen wir vor allem jüngeren Wissenschaftlern ein Forum bieten, ihre Forschungsergebnisse der interessierten Fachöffentlichkeit vorzustellen. Unser Verlagsprogramm steht solchen Arbeiten offen, deren Qualität durch eine sehr gute Note ausgewiesen ist. Jedes Manuskript wird vom Verlag zusätzlich auf seine Vermarktungschancen hin geprüft.

Durch die umfassenden Vertriebs- und Marketingaktivitäten einer großen Verlagsgruppe erreichen wir die breite Information aller Fachinstitute, -bibliotheken und -zeitschriften. Den Autoren bieten wir dabei attraktive Konditionen, die jeweils individuell vertraglich vereinbart werden.

Besuchen Sie unsere Homepage: *www.duv.de*

Deutscher Universitäts-Verlag
Abraham-Lincoln-Str. 46
D-65189 Wiesbaden